Helmut Müller

Zeichnungen, Darstellungen, Schaltungsdokumentationen in der Elektrotechnik

Konstruktive Gestaltung und Fertigung in der Elektronik

Herausgegeben von Helmut Müller

Die Innovationen der Elektronik haben heute ihren Schwerpunkt in der Prozeßtechnik, in der Kommunikationstechnik und Datentechnik. Die Reihe *„Konstruktive Gestaltung und Fertigung in der Elektronik"* will deshalb einem notwendigen Informationsbedürfnis im Entwicklungsbereich der konstruktiven Gestaltung elektronischer Produkte und ihrer Fertigung entsprechen und anwendungsbezogenes Wissen für die Hochschulen und die Praxis aufbereiten.

Band 1

Elementare integrierte Strukturen

von Helmut Müller

Band 2

Prinzipien konstruktiver Gestaltung

von Helmut Müller, Georg Bieber, Gerhard Fischer, Hans Freutel, Ulrich Haack, Wolfgang Latsch, Hans-Joachim Ludwig, Herbert Mayer und Holger Meinel

---

Zeichnungen, Darstellungen, Schaltungsdokumentationen in der Elektrotechnik

von Helmut Müller, Karl Hermann Breuer und Helmut Fritzsche

Helmut Müller (Herausgeber)

Zeichnungen, Darstellungen, Schaltungsdokumentationen in der Elektrotechnik

unter Mitarbeit von Karl Hermann Breuer
und Helmut Fritzsche

Mit 256 Bildern und 56 Tafeln

Friedr. Vieweg & Sohn　　　Braunschweig/Wiesbaden

CIP-Kurztitelaufnahme der Deutschen Bibliothek

**Zeichnungen, Darstellungen, Schaltungsdokumentationen
in der Elektrotechnik** / Helmut Müller (Hrsg.) unter Mitarb.
von Karl Hermann Breuer u. Helmut Fritzsche. —
Braunschweig; Wiesbaden: Vieweg, 1983.

NE: Müller, Helmut [Hrsg.]

1983

Umschlaggestaltung: Peter Lenz, Wiesbaden
Satz: Vieweg, Braunschweig

ISBN 978-3-528-04202-8   ISBN 978-3-322-83878-0   (eBook)
DOI 10.1007/ 978-3-322-83878-0

Vorwort

Die Kommunikationsprozesse der Technik werden sehr deutlich geprägt durch eine prägnante Symbolsprache, beginnend mit den Symbolen naturwissenschaftlich/technischer Größen und Einheiten und deren mathematischer Verknüpfung, übergehend zu einem umfangreichen Vorrat an Zeichen für mechanische und elektrische Komponenten, Funktionsbeschreibungen und Prozeßabläufe, bis hin zu den komplexen Formen von Symbolzuordnungen in Zeichnungen, Plänen und Diagrammen.

Diese Symbolsprache lebt, entwickelt sich fort, erfordert einen steten Lernprozeß für jene, die sich ihrer bedienen müssen. Insbesondere sind nationale und internationale Normungen die Quelle, die die Sprache weiterentwickeln, ausformen und auf jene Basis stellen, die eine internationale Kommunikation ermöglicht.

Innerhalb der Elektrotechnik ist der Entwicklungs- und Ausformungsprozeß in einer Weise im Gange, daß eine fortgesetzte Beschäftigung mit der Symbolsprache unabdingbar ist. Die Hintergründe sind mannigfaltig. Deutlich prägend jedoch ist die Entwicklung der Elektronik, sowohl im schaltungstechnischen, wie auch im konstruktiv-/fertigungstechnischen Bereich. Die Entwicklung der Normungen über Schaltzeichen und Schaltpläne nimmt beispielsweise zur Zeit einen solchen Umfang an, daß ihre Anwendung nur zögernd und häufig nur in Teilaspekten erfolgt. Die Anwender in expandierenden Wissensdisziplinen haben vielfach über lange Zeiträume hin eine Sprache benutzt, die keine Syntax kannte. Nunmehr aufgefordert, internationale Regeln zu beachten, führt dies zu Überforderung, Abkehr und damit zwangsläufig zu einem Verlust an Sprachkenntnissen. Die Bemühungen, Rechner mit umfangreichen Symboldateien und Verknüpfungsroutinen als unterstützende Hilfe einzusetzen, sind hierfür ein Indiz.

Das vorliegende Werk will die Symbolsprache der Elektrotechnik in zentralen Bereichen des Zeichnungswesens geschlossen darstellen und die Anwendung praxisorientiert vermitteln. Von hier her ist auch der Titel verständlich. Das Werk ist gedacht als ein Lehrbuch für die studentische Ausbildung an Hochschulen und als Handbuch für die praktische Ingenieurarbeit. Die Verwendung in Berufsfachschulen und generell im Berufsfeld Elektrotechnik ist bei dem hohen Grad an Praxisorientiertheit durchaus gegeben.

Dem Verlag, insbesondere dem Lektorat Technik, gebührt Dank dafür, sich dem, wie Herausgeber und Autoren meinen, wichtigen Anliegen der Publizierung eines solchen Werkes aufgeschlossen gezeigt zu haben. In Gestaltung und Ausführung lehnt es sich stark an die Werkreihe „Konstruktive Gestaltung und Fertigung in der Elektronik'' an, was aufzeigt, wie das Werk übergreifend einzuordnen ist.

Dortmund, im Sommer 1982   Helmut Müller

Inhaltsverzeichnis

1 Grundlagen zeichnerischer Darstellung in der Elektrotechnik

von Prof. Dipl.-Ing. Helmut Fritzsche, Dortmund

Die zeichnerische Darstellung in der Elektrotechnik baut auf denselben Grundlagen auf, wie dies in den anderen technischen Fachgebieten der Fall ist, z. B. im Maschinenbau, im Stahlbau oder in der Architektur. Jedes Fachgebiet hat aber zusätzlich besondere Darstellungsverfahren entwickelt. In der Elektrotechnik ist dies besonders das umfangreiche Werk der Schaltungsdokumentation, auf welche in Kapitel 3 eingegangen wird.

In diesem Kapitel sollen die allgemeinen Regeln für die Erstellung technischer Zeichnungen besprochen werden, wobei der Schwerpunkt der Ausführungen bei der Darstellung elektrofeinmechanischer Geräte liegt.

Anmerkung für die Bildbetrachtung:

Innerhalb der Abschnitte 1.1 bis 1.3 werden Bilder vorauszitiert, die dem Abschnitt 1.4 zuzuordnen sind. Dies geschieht, um durch mannigfaltige Beispiele ausgeführter Konstruktionen das Verständnis zu verdichten. Es handelt sich um die Bilder 1.113 bis 1.156. Um das Auffinden der einzelnen Bildnummern zu erleichtern, sind die Bilder in einem geschlossenen Bildteil dem Text des Abschnittes 1.4 angefügt.

1.1 Darstellungsarten und ihre Anwendung

Das Technische Zeichnen hat die Aufgabe, räumliche Gebilde (dreidimensional) auf einer ebenen Zeichenfläche, d. h. zweidimensional, abzubilden. Gelöst wird diese Aufgabe mit Hilfe der Darstellenden Geometrie. Maßgebend für die Auswahl der anwendbaren Verfahren sind einerseits die Möglichkeit, aus der Zeichnung Längen und Winkel zu entnehmen, also Maßgerechtigkeit und Winkeltreue zu bieten, andererseits soll die Zeichnung anschaulich sein. Beide Forderungen widersprechen einander.

Die Darstellende Geometrie bedient sich des Verfahrens der Projektion, vergleichbar des Erzeugens von Schattenbildern eines räumlichen Gebildes auf eine ebene Fläche durch eine Lichtquelle, das „Projektionszentrum".

1.1.1 Die Zentralprojektion oder Zentralperspektive

Das Projektionszentrum befindet sich in endlicher Entfernung, die Projektionsstrahlen sind also nicht parallel. Verwendung findet dieses Verfahren hauptsächlich in Architektur und Malerei. Die Projektionsstrahlen laufen in den Fluchtpunkten zusammen oder gehen von diesen „Lichtquellen" aus. Man erhält anschauliche, aber nicht maßstäbliche und nicht winkelgetreue Abbildungen, Bilder 1.1 und 1.2.

Die Zentralperspektive wird auf Grund ihrer großen Anschaulichkeit besonders gern dann benutzt, wenn die im Bild enthaltene technische Information an Betrachter weitergegeben werden soll, die zumeist Laien im entsprechenden Sachgebiet sind. Sie können aus

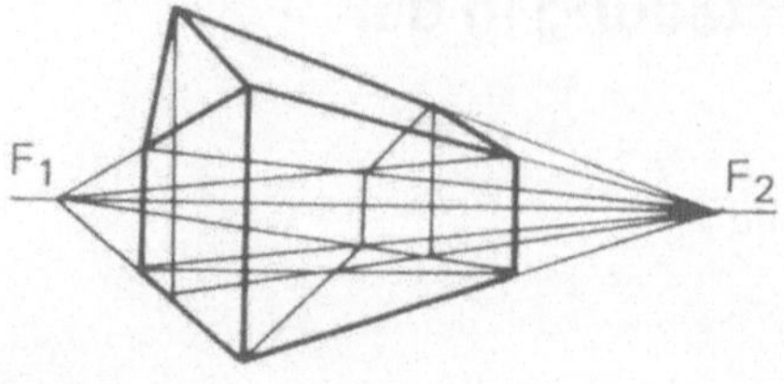

Bild 1.1

Zentralprojektion eines Hauses

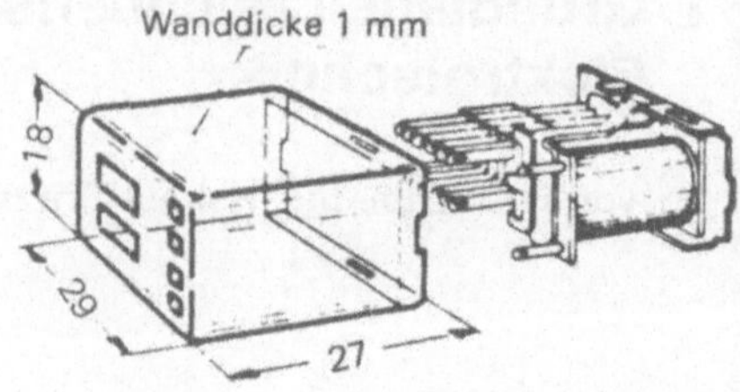

Bild 1.2 Schutzkappe in Zentralperspektive

Zusammenbauzeichnungen, Einbaudarstellungen, Übersichtsskizzen solcher Darstellungsart leicht das für sie Wissenswerte entnehmen.

Jede photographische Aufnahme unterliegt den Gesetzen der Zentralperspektive und ist
deshalb für dieselben Zwecke gleich gut geeignet.

1.1.2 Schrägprojektionen

Legt man das Projektionszentrum (den Fluchtpunkt oder die Lichtquelle) unendlich weit
weg, werden die Projektionsstrahlen parallel. Man erhält die axonometrischen Projektionen.
Am Körper parallel laufende Kanten erscheinen bildlich ebenfalls parallel. Aus der Vielzahl der möglichen axonometrischen Projektionen wurden in DIN 5 (Dez. 1970) zwei
genormt: in Teil 1 die isometrische Projektion und in Teil 2 eine bewährte Art der dimetrischen Projektion.

1.1.2.1 Die isometrische Projektion

In allen 3 Achsrichtungen wird der gleiche Maßstab verwendet (griech. isos: gleich). Bild
1.3 zeigt einen Würfel mit aufgesetztem Zylinder. Die Quadrate werden zu Rhomben, die
Kreise zu Ellipsen. Der aufgesetzte Zylinder
hat den wirklichen Durchmesser $d = 2r$, in
isometrischer Darstellung ist sein größter
scheinbarer Durchmesser jedoch $d' = 1{,}22\ d$.
In isometrischer Darstellung erscheinen alle
Körper größer als sie in Wirklichkeit sind!

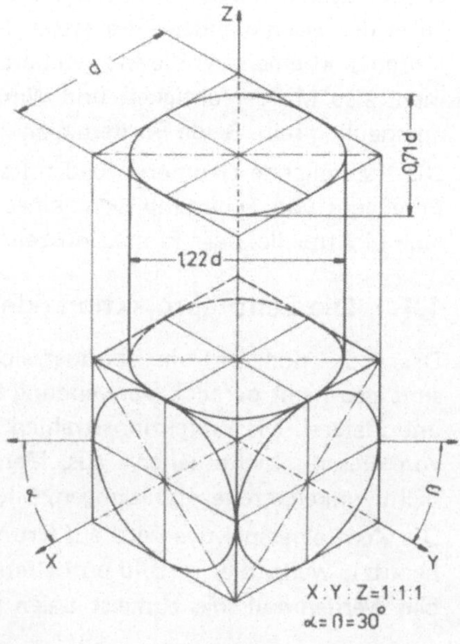

Bild 1.3

Isometrische Darstellung nach DIN 5

Man wendet diese Projektionsart vorzugsweise dann an, wenn in allen 3 Ansichten wesentliche Aussagen gemacht werden sollen. Die Strecken parallel zu den Koordinatenachsen sind maßstäblich, die übrigen Strecken nicht maßstäblich und die Winkel sind verzerrt.

Bild 1.137 zeigt in isometrischer Darstellung die Einzelteile eines Drehkondensators, im auseinander gebauten Zustande montagegerecht angeordnet, eine sog. „Explosionszeichnung" dieses Gerätes. Sie läßt auch den Nichtfachmann schnell und mühelos den Aufbau und die Wirkungsweise dieser veränderbaren Kapazität erkennen. Bild 1.4 zeigt ein einfaches Beispiel mit Vermaßung.

1.1.2.2 Die dimetrische Projektion

Wie schon der Name sagt, werden 2 Maßstäbe verwendet (griech. dis: zweimal). Die Längen auf derjenigen Achse, welche unter dem Winkel 42° geneigt ist, also gewissermaßen die Achse, welche aus der Zeichenebene herauskommt, werden auf die Hälfte verkürzt. So entsteht ein Bild des Körpers, welches der Wirklichkeit nahe kommt.

In Bild 1.5 ist ein Würfel mit aufgesetztem Zylinder dargestellt, ähnlich dem isometrischen Beispiel gestaltet. Die Quadrate werden zu Rhomben, bzw. zu Rhomboiden, die Kreise zu Ellipsen. Die große Achse der Ellipse E_1 liegt waagerecht, die große Achse der Ellipse E_2 steht senkrecht auf der 7°-Achse des Koordinatensystems, beide Ellipsen haben das Achsenverhältnis 1 : 3. Die vordere Ellipse E_3 kann durch einen Kreis ersetzt werden, eine Näherungskonstruktion ist angedeutet. Der Körper erscheint nur um einen geringen Betrag vergrößert, der scheinbare Zylinderdurchmesser ist $d' = 1{,}06\,d$. Die Strecken parallel zu den Koordinatenachsen sind maßstäblich, jedoch parallel zur x-Achse auf die Hälfte

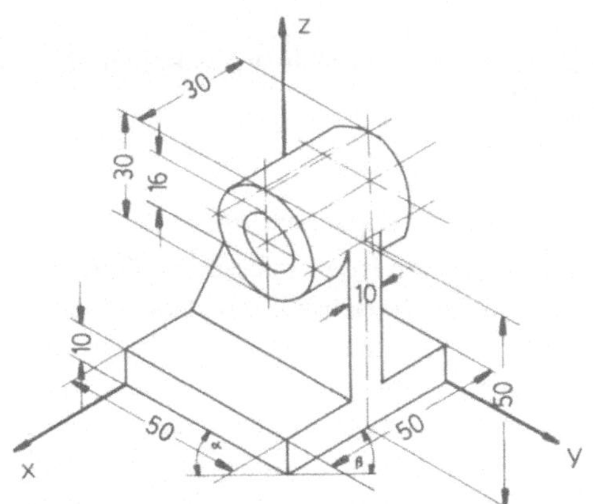

Bild 1.4 Lagerbock in isometrischer Darstellung

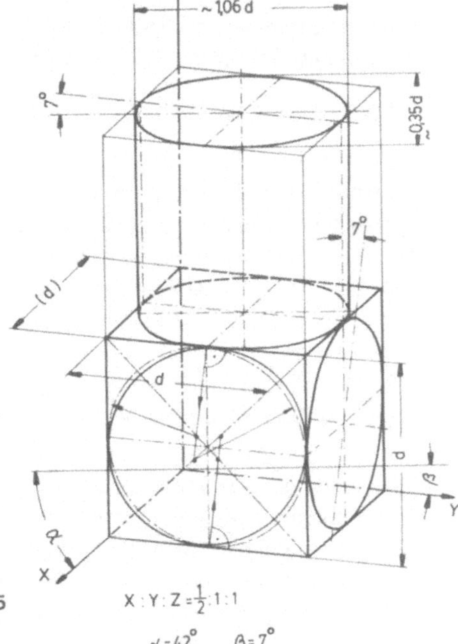

Bild 1.5
Dimetrische Darstellung nach DIN 5

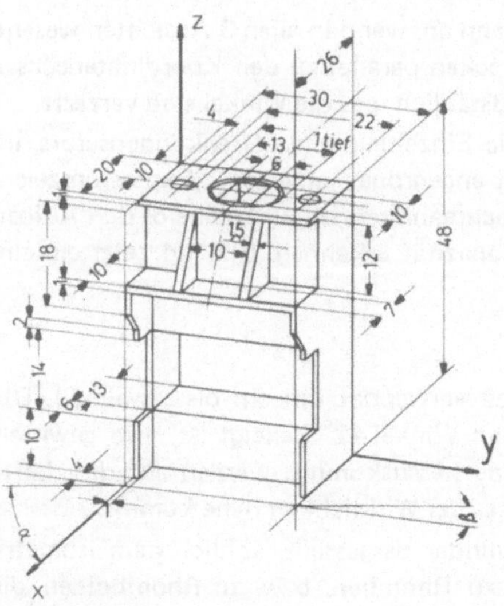

Bild 1.6 Gehäuse in dimetrischer Darstellung

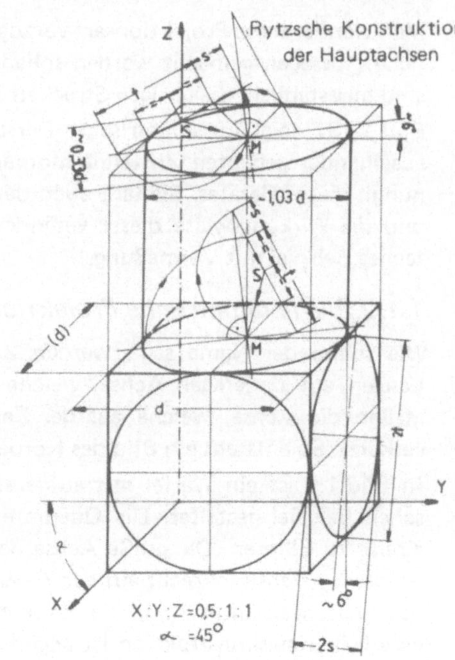

Bild 1.7 Darstellung in Kavalierperspektive

verkürzt. Strecken in allgemeiner Lage im Raume bilden sich nicht maßstäblich ab, und die Winkel sind verzerrt. Eine Anwendung zeigt Bild 1.6.

1.1.2.3 Die Kavalierperspektive

Sie ist eine nicht genormte axonometrische Projektion mit einfachem Aufbau.

Die Ähnlichkeit mit der genormten dimetrischen Projektion ist groß, doch ist die Kavalierperspektive einfacher zu zeichnen, da nur eine Koordinatenachse unter dem Winkel 45° die räumliche Vorstellung unterstützen soll. In dieser Richtung werden die Längen auf die Hälfte verkürzt. In der Zeichenebene herrscht Maß- und Winkeltreue, dies gilt jedoch nicht für Strecken und Flächen in allgemeiner Lage. Bild 1.7 zeigt wieder einen Würfel mit einem aufgesetzten Zylinder wie in den beiden vorhergehenden Beispielen. Der scheinbare Zylinderdurchmesser ist auch hier etwa 1,06 d, Lage und Größe der Ellipsen sind nur geringfügig anders als bei der dimetrischen Projektion. Bild 1.8 vermittelt ein Beispiel mit Vermaßung.

Allen Schrägprojektionen nach Abschnitt 1.1.2 ist gemeinsam, daß sie, ebenso wie die Zentralperspektive, gut anschaulich sind, dieser gegenüber aber den Vorteil haben, zumindest in einigen Richtungen maßstabgetreu zu sein. Schrägprojektionen sind deshalb sehr geeignet für Entwurfs-, Angebots-, Patent- und Montagezeichnungen, für Zeichnungen von Leitungsführungen aller Art, sei es im Rohrleitungs- oder im Schaltanlagenbau oder bei der Verdrahtung von Geräten.

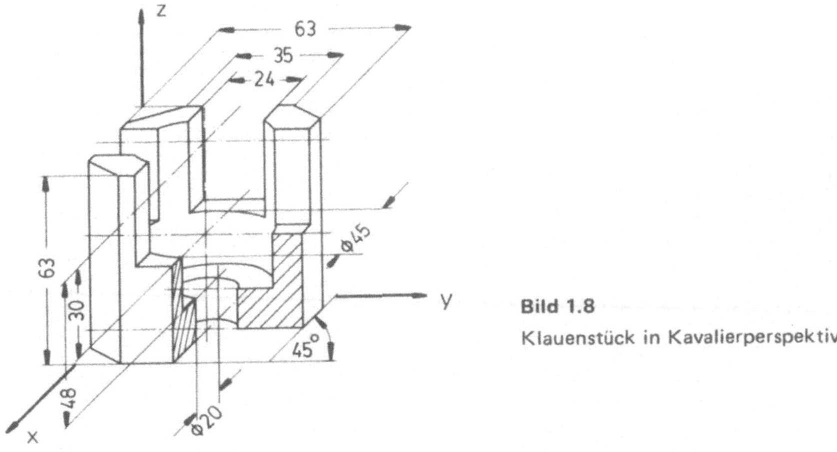

Bild 1.8

Klauenstück in Kavalierperspektive

1.1.3 Orthogonale (rechtwinklige) Dreitafelprojektion

Die Aufgabenstellung werde mit Hilfe der Kavalierperspektive erläutert, Bild 1.9. In einer räumlichen Ecke befindet sich ein Körper, im Beispiel ein Tetraeder, dessen „Schattenbilder" (= Projektionen) auf den 3 Ebenen Π_1 = Grundriß oder Draufsicht, Π_2 = Aufriß oder Vorderansicht und Π_3 = Seitenriß oder Seitenansicht zu erkennen sind. Die Projek-

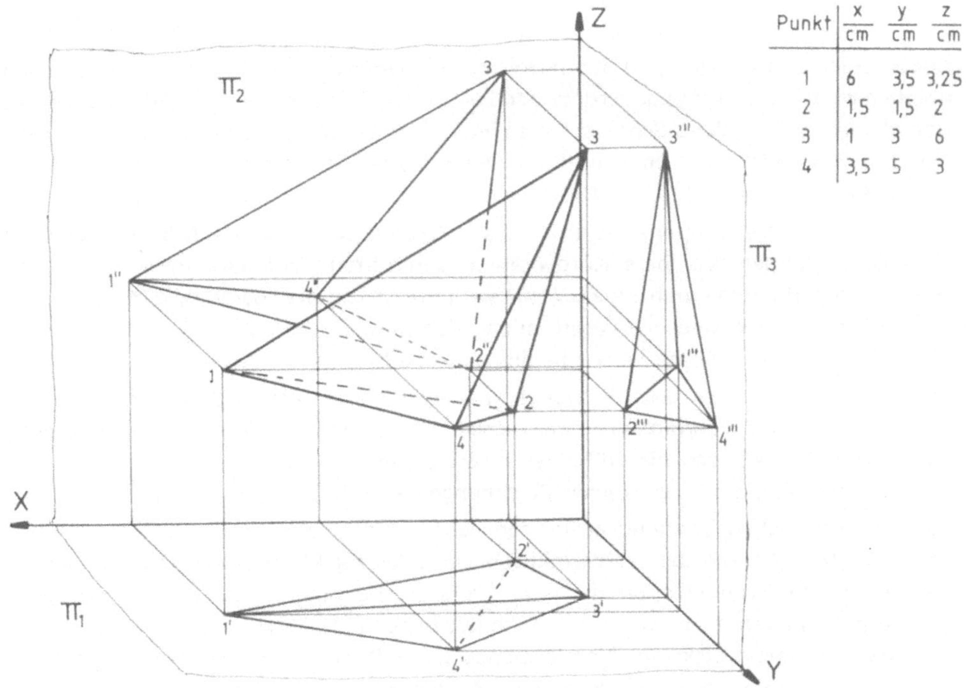

Punkt	$\frac{x}{cm}$	$\frac{y}{cm}$	$\frac{z}{cm}$
1	6	3,5	3,25
2	1,5	1,5	2
3	1	3	6
4	3,5	5	3

Bild 1.9 Räumliche Ecke mit Tetraeder und seinen 3 Rissen. Darstellung in Kavalierperspektive.

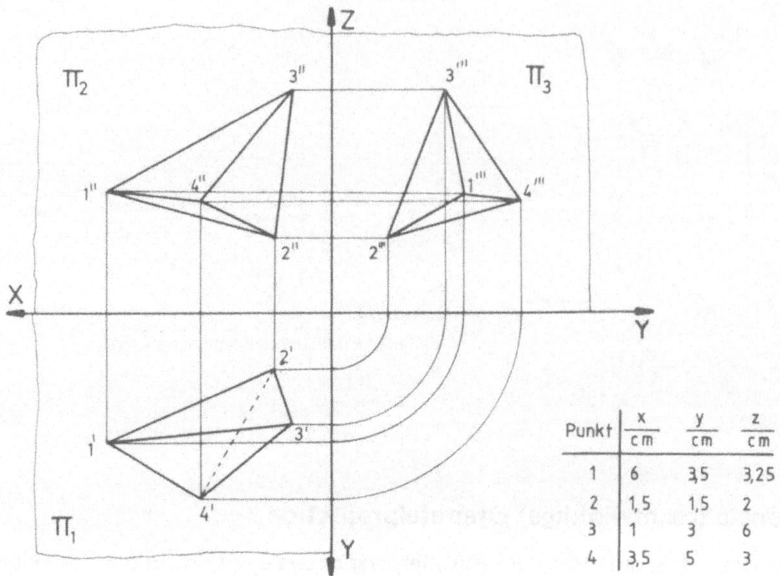

Punkt	$\dfrac{x}{cm}$	$\dfrac{y}{cm}$	$\dfrac{z}{cm}$
1	6	3,5	3,25
2	1,5	1,5	2
3	1	3	6
4	3,5	5	3

Bild 1.10 Tetraeder aus Bild 1.9 in rechtwinkliger Dreitafelprojektion.

tionsstrahlen (= Lichtstrahlen) stammen von 3 unendlich fernen Quellen. Sie sind also untereinander parallel und außerdem parallel zu den 3 Achsen, treffen mithin die Projektionsebenen rechtwinklig. Schneidet man jetzt die y-Achse der Länge nach auf, kann man die Grundrißebene nach unten und die Seitenrißebene nach rechts klappen um jeweils 90° und erhält Bild 1.10. Alle 3 Rißebenen liegen jetzt in einer Ebene: der Zeichenebene.

Die entsprechenden Rißpunkte werden durch Ordnungslinien (= schmale Vollinien) miteinander verbunden, sichtbare Körperkanten durch breite Vollinien, unsichtbare (= verdeckte) Körperkanten durch etwa 0,7 mal so breite Strichlinien dargestellt. Körperkanten, die parallel zu einer Rißebene liegen, bilden sich in dieser in wahrer Größe ab. Wenn sie nicht parallel liegen, müssen sie erst in eine parallele Lage gedreht werden.

Die meisten technischen Gebilde besitzen parallele Körperkanten. Dreht man sie so, daß sie parallel zu den Koordinatenachsen liegen, hat die rechtwinklige Dreitafelprojektion den großen Vorteil, daß die Rißbilder maßstab- und winkelgetreu sind. Jedoch ist sie wenig anschaulich, das Lesen solcher Zeichnungen erfordert Übung.

Fast alle technischen Zeichnungen für den Gebrauch der Fachleute untereinander werden nach den Grundsätzen der rechtwinkligen Dreitafelprojektion entworfen, Achsenkreuz und Ordnungslinien werden weggelassen. Ein Beispiel aus dem Antrieb für die Verstellung von Potentiometern zeigt Bild 1.11 in isometrischer Projektion und Bild 1.12 in rechtwinkliger Dreitafelprojektion. Vergleichende Darstellungen zwischen isometrischer und dimetrischer Schrägprojektion einerseits und der entsprechenden orthogonalen Projektion andererseits sind auf Bild 1.13 und Bild 1.14 zu finden.

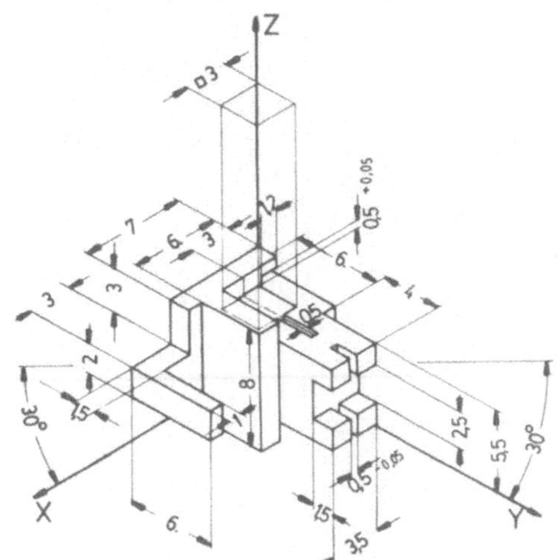

Werkstoff: FS 11,5 DIN 7708 Blatt 2 (=Phenoplast)
Farbe : RAL 3003 (=signalrot)
Isometrische Projektion nach DIN 5
X:Y:Z = 1:1:1   2x α = 30°

Bild 1.11 Mehrzweckstein in isometrischer
Darstellung

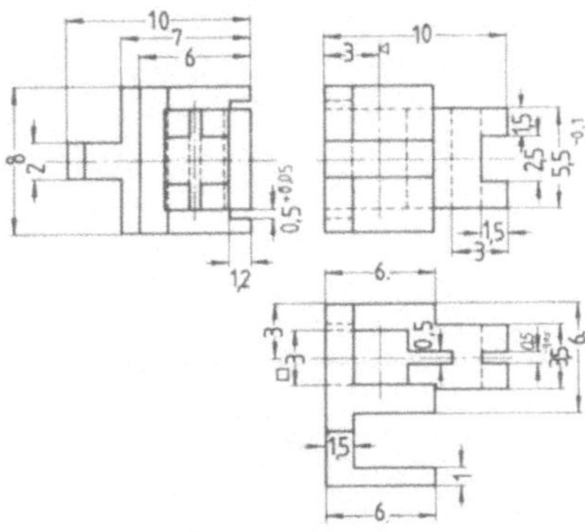

Werkstoff: FS 11,5 DIN 7708 Bl.2 (=Phenoplast)
Farbe: RAL 3003
        (= signalrot)
Maße ohne Toleranzangabe nach A DIN 7710

Bild 1.12 Mehrzweckstein in rechtwinkliger
Dreitafelprojektion

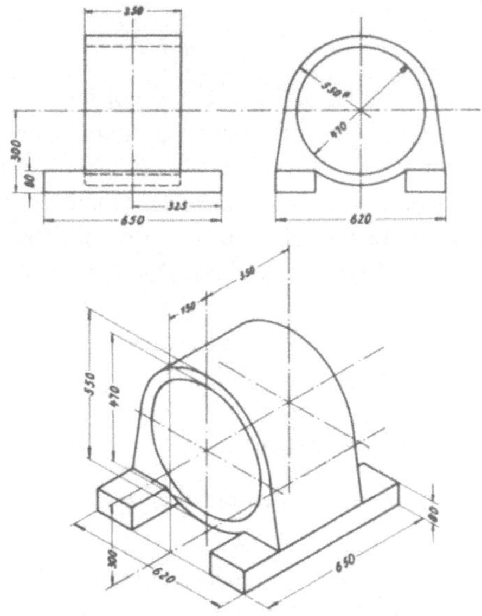

Werkstoff GG-15 (Grauguß nach DIN 1691)

Motorgehäuse
Rechtwinklige Projektion DIN 6 und
isometrische Schrägprojektion DIN 5

Bild 1.13
Vergleichende Darstellung

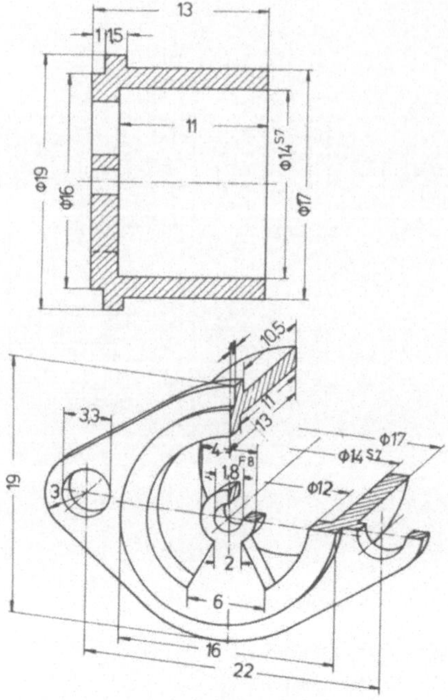

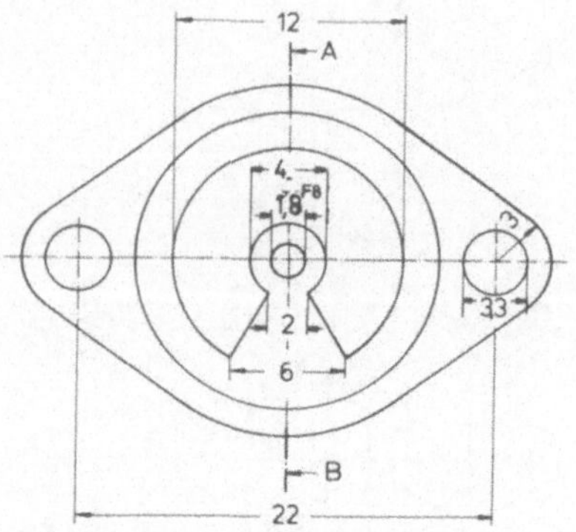

Bild 1.14 Vergleichende Darstellung

1.2 Darstellungssystematik

Die erstmalige Herstellung einer technischen Zeichnung ist vielfach ein schöpferischer Vorgang. Dem Gestaltungswillen des Konstrukteurs oder des technischen Zeichners sind Grenzen gesetzt vornehmlich durch die Naturgesetze und durch die Wirtschaftlichkeit der Umsetzung seiner Ideen in die Wirklichkeit. Hinsichtlich der Form der Darstellung seiner Ideen sind jedoch eine Reihe von Normen zu beachten, also von Vorschriften, die im Laufe der Jahre auf Grund der Erfahrungen entwickelt wurden. Die Einhaltung der Normen auf dem Gebiete der Darstellung technischer Gebilde erleichtert das Verständnis dessen, was der Urheber der Zeichnung sagen will und es ist deshalb dringend erforderlich, daß die entsprechenden Normen auch angewendet werden.

1.2.1 Linien in Zeichnungen, Linienarten und Linienbreiten

Nach DIN 15 (Dez. 1967) gibt es 4 Linienarten, Bild 1.15. Die Linienbreiten werden nach 2 Reihen unterschieden:

Reihe 1:   enthält die für das Anfertigen technischer Zeichnungen grundlegenden Linienbreiten, ihre Werte folgen dem Stufensprung $\sqrt{2}$.

Reihe 2:   enthält die früheren Werte dieser Norm, sie sollen bei der Neuanfertigung von Zeichnungen nicht mehr verwendet werden.

▬▬▬▬▬▬▬	Vollinie	0,7
▬ ▬ ▬ ▬ ▬ ▬ ▬	Strichlinie	0,5
▬ · ▬▬ · ▬	Strichlinie	0,35
～～～～～	Freihandlinie	0,35

Bild 1.15
Linienarten, Liniengruppe 0,7

Folgende Linienbreiten (in mm) sind festgelegt:

Reihe 1: 0,13 0,18 **0,25 0,35 0,5 0,7** 1,0 1,4 usw., wenn erforderlich

Reihe 2: 0,1   0,2   0,3   0,4   0,5 0,6 0,8 1,2

Der Stufensprung ist derselbe wie bei den Formaten (DIN 823), so daß bei Vergrößerung oder Verkleinerung einer Zeichnung stets wieder eine genormte Linienbreite entsteht, wenn von einem Normformat auf ein anderes gewechselt wird. Die fettgedruckten Linienbreiten sind zu bevorzugen. Es genügen also 4 Größen von Tuscheschreibgeräten für die Zeichnenarbeit und für die Beschriftung, siehe Abschnitt 1.2.2. Linienarten und Linienbreiten sind zu Liniengruppen zusammengefaßt (Tafel 1.1).

Tafel 1.1 Liniengruppen (Angaben in mm)

breite Vollinie	a	0,25	0,35	**0,5**	**0,7**	1,0	1,4
schmale Vollinie	b	0,13	0,18	**0,25**	**0,35**	0,5	0,7
Strichlinie	c	0,18	0,25	**0,35**	**0,5**	0,7	1,0
breite Strichpunktlinie	d	0,25	0,35	**0,5**	**0,7**	1,0	1,4
schmale Strichpunktlinie	e	0,13	0,18	**0,25**	**0,35**	0,5	0,7
Freihandlinie	f	0,13	0,18	**0,25**	**0,35**	0,5	0,7

Fettgedruckte Werte bevorzugen!

Je nach Größe und Art der Zeichnung ist die am besten geeignete Liniengruppe zu wählen. In ein und derselben Zeichnung sind nur Linienbreiten einer Liniengruppe anzuwenden. Einfache und große Darstellungen erfordern breitere Linien als kleine und komplizierte. Beispiel einer Liniengruppe in Bild 1.16, dargestellt ist Liniengruppe 0,5 Reihe 1, DIN 15.

Die Anwendung der Linienarten soll an den folgenden Beispielen vorgeführt werden:

breite Vollinie: sichtbare Körperkanten, Gewindebegrenzung (siehe Bild 1.151), Sechskantschraube mit Schlitz, Kerndurchmesser eines Muttergewindes

Beispiel: Liniengruppe 0,5 Reihe 1 DIN 15

a	▬▬▬▬▬	0,5
b	▬▬▬▬	0,25
c	▬ ▬ ▬ ▬ ▬	0,35
d	▬ · ▬▬ · ▬	0,5
e	▬▬ · ▬▬ · ▬	0,25
f	～～～～	0,25

Bild 1.16
Beispiel einer Liniengruppe

schmale Vollinie: Maßlinien, Maßhilfslinien, Kerndurchmesser eines Bolzengewindes, ebenfalls auf Bild 1.151

Außendurchmesser eines Muttergewindes

Schraffur eines Schnittes

Diagonalkreuze, Bild 1.54

Umrisse benachbarter Teile, Bild 1.143

in die Zeichenebene umgelegte Querschnitte

Bezugslinien

Lichtkanten

Biegekanten

Oberflächenzeichen

Strichlinie: unsichtbare (verdeckte) Körperkanten, Bild 1.114

durchsichtige Werkstoffe werden wie undurchsichtige behandelt! (Bild 1.128)

Fußkreise, Fußlinien bei Verzahnungen, Bild 1.132

schmale Strichpunktlinie: Mittellinien, Teilkreise der Zahnräder, Bild 1.129

Körperkanten, die vor einer Schnittfläche liegen (siehe Bild 1.132)

Lochkreise, Bild 1.81

Bearbeitungszugaben am Fertigteil

Fertigteil im Rohteil

Grenzstellungen von Hebeln, Kolben, Spulenkernen u. ä. (siehe Bild 1.129)

Darstellung der ursprünglichen Form, z. B. gestreckte Länge

Umgrenzung einer herausgezeichneten Einzelheit

breite Strichpunktlinie: (kürzere Striche als bei der schmalen Strichpunktlinie): Schnittverlauf

Begrenzung einer Oberflächen- oder Wärmebehandlung (siehe Bild 1.119)

Freihandlinie: Bruchkanten bei Werkstücken aus Metallen, Isolierstoffen, Steinen usw.

Zickzacklinie für Bruchkanten bei Werkstücken aus Holz (siehe Bild 1.122)

Besondere Linienarten sind angegeben in DIN 140 T7 für keramische Teile.

Strichpunkt-punktlinie: Bild 1.17, zur Kennzeichnung einer Teiloberfläche, die von der übrigen Oberfläche abweicht, z. B. mit der Wortangabe „unglasiert"

Punktlinie: Bild 1.18, wird verwendet für eine Teiloberfläche mit elektrisch leitendem Belag, z. B. mit der Wortangabe „galvanisch verkupfert"

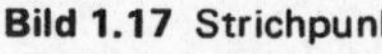

Bild 1.17 Strichpunktpunktlinie für keramische Bauteile

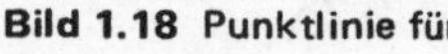

Bild 1.18 Punktlinie für keramische Bauteile

Auf einige immer wieder auftretende Fehler beim Zeichnen sei hingewiesen. Bei einer Strichlinie soll der Abstand zwischen den einzelnen Strichen gering sein, Bild 1.19. Entsprechendes gilt für Strichpunktlinien, und im Schnittpunkt zweier solcher Linien sollten sich auch wirklich die Striche schneiden, Bild 1.20. Freihandlinien, Bild 1.21, weichen nur wenig von einer Geraden ab, Zickzacklinien nur, wenn die Freihandlinie die Bruchkante eines Werkstückes aus Holz darstellen soll.

Bild 1.19 Strichlinie

Bild 1.20 Schmale Strichpunktlinien und ihr Schnittpunkt

Bild 1.21 Freihandlinie

1.2.2 Schriftgrößen und Linienbreiten

Die Art und die Güte der Schrift bestimmen wesentlich die Lesbarkeit und das Aussehen einer technischen Zeichnung. Eine schlechte Schrift verdirbt die beste Zeichnung!

Die lange Zeit geltenden deutschen Normen DIN 16 (Schrägschrift) und DIN 17 (senkrechte Schrift) sind in das internationale Normenwerk eingegangen und von dort zurückgekommen mit einigen Vereinfachungen als Schriftzeichen nach DIN 6776 (April 1976). Nach Abschluß ergänzender Arbeiten wird dieses Normblatt in DIN ISO 3098 umbenannt werden. Die Normen DIN 16 und DIN 17 sollen erst nach einer großzügig bemessenen Übergangszeit zurückgezogen werden.

Die eben genannten Normblätter entsprechen sich etwa wie folgt:

Schräge Normschrift DIN 16		Senkrechte Normschrift DIN 17	
Engschrift	Mittelschrift	Engschrift	Mittelschrift
DIN 6776 Schriftform A (kursiv)	DIN 6776 Schriftform B (kursiv)	DIN 6776 Schriftform A (senkrecht)	DIN 6776 Schriftform B (senkrecht)
d. h. unter 15° nach rechts geneigt			

Alle 4 Normschriften sind für Mikroverfilmung und sonstige photographische Reproduktionsverfahren geeignet. Die entsprechenden Schriftschablonen erleichtern das exakte Schreiben und sorgen somit für ein ordentliches Schriftbild. Der Abstand zwischen 2 benachbarten Linien soll mindestens das Zweifache der Linienbreite betragen, bei unterschiedlicher Linienbreite das Zweifache der breiteren Linie. Gleiche Linienbreiten sind für Groß- und Kleinbuchstaben vorgesehen.

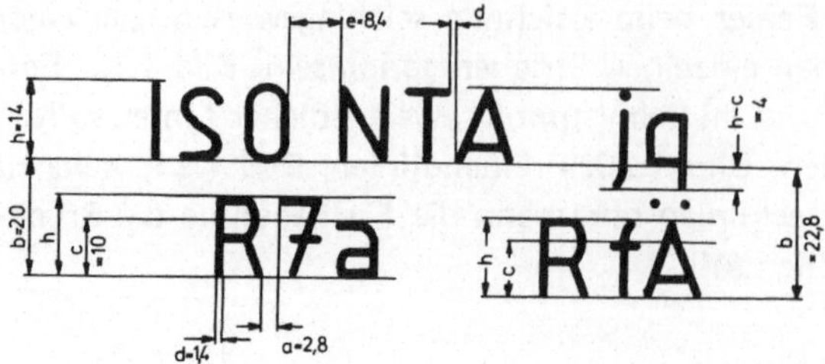

Bild 1.22

Schriftbeispiel 14 DIN 6776 B, vertikal

Grundlage für die Bemessung der Schriftzeichen ist die Höhe h der Großbuchstaben, Bild 1.22, nach der folgenden Nenngrößenreihe (Stufensprung $\sqrt{2}$):

$$h = 2{,}5 \quad 3.5 \quad 5 \quad 7 \quad 10 \quad 14 \text{ und } 20 \text{ mmm.}$$

Die Linienbreite beträgt $d = \dfrac{1}{14}$ h bei Schriftform A

$$d = \frac{1}{10} \text{ h bei Schriftform B.}$$

Das Beispiel Bild 1.22 zeigt einige Buchstaben und deren Abstände untereinander, für Schriftform B, vertikal mit h = 14 mm. Die Höhen h und c sollen mindestens 2,5 mm sein, d. h. die Schrift h = 2,5 mm sollte nur aus Großbuchstaben bestehen.

Die Grundabmessungen für alle Schriftgrößen h sind dem Bild 1.23 zu entnehmen. Aus den angegebenen Formeln lassen sich die Zahlenwerte für die in Bild 1.22 durch Buchstaben gekennzeichneten Höhen, Breiten und Abstände berechnen. Beim Vorhandensein von Unterlängen ist für den Mindestabstand b zwischen den Grundlinien der größere der beiden Faktoren von h in die Rechnung einzusetzen. Zahlenwerte der Grundabmessungen für alle Schriftgrößen sind im Normblatt zu finden. Die beiden Verhältniswerte 1/14 und 1/10 für d/h gestatten es, mit einem Minimum an Linienbreiten auszukommen.

		Schriftform A	Schriftform B
Höhe der Großbuchstaben	h	14/14 h	10/10 h
Höhe der Kleinbuchstaben ohne Ober – oder Unterlängen	c	10/14 h	7/10 h
Mindestabstand zwischen den Schriftzeichen, allgemein	a	2/14 h	2/10 h
bei TA LV LA u.ä.	$\frac{a}{2} = d$	1/14 h	1/10 h
Mindestabstand zwischen den Grundlinien	b	20/14h (22/14h)	14/10h (16/10h)
		Klammerwerte bei Unterlängen	
Mindestabstand zwischen den Wörtern	e	6/14 h	6/10 h
Linienbreite	d	1/14 h	1/10 h

Bild 1.23 Grundabmessungen der Schrift nach DIN 6776

Die senkrechte Normschrift wird in den Zeichnungen der angelsächsischen Länder meistens angewendet. Auch in der Bundesrepublik Deutschland gewinnt sie mehr und mehr an Bedeutung. Sie ist für Mikroverfilmung sehr gut geeignet. In Stücklisten, Datenverarbeitungsanlagen, Beschriftungsmaschinen u. ä. wird ebenfalls mit senkrechter Schrift gearbeitet.

Maßstäbliche Vorlagen für alle Buchstaben, für die Zahlen und die sonstigen Schriftzeichen in schräger und in senkrechter Ausführung sind auf den Beiblättern 1 und 2 zu DIN 6776 T1 (April 1976) zu finden. Diese Beiblätter und die entsprechenden Schriftschablonen sind im Handel erhältlich.

1.2.3 Formate, Maßstäbe

Beim Zeichnen und beim Schreiben braucht man unterschiedliche Größen der Arbeitsflächen. Für den Aufbau eines Systems der Formate braucht man eine Ausgangsfläche als Basis. Geht man z. B. von einem Quadrat aus, Bild 1.24, so ergibt sich durch Halbieren ein Rechteck. Wird dieses erneut halbiert, entstehen zwei Quadrate usw. Es ergeben sich zwei einander ähnliche Formen der Teilflächen.

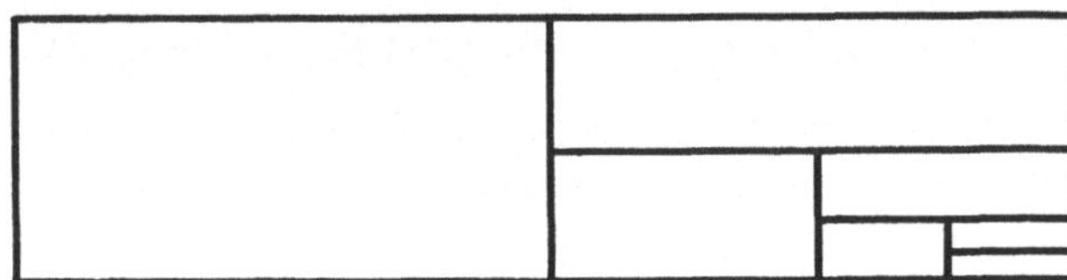

Bild 1.25 Langgestrecktes Rechteck als Ausgangsfläche

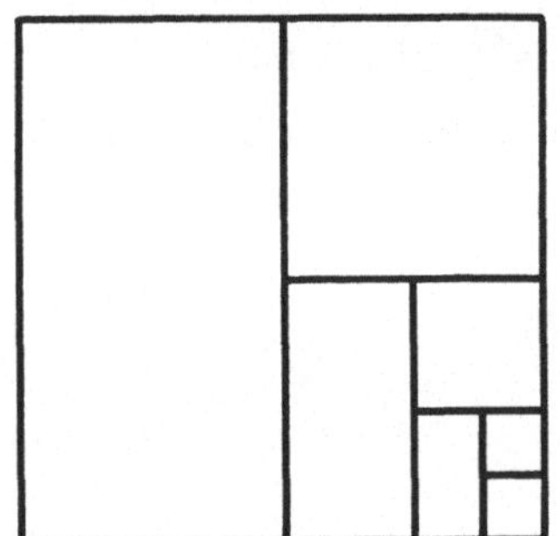

Bild 1.24 Quadrat als Ausgangsfläche

Teilt man ein langgestrecktes Rechteck nach demselben Verfahren, Bild 1.25, entstehen zwei verschiedene Sorten von Rechtecken mit jeweils unter sich gleichen Seitenverhältnissen.

Anzustreben ist eine Ausgangsfläche, offensichtlich eine Rechteckfläche, welche durch wiederholtes Halbieren nur in Rechtecke desselben Seitenverhältnisses wie die Ausgangsfläche zerlegt wird, Bild 1.26. Bezeichnet man seine Seiten mit x und y, so hat das erste halbierte Rechteck die Seitenlängen y/2 und x. Das Verhältnis der Seiten zueinander soll gleich sein, also

$$\frac{y}{x} = \frac{x}{y/2}, \text{ daraus } y = x\sqrt{2}.$$

Nun ist in DIN 476 (April 1939) als Ausgangsfläche $A = 1\ m^2$ festgelegt worden, dadurch ergeben sich die folgenden beiden Gleichungen mit 2 Unbekannten:

$$x \cdot y = 1\ m^2 \text{ und } y = x \cdot \sqrt{2}.$$

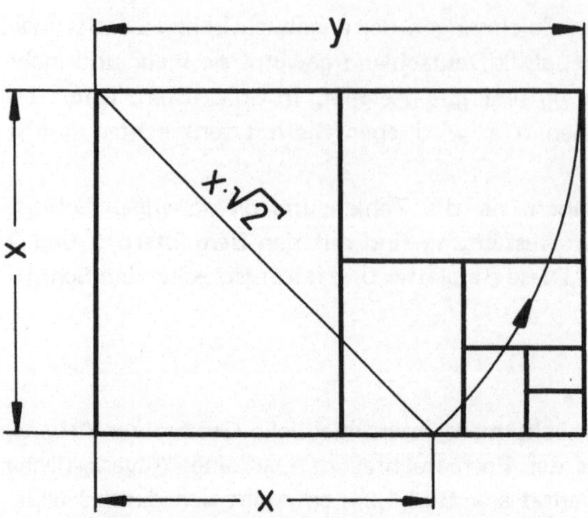

Bild 1.26
Ausgangsfläche für DIN-Formate

Die Lösung lautet:

$$x \cdot x \cdot \sqrt{2} = 1 \text{ m}^2 \qquad x = 0,841 \text{ m und } y = 0,841 \text{ m} \cdot x \cdot \sqrt{2} = 1,189 \text{ m.}$$

Dieses Ausgangsformat wird mit DIN A 0 bezeichnet. Durch Halbieren entstehen die kleineren Formate mit den folgenden Abmessungen:

Tafel 1.2 Blattformate nach DIN 476

Blattgrößen	
Kurzzeichen	Seitenlängen in mm
A 0	841 X 1189
A 1	594 X 841
A 2	420 X 594
A 3	297 X 420
A 4	210 X 297
A 5	148 X 210
A 6	105 X 148

Alle Blätte können sowohl in der Hochlage wie in der Breitlage verwendet werden. Bei DIN A 4 wird die Hochlage bevorzugt, weil die im Hefter aufbewahrten Zeichnungen dadurch bequem eingesehen werden können.

Außer der A-Reihe gibt es noch die größere C-Reihe und die noch etwas größere B-Reihe für abhängige Formate von Briefhüllen, Mappen, Aktenordnern usw.

Beim Verkleinern oder Vergrößern eines Formates der A-Reihe ergeben sich infolge des Stufensprunges $\sqrt{2} \approx 1,41$ stets wieder genormte Werte für die Schriftgröße h und die Linienbreiten d = 1/14 h für Schriftform A und d = 1/10 h für Schriftform B. Die folgende Übersicht möge dies, in Verbindung mit Bild 1.26, verdeutlichen.

Tafel 1.3 Formatverkleinerung

Verkleinerung um	Verminderung der Blattfläche auf	Verkürzung der Längen, Schrift-höhen, Linienbreiten auf	
			genau
1 Format	0,5000	0,71	0,7071
2 Formate	0,2500	0,50	0,5000
3 Formate	0,1250	0,35	0,3536
4 Formate	0,0625	0,25	0,2500
5 Formate	0,0313	0,18	0,1768
6 Formate	0,0156	0,13	0,1250

Tafel 1.4 Formatvergrößerung

Vergrößerung um	Vergrößerung der Blattfläche auf	Vergrößerung der Längen, Schrift-höhen, Linienbreiten auf	
			genau
1 Format	2,0000	$\sqrt{2} = 1{,}4$	1,4142
2 Formate	4,0000	$\sqrt{4} = 2{,}0$	2,0000
3 Formate	8,0000	$\sqrt{8} = 2{,}8$	2,8284
4 Formate	16,0000	$\sqrt{16} = 4{,}0$	4,0000
5 Formate	32,0000	$\sqrt{32} = 5{,}7$	5,6569
6 Formate	64,0000	$\sqrt{64} = 8{,}0$	8,0000

Die *Maßstäbe* sind in DIN ISO 5455 (Dez. 1979) wie folgt genormt:

M = 1 : 2, 1 : 5, 1 : 10, 1 : 20, 1 : 50 usw. für Verkleinerungen,

M = 1 : 1 für natürliche Größe,

M = 2 : 1, 5 : 1, 10 : 1 für Vergrößerungen.

Im Schriftfeld der Zeichnung sind der Hauptmaßstab in großer, die übrigen Maßstäbe in kleiner Schrift anzugeben, letztere sind bei den zugehörigen Darstellungen zu wiederholen. Bei Vergrößerungen kleiner Teile ist eine vereinfachte Wiedergabe im M = 1 : 1 ohne Maße hinzuzufügen, damit der Betrachter den richtigen Eindruck von der Größe des abgebildeten Gegenstandes erhält.

1.2.4 Lage der abzubildenden Gegenstände

In Gesamtzeichnungen, z. B. Übersichtszeichnungen für den Kunden, Montageplänen, Gruppenzeichnungen (siehe Abschnitt 1.3) u. ä. werden die Gegenstände im allgemeinen in ihrer Gebrauchslage dargestellt, also einen Mast stehend, die Fahrbahn einer Brücke horizontal. In Teilzeichnungen sind Gegenstände, die in beliebiger Lage verwendet werden können, z. B. Kontaktniete, Schrauben, Muttern u. ä. bevorzugt in der Fertigungslage darzustellen. Ist diese nicht bekannt, oder kann sie beliebig sein, sollte eine solche Lage gewählt werden, in welcher sich das Teil einfach und unmißverständlich abbilden läßt. Gleiches gilt für die Darstellung von Baugruppen, z. B. von Relais, Potentiometern, Kondensatoren u. ä., Bild 1.27.

Für die Anordnung der Ansichten gilt nach DIN 6 (März 1968) die Grundregel der recht-winkligen Dreitafelprojektion nach Abschnitt 1.1.3, das ist die ISO-Methode E bzw.

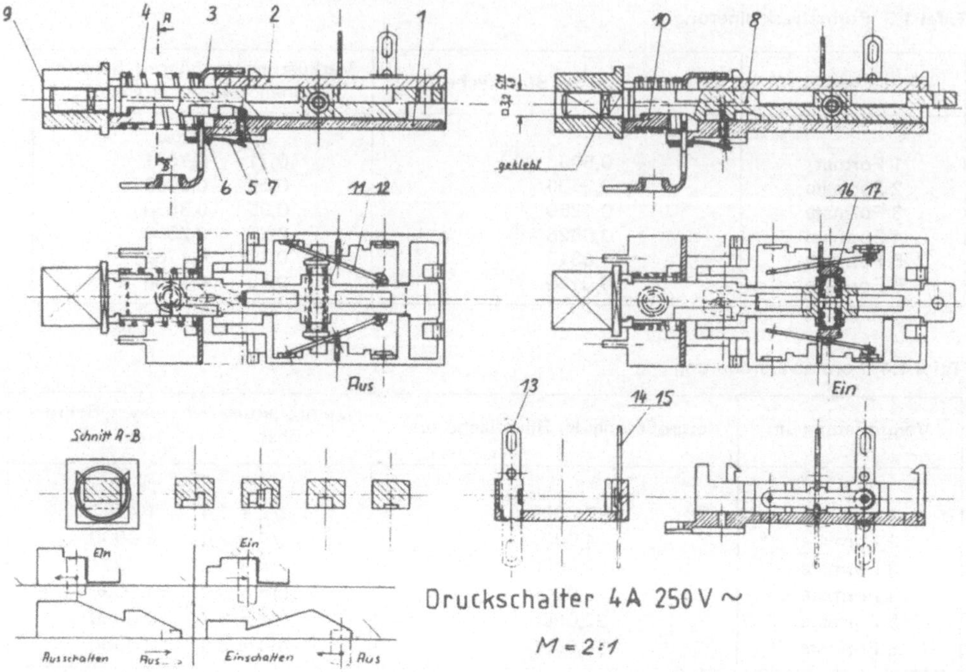

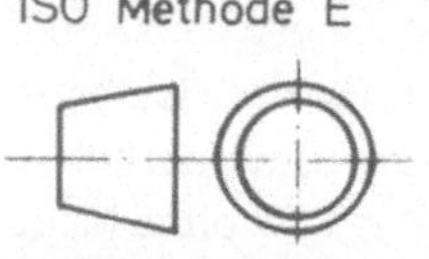

Bild 1.27 Lage abzubildender Gegenstände

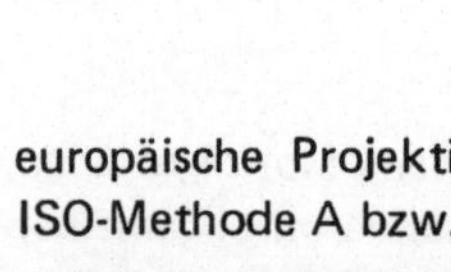

ISO Methode E

Bild 1.28 ISO-Methode E

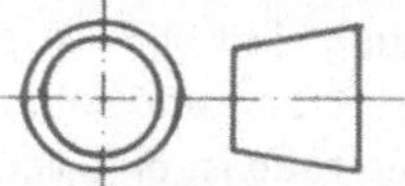

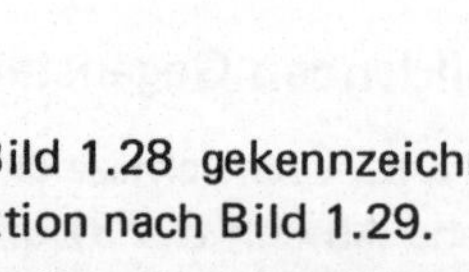

ISO Methode A

Bild 1.29 ISO-Methode A

europäische Projektion. Sie wird nach Bild 1.28 gekennzeichnet. Daneben gibt es die ISO-Methode A bzw. amerikanische Projektion nach Bild 1.29.

Bei der amerikanischen Projektion ist gegenüber der europäischen die Lage der Ansichten vertauscht: die Ansicht von links wird links vom Aufriß plaziert, bei der europäischen Projektion steht sie rechts. Entsprechendes gilt für die anderen Ansichten.

Es empfiehlt sich, bei Zeichnungen für überseeische Länder das in Betracht kommende Projektionszeichen in der Nähe des Schriftkopfes anzubringen.

Die fertigen Zeichnungen sollen in derjenigen Lage, in der sie am vorteilhaftesten gebraucht werden können, von unten und von rechts lesbar sein, Beispiel Antriebssegment Bild 1.119.

1.2.5 Anzahl der Ansichten und Schnitte, Lage der Schnitte, vereinfachte oder sinnbildliche Darstellungen

1.2.5.1 Ansichten

Bei der Darstellung eines Körpers in rechtwinkliger Parallelprojektion ergeben sich 6 Ansichten. Meistens wird man mit weniger auskommen können. Im Bild 1.30 eines Schalthebels sind 4 Ansichten und 1 Schnitt (siehe Abschnitt 1.2.5.2) für erforderlich gehalten worden. Grundsätzlich müssen so viele Ansichten und Schnitte gezeichnet werden, wie zur eindeutigen Darstellung des Gegenstandes notwendig sind. Für runde Körper genügt

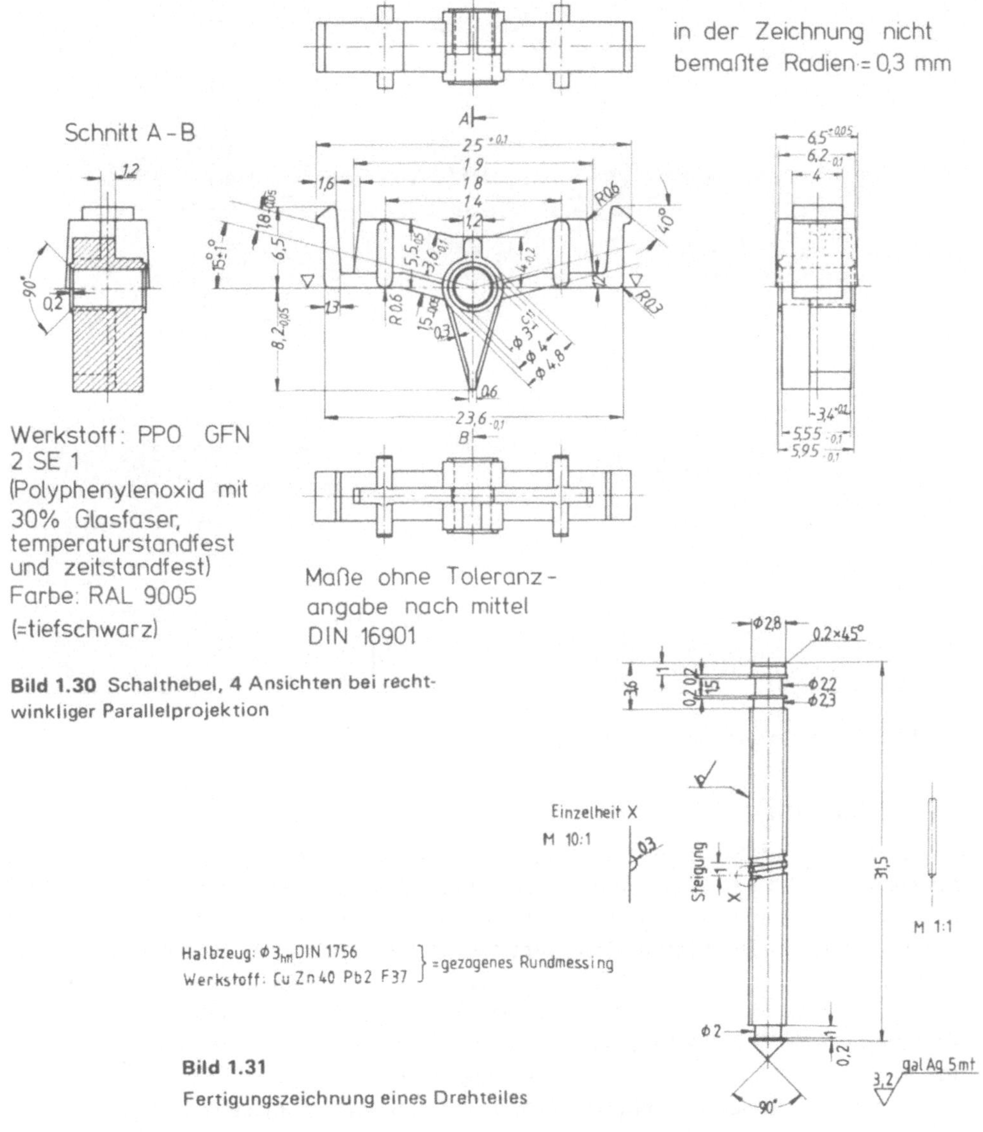

Bild 1.30 Schalthebel, 4 Ansichten bei rechtwinkliger Parallelprojektion

Bild 1.31
Fertigungszeichnung eines Drehteiles

eine Ansicht, Bild 1.31 (Spindel eines Potentiometer-Antriebes), desgl. für ebene Platten, Bild 1.32, welches das zugehörige Fundament zeigt.

Wenn Ansichten nicht an der richtigen Stelle untergebracht werden können, z. B. bei Platzmangel, oder wenn durch eine nachträgliche Änderung der fertigen Zeichnung eine weitere Ansicht notwendig geworden ist, kann diese an geeigneter Stelle gezeichnet werden. Verdrehungen der Lage der Ansicht sollten dabei nach Möglichkeit vermieden werden. Kennzeichnung der besonderen Gegebenheit durch Pfeil in Blickrichtung und das Wort „Ansicht" X (YZ), siehe Bild 1.122 (Kontaktnietträger), ist erforderlich.

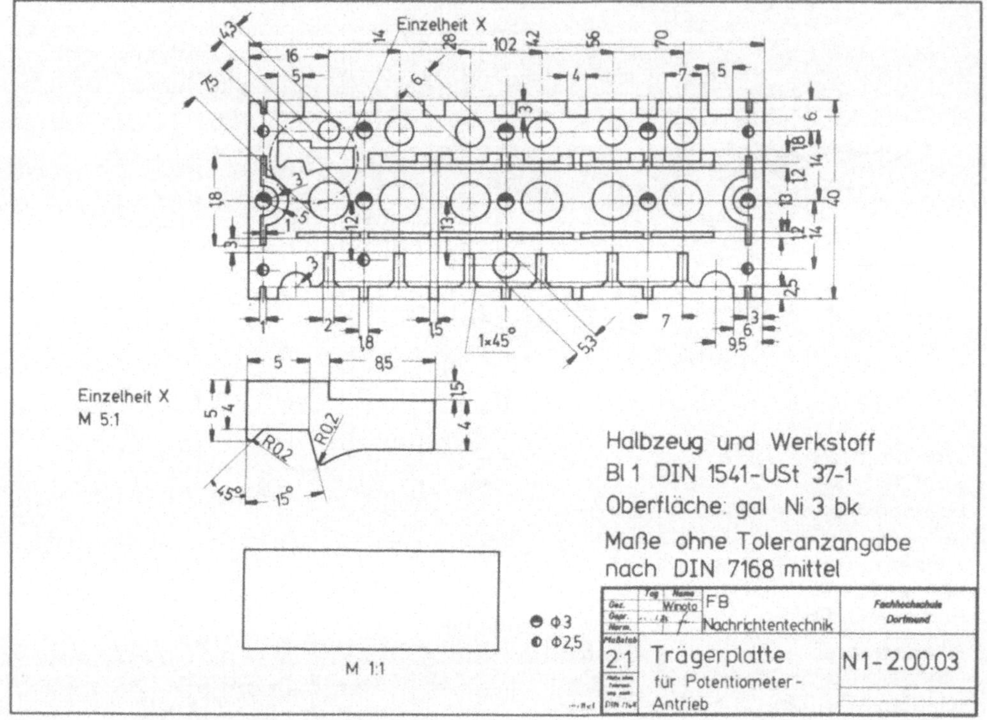

Bild 1.32 Fertigungszeichnung eines Stanzteiles

1.2.5.2 Schnitte

Denkt man sich ein Stück aus dem Gegenstande herausgeschnitten, oder das Bauteil ganz durchgetrennt, ist ein Blick in das Innere möglich. Bisher verdeckte, also gestrichelt gezeichnete Körperkanten werden sichtbar und können jetzt durch breite Vollinien dargestellt werden. Bohrungen, Ausnehmungen und sonstige Innenformen sind besser zu erkennen. Die Übersichtlichkeit und Aussagekraft einer Zeichnung wird durch die Verwendung von Schnitten wesentlich gesteigert. Mitunter kann auch das ganze Teil als Vollschnitt ausgeführt werden, Bild 1.147, jedoch sollen massive zylindrische Teile wie Bolzen oder Wellen nicht auf der ganzen Länge geschnitten werden, weil dann nicht mehr ohne zusätzliche Angaben zu erkennen ist, daß es sich um ein rundes Teil handelt.

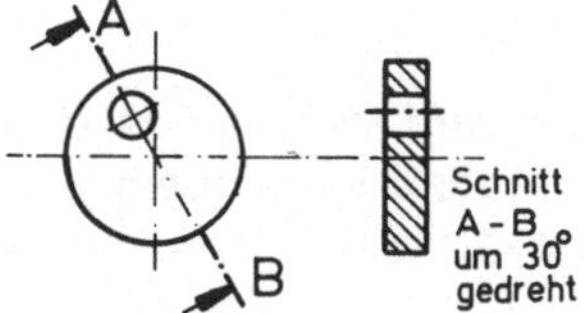

Bild 1.33 Verdrehung eines Schnittes

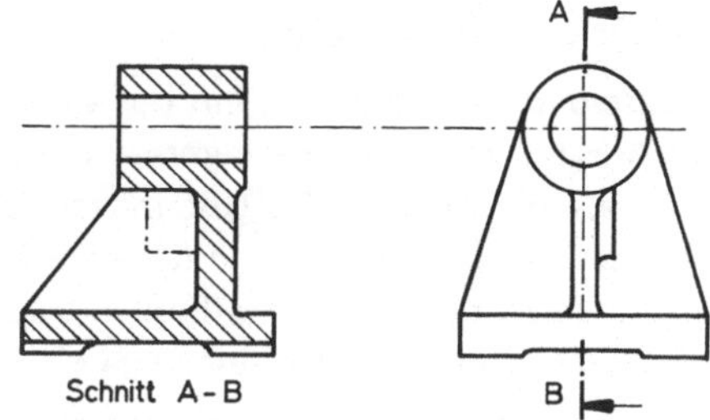

Bild 1.34 Lagerbock mit Rippe

Die Lage des Schnittes soll immer projektionsgerecht sein, Verschiebungen sind möglich, Verdrehungen sollte man vermeiden. Wenn der Schnitt (z. B. aus Platzgründen) gedreht werden muß, ist der Verdrehungswinkel anzugeben, etwa „Schnitt A—B um 30° gedreht gezeichnet", Bild 1.33.

Es sind alle sichtbaren Kanten einzuzeichnen, d. h. also alle die Kanten, welche die Schnittfläche begrenzen und außerdem die dahinter liegenden Körperkanten. Unsichtbare Körperkanten sollten möglichst nicht in der Schnittfläche erscheinen, es sei denn, daß man dadurch zur Klarheit der Aussage und zur Verminderung der Zeichenarbeit durch Wegfall eines weiteren Schnittes oder einer weiteren Ansicht beiträgt, Bild 1.30.

Die geschnittenen Flächen werden schraffiert, möglichst unter 45° zur Basis der Zeichnung oder zur Hauptrichtung der Schnittfläche. Die Schraffur besteht aus schmalen Vollinien, deren Abstand der Größe der Schnittfläche angemessen ist, Bild 1.143. Das Schraffurbild bleibt für alle Schnitte desselben Teiles gleich, Bild 1.114, Pos. 1.

Bei Gruppenzeichnungen wird die Schraffurrichtung der einzelnen Teile gewechselt. Treffen trotzdem gleiche Schraffurrichtungen aufeinander, ist unterschiedliche Schraffurweite anzuwenden. Sehr schmale Schnittflächen werden voll geschwärzt, treffen mehrere aufeinander, muß eine Lichtkante zwischen ihnen belassen werden.

Nach DIN 201 (Februar 1953) können durch eine besondere Ausbildung der Schraffur oder durch eine Farbkennzeichnung, oder durch beides, die verwendeten Werkstoffe unterscheidbar gemacht werden. Dieses Verfahren ersetzt jedoch nicht die besondere Werkstoffangabe im Schriftkopf der Zeichnung oder in der Stückliste.

Der Schnittverlauf wird durch Großbuchstaben (A—A, B—B oder A—B, C—D usw.) und eine breite Strichpunktlinie an den beiden Enden gekennzeichnet. Diese Strichpunktlinie soll ein wenig in den Körper einschneiden. Die Blickrichtung zeigen 2 Pfeile an, deren Spitzen auf der breiten Strichpunktlinie stehen, Bild 1.153, (Schnitt A—B und C—D).

Der Schnittverlauf kann auch von einer geraden Linie abweichen und besondere Punkte erfassen. An diesen werden kurze breite Striche und derselbe Großbuchstabe wie für den ganzen Schnitt oder weitere Großbuchstaben angebracht (Schnitt A—A—A ... A oder Schnitt A—B—C—D ... Z). In der Schnittfläche selbst werden diese besonderen Punkte nicht besonders kenntlich gemacht, Bild 1.119, Schnitt C—D.

Durch Schnittdarstellungen können nochmals weitere Schnitte gelegt werden, Bild 1.129, und es kann sogar die gesamte Zeichnung nur oder fast nur aus Schnitten bestehen, wie auf dem eben genannten Bild festzustellen ist.

Körperkanten vor der Schnittebene werden durch schmale Strichpunktlinien angedeutet, Bild 1.34.

1.2.5.3 Teilschnitte

Teilschnitte entstehen, wenn nur ein Teil des Körpers geschnitten wird, während der Rest in Ansicht verbleibt. Bei symmetrischen Teilen, insbesondere bei Rotationskörpern wird oftmals die eine Hälfte geschnitten, die andere nicht, Bild 1.143. Solche Halbschnitte werden getrennt durch eine normale Mittellinie, d. h. eine schmale Strichpunktlinie, aber nicht durch eine breite Vollinie, die aus der Vorstellung entstehen könnte, daß durch den Halbschnitt in der Mitte eine neue Körperkante gebildet wird.

Als Trennlinie kann aber auch eine von der Mittellinie abweichende Bruchkante (Freihandlinie) dienen, wenn dies für die Klarheit der Darstellung zweckmäßig ist, Bild 1.35.

Durch die Verwendung eines Halbschnittes werden Innen- und Außenform eines Gegenstandes übersichtlich in einem Bilde zusammengefaßt, außerdem wird Zeichenarbeit gespart.

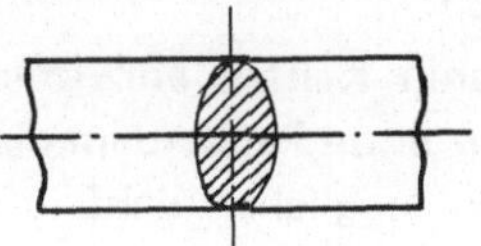

Bild 1.36 Querschnitte, vereinfacht dargestellt

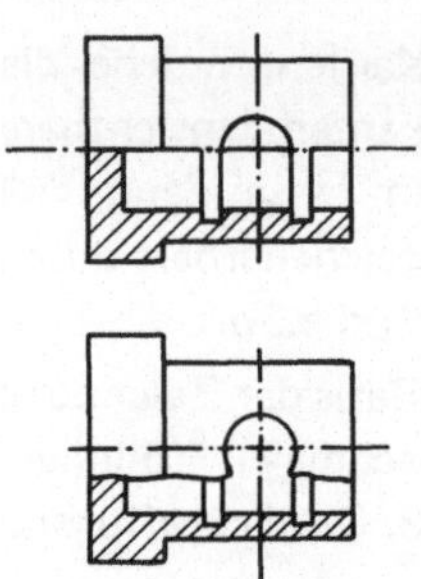

Bild 1.35 Bruchkante
außerhalb der Mittellinie

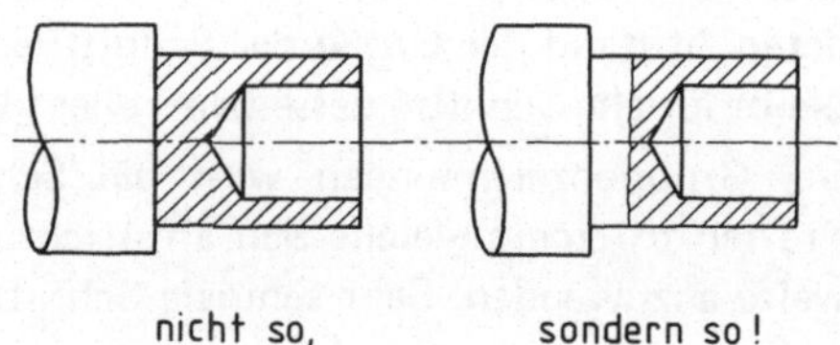

Bild 1.37 Begrenzung eines Teilschnittes

Querschnitte von Rippen, Stegen und ähnlichen Verbindungsstücken werden einfach um 90° in die Ansicht gedreht und durch dünne Vollinien angedeutet, Bild 1.36.

Teilschnitte, speziell Halbschnitte, sind auch dann anzuwenden, wenn durch einen Vollschnitt keine weitere Aussage über die Form des Teiles gemacht würde. Die Begrenzung eines Teilschnittes darf nicht mit einer Körperkante zusammenfallen, Bild 1.37. Teilschnitte sind geeignet für Darstellungen im vergrößernden Maßstabe.

Nicht geschnitten werden Konstruktionselemente, die allgemein bekannt sind und deren Schnitt nichts Neues bringt, z. B. Schrauben, Muttern, Scheiben, Federringe, Niete, ferner volle Drehkörper, wie Bolzen, Stifte, Wälzlagerkugeln und -rollen, Bild 1.114 und 1.134.

Würde man Rippen, Stege, Arme usw. auf ganzer Länge schneiden, würden große Werkstoffansammlungen vorgetäuscht, die in Wirklichkeit nicht vorhanden sind. Solche Teile werden also nicht geschnitten, z. B. die Rippe in Bild 1.34. Die Lage des Schnittes selbst wird aber dadurch nicht verschoben.

1.2.5.4 Vereinfachte Darstellungen und Sinnbilder

Vereinfachte Darstellungen

Für Gewinde, Zahnräder, Federn, Schweißnähte, Niete und andere häufig vorkommende Bauteile, deren Aufbau allgemein bekannt ist, braucht man keine werkstückgetreue Wiedergabe. Man verwendet vereinfachte Darstellungen, vielfach auch auf vorgedruckten Formularen, z. B. bei Federn. Die Zeichenarbeit wird zwar verringert, doch leidet die Anschaulichkeit, da der Gegenstand in Wirklichkeit anders aussieht. Auf Bild 1.38 ist ein ausgefüllter Vordruck nach DIN 2099 für zylindrische Schraubenfedern zu sehen.

Gewinde werden entsprechend den Arbeitsgängen, die zu ihrer Herstellung erforderlich sind, wie folgt gezeichnet: der Außendurchmesser des Bolzens, auf den Gewinde geschnitten werden soll, bzw. der Innendurchmesser der Bohrung, welche mit dem gleichen Gewinde versehen werden soll, werden wie Körperkanten gezeichnet, d. h. als breite Vollinie; der Kerndurchmesser des Bolzengewindes bzw. der Außendurchmesser des Muttergewindes entsteht durch den Gewindeherstellvorgang und wird als schmale Vollinie dargestellt. Im Querschnitt ist der Kerndurchmesser des Bolzengewindes bzw. der Außendurchmesser des Muttergewindes ein Dreiviertelkreis, bestehend aus einer dünnen Vollinie, Bilder 1.62 und 1.63. Im zusammengebauten Zustand ist stets das Außengewinde zu zeichnen, Bild 1.64.

Sonderformen des Gewindes, die nicht genormt sind, werden im Querschnitt, evtl. vergrößert, herausgezeichnet, Bild 1.31, und neben dem Hauptbild plaziert.

Weitere vereinfachte Darstellungen sind in vielen Normen festgelegt. Sie werden dann interessant, wenn bestimmte Bauteile wiederholt in einer Zeichnung vorkommen. Die Fasen von Sechskantschrauben und Muttern sind genau genommen Hyperbeln. Vereinfacht werden sie durch Kreise ersetzt;, noch einfacher ist es, die Kreise wegzulassen, vgl. hierzu die Liste am Schluß dieses Abschnittes.

Sinnbilder

Sinnbilder sind unerläßlich zum Zeichnen von Plänen und schematischen Übersichten. Sie deuten mit wenigen, aber sinnvoll gewählten Strichen nur die Art der Gegenstände an, deren Wirken beschrieben werden soll, ihre bauliche Ausführung ist aus ihnen meist nicht zu erkennen. In der Elektrotechnik werden Sinnbilder in Form von Schaltzeichen ausgiebig verwendet. Auf den Gruppenzeichnungen der im Abschnitt 1.4 beschriebenen elektrofeinmechanischen Geräte sind die zugehörigen Schaltzeichen angegeben. Eine Ähnlichkeit zwischen dem Gerät und seinem Schaltzeichen läßt sich allenfalls beim Kondensator erkennen.

Normblätter über vereinfachte Darstellungen und Sinnbilder

Nachfolgend eine Zusammenstellung der wichtigsten einschlägigen Normblätter.

DIN 27 (März 1967)	Darstellung von Gewinden, Schrauben und Muttern
DIN 30 (Dez. 1970)	Zeichnungen; Vereinfachte Darstellungen (von Bohrungen, Senkungen, Gewinden, Schrauben- und Nietverbindungen)
DIN ISO 2162 (Juni 1976)	Darstellungen (und Sinnbilder) von Federn (Ersatz für DIN 29)

Vordruck A DIN 2099 (verkleinert dargestellt)

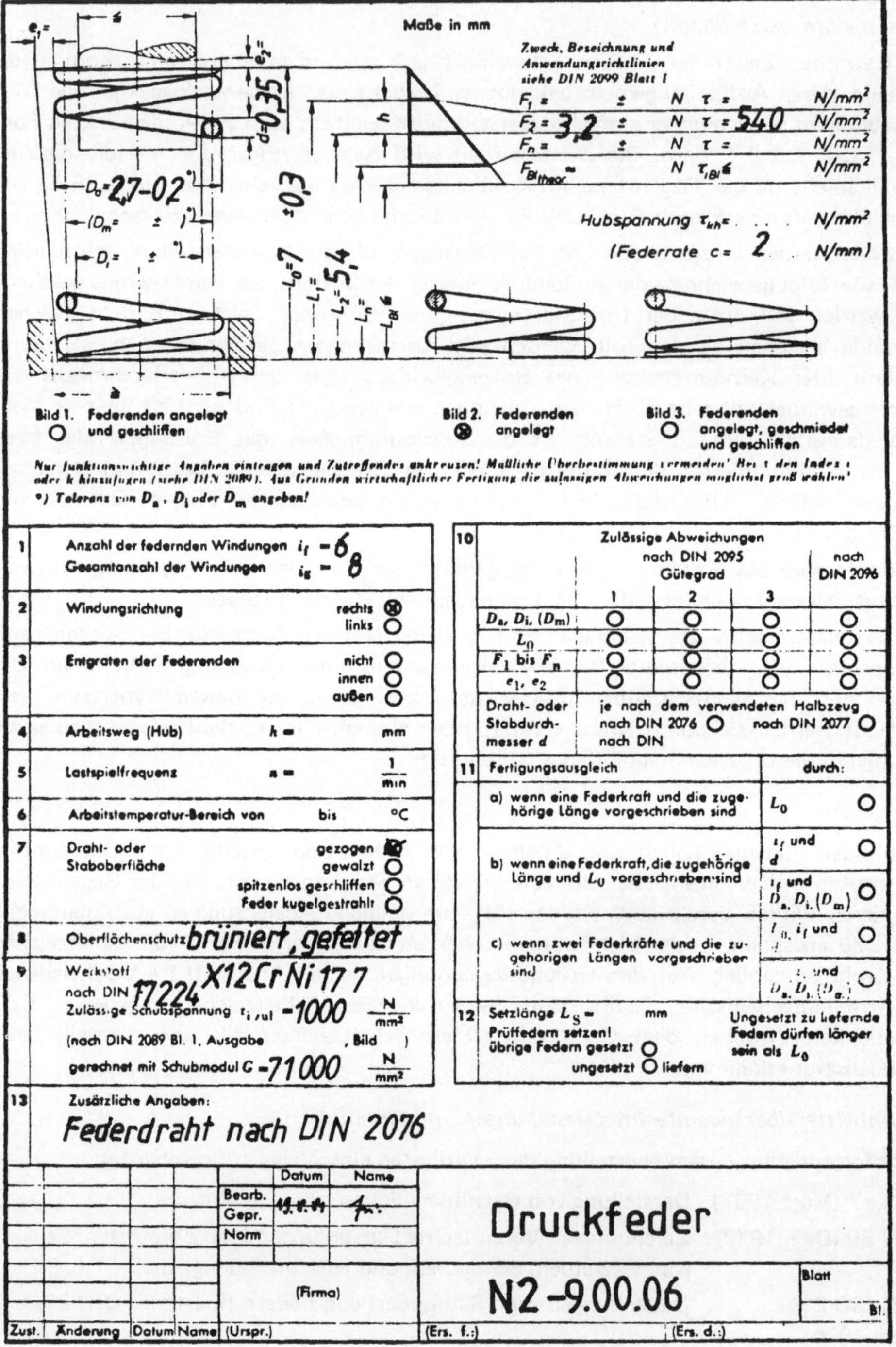

Bild 1.38 Vordruck für zylindrische Schraubenfedern nach DIN 2099

DIN ISO 2203		Darstellung von Zahnrädern (teilweise Ersatz für DIN 37)
(Juni 1976)
DIN 37 (Dez. 1961)	Darstellung und vereinfachte Darstellung für Zahnräder
DIN 1912 T1, T2,		Schweiß- und Lötverbindungen, Begriffe, Benennungen, zeich-
T5, T6 (Juni 1976 ...	nerische Darstellung, Symbole
Febr. 1979)

Die Vielzahl der Darstellungen, vereinfachten Darstellungen, Sinnbilder und Symbole geht über den Rahmen dieses Buches hinaus. Bei Bedarf ziehe man die einschlägigen Normblätter zu Rate.

1.2.6 Maßeintragung

Eine technische Zeichnung wird erst durch zweckmäßig eingetragene Maße gebrauchsreif. Für die Bemaßung sind Funktion, Herstellung und Prüfung des dargestellten Teiles ausschlaggebend. Die Maßeintragung soll den Normen entsprechen, sie soll übersichtlich sein und dem Auge wohlgefällig. Für alle diese Forderungen eine befriedigende Lösung zu finden, ist mitunter nicht einfach!

Vor Beginn jeder Maßeintragung sollen stets die folgenden, voneinander unabhängigen, grundsätzlichen Überlegungen angestellt werden:

1. unter Beachtung der auftretenden Toleranzen ist das funktionsgerechte Zusammenpassen oder Zusammenwirken der zueinander gehörenden Teile oder Gruppen zu gewährleisten.
2. die Fertigungszeichnung (siehe Abschnitt 1.3.1.2) muß den Endzustand des Gegenstandes hinsichtlich seiner Größe und Gestalt eindeutig beschreiben,
3. die prüfbezogene Maßeintragung soll möglichst eine direkte Kontrolle durch Messen ohne Umrechnungen sicherstellen.

Jede Angabe ist nur einmal zu machen, sonst können bei nachträglichen Änderungen Widersprüche auftreten. Prüfmaße, Maße für den internen Gebrauch im Konstruktionsbüro (z. B. Achsabstände) sind länglich einzurahmen oder in Klammer zu setzen, Bild 1.122, (keine Kreise verwenden).

Die Maßeintragung in Zeichnungen ist in DIN 406 T2 (Juni 1968) im einzelnen festgelegt. Es sollen im folgenden die wichtigsten Regeln aufgeführt werden.

Maßlinien, Maßhilfslinien, Maßpfeile

Maßlinien dienen zur Angabe der Maße. Sie werden parallel zu der zu messenden Strecke angeordnet, entweder innerhalb des Teiles zwischen dessen Kanten oder zwischen *Maßhilfslinien* außerhalb. Beide sind schmale Vollinien der gleichen Liniengruppen. Mittellinien und Körperkanten dürfen nicht als Maßlinien verwendet werden, Bild 1.39. Die Maßlinien sollen mindestens 8 mm Abstand von der Körperkante haben, untereinander mindestens 5 mm. Vielfach erhöht eine Vergrößerung dieser Abstände die Anschaulichkeit einer Zeichnung ganz beträchtlich.

Die Enden der Maßlinien werden durch *Maßpfeile* gekennzeichnet, deren Länge etwa der fünffachen Linienbreite der Körperkanten entspricht. Der Pfeilwinkel ist etwa 15°, die Fläche zwischen den Schenkeln des Pfeilwinkels wird ausgefüllt. Bei Platzmangel können auch Punkte verwendet werden, Bild 1.40.

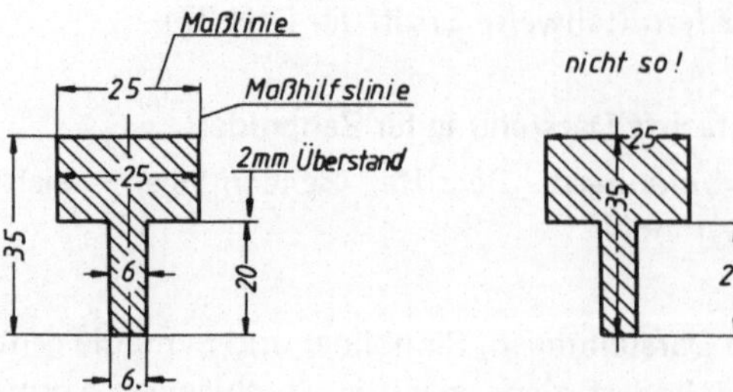

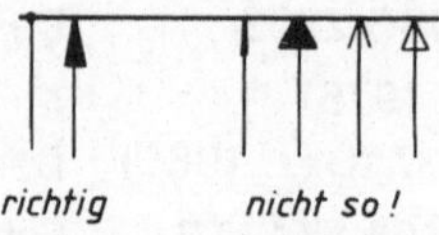

Bild 1.40 Maßpfeile

Bild 1.39 Maßlinien und Maßhilfslinien, richtige und
falsche Eintragung

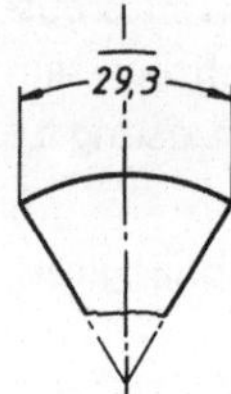

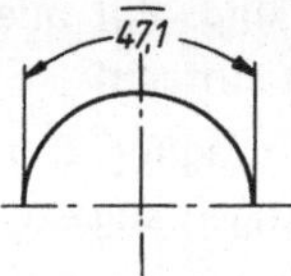

Bild 1.41 Bemaßung eines Bogens
kleiner als ein Halbkreis

Bild 1.42 Bemaßung eines Halbkreisbogens

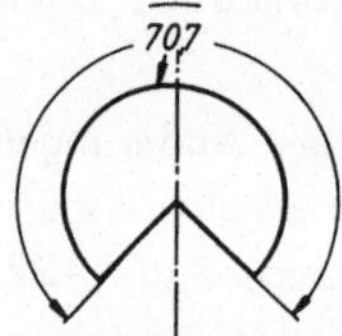

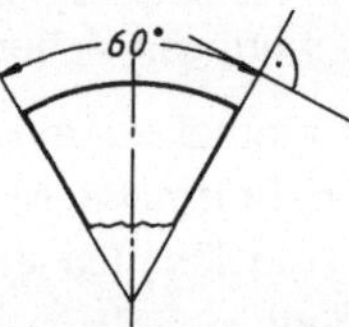

Bild 1.43 Bemaßung eines Bogens
größer als ein Halbkreis

Bild 1.44 Bemaßung eines Winkels

Die Vermaßung eines Bogens kleiner als ein Halbkreis zeigt Bild 1.41. Wie ein halber
Kreisumfang zu vermaßen ist, kann aus Bild 1.42 ersehen werden, und wenn der Bogen
größer ist als ein Halbkreis, muß nach Bild 1.43 verfahren werden. Bei der Vermaßung
eines Winkels ist zu beachten, daß die Tangente an die Maßlinie senkrecht auf dem
Radiusstrahl zur zugehörigen Maßpfeilspitze stehen muß, Bild 1.44. Wie es nicht gemacht werden soll, zeigt Bild 1.45. Schließlich ist noch die Bemaßung einer Sehne zu
erwähnen, Bild 1.46: die Maßlinie steht senkrecht auf der Winkelhalbierenden.

In den „Sperrbezirken" nach Bild 1.47 sollen möglichst keine Maße stehen. Dies läßt
sich meist durch eine geschickte Anordnung der Bemaßung erreichen. Ist es nicht zu
vermeiden, dort ein Maß unterzubringen, soll es von links lesbar sein.

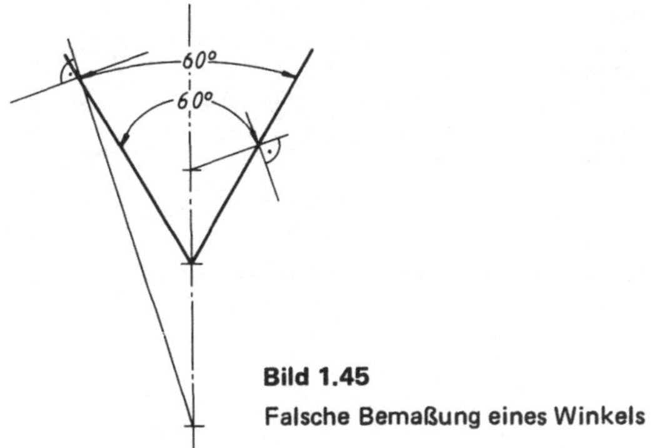

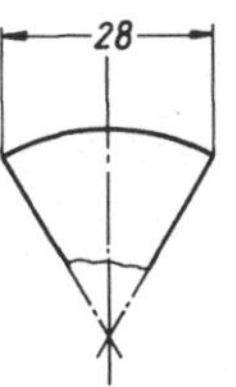

Bild 1.46

Bemaßung einer Sehne

Bild 1.45

Falsche Bemaßung eines Winkels

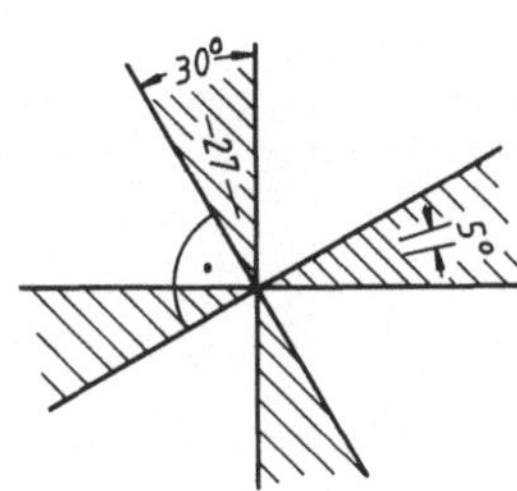

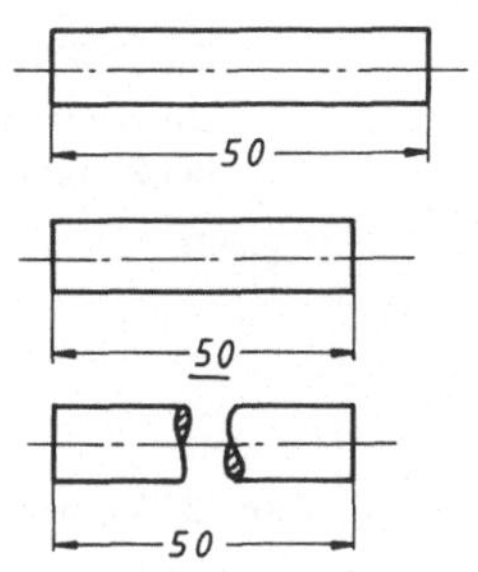

Bild 1.47 Bemaßung in den Sperrbezirken

Bild 1.48 Unmaßstäbliche Darstellung

Maßzahlen sollen moglichst nicht kleiner sein als 3,5 mm, Zusätze, z. B. max, min, nicht kleiner als 2,5 mm. Gleiche Größe aller Zahlen bzw. Zusätze innerhalb einer Zeichnung ist anzustreben. Sie dürfen durch Linien nicht getrennt oder gekreuzt werden, d. h. Mittellinien, Schraffuren usw. sind zu unterbrechen, Bild 1.39. Wichtig ist stets die gute Ablesbarkeit der Maßzahl, da sie für den praktischen Gebrauch der Zeichnung von ausschlaggebender Bedeutung ist.

Maßzahlen sollen in der Gebrauchslage der Zeichnung von unten und von rechts lesbar sein. Maßzahlen, die auf den Kopf gestellt auch eine Zahl ergeben, erhalten einen Punkt, um Ablesefehler zu vermeiden, Bild 1.39. Wenn wenig Platz für die Maßzahl vorhanden ist, kann diese auch über die Maßlinie gesetzt werden, Bild 1.119 oben, oder man bringt sie in der Nähe der zu messenden Strecke unter, Bild 4.31 (Durchmesserangaben), jedoch immer in deren Richtung.

Die Längenmaße werden stets in Millimeter gemessen, abweichende Einheiten, z. B. m oder cm, sind hinter die Maßzahl zu schreiben.

Sind Längen nicht maßstäblich dargestellt, müssen die Maßzahlen unterstrichen werden, jedoch nicht bei unterbrochen gezeichneten Teilen, Bild 1.48. Bei Vordrucken, z. B. für Schraubenfedern, gilt diese Regel nicht.

Prüfmaße werden länglich eingerahmt, Bild 1.122. Hilfsmaße, die für die Festlegung der Form des Teiles nicht erforderlich sind, z. B. Mittenabstände, welche den Konstrukteur interessieren, werden eingeklammert, Bild 1.49. Kreise als Einrahmungen sind unzulässig!

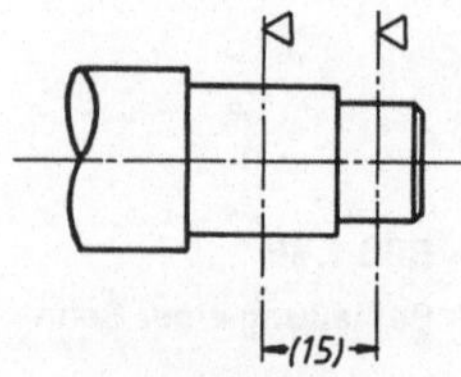

Bild 1.49 Hilfsmaß

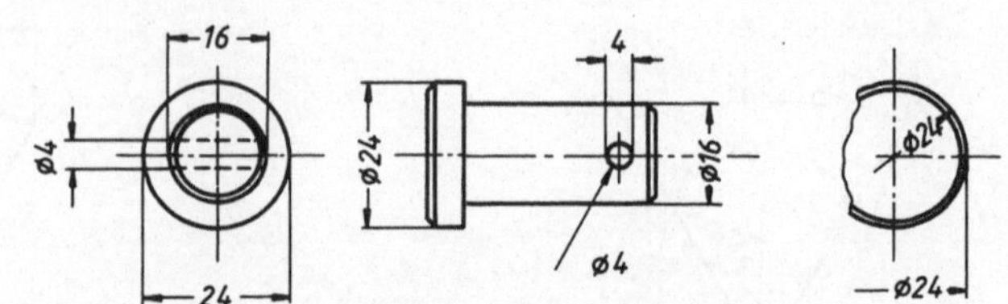

Bild 1.50 Möglichkeiten der Durchmesser-Bemaßung

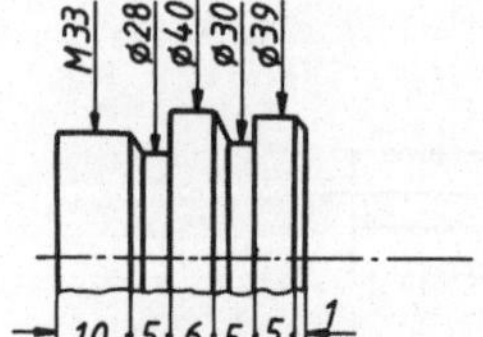

Bild 1.51
Durchmesser- und Längenbemaßung
bei Platzmangel

Durchmesser

Das Durchmesserzeichen ϕ kennzeichnet die Kreisform, wenn diese aus der Ansicht, in der das Durchmessermaß steht, nicht ersichtlich ist; ferner, wenn nur 1 Maßpfeil am Kreis oder an der zugehörigen Maßhilfslinie steht. Verschiedene Beispiele der Bemaßungsmöglichkeiten siehe Bild 1.50. Das Durchmesserzeichen steht vor der Maßzahl, hat dieselbe Größe und Linienbreite wie diese. Bei Platzmangel können Durchmessermaße wie in Bild 1.51 dargestellt werden.

Halbmesser

Die Maßlinien für Halbmesser erhalten nur einen Maßpfeil am Kreisbogen. Der Mittelpunkt des Halbmessers wird gekennzeichnet durch ein Kreuz, einen kleinen Kreis oder einen Punkt. Ist dies nicht geschehen, muß der Maßzahl ein R vorangestellt werden. Bei der Anordnung der Halbmesser-Bemaßung Sperrbezirke beachten, Bild 1.52. Die Richtung der Maßlinie muß stets auf den Mittelpunkt des Halbkreises gerichtet sein, nicht so, wie es im Bild 1.53 angedeutet ist; d. h. die Maßlinie muß senkrecht auf der Tangente an den Kreisbogen stehen.

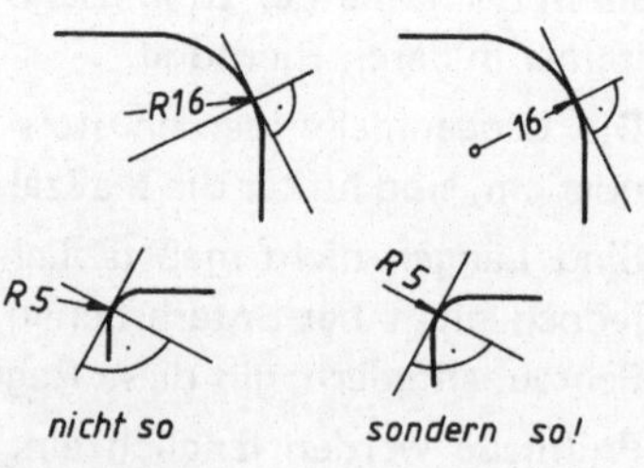

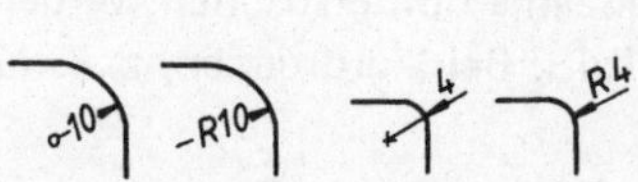

Bild 1.52 Möglichkeiten der Halbmesser-
Bemaßung

Bild 1.53 Fehler bei der Halbmesser-
Bemaßung

Quadrat und Diagonalkreuz

Beim Quadratzeichen ist die Größe des Quadrates gleich der Größe der Kleinbuchstaben, die Linienbreite gleich der der Maßzahlen. Anwendung erfolgt entsprechend den Durchmesserzeichen, also dann, wenn keine weiteren Ansichten oder Schnitte erkennen lassen, daß es sich um einen ebenflächig begrenzten Körper handelt. Das Diagonalkreuz (schmale Vollinie) kennzeichnet eine ebene vierseitige Fläche. Bei Schlüsselflächen genügt die Angabe der Schlüsselweite, Bild 1.54.

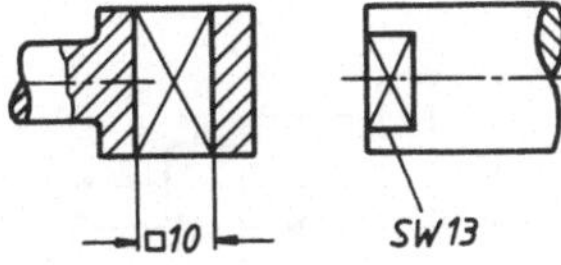

Bild 1.54 Quadratzeichen und ebene Flächen

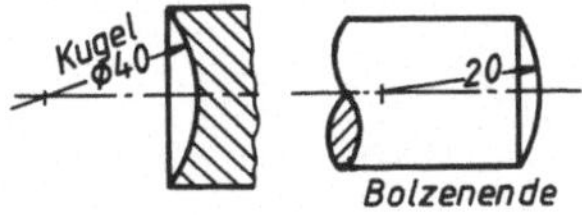

Bild 1.55 Bemaßung von Kugeloberflächen

Kugel

Wird eine Kugelform dargestellt, so steht der Maßzahl das Wort „Kugel" voran. Hinsichtlich der Anwendung des Durchmesserzeichens bzw. des Buchstabens R gelten dieselben Regeln wie sie in den Abschnitten „Durchmesser" und „Halbmesser" schon angegeben wurden. Bei der Bemaßung von Linsenkuppen, z. B. bei Schrauben- und Stangenenden fällt die Angabe „Kugel" und „R" weg, Bild 1.55.

Kegel, Verjüngung, Neigung

Zur Darstellung eines Kegels genügen 3 Angaben: z. B. der große Durchmesser D, der kleine Durchmesser d und die Länge l, Bild 1.56. Die folgenden Formeln lassen sich aus diesem Bilde ableiten:

$$\text{Neigung} \quad \tan\frac{\alpha}{2} = \frac{D/2}{k} = \frac{1/2}{x} = \frac{1}{2x} = \frac{\frac{D-d}{2}}{l}$$

$$\text{Kegel bei Drehkörpern} \quad \frac{1}{x} = \frac{D}{k} = \text{Verjüngung bei quadratischen Körpern.}$$

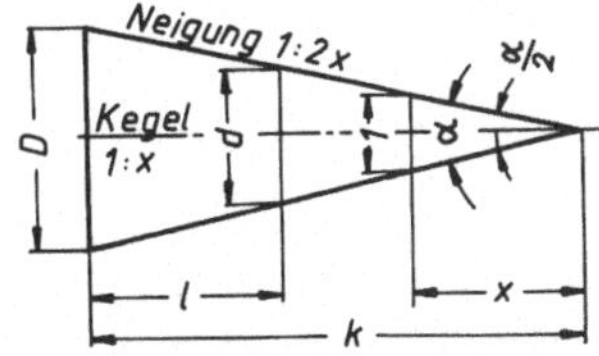

Bild 1.56
Kegelverhältnis und Neigung

Für die mechanische Fertigung von Kegeln und Pyramiden wird zusätzlich der halbe Kegel bzw. der Neigungswinkel $\frac{\alpha}{2}$ in Klammern angegeben, um das Einstellen der Bearbeitungsmaschine zu erleichtern. Dieses vierte Maß gilt aber nicht als unzulässige Überbestimmung, Bild 1.147. Wenn zur Prüfung der Kegel bestimmte Lehren erforderlich sind, muß die Bemaßung der Kegel darauf abgestimmt sein, Näheres siehe DIN 406 T2.

Eine Zusammenstellung genormter Kegel findet sich in DIN 254 (Juni 1974).

Nuten und Langlöcher

Nuten für Paßfedern und Keile und Langlöcher in Wellen und Bohrungen werden entsprechend DIN 6881 und DIN 6883 ... 6889 bemaßt. Für die Fingerfräsernut genügt die Angabe von Länge und Breite, der Radius der beiden End-Halbkreise wird nicht eingetragen, Bild 1.57.

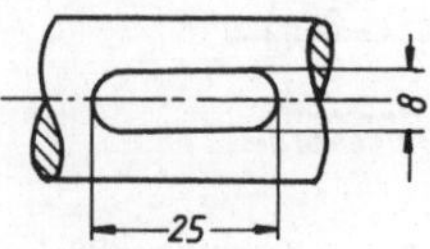

Bild 1.57 Fingerfräsernut und Langloch

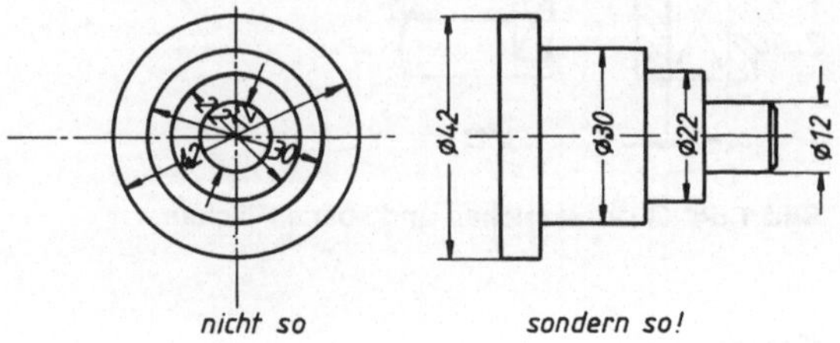

Bild 1.58 Maßverteilung

Anordnung der Maße

Das Maß wird dort eingetragen, wo die Zeichnung den klarsten Aufschluß gibt über die Form des Gegenstandes, Bild 1.58.

Körperkanten, die sich bei der Fertigung von selbst ergeben, z. B. Durchdringungen und Verschneidungen, werden nicht vermaßt. Man sollte also nicht versuchen, die Hyperbeln eines Sechskantschraubenkopfes zu vermaßen oder die Schnittlinie zweier Zylinder. Man vermaßt die Arbeitsvorgänge, die zur Entstehung der Verschneidungs- bzw. Durchdringungslinien führen, nicht diese Linien selbst, Bild 1.59.

Einzelheiten können im vergrößerten Maßstab herausgezeichnet werden, dieser Maßstab ist stets anzugeben. Um die herauszuzeichnende Stelle wird ein schmaler strichpunktierter Kreis gezogen und mit Großbuchstaben X Y Z usw. benannt, Bilder 1.31 und 1.32.

Geschlossene Maßketten sind möglichst zu vermeiden; wenn nicht zu umgehen, sollte mit Rücksicht auf die Summe der zulässigen Abweichungen eine Strecke unbemaßt bleiben oder das entsprechende Maß in Klammer gesetzt werden, Bild 1.60.

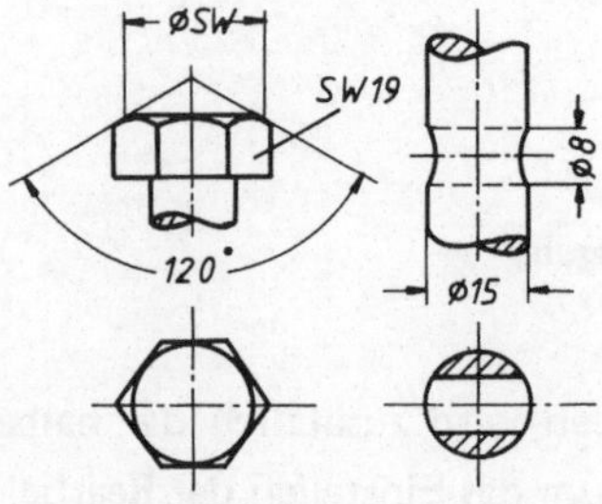

Bild 1.59 Verschneidungs- und Durchdringungslinien

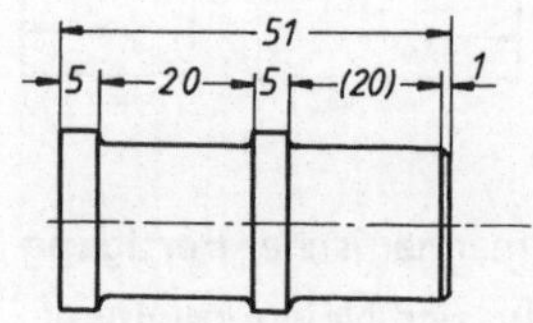

Bild 1.60 Maßkette

Gewindebemaßung

Der Außendurchmesser d eines Gewindebolzens bzw. der Innendurchmesser D eines Gewindeloches wird stets bemaßt, vgl. z. B. DIN 13 T 19 (Mai 1972), metrisches ISO-Gewinde. Zur Bemaßung wird für genormte Gewinde nach DIN 202 (August 1974) eine Kurzbezeichnung verwendet wie folgt:

M   metrische Gewinde DIN 13 T 1 ... T 30 (und DIN 14 für Feinwerktechnik)
R   Whitworth-Rohrgewinde auf Zollbasis DIN 259
Tr   Trapezgewinde DIN 103
E   Elektrogewinde DIN 40 400, für Glühlampen
Glasg   Glasgewinde DIN 40 450
Pg   Stahlpanzerrohrgewinde

Diese Kurzbezeichnung und die Maßzahl des Nenndurchmessers sind am Außendurchmesser des Gewindes anzutragen, Bild 1.61.

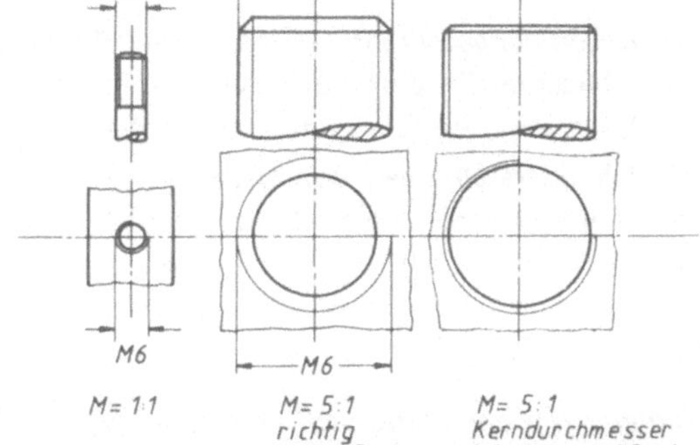

Bild 1.61

Bemaßung von Gewindedurchmessern

Der Kerndurchmesser d_3 des Gewindebolzens bzw. der Kerndurchmesser D_1 des Gewindeloches liegt nach den jeweiligen Normen fest. Beide sind maßstäblich zu zeichnen, aber nicht zu bemaßen. Muß ein Gewinde vergrößert dargestellt werden, Bild 1.61, ist auch der Kerndurchmesser maßstäblich richtig vergrößert zu zeichnen, nicht so, wie im Bilde rechts zu sehen ist.

Linksgewinde sind durch die Wortangabe „links" hinter dem Kurzzeichen kenntlich zu machen. Zeichnungen nicht genormter Gewinde müssen alle für die Fertigung notwendigen Angaben enthalten, Bild 1.31. Gewindebolzenenden werden wie Schraubenenden nach DIN 78 so bemaßt, daß die Kuppe innerhalb der Gewindelänge liegt, Bild 1.62. Der Gewindeauslauf liegt außerhalb des angegebenen Längenmaßes. Bei Stiftschrauben rechnet der Gewindeauslauf des Einschraubendes noch zur nutzbaren Gewindefläche, da sich die Stiftschraube beim Eindrehen in eine Gewindebohrung mit ihrer flacher werdenden Gewinderille dort verklemmt.

Gewindesacklöcher werden nach Bild 1.63 bemaßt. Anzugeben ist die Kernlochtiefe bis zur Spitze der Bohrung. Dieses Maß ist leicht zu messen oder kann an der Bohrmaschine bequem eingestellt werden. Der Kegelwinkel wird mit $120°$ gezeichnet. Dies entspricht etwa dem Kegelwinkel des Bohrers. Die nutzbare Gewindelänge wird ohne Auslauf angegeben; Schraffur bis zum Kernlochdurchmesser!

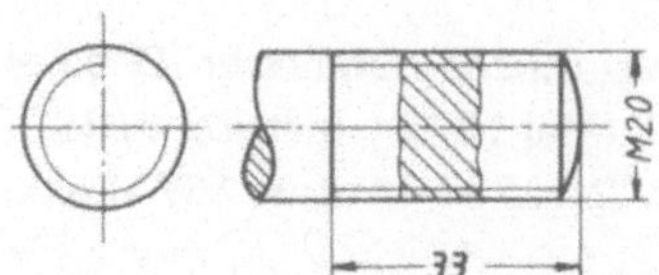

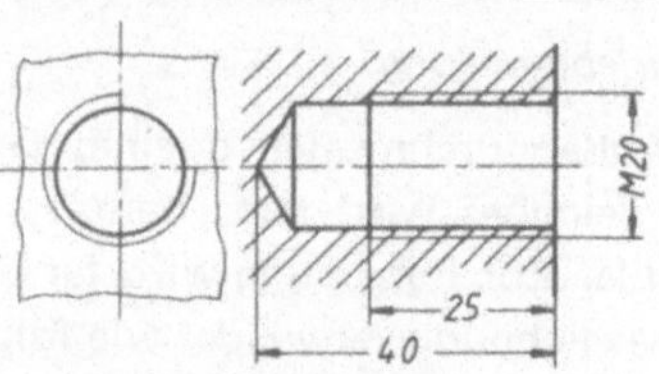

Bild 1.62 Gewindebolzen-Bemaßung

Bild 1.63 Gewindeloch-Bemaßung

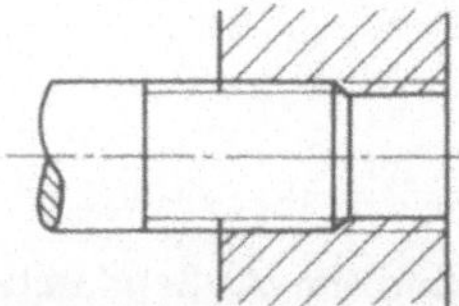

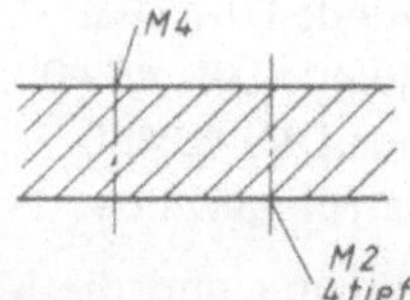

Bild 1.64 Darstellung zusammengeschraubter Teile

Bild 1.65 Kleindarstellungen von Muttergewinden

In zusammengeschraubt gezeichneten Teilen hat das Bolzengewinde Vorrang, Bild 1.64. Man beachte die Verteilung der breiten und der schmalen Vollinien. Die Schraffur erfaßt auch die jeweilige Gewindeschnittfläche, Bilder 1.62 bis 1.64.

In Kleindarstellungen von Muttergewinden richtet sich die Bemaßung nach der Größe der zeichnerischen Darstellung. Ist diese größer als 5 mm, wird nach Bild 1.61 verfahren, ist sie kleiner als 5 mm, können die Vereinfachungen nach DIN 30 angewendet werden wie auf Bild 1.65. Links ist eine durchgehende Gewindebohrung M4 dargestellt, rechts ein Sackloch M2 mit 4 mm nutzbarer Gewindelänge.

Toleranzangaben durch ISO-Kurzzeichen

Diese sind bei Innen- und Außenmaßen anzuwenden, wenn ihre Abmaße dem ISO-Passungssystem entsprechen. Die ISO-Kurzzeichen sind hinter die Maßzahl zu schreiben und zwar sind zu setzen:

— Großbuchstaben und Zahlen für Innenmaße (z. B. Bohrungen) höher, Bild 1.66.
— Kleinbuchstaben und Zahlen für Außenmaße (z. B. Wellen) tiefer, Bild 1.67.

Ihre Schriftgröße beträgt etwa das 0,7fache der Größe der Maßzahlen, jedoch möglichst nicht kleiner als 2,5 mm.

Maße, welche weder Innen- noch Außenmaße sind, also Absatzmaße, Bild 1.68, Lochmittenabstände, Bild 1.69 oder Mittigkeitsangaben, Bild 1.70, dürfen nicht mit ISO-Kurzzeichen versehen werden. An ihre Stelle treten Abmaße in Zahlen, meist mit der Einheit mm.

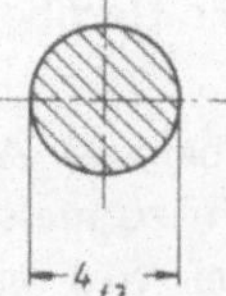

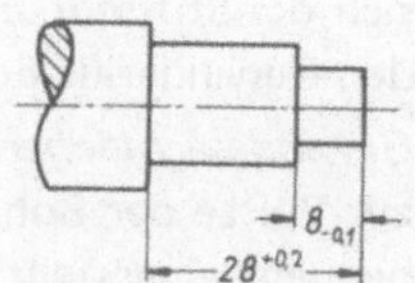

Bild 1.66 Innenmaß mit ISO-Toleranzfeld

Bild 1.67 Außenmaß mit ISO-Toleranzfeld

Bild 1.68 Absatzmaße

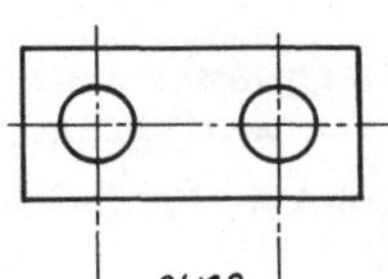

Bild 1.69
Lochmittenabstand

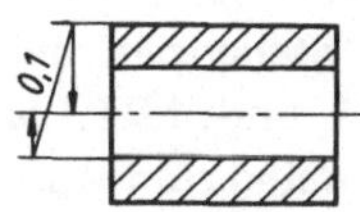

Bild 1.70
Mittigkeitsabweichung

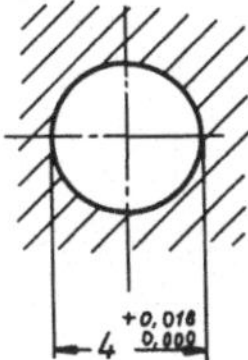

Bild 1.71
Innenmaß mit
Abmaßen in mm

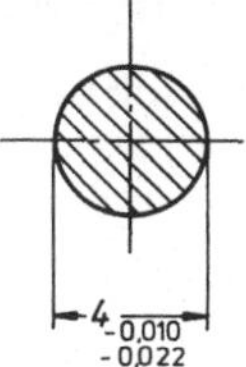

Bild 1.72
Außenmaß mit
Abmaßen in mm

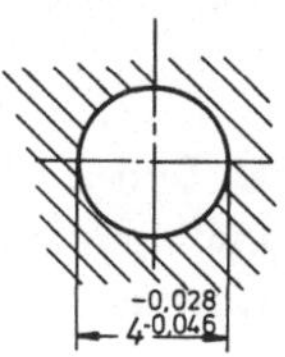

Bild 1.73
Innenmaß mit hochgestell-
ten negativen Abmaßen

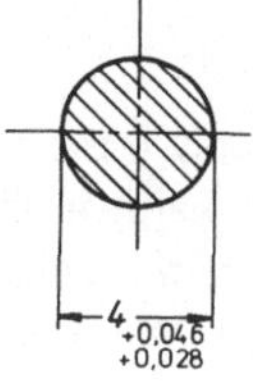

Bild 1.74
Außenmaß mit tiefgestell-
ten positiven Abmaßen

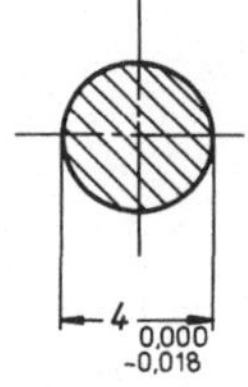

Bild 1.75
Außenmaß mit tiefgestellten
negativen Abmaßen

Toleranzangaben durch Abmaße

Die Breite eines Toleranzfeldes ist durch 2 Abmaße festgelegt, welche den Abstand seiner
Grenzen von der Nullinie des Nennmaßes zum Ausdruck bringen. Analog zur Plazierung
der ISO-Kurzzeichen müssen also die Abmaße:

— für ein Innenmaß (z. B. eine Bohrung) über der Maßlinie, Bild 1.71;
— für ein Außenmaß (z. B. eine Welle) unter der Maßlinie, Bild 1.72

angeordnet werden, unabhängig vom Vorzeichen der Abmaße, Bilder 1.73 bis 1.75. Bei
Abstandsmaßen, Bild 1.68, und Lochmittenabständen, Bild 1.69, wird, ohne Rücksicht
auf das Vorzeichen:

— das obere Abmaß höher,
— das untere Abmaß tiefer

als die Maßzahl gesetzt. Bei gleichem oberen und unteren Abmaß steht dieses nur einmal
mit beiden Vorzeichen hinter der Maßzahl, Bild 1.69. Das Abmaß 0 kann weggelassen

werden, wenn kein Mißverständnis zu erwarten ist. Wenn es nicht weggelassen wird, sollte es mit der gleichen Stellenzahl hinter dem Komma wie die anderen Abmaße versehen werden, Bilder 1.71 und 1.75. Dadurch wird die gleiche Genauigkeit für beide Abmaße gefordert und sinnfällig zum Ausdruck gebracht.

Entsprechend der Richtung der Werkstoffabnahme wird die Toleranzfeldlage gewählt:

— bei Innenmaßen (Bohrungen) ist das Kleinstmaß das Nennmaß, Bild 1.74,
— bei Außenmaßen (Wellen) ist das Größtmaß das Nennmaß, Bild 1.75,

solange nicht der Passungszweck etwas anderes verlangt.

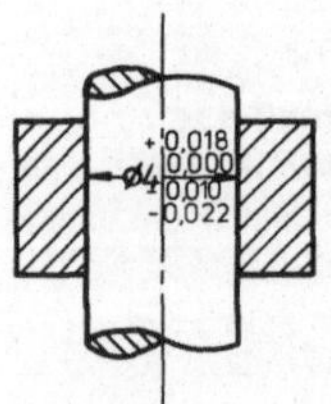

Bild 1.76

Gefügte Teile mit Abmaßen in mm

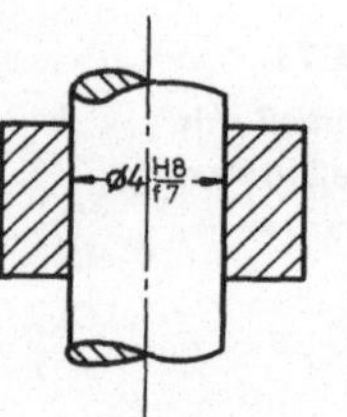

Bild 1.77

Gefügte Teile mit ISO-Toleranzfeldkurzzeichen

Im zusammengebaut (gefügt) gezeichneten Zustand genügt die in Bild 1.76 oder Bild 1.77 gewählte Anordnung. Sie kann ergänzt werden durch Angaben wie „Bohrung" „Welle, lfd. Nr. 1, lfd. Nr. 2, Name der Teile usw. Auf jeden Fall sind Abmaße bzw. Kurzzeichen für das Innenmaß über der Maßlinie, für das Außenmaß unter der Maßlinie anzuordnen. Wird an Stelle der Maßlinie im Bereich der Toleranzfeldangabe ein Strich mit der Linienbreite der Maßzahl verwendet, ist die Kombination zweier Toleranzfelder zu einer Passung optisch besonders einprägsam hervorgehoben.

Angaben über Form- und Lageabweichungen nach DIN 7184 siehe [1.1].

Maße für Teilungen

Als Teilung gelten z. B. mehrere aufeinander folgende Mittenabstände, die auf einer Geraden oder auf einem Kreisbogen liegen. Die Toleranzen wirken sich je nach Art der Bemaßung verschiedenartig aus.

Bei einer *Maßkette* summieren sich die Toleranzen, Bild 1.78. Hat der Lochmittenabstand 12 z. B. die Freimaßtoleranz ± 0,2 mm nach mittel DIN 7168, so könnte das Gesamtmaß 60 die Toleranz 5 × (±) 0,2 mm = (±) 1 mm aufweisen, während die Freimaßtoleranz für 60 nur ± 0,3 mm beträgt. Wenn die große Toleranz z. B. aus Montagegründen nicht tragbar ist, können alle Lochabstände einzeln von einer Bezugslinie angegeben werden, Bild 1.79. Für jedes Maß gilt dann die Freimaßtoleranz nach DIN 7168. Natürlich kann

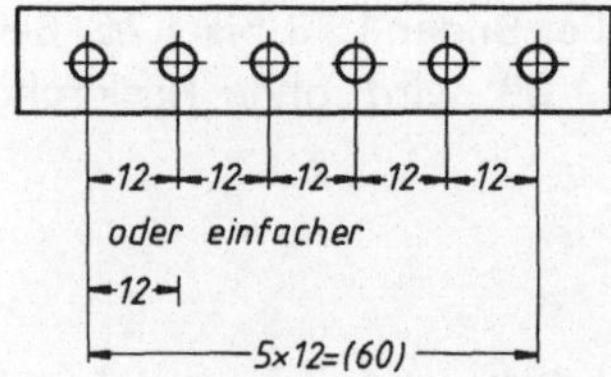

Bild 1.78 Lochreihe. Die Toleranzen der Mittenabstände addieren sich.

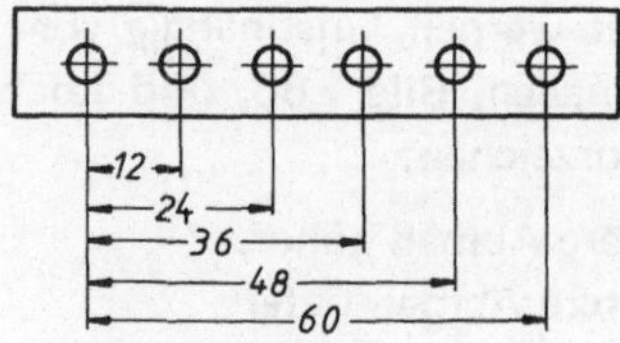

Bild 1.79 Wie Bild 1.78, jedoch keine Addition der Toleranzen

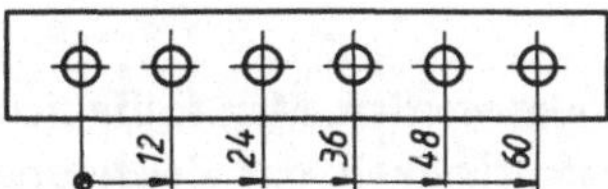

Bild 1.80
Vereinfachte Darstellung
von Bild 1.79

jedes Maß auch mit einer bestimmten anderen Toleranz versehen werden. Die vereinfachte Darstellung von Bild 1.79 zeigt Bild 1.80.

Für Kreisteilungen in Winkelgraden gilt entsprechendes, Bilder 1.81 und 1.82.

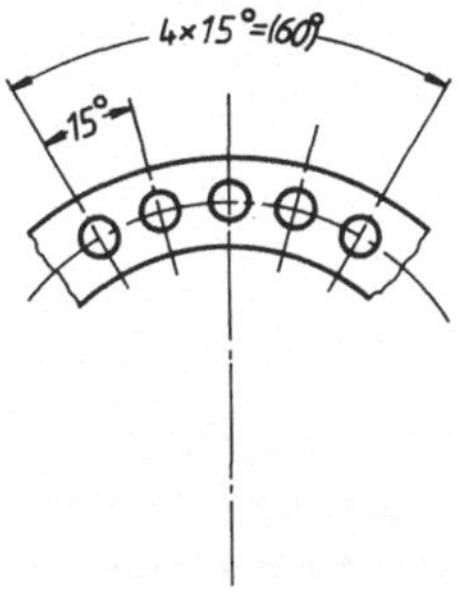

Bild 1.81 Lochreihe auf einem Kreisbogen. Die Winkeltoleranzen addieren sich.

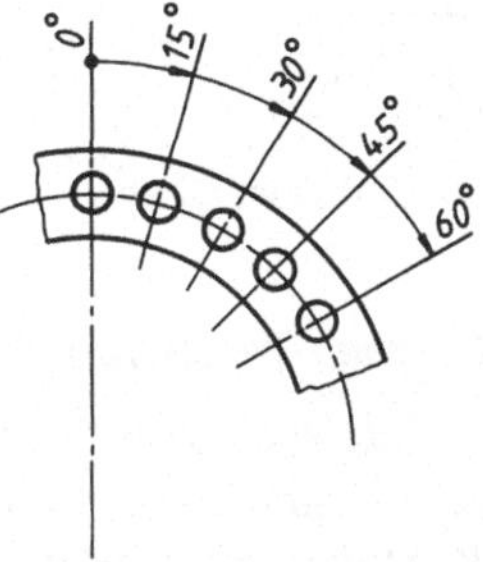

Bild 1.82 Lochreihe wie auf Bild 1.81, jedoch keine Addition der Winkeltoleranzen. Vereinfachte Darstellung.

Gleichheitszeichen

Zur Sicherung der Mittenlage, z. B. einer Bohrung in einem Flachprofil von 22 mm Breite, wird das Gleichheitszeichen nach Bild 1.83 verwendet, wenn aus Funktionsgründen die Bohrung mit werkstattüblicher Genauigkeit in der Mitte des Profiles liegen muß. Die Breitentoleranz des Profiles wird durch eine entsprechende Ausbildung der Bohrvorrichtung kompensiert.

Ist eine genaue Mittenlage nicht erforderlich, wird einfacher und billiger nach Bild 1.84 verfahren. Die Breitentoleranz des Profiles wirkt sich dann auf der nichtbemaßten Profilhälfte aus.

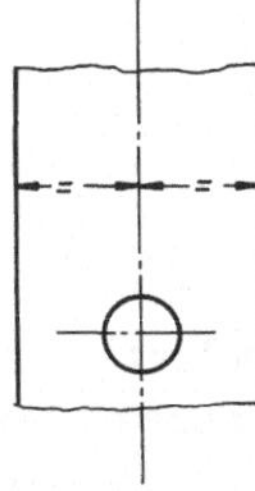

Bild 1.83 Gleichheitszeichen fordert genaue Mittenlage der Bohrung

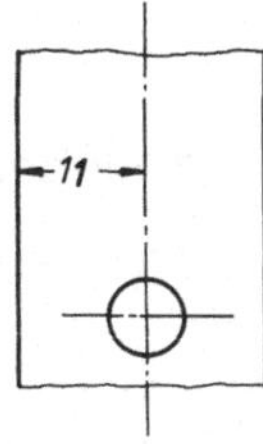

Bild 1.84 Genaue Mittenlage nicht erforderlich

Maßbuchstaben und Tabelle

An Stelle von Maßzahlen dürfen auch Maßbuchstaben verwendet werden. Man sollte sich auf maximal 3 Buchstaben beschränken, da sonst die Übersichtlichkeit der Zeichnung leidet. Die Zahlenwerte für die Buchstaben werden in einer Tabelle zusammengefaßt, Bild 1.85.

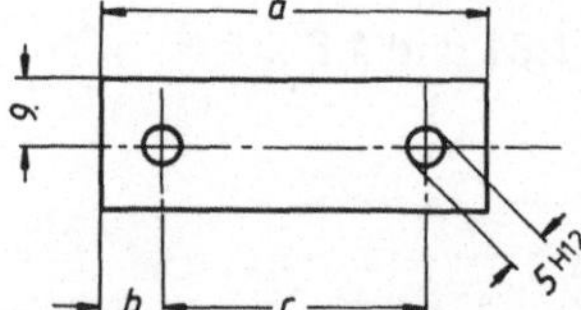

Nr	a	b	c
1	51	8	35±0,1
2	60	10	40±0,2
3	74	12	50

Flach 18×2 DIN 1759
Freimaßtoleranzen mittel DIN 7168

Bild 1.85 Mehrere Teile auf einer Zeichnung durch Maßbuchstaben und Tabelle

Bemaßung von gebogenen Teilen oder von Kurven

Sie ist sorgfältig zu überlegen. Aus Radien, Kreisbögen und Tangenten, Durchmesser- und Winkelangaben wird der angestrebte Linienzug aufgebaut, Bilder 1.86 und 1.87. Drehkörper ohne scharfe Kanten werden plastischer dargestellt, wenn, als Ersatz für die fehlenden Umlaufkanten, schmale Vollinien verwendet werden. Sie müssen auf die Schnittpunkte der Tangenten zulaufen, welche in den Enden der Ausrundungsbögen gezogen werden können. Sie sollen aber die Bögen selbst nicht berühren, Bild 1.87.

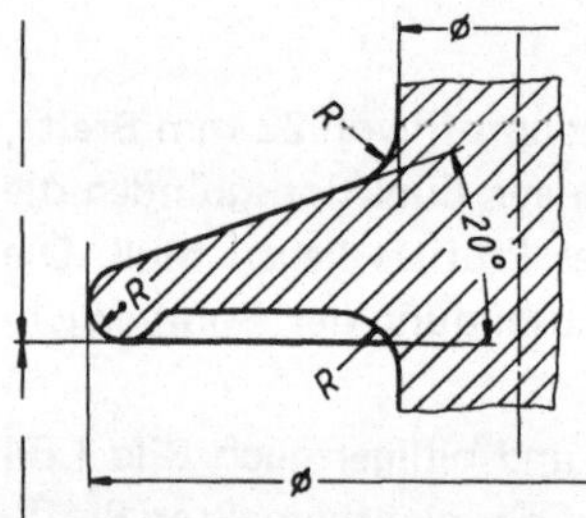

Bild 1.86 Schirm eines Isolators für Freiluft-Ausführung

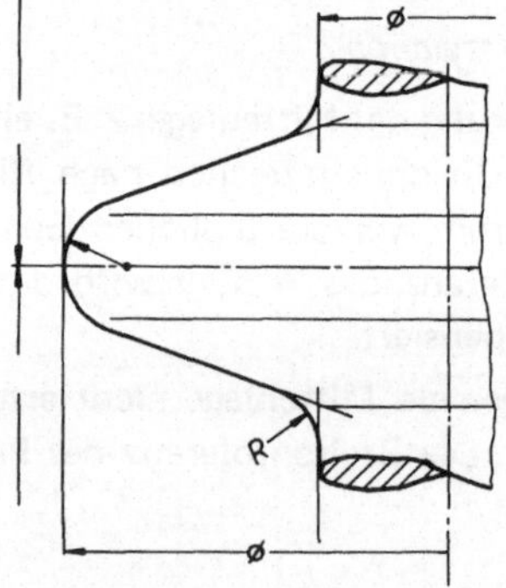

Bild 1.87 Schirm eines Isolators für Innenraum-Ausführung

1.2.7 Oberflächen-Beschaffenheit

Wie schon im Abschnitt 1.2.6 erwähnt, soll die Fertigungszeichnung den Endzustand eines Teiles beschreiben. Dazu gehört auch eine Aussage über die Beschaffenheit seiner Oberfläche. Zwei Kriterien sind zu unterscheiden: die Oberflächenrauheit (oder positiv ausgedrückt, die Oberflächengüte) als Folge des angewendeten Bearbeitungsverfahrens, z. B. Gießen, Walzen, Drehen, Schleifen und der nachträglich aufgebrachte Oberflächenschutz, etwa zur Verhinderung von Korrosion oder zur Verschönerung des Aussehens.

In ISO DIN 1302 (Juni 1980) wird für beide Aussage-Erfordernisse ein gemeinsames Symbol nach Bild 1.88 verwendet. Dieses Grundsymbol ist für sich allein noch nicht aussagefähig. Soll die Oberfläche eine materialabtrennende Bearbeitung erhalten, ist das Symbol 1 nach Bild 1.89 zu verwenden. Wenn eine materialabtrennende Bearbeitung nicht zugelassen ist, wird Symbol 2 gesetzt und mit Symbol 3 wird ein bestimmtes Herstellungsverfahren vorgeschrieben.

In Bild 1.90 sind die Größe des Symboles in Abhängigkeit von der verwendeten Schrifthöhe h und die Lage der Schriftfelder a_1 ... f für die Oberflächenangaben zusammengestellt. Vermaßt sind nur die senkrechten Abstände, die horizontalen sind den verwendeten Buchstaben, Zahlen und Bemerkungen gemäß zu wählen. In Gebrauch ist entweder die Engschrift (Schriftform A), vgl. Abschnitt 1.2.2, mit einer Linienbreite $d = 1/14\,h$, oder die Mittelschrift (Schriftform B) mit einer Breite $d = 1/10\,h$, beide in senkrechter Normschrift nach DIN 6776.

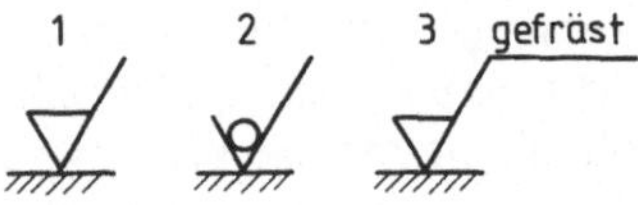

Bild 1.88 Grundsymbol für die Oberflächen-Beschaffenheit

Bild 1.89 Grundsymbol mit Ergänzungen

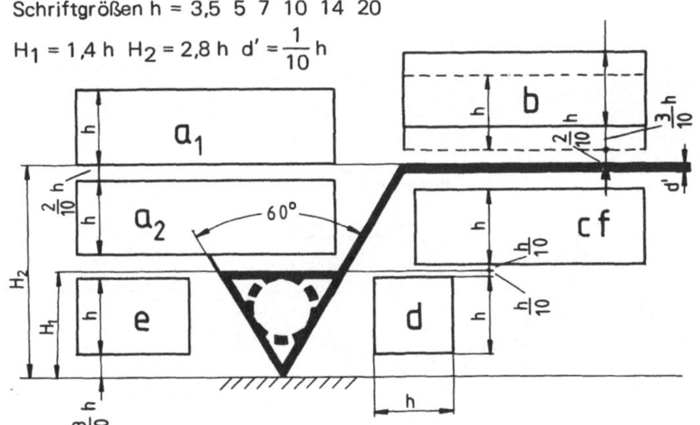

Bild 1.90

Lage der Schriftfelder des Oberflächenzeichens und die zu verwendenden Schriftgrößen h

Die in den Schriftfeldern angegebenen Buchstaben haben die folgende Bedeutung:

a_1 und a_2 Größter und kleinster zulässiger Rauheitswert R_a in μm oder die entsprechenden Rauheitsklassen. Der Größtwert a_1 steht über dem Kleinstwert a_2. Wenn nur ein Wert angegeben ist, stellt er den höchstzulässigen Rauheitswert dar und wird im unteren Schriftfeld plaziert.

b   Fertigungsverfahren, Oberflächenbehandlung oder -überzug.

c   Bezugsstrecke.

d   Rillenrichtung.

e   Bearbeitungszugabe.

f   Andere Rauheitsmeßgrößen (R_z und R_{max}).

Bemerkungen zu a_1 a_2 c und f

Bisher wurde in DIN 140 die Oberflächengüte durch Wortangaben definiert und entweder durch das Fehlen eines Oberflächenzeichens, durch das Zeichen $\sim$ oder durch 1 bis 3 Dreiecke anschaulich dargestellt. Die Oberflächengüte wurde nicht nach meßbaren Größen begutachtet, sondern nach dem fühlbaren und dem optischen Eindruck.

Inzwischen ist die Oberflächenmeßtechnik entwickelt worden und es wurde in DIN 3141 eine Verbindung hergestellt zwischen der Rauhtiefe R_t, Bild 1.91, und den Dreieck-Oberflächenzeichen. Neu aufgenommen wurde diejenige Oberflächengüte, die durch Läppen, Honen, Polieren u.ä. erreichbar ist und die mit 4 Dreiecken gekennzeichnet wurde. Diese Oberflächenzeichen legten nur die Beschaffenheit der Oberfläche des fertigen Werkstückes fest, nicht jedoch das zu wählende Bearbeitungsverfahren.

In DIN ISO 1302 wird der weiteren Verfeinerung der Oberflächen-Meßtechnik Rechnung getragen. Es stellte sich heraus, daß die Rauhtiefe R_t keine geeignete Größe für Vergleichsmessungen ist. Zur Veranschaulichung der Begriffe diene Bild 1.91. Die Rauhtiefe R_t ist ein Extremwert („Ausreißer"), der nur in relativ seltenen Fällen interessiert. DIN 4768 T1 (8.74) beschreibt — in Verbindung mit DIN 4762 T1 (8.60) und DIN 4763 (5.72) — ein Verfahren zur Bestimmung der Rauheitsmeßgrößen mit elektrischen Tastschnittgeräten. Zuerst wird eine eventuelle Welligkeit der Oberfläche, z. B. durch außermittige Einspannung oder Formfehler eines Fräsers, durch Schwingungen o.ä. aus dem Istprofil herausgefiltert, dadurch entsteht das Rauheitsprofil. Die Gesamtmeßstrecke l_m wird in 5 Einzelmeßstrecken l_e eingeteilt, in jeder die Einzelrauhtiefe Z_1 ... Z_5 bestimmt und daraus die gemittelte Rauhtiefe berechnet zu:

$$R_z = \frac{Z_1 + Z_2 + Z_3 + Z_4 + Z_5}{5}$$

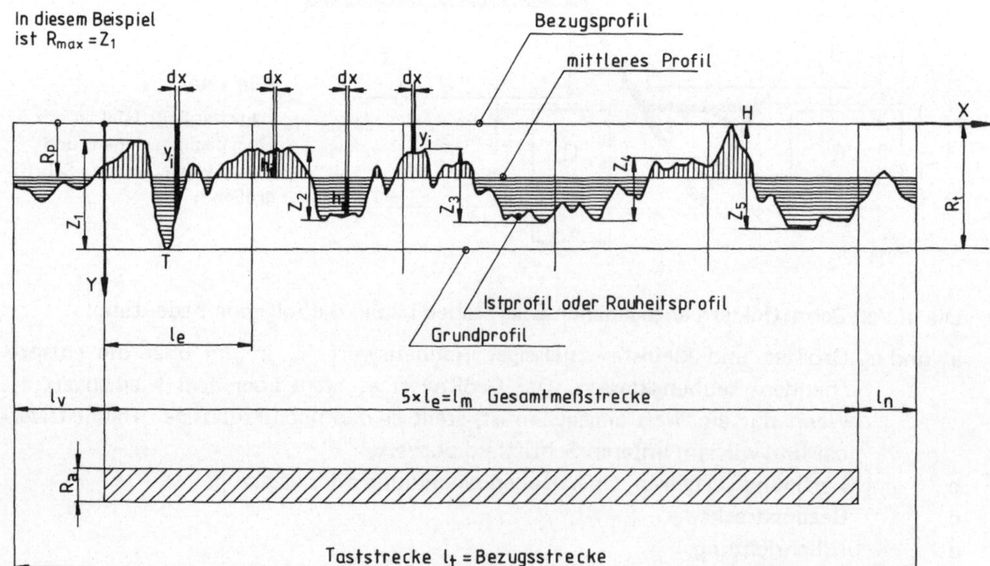

Bild 1.91 Rauheitsmeßgrößen R_z, R_{max}, R_p und R_a

Der R_z-Wert eliminiert im Gegensatz zu R_t die „Ausreißer" weitgehend, wodurch eine bessere Vergleichbarkeit der Messungen möglich wird. Der R_{max}-Wert erfaßt die Ausreißer voll. *Beide Werte machen eine Aussage über die Größe der Höhenunterschiede im Querschnitt einer Werkstückoberfläche.*

Es fehlt jedoch noch eine Aussage über die Häufigkeit der Niveauänderungen und über die Größe ihrer Abweichungen vom mittleren Profil. Dieses mittlere Profil wird gefunden durch Bestimmung der Glättungstiefe R_p. Wenn die Oberfläche vollkommen glatt wäre, d. h. wenn alle Unebenheiten ausgeglichen wären, würde das gefilterte Istprofil um R_p tiefer liegen als das Bezugsprofil. Bei Zylindern würde der Durchmesser um $2 \cdot R_p$ kleiner sein.

Die Glättungstiefe ist der mittlere Abstand des gefilterten Istprofils vom Bezugsprofil

$$R_p \cdot l_m = \int_{x=0}^{x=lm} y_i \cdot dx,$$

d. h. auch, daß die Summe A_{oi} der senkrecht schraffierten Flächen über dem mittleren Profil gleich ist der Summe A_{ui} der waagerecht schraffierten Flächen unter demselben. Die Gesamtsumme $A_g = A_{oi} + A_{ui}$ wird nun verwandelt in ein Rechtecht

$$A_g = R_a \cdot l_m = \int_{x=0}^{x=lm} |h_i| \cdot dx,$$

d. h. *der Mittenrauhwert R_a ist ein Maß für die Häufigkeit und für die Höhe der Abweichungen des Ist- bzw. Rauheitsprofiles vom gedachten mittleren, vollständig ebenen Profil.*

Anstelle der bisherigen Dreiecke nach DIN 140 und DIN 3141 können im neuen Symbol nach DIN ISO 1302 (6.90) etwa die folgenden Richtwerte nach Bild 1.92 Verwendung finden.

Eine Umrechnung von Rauhtiefen R_z in Mittenrauhwerte R_a oder umgekehrt ist weder theoretisch begründbar noch empirisch nachweisbar. Dem Schaubild auf Beiblatt 1, Seite 2 zu DIN 4768 T 1 (10.78) liegen neuere Vergleichsmessungen von spanend gefertigten Oberflächen zugrunde, bei denen sowohl R_z als auch R_a ermittelt wurden. Ein breiter Streubereich ist erkennbar.

Span-abhebende Bearbeitung	zu Schriftfeld a		zu Schriftfeld f
	Mittenrauhwert $\frac{R_a}{\mu m}$	Rauheitsklasse N	Mittlere Rauhtiefe $\frac{R_z}{\mu m}$
▽	25...12,5....6,3	11....10.... 9	160...63...25
▽▽	6,3...3,2...1,6	9....8....7	40..16...10
▽▽▽	0,8...0,4...0,2	6....5....4	16...4....2,5
▽▽▽▽	0,1...0,05..0,025	3.....2...1	1.........0,25

Bild 1.92

Richtwerte für Mittenrauhwert R_a und mittlere Rauhtiefe R_z

Bemerkungen zu b

Auf der waagerechten Linie des Oberflächensymboles, Bild 1.90, besteht die Möglichkeit, ein bestimmtes Fertigungsverfahren in ungekürzter Wortangabe vorzuschreiben, z. B. „gefräst", Bild 1.89. Auf dieselbe Linie des Symboles sind auch Angaben zu schreiben, die sich auf eine Nachbehandlung der Oberfläche zum Zwecke des Korrosionsschutzes, der Farbgebung, der Rändelung, der Härtung und anderer einschlägiger Verfahren beziehen, Bild 1.93. Siehe auch Normblattverzeichnis am Schlusse von Abschnitt 1.2.7.

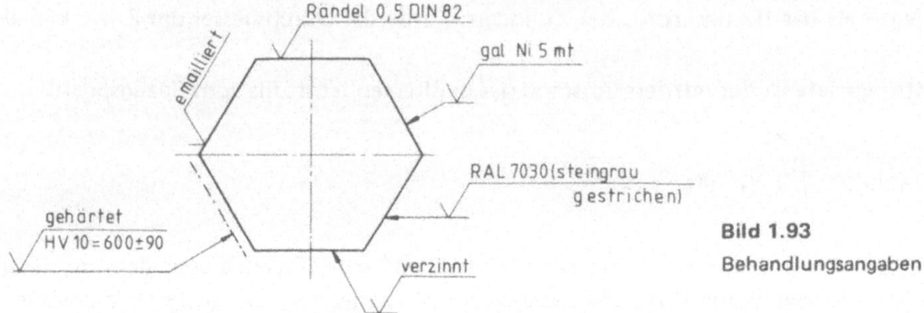

Bild 1.93
Behandlungsangaben

Bemerkung zu d

Wenn die Rillenrichtung einer bearbeiteten Fläche festgelegt werden muß, ist dies durch ein zusätzliches Symbol anzugeben. Zum Beispiel heißt, nach Bild 1.94 oben links, das Gleichheitszeichen = , daß die Rillenrichtung parallel verläuft zur Zeichenebene. Die anderen Rillenrichtungen gehen klar aus der Übersicht hervor. Soll jedoch eine Rillenrichtung festgelegt werden, die nicht eindeutig durch die 6 Symbole erfaßt ist, muß diese durch eine zusätzliche Angabe auf der Zeichnung beschrieben werden.

Symbol	Erklärung	Symbol	Erklärung
=	Rillenrichtung	M	viele Richtungen
⊥	Rillenrichtung	C	z.B. Plandrehen
X	Rillenrichtungen	R	z.B. Planfräsen

Bemerkung zu e

Wenn es notwendig ist, die Größe einer Bearbeitungszugabe festzulegen, ist diese links neben das Symbol zu schreiben, natürlich in Übereinstimmung mit dem in der Zeichnung verwendeten Maßsystem.

In den nachfolgenden Bildern 1.95 bis 1.103 sind Beispiele über die Anwendung der Zeichen für die Oberflächen-Beschaffenheit zu sehen. Hinweise für weitere, hier nicht aufgeführte Fälle sind zu finden im Beiblatt 1 zu DIN ISO 1302 (Juni 1980).

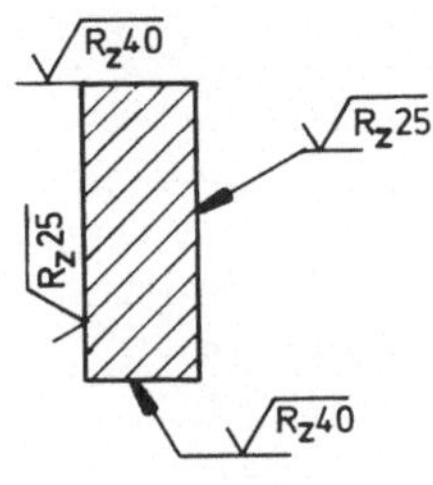

Bild 1.95 Die Oberflächenangaben sind im allgemeinen an allen Flächen einzeln zu setzen, sofern erforderlich. Das gilt auch für gegenüberliegende Flächen gleicher Oberflächen-Beschaffenheit.

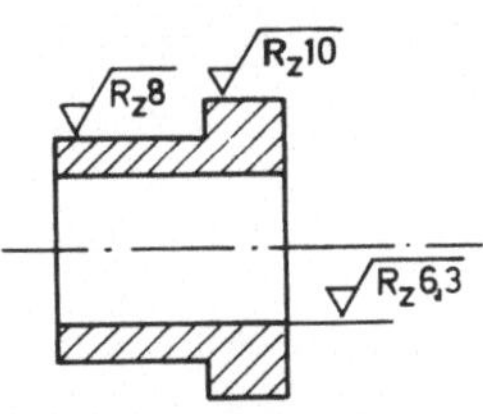

Bild 1.96 Bei Drehkörpern ist die Oberflächenangabe nur an *einer* Mantellinie eines bestimmten Durchmessers erforderlich.

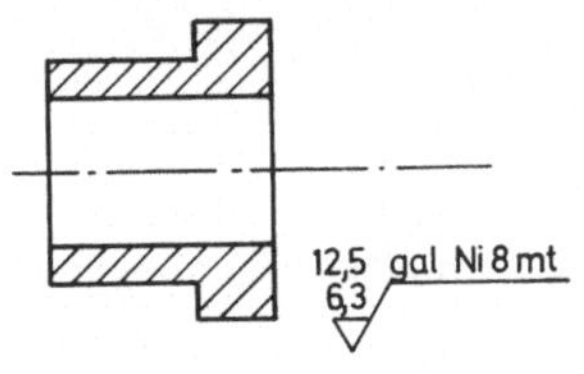

Bild 1.97 Für Teile mit einheitlicher Oberflächen-Beschaffenheit genügt eine Oberflächenangabe in der Nähe des Teiles oder über dem Zeichnungs-Schriftfeld.

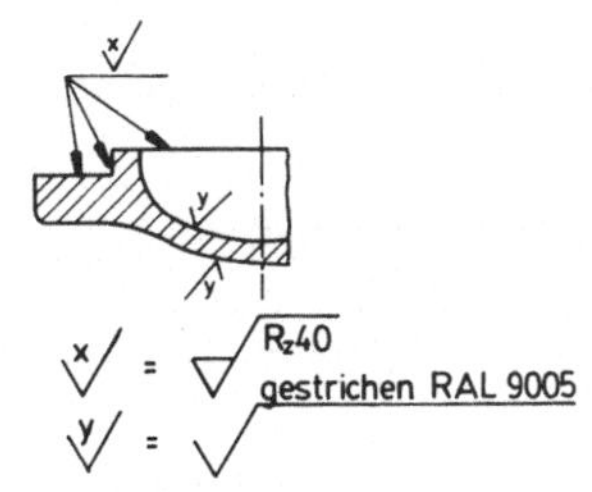

Bild 1.98 Vereinfachte Angaben werden mit Buchstaben (x, y ...) und dem Grundsymbol gekennzeichnet. Ihre Bedeutung wird in der Nähe des Teiles oder des Schriftfeldes erklärt.

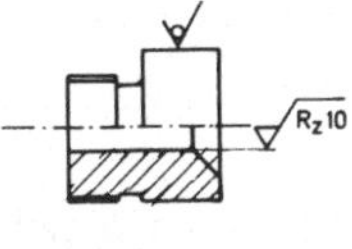

Bild 1.99 Der größte Durchmesser bleibt unbearbeitet im Anlieferungszustand, die Bohrung wird nach $R_z 10$ geschliffen und alle übrigen Flächen nach $R_z 40$ geschlichtet.

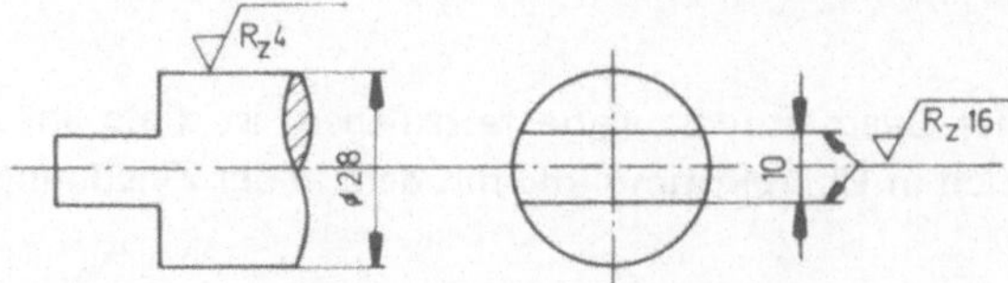

Bild 1.100 Bei Teilen, die in mehreren Schnitten oder Ansichten dargestellt sind, werden die Oberflächenangaben jeweils nur in der Darstellung eingetragen, in der die betreffende Fläche vermaßt ist. Löcher, Keil- und Paßfedernuten erhalten im allgemeinen keine Oberflächenzeichen.

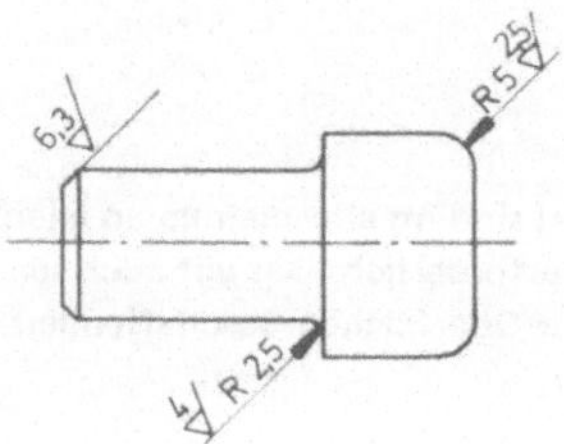

Bild 1.101 Die Oberflächenangaben für Rundungen werden auf die Maßlinie des Radius gesetzt. Soll die Oberflächen-Beschaffenheit aller Rundungen gleich sein, kann aus Gründen der Arbeitsvereinfachung in der Nähe des Schriftfeldes ein entsprechender Symbol-Hinweis angebracht werden.

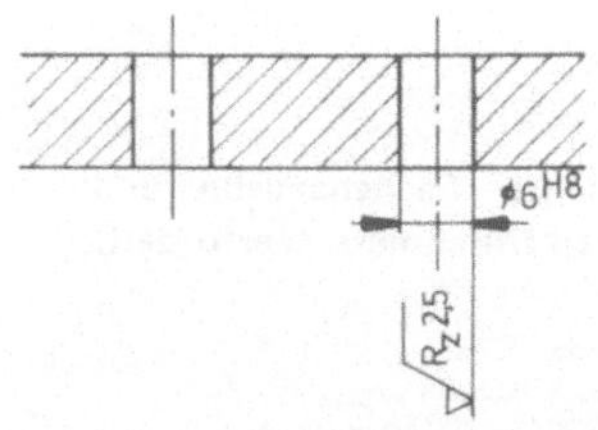

Bild 1.102 Durch die Angabe von Abmaßen oder durch Toleranzfeld-Kurzzeichen ist keine bestimmte Oberflächen-Beschaffenheit sichergestellt. Dazu bedarf es einer besonderen Kennzeichnung. Bei wiederkehrenden Formen (hier: mehrere Löcher) wird nur einmal im Zusammenhang mit der Maßeintragung die Kennzeichnung vorgenommen.

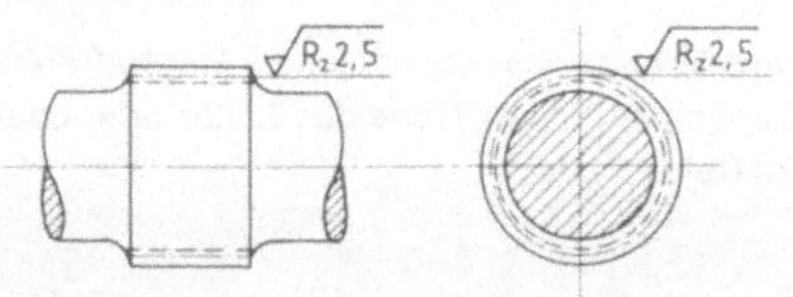

Bild 1.103 Wenn die Zahnflanken nicht dargestellt sind, werden die Oberflächenangaben an die Teilkreise gesetzt.

Bei folgenden Oberflächen können die Angaben entfallen, wenn die üblichen Fertigungsverfahren einen ausreichenden Endzustand sicherstellen:

gegossene, geschmiedete, gestanzte, abgescherte, gebohrte und gesägte Flächen,
gewalzte, stranggepreßte, blankgezogene Halbzeugflächen,
Enden von Schrauben und anderen Gewindeteilen, Oberflächen von Stiften, Federn und Gewindeflanken.

Die Notwendigkeit der Änderung von bisherigen Oberflächenzeichen nach DIN 140 und DIN 3141 in bestehenden Unterlagen liegt im Ermessen des Anwenders!

Einige Beispiele für die Handhabung der Oberflächenzeichen nach den bisherigen Normen:

Bild 1.31   Spindel, Drehteil aus Messing, „geschlichtet", gal Ag 5 mt: galvanisch versilbert, 5 μm Schichtdicke, matte Oberfläche.

Bild 1.32   Trägerplatte aus Stahlblech, gal Ni 3 bk: galvanisch vernickelt, 3 μm Schichtdicke, blanke Oberfläche.

Bild 1.104 Druckfeder, brüniert, gefettet. Bei der Behandlung der Stahlfeder mit heißen, alkalischen Lösungen entsteht eine dunkelbraune bis schwarze Oxydschicht.

Bild 1.105 Anschlußplatte aus Flachstahl, auf die Länge 4,5 zugeschnitten, gal Cu 5 mt: galvanisch verkupfert, 5 μm Schichtdicke, matte Oberfläche.

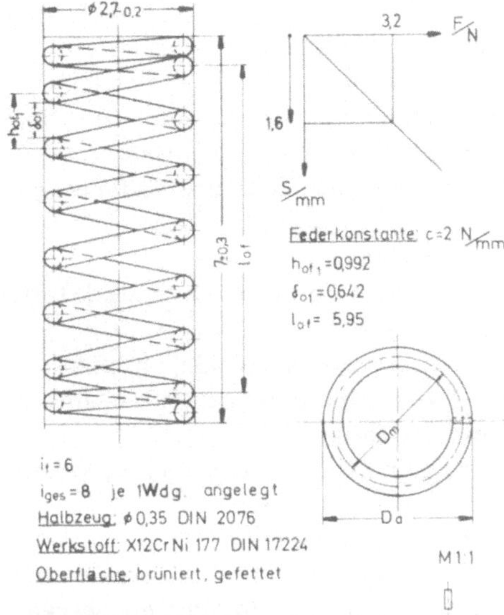

Bild 1.104 Druckfeder, brüniert

Bild 1.105 Anschlußplatte, verkupfert

Nachbehandlung von Oberflächen

Die Nachbehandlung einer Oberfläche wird meist durch Wortangaben gekennzeichnet, die im Oberflächensymbol über dem Strich im Schriftfeld b, Bild 1.90, unterzubringen sind. Je nach der Funktion des Teiles, der Organisation des Fertigungsbetriebes und den Anforderungen an Zuverlässigkeit und Haltbarkeit kann man sich auf allgemeine Wortangaben beschränken oder muß diese nach den Regeln der einschlägigen Normblätter präzisieren. Anzugeben ist stets der Fertigzustand, also „grau gestrichen" und nicht „grau streichen", vgl. Bild 1.93.

In der folgenden Übersicht sind die einschlägigen Normblätter für die Angabe der Oberflächen-Beschaffenheit und für die konservierende Nachbehandlung zusammengestellt:

DIN ISO 1302 (Juni 1980)	Angabe der Oberflächen-Beschaffenheit in Zeichnungen, mit Beiblatt 1 (6.80), Anwendungsbeispiele
DIN 140 T1 ... T6 (Okt. 1931)	Oberflächen, Oberflächenzeichen usw.
DIN 140 T7 (Mai 1966)	Oberflächen für keramische Werkstoffe
DIN 3141	Oberflächenzeichen, Rauhtiefen
DIN 4762 T1 (Aug. 1960)	Erfassung der Gestaltabweichungen ...
DIN 4763 (Mai 1972)	Rauheitsmeßgrößen ...
DIN 4766 (Aug. 1978)	Herstellverfahren und Rauheit von Oberflächen
DIN 4766 T2 (Mai 1975)	desgl., Mittenrauhwerte

DIN 4768 T1 (Aug. 1974)	Ermittlung der Rauheitsmeßgrößen R_a, R_z, R_{max} mit elektrischen Tastschnittgeräten, mit Beiblatt 1 (Okt. 1978): Umrechnung R_a in R_z oder umgekehrt.
DIN 4769 T1 ... T4 (Mai 1972 ... Juli 1974)	Oberflächen-Vergleichsmuster
DIN 82 (Jan. 1973)	Rändel
DIN 40 686 (April 1971)	Oberflächen keramischer Werkstücke
DIN 6773 (Okt. 1967)	Gehärtete Teile, Darstellung ...
DIN 50 902 (Juli 1975)	Behandlung von Metalloberflächen für den Korrosionsschutz durch anorganische Schichten, Begriffe
DIN 50 941 (Jan. 1968)	Chromatieren von galvanischen Zink- und Cadmiumüberzügen
DIN 50 942 (Nov. 1973)	Phosphatieren von Metallen ...
DIN 50 961 (April 1976)	Galvanische Überzüge; Zink-Überzüge auf Eisenwerkstoffen
DIN 50 962 (April 1976)	desgl. Cadmium-Überzüge
DIN 50 967 (Juni 1972)	desgl. Nickel-Chrom-Überzüge auf Stahl, Kupfer- und Zinkwerkstoffen sowie Kupfer-Nickel-Chrom-Überzüge auf Stahl- und Zinkwerkstoffen
DIN 50 968 (April 1976)	desgl. Nickel-Überzüge auf Stahl und Kupferwerkstoffen sowie Kupfer-Nickel-Überzüge auf Stahl
DIN 50 975 (Okt. 1967)	Zinküberzüge durch Feuerverzinken ...
DIN 50 976 (Aug. 1970)	Korrosionsschutz ... Zinküberzüge auf ... Eisenwerkstoffen
DIN 2444 (Aug. 1972)	Zinküberzüge auf Stahlrohren ... für Installationszwecke
DIN 55 928 T1 ... T8 (11.76 ... 3.80)	Korrosionsschutz von Stahlbauten durch Beschichtungen und Überzüge
DIN 55 928 T5 (März 1980)	desgl. Beschichtungsstoffe und Schutzsysteme
DIN 55 928 T8 (März 1980)	desgl. Korrosionsschutz von tragenden dünnwandigen Bauteilen (Stahlleichtbau)

1.2.8 Farbkennzeichnungen

Die Farben der Oberflächenbeschichtungen oder die Farben von Kunststoffteilen müssen auf den Fertigungszeichnungen ebenfalls angegeben werden. Um stets den gleichen Farbton zu erzielen bzw. damit zwischen Hersteller und Kunde eine verbindliche Abmachung über die Farbe eines Erzeugnisses vereinbart werden kann, wurde vom Ausschuß für Lieferbedingungen und Gütesicherung das RAL-Farbregister geschaffen. Jeder Farbe ist eine Nummer zugeordnet, z. B. bedeutet RAL 3000 „feuerrot". Als Kurzzeichen für naturfarben dient „nf". Es bedeutet bei Kunststoffen, daß der betreffenden Formmasse keine Stoffe zum Zwecke einer Farbänderung zugesetzt sind. Deshalb kann für „naturfarben" keine Farbe aus dem RAL-Farbregister eindeutig festgelegt werden.

Einige Beispiele für Farbkennzeichnungen an Kunststoffteilen:

Bild 1.118	Antriebsklotz	RAL 8016 (mahagonibraun)
Bild 1.131	Zahnstange	nf (naturfarben)
Bild 1.30	Schalthebel	RAL 9005 (tiefschwarz)
Bild 1.12	Mehrzweckstein	RAL 3000 (feuerrot)

Das Farbregister RAL 840 HR ist zu beziehen über den Beuth-Verlag GmbH, Berlin und Köln.

1.3 Organisation der Zeichnungsunterlagen

1.3.1 Zeichnungsarten

DIN 199 (Sept. 1962) unterteilt Technische Zeichnungen nach verschiedenen Gesichtspunkten, die hier verkürzt wiedergegeben werden:

1. Allgemein nach Art der Darstellung: freihändige Skizze, maßstäbliche exakte Zeichnung mit Zirkel und Lineal, vereinfachte Wiedergabe, Lagepläne, graphische Veranschaulichungen veränderlicher Größen mit Hilfe von Linien und Flächen.
2. Nach Art der Anfertigung: von Hand als Original- oder Urzeichnung, mit Bleistift oder mit Tusche ausgeführt; Vervielfältigungen durch Lichtpausen, photographische Verfahren oder Druck.
3. Nach dem Inhalt:
   Gesamtzeichnung einer Anlage, eines Gerätes.
   Gruppenzeichnung einer Baueinheit eines Erzeugnisses, gleichgültig, ob lösbar oder nicht lösbar verbunden. Schon 2 Teile können eine Gruppe bilden.
   Teilzeichnung eines einzelnen Teiles.
   Rohteilzeichnung für Schmiede-, Guß- und Preßteile.
   Fertigteilzeichnung für die eben genannten Teile.
   Gruppen- und Einzelteilzeichnung mit der maßfähigen Darstellung einer Gruppe und ihrer Einzelteile. Diese Zeichnungsart ist besonders zweckmäßig in der Einzelfertigung von Geräten und Musterstücken, um den Zeichnungsaufwand niedrig zu halten.
   Schemazeichnung, die der wirklichen Form und Lage der Teile nicht zu entsprechen braucht, z. B. Getriebebilder, Patentzeichnungen, Kraftflußdiagramme.
4. Nach dem Zweck:
   Entwurfszeichnung, als Grundlage für eine der genannten technischen Zeichnungen.
   Fertigungszeichnung, sie muß alle für die Herstellung (= Fertigung) eines Einzelteiles notwendigen Angaben enthalten.
   Zusammenbauzeichnung oder *Gruppenzeichnung* oder *Montagezeichnung*. Sie gibt eine zusammenfassende Darstellung mit allen zum Zusammenbau nötigen Angaben.
   Angebotszeichnung zur Erläuterung einer Ausschreibung oder zur Abgabe eines Angebotes, z. B. alle Maßblätter von aktiven und passiven Bauelementen.

Einige der aufgezählten Zeichnungsarten, die auch in der Elektrofeinwerktechnik Anwendung finden, werden im folgenden näher beschrieben.

1.3.1.1 Entwurfszeichnung

Sie bringt die Gedanken des Konstrukteurs zum Ausdruck und dient als Unterlage für die Realisierung seiner Ideen. Der Konstrukteur zeichnet zweckmäßigerweise mit Bleistift auf Transparentpapier. Sicherlich wird er mit seinem ersten Entwurf nicht zufrieden sein. Er spannt einen zweiten Bogen über den ersten und kann so mühelos Teile seines Entwurfes durchpausen und weiter verwenden. Nach mehreren solcher Vorgänge ist der Entwurf hinreichend ausgereift und wird nun mit den nötigen Angaben versehen, welche der Konstrukteur selbst oder einer seiner Mitarbeiter (Teilkonstrukteur) für die weitere Arbeit braucht: Werkstoff, Halbzeug, Passungen, Oberflächenschutz, gehärtete Flächen, Hauptmaße, kurze Erklärungen, Bild 1.123. Die Entwurfszeichnung sollte möglichst im

Maßstab 1 : 1 angefertigt werden. Das ist natürlich bei sehr großen und bei sehr kleinen Teilen nicht möglich.

1.3.1.2 Fertigungszeichnung oder Einzelteilzeichnung

Wenn die Termine drängen (und das ist ja meist der Fall!), müssen als erstes die Fertigungszeichnungen für Musterstücke und für Teile mit langer Lieferzeit, z. B. Guß- oder Preßteile, erstellt werden. Auch kann es sein, daß mit bestimmten Einzelteilen vorab Versuche gemacht werden müssen, für die also auch baldigst Fertigungszeichnungen zu erstellen sind. Der Teilkonstrukteur übernimmt diese Arbeiten und ist verantwortlich dafür, daß zum Schluß alle Teile zusammenpassen.

Auf jeder Fertigungszeichnung sind alle Angaben zu machen, die notwendig sind, um das Einzelteil ohne Rückfragen herstellen zu können, also alle Maße, Toleranzen, Halbzeug und Werkstoff, Oberflächengüte und Oberflächenschutz, Härte bestimmter Stellen, Farbe und anderes mehr, Bild 1.155 und Bild 1.30. Die Fertigungszeichnung ist für den auswärtigen Lieferanten oft die einzige Unterlage, die ihm zur Verfügung steht. Er weiß vielfach nicht, welche Funktion das Teil zu erfüllen hat und wo es eingebaut wird; es sei denn, der Konstrukteur hatte vor Fertigstellung seines Entwurfes ihn zu Rate gezogen.

Zu erwähnen sind noch die *Rohteilzeichnungen* als spezielle Art der Fertigungszeichnungen. Besonders bei Schmiede-, Guß- und Preßteilen wird die Unterteilung der Fertigungszeichnung in eine Rohteil- und eine Fertigteilzeichnung oft vorgenommen. Auf der Rohteilzeichnung sind alle Maße und Angaben zu finden, welche zur spanlosen Formung des Werkstückes erforderlich sind, einschließlich der notwendigen Bearbeitungszugaben.

Auf der zugehörigen *Fertigteilzeichnung* wird auf das Rohteil Bezug genommen und es erscheinen deshalb auf dieser nur die Maße und Angaben, die zur Weiterbearbeitung des Rohteiles erforderlich sind, also Maße für die spanabhebende Bearbeitung einschließlich Toleranzen, Angaben zur Oberflächengüte und zum Oberflächenschutz, Farbe des Anstriches u. ä. Aus der Art der Benummerung, Abschnitt 1.3.3, oder aus einem Hinweis im Schriftkopf muß zu ersehen sein, welches Rohteil für das Fertigteil gebraucht wird, Bilder 1.106 und 1.107.

Das Rohteil kann aber mitunter auch eine *Baugruppe* sein, welche durch das Zusammenfügen zweier oder mehrerer Einzelteile entstanden ist. In Bild 1.108 wird eine Schweißgruppe gezeigt, die nach Bild 1.109 fertig bearbeitet wird.

Ähnliche Verhältnisse liegen vor bei Klebe-, Kitt- und Lötverbindungen, bei Einbettungen und Einschmelzungen. Als Beispiel einer Einbettung diene hierzu der Griff mit Riffelhülse nach Bild 1.145. Er besteht aus zwei Teilen, die durch die Art der Fertigung unlösbar verbunden sind. Im Unterschied zu den soeben besprochenen zwei Beispielen gibt es den Kunststoffanteil des Griffes jedoch nicht als selbständiges Einzelteil.

1.3.1.3 Zusammenbauzeichnung oder Gruppenzeichnung

Gleichzeitig mit dem Entstehen der Fertigungszeichnungen der einzelnen Teile sollte auch die Gruppenzeichnung in Angriff genommen werden, damit jederzeit gewährleistet ist, daß bei der Montage keine Unstimmigkeiten auftreten. Zur Zusammenbauzeichnung gehört eine Stückliste, siehe Abschnitt 1.3.1.4, welche die gleiche Nummer und den gleichen Namen erhält. Auf der Gruppenzeichnung sind nur diejenigen Maße und Angaben einzutragen, die zur Montage notwendig sind, z. B. Lage und Durchmesser einer

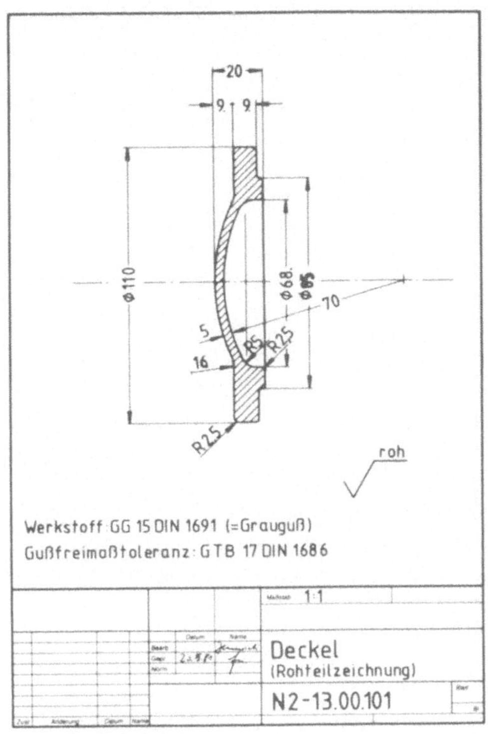

Bild 1.106 Deckel für Schaltergehäuse (Rohteilzeichnung)

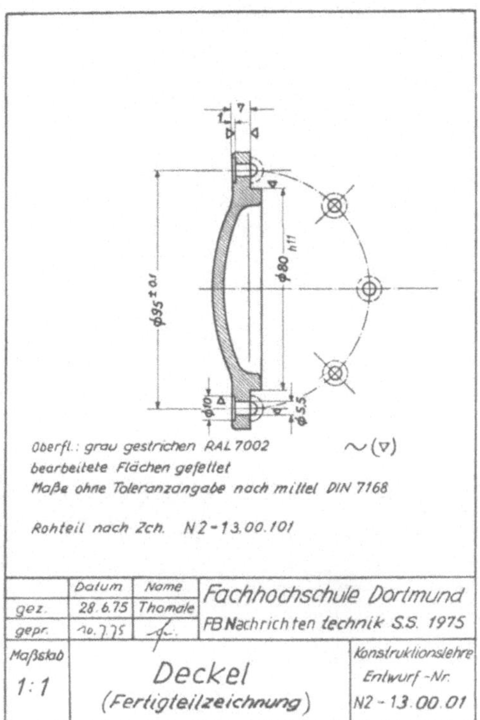

Bild 1.107 Deckel für Schaltergehäuse (Fertigteilzeichnung)

Bolzenverstiftung, Anzahl der Windungen einer Spule, Bild 1.129 und Bild 1.130 oder die Bördelung eines Teiles, Bild 1.143 und Bild 1.144. Beim Zusammenbau des Drehpotentiometers sind keine besonderen Montageangaben erforderlich, Bild 1.124 und Bild 1.125.

Jedes Teil einer bestimmten Art ist mit einer Positionsnummer zu versehen, welche mit der entsprechenden Nummer auf der Stückliste übereinstimmen muß. Doppel-Positionierung ist zu vermeiden. Die zugehörigen Bezugslinien sind stets schräg anzuordnen, damit keine Verwechslungen mit Maßlinien, Mittellinien, Maßhilfslinien u. ä. entstehen. Durch geschickte Anordnung sind Kreuzungen verschiedener Bezugslinien zu umgehen. Am Ende der Bezugslinien ist im Teil oder an einer seiner Kanten ein Punkt anzubringen, dabei ist darauf zu achten, daß keine Unklarheiten entstehen, wenn zwei Teile eine gemeinsame Kante haben, Bild 1.124. Die Positionsnummern sollen möglichst im Uhrzeigersinn rund um die Zeichnung angeordnet werden.

Eine Baugruppe kann aus lauter Einzelteilen bestehen; sie kann aber, neben Einzelteilen, auch andere Baugruppen enthalten, die meist nur aus wenigen Teilen bestehen und vielfach Zwischengruppen genannt werden, siehe Abschnitt 1.3.2. Jede dieser Baugruppen und Zwischengruppen ist auf einer gesonderten Zusammenbauzeichnung darzustellen und mit einer Stückliste zu versehen.

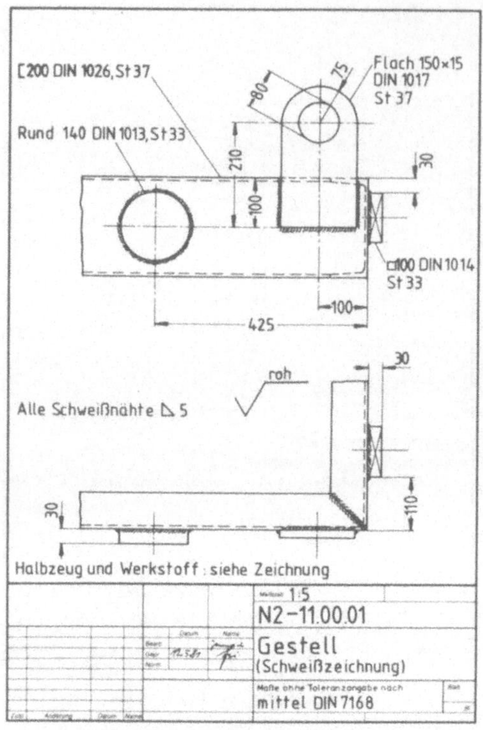

Bild 1.108 Gestell (Schweißzeichnung)

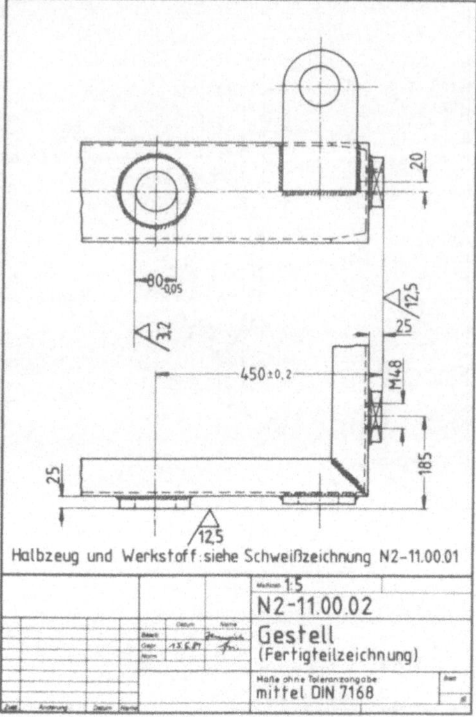

Bild 1.109 Gestell (Fertigteilzeichnung)

1.3.1.4 Stückliste

Die Stückliste ist das Inhaltsverzeichnis zur Gruppen- oder Zwischengruppenzeichnung. Oder umgekehrt betrachtet: die Stückliste wird näher erläutert durch die auf ihr angegebenen Zeichnungen. Nur ganz einfache Teile kommen ohne Zeichnung aus, sog. oZ-Teile, zum Beispiel:

1 Zwischenstück N2-10.00.25 (oZ), ϕ 5 DIN 1013 St 37, 50 lg, Ob. ÷ .

Das Teil ist ein Stück gewalzter Rundstahl aus Stahl St 37, hat den Durchmesser 5 mm, ist 50 mm lang, hat keinen Oberflächenschutz und läuft unter der „Sachnummer" N2-10.00.25 durch die Fertigung, siehe Abschnitt 1.3.3.

In DIN 6771 T1 (Dez. 1970), Schriftfelder für Zeichnungen, Pläne und Listen und in DIN 6771 T2 (Sept. 1975), Vordrucke für technische Unterlagen, Stücklisten, sind 2 Formen des Stücklisten-Vordruckes angegeben:

Stückliste Form A,   mit Spalten für Positionsnummer, Menge, Benennung, Sachnummer, Norm-Kurzbezeichnung und Bemerkung,

Stückliste Form B,   die gegenüber Form A um weitere, notwendige Spalten erweitert werden kann, z. B. für Werkzeug, Halbzeug, Gewicht, Oberflächenbeschaffenheit, Schlüssel für EDV u. ä.

Die Stückliste der Form A wird hauptsächlich in der Serien- und Massenfertigung angewendet. In solchen Betrieben wird für jedes Teil eine besondere Fertigungszeichnung vorgesehen, auf welcher der verwendete Werkstoff und das zweckmäßige Halbzeug verzeichnet sind.

Die Stückliste der Form B ist in der Einzelfertigung von Baugruppen üblich. Zur Verringerung des Zeichenaufwandes werden Einzelteile gleich in der Baugruppe vermaßt oder es werden die Einzelteilzeichnungen auf der Baugruppenzeichnung großen Formates untergebracht. Die Angaben über Halbzeug und Werkstoff usw. finden dann ihren Platz auf der Stückliste.

Beide Stücklistenarten können von oben nach unten oder umgekehrt von unten nach oben geschrieben werden. Ersteres tut man auf getrennten Listen, letzteres, wenn die Liste ihren Platz auf der Gruppenzeichnung über dem Schriftkopf finden soll.

Die einzelnen Felder der Stückliste sind so bemessen, daß ein maschinelles Beschriften möglich ist. Wird die Liste mit Schreibmaschine auf Transparentpapier geschrieben, sollte auf der Rückseite Kohlepapier gegengelegt werden, damit die Pause der Liste gut lesbar ist. Einzutragen ist möglichst in der Reihenfolge des Fügens. Für eine Position können auch mehrere Zeilen verwendet werden. Es empfiehlt sich im Hinblick auf spätere Ergänzungen, ab und zu einige Zeilen freizulassen und an diese keine Positionsnummern zu schreiben. Normteile sollen möglichst am Schluß der Liste zusammengefaßt werden. Die Benennung der Teile wird stets in der Einzahl angegeben!

Beispiele von Stücklisten der Form B siehe Abschnitt 1.4. Nur die Stückliste Bild 1.144 für den Drehknopf ist in Form A gehalten, weil von dieser Baugruppe sämtliche Einzelteilzeichnungen gegeben sind.

1.3.1.5 Angebotszeichnungen und Maßblätter

Diese Zeichnungen sind für den Kunden wichtig. Aus ihnen ersieht er die Außenmaße der Geräte, ihren Platzbedarf für die Montage, eventuelle Hilfsmittel, die zum Einbau nötig sind und die elektrischen Daten zum Betrieb. Bei gestaltmäßig schwierig darzustellenden Baugruppen oder Einzelteilen kann eine Schrägprojektion nach DIN 5 oder eine photographische Aufnahme erheblich zum besseren Verständnis des Kunden beitragen, hierzu Bild 1.110. Die Maßblätter für Widerstände, Kondensatoren, Schalter und alle Arten elektronischer Bauelemente sind hier zu erwähnen.

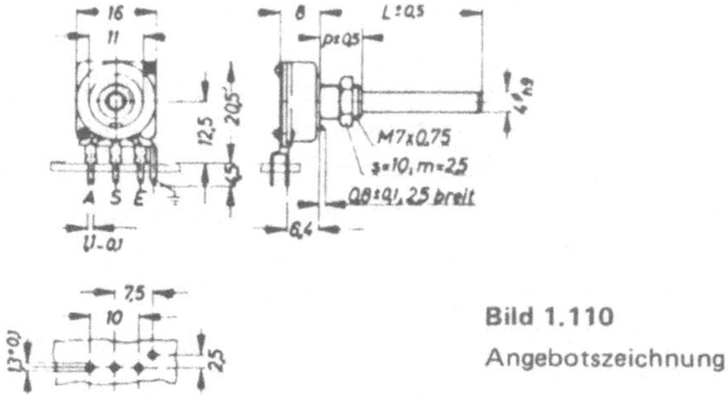

Bild 1.110
Angebotszeichnung

1.3.2 Zeichnungsaufbau in Abhängigkeit von der Fertigung

Im Kapitel 1.3.1 wurden die einzelnen Zeichnungsarten und die Stückliste besprochen. Günstig ist es, den Zeichnungsaufbau dem Fertigungsgang eines Erzeugnisses anzupassen. Hilfreich können dabei Zwischengruppen sein.

Beispiel 1: Blattfeder mit Kontaktniet, Bild 1.111. Wenn ein Gerät mit verschiedenen Kontaktnieten ausgerüstet werden soll, ist es zweckmäßig, die Variationsmöglichkeit in die kleine Baueinheit „Kontaktfeder, vollständig" zu legen. Diese Zwischengruppe wird in der Stückliste des Gerätes wie ein Einzelteil behandelt. Unabhängig von dessen Zusammenbau können die Kontaktfedern vorab angefertigt und u. U. auf Lager gelegt werden.

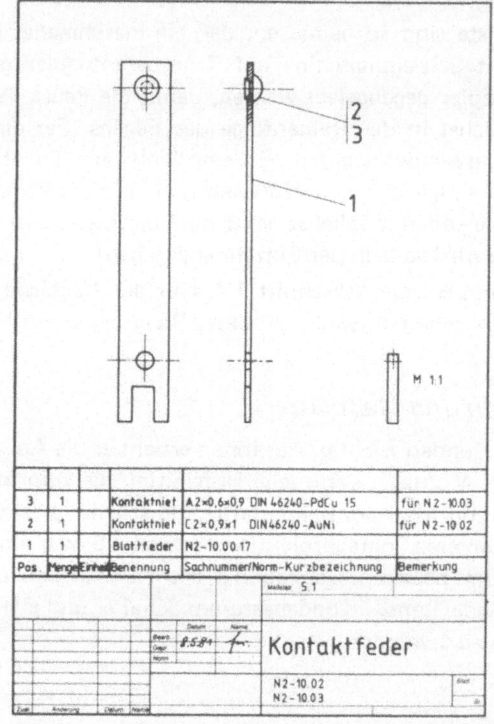

Pos.	Menge	Einheit	Benennung	Sachnummer/Norm–Kurzbezeichnung	Bemerkung
3	1		Kontaktniet	A 2×0,6×0,9 DIN 46240–PdCu 15	für N 2–10.03
2	1		Kontaktniet	C 2×0,9×1 DIN 46240–AuNi	für N 2–10.02
1	1		Blattfeder	N2–10.00.17	

Bild 1.111
Kontaktfeder (Zwischengruppe)

Beispiel 2: Gestell, Schweißzeichnung, Bild 1.108. Diese schon im Abschnitt 1.3.1.2 als Rohteil erwähnte Schweißgruppe besteht aus mehreren Rund-, Flach- und Winkelprofilen. Aus der Zeichnung kann man nicht nur ersehen, wo und wie die Teile zusammengebaut werden, auch die Maße der Teile, soweit vollständig dargestellt, kann man ihr entnehmen. Es wäre denkbar, auch von diesem Gestell eine Zwischengruppenzeichnung zu erstellen ähnlich Beispiel 1.

Beispiel 3: Griff mit Riffelhülse, Bild 1.145. Würde man diese Zeichnung als Zwischengruppe mit Stückliste gestalten, müßte in der Hauptstückliste Bild 1.144 des Drehknopfes die Position 3 wegfallen.

1.3.3 Grundzüge der Zeichnungsnummerierung

Eine Norm über die Nummerierung von Zeichnungen gibt es nicht. So viele Betriebe, so viele Nummerungssysteme, und jede Firma hält ihr System für das beste. Die organisatorischen Gegebenheiten sind sehr unterschiedlich und deshalb wird es wohl ein genormtes System, welches alle Möglichkeiten umfaßt, nie geben.

Allen modernen Nummerungssystemen ist jedoch gemeinsam, daß sie eine Unterscheidung treffen etwa wie folgt:

Gerät mit Übersichtsliste
Baugruppe mit Stückliste
Zwischengruppe mit (Unter-)Stückliste
Rohteilzeichnung
Fertigteilzeichnung } Einzelteil- oder Fertigungszeichnung
Einzelteilzeichnung
Sonderzeichnung

Die Zeichnungsnummer ist gleichzeitig Sachnummer, d. h. das Einzelteil, die Zwischengruppe, die Baugruppe und das Gerät laufen durch den ganzen Betrieb unter dieser Nummer und unter dem Namen, den der Konstrukteur dem Erzeugnis gegeben hat. Die Sachnummer ist für die Betriebsorganisation (EDV) wichtig. Der Name sollte so gewählt werden, daß das Teil nicht einseitig auf eine bestimmte Funktion festgelegt ist, sondern vielseitig bleibt für mitunter ganz verschiedene Verwendungszwecke.

Als Beispiel sei das vom Verfasser verwendete Benummerungssystem für den Hochschulbetrieb dargestellt auf Bild 1.112.

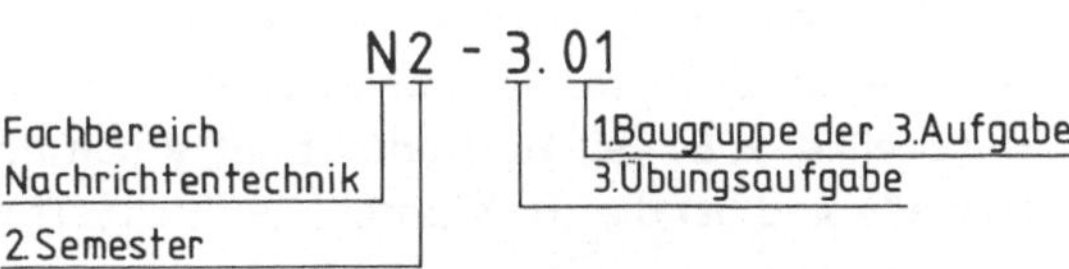

Bild 1.112
Beispiel für ein Benummerungssystem

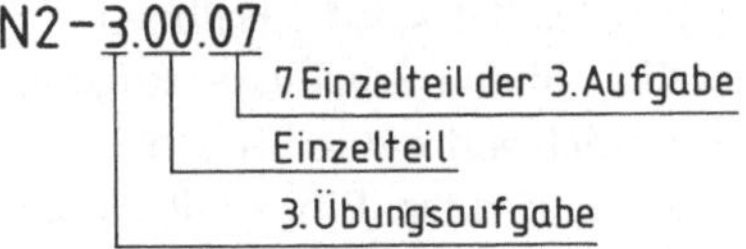

1.4 Beispiele technischer Zeichnungen aus dem Anwendungsgebiet der Elektrofeinwerktechnik

Eine Auswahl aus dem umfangreichen Gebiete der Kleingeräte mit elektromechanischer Funktion soll in diesem Abschnitt geboten werden. Es sind Baugruppen, die im wesentlichen in der Nachrichtentechnik/Elektronik Verwendung finden.

Gezeigt werden für jedes Beispiel die Entwurfszeichnung, die Gruppenzeichnung mit Stückliste und einige Einzelteilzeichnungen, die irgendwelche Besonderheiten der Funktion oder der Fertigung aufweisen. Nur der Drehknopf erscheint als kompletter Zeichnungssatz.

An Hand der Zeichnungen werden Aufbau und Wirkungsweise dargestellt und es werden Überlegungen gemacht, welche die Gestaltung, die mechanische Beanspruchung, die Werkstoffauswahl und andere Gesichtspunkte betreffen. Variationsmöglichkeiten im Aufbau der verschiedenen Zeichnungssätze werden angedeutet. Einige Beispiele befassen sich mit Toleranzfragen, die in der Massenfertigung eine große Rolle spielen. Hier darf es beim Zusammenbau keine Nacharbeit an diesem oder jenem Teile geben!

Nicht wiedergegeben werden die zugehörigen statischen, dynamischen und Festigkeitsrechnungen. Sie sind nicht Gegenstand einer Abhandlung über die zeichnerische Darstellung.

1.4.1 Kippschalter

In der *Entwurfszeichnung* Bild 1.113 ist ein Teil der Angaben enthalten, die der Konstrukteur seinen Mitarbeitern machen muß, damit diese die Fertigungszeichnungen erstellen können. Notwendig sind aber noch weitere Unterlagen. Die Hauptabmessungen, die Lage der Systempunkte des kinematischen Getriebes und seine Wirkungsweise müssen aus diesen zusätzlichen Unterlagen hervorgehen. Nach den Regeln der Statik ist der Kräftefluß von der Schenkelfeder Pos. 9 bis zu den Kontakten Pos. 15 und Pos. 16 zu untersuchen. Eine ausreichende Dauerschwingfestigkeit der Feder ist nachzuweisen und sicherzustellen, daß die Toleranzfelder ineinander zu fügender Teile zweckentsprechend gewählt werden. Die Kontaktwerkstoffe müssen der elektrischen Beanspruchung im Hinblick auf Kontaktkraft und Anzahl der Schaltspiele gewachsen sein.

Die *Gruppenzeichnung* Bild 1.114 dient dem Zusammenbau der Einzelteile zum Schaltgerät. Jedes Einzelteil ist mit einer Positionsnummer versehen; von mehreren gleichen Einzelteilen, z. B. Teil 15, Kontaktniet, erhält nur eines diese Kennzeichnung. Zusammenbaumaße sind bei diesem Kippschalter nicht erforderlich.

Zu dieser Gruppenzeichnung gehört die *Stückliste* Bild 1.115 und 1.116. Sie besteht aus 2 Blatt und enthält mehr Angaben als in der Stückliste Form A (für Massenfertigung) nach DIN 6771 T 2 vorgesehen sind. Sie entspricht der Form B, welche gegenüber der Form A um weitere notwendige Spalten ergänzt sein kann. Im vorliegenden Falle wurden die Angaben für Werkstoff, Halbzeug und Oberflächenbehandlung bzw. Farbe der Einzelteile zusätzlich in die Stückliste aufgenommen. Dies war notwendig, um alle diese Angaben übersichtlich auf einer Liste beieinander zu haben. Der betriebliche Nachteil der Doppelangaben (auf allen Einzelteilzeichnungen sind die Vermerke über Werkstoff, Halbzeug, Oberflächenbehandlung bzw. Farbe ebenfalls zu finden) wurde bewußt in Kauf genommen.

Nachfolgend werden einige Einzelteile des Kippschalters vorgestellt.

Gehäuse Bild 1.117, *Antriebsklotz* Bild 1.118 und *Antriebssegment* Bild 1.119.

Diese 3 Preßteile bilden die Basiselemente für die Funktion des Schalters und bestehen aus hochfesten, schlagzähen und wärmebeständigen Kunststoffen. Die Vermaßung des Gehäuses ist fertigungsgerecht, die Vermaßung der beiden anderen Teile ist funktionsgerecht gestaltet worden.

Die Bilder 1.113–1.156 befinden sich auf den Seiten 58–82.

Gehäuse, Bild 1.117

Zur vollständigen Darstellung des Gehäuses wurden 3 Ansichten und 4 Schnitte für erforderlich gehalten. Eine Einzelheit ist in doppelter Größe zu sehen.

Schenkelfeder, Bild 1.120

Während des Schaltvorganges wird der Winkel zwischen den Schenkeln dieser Feder um maximal 64° verkleinert. Im Federdraht entstehen dadurch Biegespannungen. Das aufzuwendende äußere Biegemoment M_b bzw. die notwendige Umfangskraft F_u sind mit Hilfe des Federdiagrammes ablesbar. Dieses ist die Grundlage für die Berechnung der Kontaktkräfte.

Achse, Bild 1.121

Das rechte Ende der Achse wird im Gehäuse (Bild 1.114, Pos. 10 in Pos. 1) eingenietet. Als Passung ist $\phi\ 2\frac{G7}{h8}$ nach DIN 58 700 T 2 vorgesehen mit einem Größtspiel $S_g = + 0{,}026$ mm, einem Kleinstspiel $S_k = + 0{,}002$ mm und einem mittleren Spiel $S_m = + 0{,}014$ mm. Beim Einnieten wird sich durch das Stauchen ein fester Sitz der Achse im Gehäuse ergeben. Die breite Anlagefläche zwischen beiden Teilen trägt wesentlich zur Steifigkeit des Achsanschlusses bei. Der größte Durchmesser der Achse von 5 mm hat stets reichlich Spiel im Gehäuse. Die 2 Fügeteile sind dadurch eindeutig gegeneinander fixiert.

Sollte aus Gründen der Organisation des Montageverlaufes eine besondere *Zwischengruppenzeichnung* (siehe Abschnitt 1.3.2) erforderlich sein, könnte diese im gewählten Benummerungssystem z. B. die Sach-Nr. N 2-1.02 erhalten und die zugehörige Stückliste mit N 2-1.02 St bezeichnet werden. Die beiden ineinander gefügten Teile Achse und Gehäuse würden dann in Zeichnung und Stückliste des gesamten Schalters wie ein Einzelteil behandelt werden.

Antriebsklotz, Bild 1.118 und Antriebssegment, Bild 1.119

Diese sind auf der Achse Bild 1.121 mit der Spielpassung $\phi\ 2\frac{D11}{h11}$ nach DIN 58 700 T 2 gelagert. Hier beträgt das Größtspiel $S_g = + 0{,}140$ mm, das Kleinstspiel $S_k = + 0{,}020$ mm. Das wahrscheinlich häufigste Istspiel dürfte etwa in der Nähe des mittleren Spieles liegen, also bei $S_m = + 0{,}080$ mm. Klotz und Segment werden auf der Achse gehalten durch leichtes Bördeln ihres linken Endes, siehe Bild 1.114.

Kontaktnietträger, Bild 1.122 rechts

Kontaktnietträger, rechts (Pos. 18 auf Bild 1.114) und *Kontaktnietträger, links* (Pos. 17, ebenda) sind 2 Stanzteile aus Messingblech, die außerdem noch abgekantet werden. Auf der linken Seite von Bild 1.122 sieht man die Abwicklung des Blechteiles mit allen Maßen, die zu seiner Anfertigung erforderlich sind. In der Mitte und auf der rechten Seite ist das fertige Teil mit seinen Kontrollmaßen dargestellt.

Sollten die beiden Kontaktnietträger mit verschiedenen Arten von Kontaktnieten bestückt werden müssen, würde es sich empfehlen, zwei besondere Zwischengruppen N2-1.03 und N2-1.04 einzurichten, oder auch mehr; ihre Anzahl hängt von der Anzahl der vorgesehenen Kontaktnietarten ab. Jede Zwischengruppe, bestehend aus Träger und Niet, geht als Einzelteil in die jeweilige Ausführung der Baugruppe „Schalter" ein.

Für die Kontaktfeder N2-1.00.13 (Pos. 13 auf Bild 1.114) und den zugehörigen Kontakt-niet (Pos. 15 ebenda) gilt entsprechendes. Auch hier ist eine Kombination der Kontaktfeder mit verschiedenen Arten der Kontaktniete denkbar. Vgl. hierzu Bild 1.111.

1.4.2 Drehpotentiometer (Schichtwiderstand)

Entwurfszeichnung, Bild 1.123

Potentiometer sind stetig veränderbare Widerstände mit linearer oder nichtlinearer Abhängigkeit des Widerstandes vom Drehwinkel. Zwischen Eingang E und Ausgang A liegt die gesamte Widerstandsbahn. Mit dem Schleifer S kann jeder Zwischenwert des Widerstandes abgegriffen werden. Der Aufbau wird an Hand der *Gruppenzeichnung, Bild 1.124* und der *Stückliste, Bild 1.125*, beschrieben.

Der Lagerkörper Pos. 3 aus Zink-Druckguß wird mit Hilfe der Mutter Pos. 2 auf einer (nicht gezeichneten) Platte befestigt. Eine kleine Spitze dient als Sicherheit gegen Verdrehen des gesamten Potentiometers gegenüber seiner Unterlage. Ein Masseband Pos. 13 bringt die Welle auf dasselbe Potential wie den Lagerkörper. Das Widerstandselement Pos. 15 ist auf der Isolierplatte Pos. 14 festgenietet, desgl. der Schleifbügel Pos. 16. Alle 3 Teile sind durch die Form von Pos. 14 gegenüber dem Lagerkörper Pos. 3 fixiert.

Schleifring Pos. 19 ist auf der Isolierplatte Pos. 20 durch Rohrniet Pos. 21 festgenietet und trägt den Kohlepimpel Pos. 7. Diese 4 Teile sitzen durch Langloch in Pos. 20 auf der Welle Pos. 1 und machen deren Drehbewegung mit. Zu ihrer Begrenzung ist Pos. 20 zweckdienlich geformt. Die Sicke im Gehäuse Pos. 5 verhindert eine volle Umdrehung der Welle. Der Antrieb der Welle erfolgt über einen Drehknopf (siehe Abschnitt 1.4.5).

An Einzelteilen werden wiedergegeben:

Welle, aus gezogenem Rundstahl, verkadmet, Bild 1.126 und

Widerstandselement, Bild 1.127.

Aus einer besonderen Liste muß die Zusammensetzung der Widerstandsschicht in Abhängigkeit vom Gesamtwiderstand und von der Charakteristik der Kennlinie zu ersehen sein. Die verschiedenen Ausführungen des Potentiometers erfordern jeweils zugeordnete Sachnummern für die entsprechenden Widerstandselemente. Je nach dem organisatorischem Aufbau der Zeichnungsbenummerung und der Fertigung gibt es nun mehrere Möglichkeiten:

1. Für jede Variante des Potentiometers ist eine eigene Stückliste mit dem zugehörigen Widerstandselement vorzusehen.
2. Es werden Stücklisten mit mehreren Mengenspalten verwendet, mit denen die Zuordnung eines bestimmten Widerstandselementes zu einer bestimmten Sachnummer des Potentiometers möglich ist.
3. Die Positionen 14 ... 18 werden zu Zwischengruppen zusammengefaßt, auf deren Stücklisten jeweils die zugehörigen Widerstandselemente erscheinen. Diese Zwischengruppen sind Einzelteile in den Gesamtstücklisten der verschiedenen Potentiometer.
4. Kombination: es werden die Zwischengruppen nach 3. in die Stücklisten nach 2. eingeführt.

1.4.3 Abstimmspule

Entwurfszeichnung, Bild 1.128

Die Spule Pos. 7 enthält einen Ferritkern Pos. 4, der über einen Antriebsmechanismus aus Zahnrad Pos. 3 und Zahnstange Pos. 2 mehr oder minder tief in die Spule eintauchen kann. Das Ganze ist in ein Gehäuse aus Polystyrol Pos. 1 eingebaut. Die Zahnstange besitzt Zähne auf 2 Freiträgern, die von dem Antriebszahnrad auf der Welle Pos. 3 etwas durchgedrückt werden. So entsteht, trotz Spiel zwischen Zahnstange und Gehäuse, ein Anpreßdruck, der zum ordnungsgemäßen Arbeiten des Getriebes notwendig ist. Die Welle ist im Gehäuse zweimal gelagert. Auf der Antriebsseite hat die Gehäusebohrung einen Nocken und die Welle eine Abflachung. So ist es einer dazwischengelegten Kugel möglich, die Drehbewegung der Welle und damit auch den Hub des Spulenkernes Pos. 4 zu begrenzen.

Gruppenzeichnung, Bild 1.129

Diese Zusammenbauzeichnung bedarf als Montage-Anweisung nur der beiden Vermerke „37 Windungen" und „Wickeldraht mit Klebstoff befestigt". Gezeichnet ist die Grenzstellung des Spulenkernes Pos. 4 im Falle der größten Eintauchtiefe in die Spule Pos. 7. Die andere Grenzstellung ist mit schmalen Strichpunktlinien angedeutet. Die Angabe der Passung $\phi\,4\,\dfrac{G7}{h8}$ ist für die Erfordernisse der Montage nicht nötig, da die Einzelteile fertig angeliefert werden und eine Nacharbeit beim Zusammenbau nicht in Frage kommt. Die beiden Toleranzfelder sollen im vorliegenden Falle veranschaulichen, daß hier eine relativ enge Spielpassung nach DIN 58 700 T2 vorgesehen ist: $S_g = +\,0{,}034$, $S_k = +\,0{,}004$, somit $S_m = +\,0{,}019$ mm.

Stückliste, Bild 1.130

Diese Liste ist ausführlicher als erforderlich. Es gelten die Bemerkungen zur Stückliste des Kippschalters (Bild 1.115) entsprechend. Von den 8 Positionen der Stückliste für die Abstimmspule sollen diejenigen Teile, welche die Änderung der Lage des Spulenkernes bewirken, näher betrachtet werden:

Zahnstange, Bild 1.131

Dieses Kunststoff-Preßteil trägt auf seinen beiden Zungen (Freiträgern) die Verzahnung, welche zum Zahnrad mit Welle nach Bild 1.132 passen muß. Da am Rad die Zahnflanken Evolventen sind, mit einem Eingriffswinkel von $\alpha = 20°$, muß die Zahnstange gerade Flanken haben. Diese stehen rechtwinklig auf den beiden Eingriffslinien, schließen also einen Winkel von $40°$ ein.

Zahnrad mit Welle, Bild 1.132

Dieses Drehteil wird aus gezogenem Rundmessing hergestellt und mit der nach DIN 867 genormten Evolventenverzahnung versehen. Eine besondere Darstellung der Zahnform ist nicht erforderlich, sie ist durch die angegebenen Daten für die Verzahnung festgelegt. Beim Wälzfräsen wird automatisch die richtige Flankenform geschnitten.

1.4.4 Drehkondensator

Entwurfszeichnung, Bild 1.133

Gruppenzeichnung (3 Blatt) Bild 1.134, 1.135, 1.136

„Explosionszeichnung", Bild 1.137

Stückliste, Bild 1.138

Es handelt sich um einen Kondensator mit stetig veränderbarer Kapazität. Durch Drehung der Welle Pos. 3 können die Rotorbleche Pos. 4 einschließlich der Trimmbleche Pos. 5 mehr oder minder tief zwischen die Statorbleche Pos. 6 geschoben werden. Wie das Schaltzeichen zeigt, haben die 2 Statorpakete jeweils 2 Anschlüsse. Die beiden Rotorpakete erhalten Anschluß von der mittleren Trennwand Pos. 2 über den federnden Kontaktschleifer Pos. 9, einem versilberten Messingblech. Die beiden äußeren Bleche Pos. 5 jedes Rotorpaketes haben als „Trimmbleche" 3 Schlitze, so daß durch leichtes Verbiegen der Abstand zu den benachbarten Statorblechen, und damit die Kapazität des gesamten Kondensators, geringfügig verändert werden kann.

Die Trennwand Pos. 2 besitzt unten 2 rechteckige Zapfen, mit denen sie im Rahmen Pos. 1 steckt und dort mit ihm vernietet wird. Die 2 Isolierplatten Pos. 13 aus Hartpapier sind in entsprechende Ausklinkungen des Rahmens eingelegt und werden dort durch Kerbschläge gesichert. Der federnde Kontaktschleifer Pos. 9 ist auf die gleiche Art mit der Trennwand Pos. 2 verbunden.

Die Welle Pos. 3 ist mittels Kugeln im Rahmen Pos. 1 gelagert. Durch Einstellschraube Pos. 11 und Kontermutter Pos. 12 läßt sich ein praktisch spielfreies Drehen der Welle erreichen.

Auch die oben genannte *Stückliste* ist ausführlicher gehalten als notwendig. Vgl. hierzu die Bemerkungen zur Stückliste des Kippschalters, Abschnitt 1.4.1.

An die 4 Plattenpakete müssen strenge Anforderungen hinsichtlich der Parallelität der Platten untereinander und hinsichtlich der Einhaltung gleicher Abstände zwischen den einzelnen Platten gestellt werden.

Die 2 Rotorpakete, bestehend aus Pos. 4 und Pos. 5, werden einerseits von der Welle Pos. 3, andererseits von den Distanz-Isolierplatten Pos. 14 gehalten. Wenn die Welle spielfrei eingestellt ist, liegt die Position der Rotorplatten gegenüber dem Rahmen in Längsrichtung der Welle fest.

Die beiden Statorplattenpakete (bestehend aus Pos. 6) werden jeweils durch 2 Distanzbleche Pos. 7 zusammengehalten. Sie müssen möglichst genau in die Mitte zwischen die Rotorplatten zu liegen kommen. Ihre Lage muß dann durch die Lötverbindungen Pos. 16 zwischen den Distanzblechen Pos. 7 und den Lötanschlüssen Pos. 8 fixiert werden.

Es sollen noch einige Passungsuntersuchungen durchgeführt werden an Hand der folgenden Einzelteile:

Welle, Pos. 3, Bild 1.139

Trimmblech, Pos. 5, Bild 1.140

Distanz-Isolierplatte, Pos. 14, Bild 1.141

Für die Passung zwischen der *Welle* und dem *Rotor-Trimmblech* ergibt sich auf Grund der Maße in den Zeichnungen:

$$\text{Außenteil: Welle} \quad\quad 0{,}42 \begin{array}{c} 0{,}00 \\ -0{,}01 \\ \hline +0{,}01 \\ -0{,}01 \end{array} \quad \text{Innenteil: Trimmblech}$$

$U_g = G_i - K_a = 0{,}43 - 0{,}41 = +0{,}02$ mm

$U_k = K_i - G_a = 0{,}41 - 0{,}42 = -0{,}01$ mm, d. h. Spiel $S_g = +0{,}01$ mm

$$U_m = \frac{U_g + U_k}{2} = \frac{+0{,}02 + (-0{,}01)}{2} = +0{,}005 \text{ mm, d. h. leichter Preßsitz.}$$

Für die Passung zwischen der *Distanz-Isolierplatte* und dem *Rotor-Trimmblech* ergibt sich entsprechend:

$$\text{Außenteil: Isolierplatte} \quad\quad 0{,}42 \begin{array}{c} +0{,}01 \\ 0{,}00 \\ \hline +0{,}01 \\ -0{,}01 \end{array} \quad \text{Innenteil: Trimmblech}$$

$U_g = G_i - K_a = 0{,}43 - 0{,}42 = +0{,}01$ mm

$U_k = K_i - G_a = 0{,}41 - 0{,}43 = -0{,}02$ mm, d. h. Spiel $S_g = +0{,}02$ mm

$$U_m = \frac{U_g + U_k}{2} = \frac{+0{,}01 + (-0{,}02)}{2} = -0{,}005 \text{, d. h. } S_m = +0{,}005 \text{ geringes Spiel.}$$

Das größte Übermaß $U_g = +0{,}01$ mm ist kein Hindernis für den Zusammenbau, da das Außenteil Pos. 14 aus nachgiebigem Hartpapier besteht. Evtl. auftretendes Größtspiel $S_g = +0{,}02$ mm wird durch leichtes Vernieten der Rotorbleche kompensiert.

1.4.5 Drehknopf

Entwurfszeichnung, Bild 1.142

Diese Zeichnung zeigt ganz links die halbe Ansicht ohne Verschlußdeckel mit Blick auf die Schlitzschraube, daneben die halbe Ansicht mit Verschlußdeckel. In der Mitte der Zeichnung wird ein vollständiger Schnitt durch die gesamte Konstruktion geboten. Rechts ist der Blick in die Zeigerplatte und auf die vierfach geschlitzte Spannhüle angeordnet. Einige Hauptmaße, Halbzeug- und Werkstoffangaben vervollständigen den Entwurf und dienen dem Teilkonstrukteur als Anhalt.

Gruppenzeichnung, Bild 1.143

Der Drehknopf wird auf die mit schmaler Vollinie gezeichnete Welle aufgeschoben. Die Welle gehört nicht zur Baugruppe und darf deshalb nur mit schmalen Vollinien angedeutet werden. Durch die Schraube Pos. 7 wird der Konus der vierfach geschlitzten Spannhülse Pos. 4 gegen die Riffelhülse Pos. 3 gepreßt. Es entsteht ein Kraftschluß zwischen Pos. 4 und der Welle, dadurch kann das außen am Griff Pos. 1 eingeleitete Drehmoment durch Reibung auf die Welle übertragen werden.

Stückliste, Bild 1.144

Diese Liste ist nach DIN 6771 Form A aufgebaut, d. h. ohne Werkstoff- und Halbzeug-angaben, wie in der Massenfertigung im allgemeinen üblich. Zur Veranschaulichung eines vollständigen Zeichnungssatzes werden alle 7 Einzelteilzeichnungen wiedergegeben. Halb-zeug- und Werkstoffangaben finden sich dort, so daß eine Doppelangabe vermieden ist.

Griff mit Riffelhülse, Bild 1.145

Die Riffelhülse Bild 1.147 wird in die Preßform eingelegt und unlösbar vom Kunstoff umschlossen. Streng genommen ist der Griff eine Baugruppe, da er aus 2 Werkstoffen besteht. Von der Bildung einer Zwischengruppe mit Stückliste wurde jedoch abgesehen, weil der geformte Kunststoff allein nicht als selbstständiges Teil bezogen werden kann. Die Riffelung dient zur Übertragung des Drehmomentes, die Ringnut sichert die Hülse gegen Herausziehen aus dem Kunststoff.

Zeigerplatte, Bild 1.146, ohne Besonderheiten
Riffelhülse, Bild 1.147

Der Außendurchmesser 10 ist in Klammern gesetzt worden, da er schon durch das Halb-zeug nach DIN 1756 festgelegt ist. Durch die Riffelung entsteht eine Durchmesserver-größerung, die hier konstruktiv ausgenutzt wird.

Spannhülse, Bild 1.148, ohne Besonderheiten
Beilagescheibe, Bild 1.149

Diese leicht konische Scheibe ist ein Federelement, welches beim Zusammenbau flach gedrückt wird und dadurch die Verspannung zwischen Pos. 1 und Pos. 2 aufrecht erhält.

Verschlußdeckel, Bild 1.150

Dieses Kunststoffteil schafft ein gefälliges Aussehen, indem es die Sechskantschraube ver-deckt. Außerdem gibt es den inneren Verspannungsteilen einen gewissen Schutz gegen Schmutz und aggressive Gase. Eine Erschwerung des unbefugten Lösens kommt als weite-res hinzu.

Sechskantschraube mit Schlitz, Bild 1.151

Die Kombination von Sechskant- und Schlitzschraube eröffnet die Möglichkeit der Montage oder Demontage des Drehknopfes sowohl mit einem Steckschlüssel als auch mit einem Schraubendreher. Bei einer Überarbeitung der Konstruktion sollte geprüft werden, ob diese Spezialschraube durch eine genormte Schraube ersetzt werden kann oder zumindest aus einer genormten Schraube hergestellt werden könnte.

1.4.6 Trimmpotentiometer, Einbau parallel zur Leiterplatte

Entwurfszeichnung, Bild 1.152

Trimmpotentiometer sind stetig veränderbare Widerstände, welche meist auf Leiterplatten montiert werden. Im Gegensatz zum Drehpotentiometer (Abschnitt 1.4.2), welches durch einen Drehknopf auf der Antriebswelle leicht verstellt werden kann, ist zur Verstellung eines Trimmpotentiometers ein Schraubendreher erforderlich. Die Einregulierung eines bestimmten Wertes, hier eines bestimmten Widerstandswertes, wird „Trimmen" genannt.

Dies ist vielfach ein einmaliger Vorgang, so daß der konstruktive Aufbau eines Trimmpotentiometers relativ einfach sein kann.

Gruppenzeichnung, Bild 1.153 und Stückliste, Bild 1.154

Das vorgestellte Modell besteht aus einer Grundplatte Pos. 1, auf welche der Schichtträger Pos. 2 aufgenietet ist. Die Welle Pos. 5 wird aus nicht leitendem Kunststoff gefertigt, um das Potential des Schleifers S vor Ableitung zu schützen, wenn die Welle durch einen Schraubendreher oder durch Hand mittels der Riffelung bewegt wird.

Der Strompfad S verläuft vom Schichtträger Pos. 2 über Schleiffeder Pos. 4, Federscheibe Pos. 10 und Buchse Pos. 3 zur Anschlußfahne S Pos. 9.

Die Buchse Pos. 3 wird bei der Montage gebördelt und sitzt danach in der Grundplatte Pos. 1 fest, Schnitt C-D. Durch das Bördeln wird außerdem eine Längskraft erzeugt, welche die Buchse mit der Anschlußfahne zusammenpreßt und auf diese Weise den notwendigen elektrischen Kontakt zwischen diesen beiden Teilen herstellt.

Im weiteren Verlauf der Montage werden die Federscheibe Pos. 10 und die Schleiffeder Pos. 4 auf die Welle Pos. 5 geschoben und mit der Spannscheibe Pos. 6 festgehalten. Die federharte Spannscheibe gräbt sich mit ihren 6 Lappen in den Kunststoff der Welle ein.

Durch die Elastizität der leicht kegelförmigen Federscheibe werden Längendifferenzen innerhalb der Spannverbindung ausgeglichen und so dafür gesorgt, daß die Stromübergangsfläche von der Schleiffeder Pos. 4 zur Buchse Pos. 3 stets unter Kontaktdruck steht. Wenn die Spannscheibe Pos. 6 richtig montiert ist, darf kein Spiel in Längsrichtung auftreten, aber trotzdem muß sich die Welle leicht drehen lassen. Ihr radialer Fortsatz schlägt gegen die Lappen an den Anschlußfahnen Pos. 7 und Pos. 8 und begrenzt so ihre Drehbewegung.

Nach dem Zusammenbau ist die Schleiffeder Pos. 4 dauernd etwas durchgebogen (vgl. Bild 1.155). Dadurch entsteht der Kontaktdruck zwischen ihr und dem Schichtträger Pos. 2.

Schleiffeder, Bild 1.155

Sie besteht aus Neusilber, einer Kupfer-Nickel-Zink-Legierung mit guten Federungseigenschaften. Nach dem Einbau soll der mittlere Lappen um $4,5°$ durchgeboten sein. Diese Grenzstellung ist durch schmale Strichpunktlinien hervorgehoben. Auf der rechten Seite der Zeichnung ist die Abwicklung der Schleiffeder zu sehen. Das fertige Teil ist mit einer halbkreisförmigen Sicke versehen, welche dem oberen Bereich eine erhöhte Steifigkeit verleiht.

Welle, Bild 1.156

Der Werkstoff dieses Bauteiles ist Phenoplast-Formmasse mit Gesteinsmehl als Füllstoff zur Erhöhung der mechanischen Festigkeit.

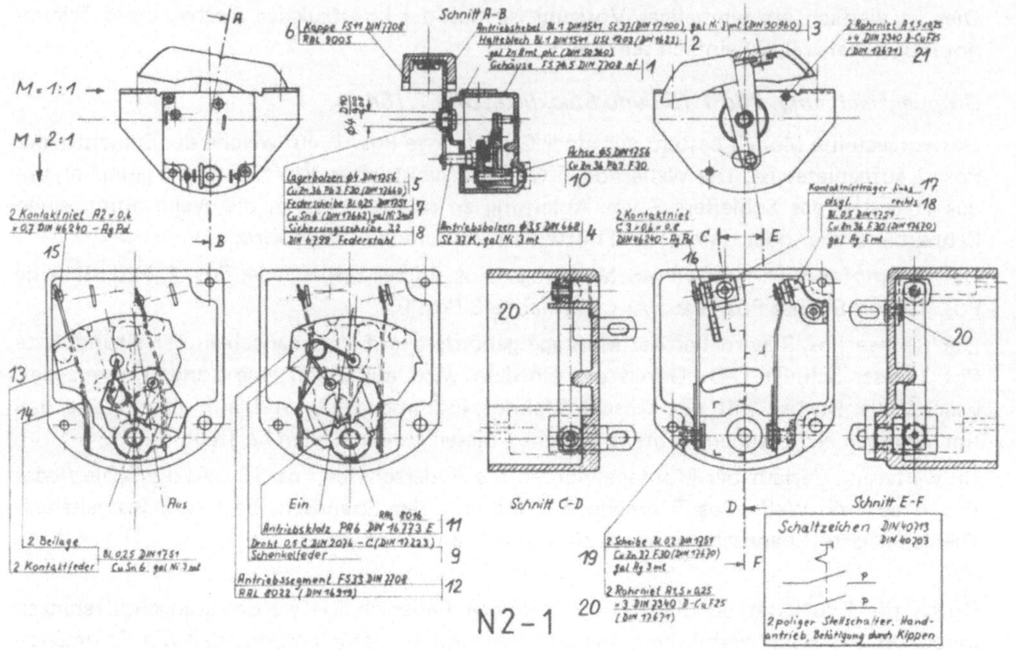

Bild 1.113 Kippschalter, Entwurfszeichnung

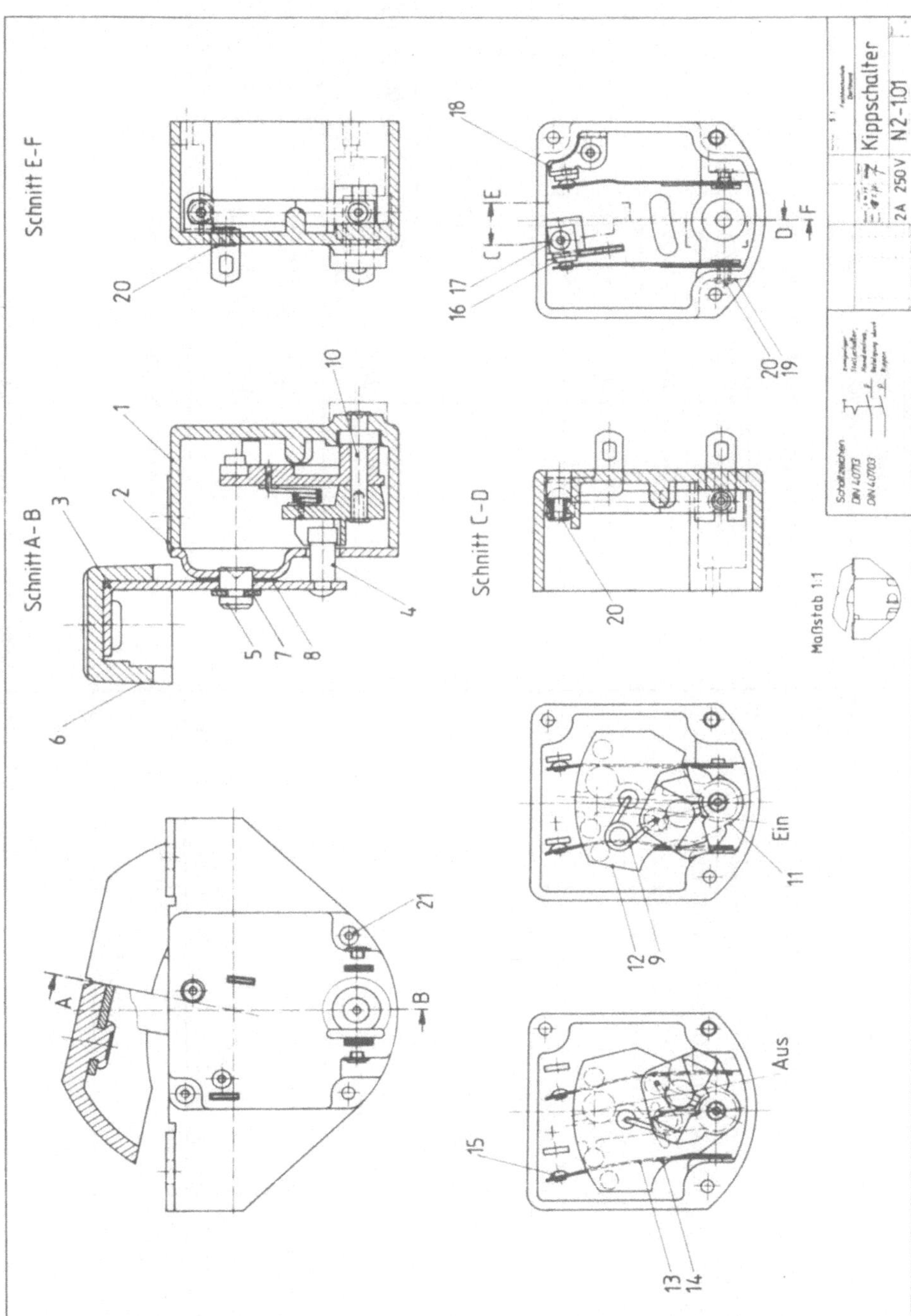

Bild 1.114 Kippschalter, Gruppenzeichnung

Stück	Benennung	Normblatt Zchg.-Nr.	Werkstoff	Lfd. Nr.	Halbzeug	Gew. kg	Bem. z. Obfl.
1	Gehäuse	N2 -1.00-01	FS 74,5 DIN 7708	1			nf
1	Halteblech	N2 -1.00-02	USt 1203 DIN 1623	2	Bl.1 DIN 1541		gal Zn 8mt phr (DIN 50960)
1	Antriebshebel	N2 -1.00-03	St 37 DIN 17100	3	Bl.1 DIN 1541		gal Ni 3mt (DIN 50960)
1	Antriebsbolzen	N2 -1.00-04	St 37 K	4	ϕ3,5mm DIN 668		gal Ni 3mt
1	Lagerbolzen	N2 -1.00-05	CuZn 36- Pb3F30 DIN17660	5	ϕ 4 mm DIN 1756		÷
1	Kappe	N2 -1.00-06	FS 11 DIN 7708	6			RAL 9005
1	Federscheibe	N2 -1.00-07	Cu Sn 6 DIN 17662	7	Bl.0,25 DIN 1751		gal Ni 3mt
1	Sicherungsscheibe 3,2 DIN 6799		Federstahl	8			÷
1	Schenkelfeder	N2 -1.00-09	II DIN17223	9	Draht 0,5C DIN 2076		gefettet
1	Achse	N2 -1.00-10	Cu Zn 36 Pb 3 F 30	10	ϕ5mm DIN 1756		÷
1	Antriebsklotz	N2 -1.00-11	PA 6 DIN 16 773E	11			RAL 8016
1	Antriebssegment	N2 -1.00-12	FS 33 DIN 7708	12			RAL 8022
2	Kontaktfeder	N2 -1.00-13	CuSn6	13	Bl.0,25 DIN 1751		gal Ni 3mt
2	Beilage	N2 -1.00-14	Cu Sn 6	14	Bl.0,25 DIN 1751		gal Ni 3mt

	Datum	Name					
gezeichnet	18.7.77	Klingelhöfer					
gesehen							

FH Dortmund

FB Nachrichtentechnik SS 1977

Kippschalter

2 A I 250 V

Konstruktionslehre

Zeichnungs-Nr.: N2 -1.01 St

Blatt : 1

Bild 1.115 Kippschalter, Stückliste Blatt 1

Stück	Benennung	Normblatt Zchg.-Nr.	Werkstoff	Lfd. Nr.	Halbzeug	Gew. kg	Bem. z. Obfl.
2	Kontaktniet A2×0,6×0,7	DIN 46240	AgPd	15			÷
2	Kontaktniet C3×0,6×0,8	DIN 46240	AgPd	16			÷
1	Kontaktnietträger, links	N2 -1.00-17	CuZn36F30 DIN17670	17	Bl.0,5 DIN 1751		gal Ag 5mt
1	Kontaktnietträger, -rechts	N2 -1.00-18	CuZn36F30 DIN17670	18	Bl.0,5 DIN 1751		gal Ag 5mt
2	Scheibe	N2 -1.00-19	CuZn37F30 DIN 17670	19	Bl.0,2 DIN 1751		gal Ag 3mt
4	Rohrniet A1,5×0,25×3	DIN 7340	D-CuF25 DIN 17671	20			÷
3	Rohrniet A1,5×0,25×4	DIN 7340	D-CuF25 DIN 17671	21			÷

	Datum	Name					
gezeichnet	18.7.77	Klingelhöfer					
gesehen							

FH Dortmund

FB Nachrichtentechnik SS 1977

Kippschalter

2 A I 250 V

Konstruktionslehre

Zeichnungs-Nr.: N2 -1.01 St

Blatt : 2

Bild 1.116 Kippschalter, Stückliste Blatt 2

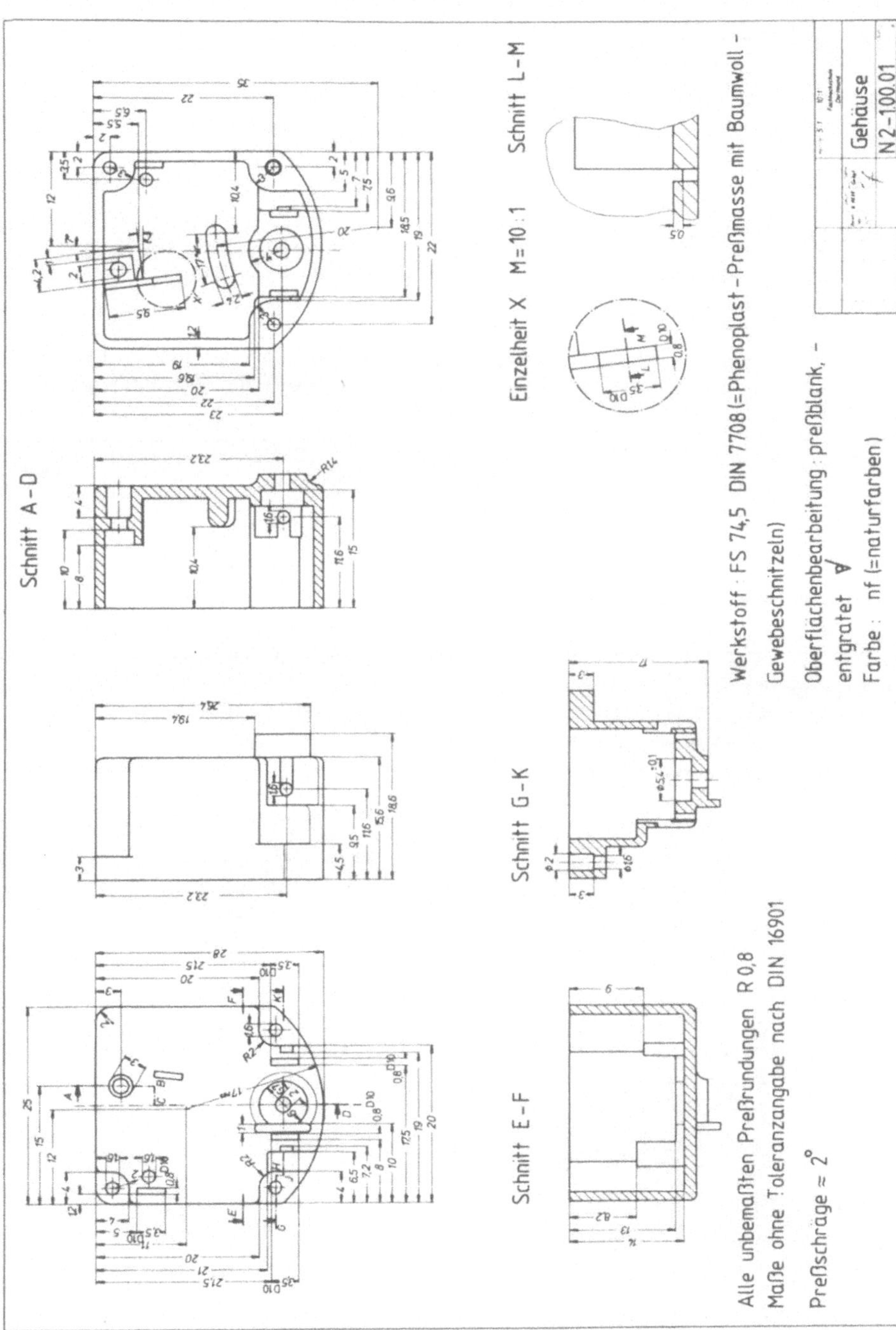

Bild 1.117 Kippschalter, Gehäuse

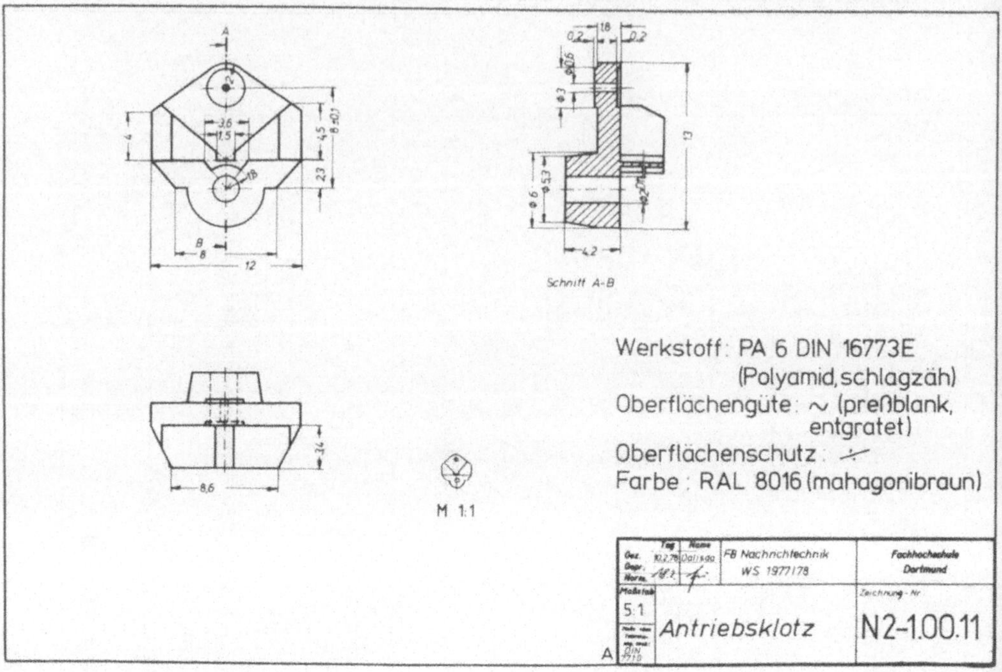

Bild 1.118 Kippschalter, Antriebsklotz

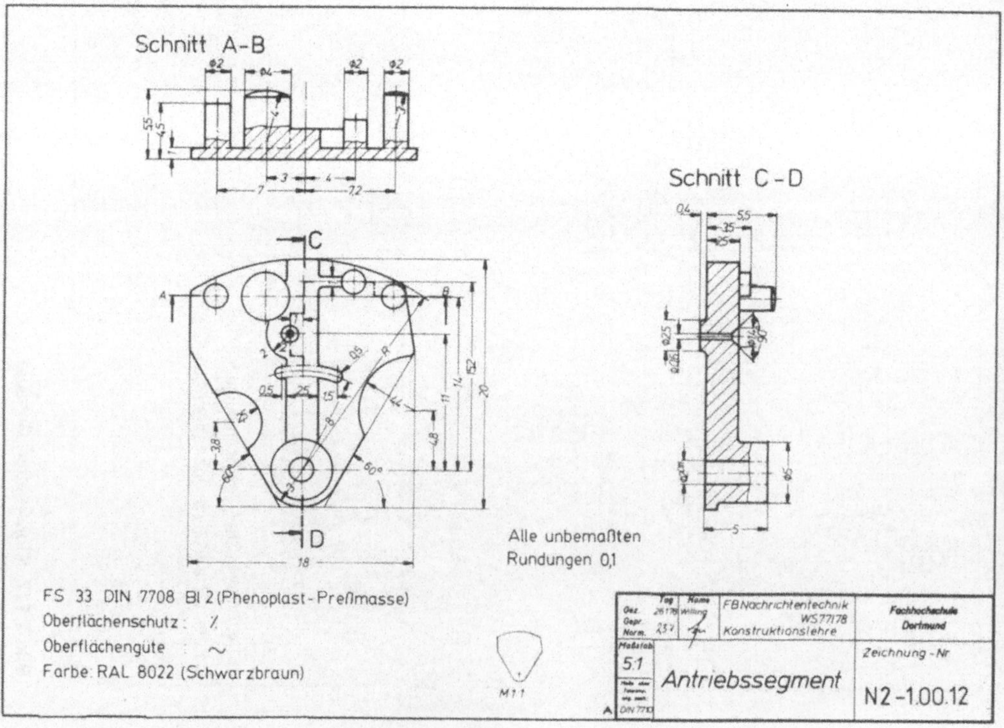

Bild 1.119 Kippschalter, Antriebssegment

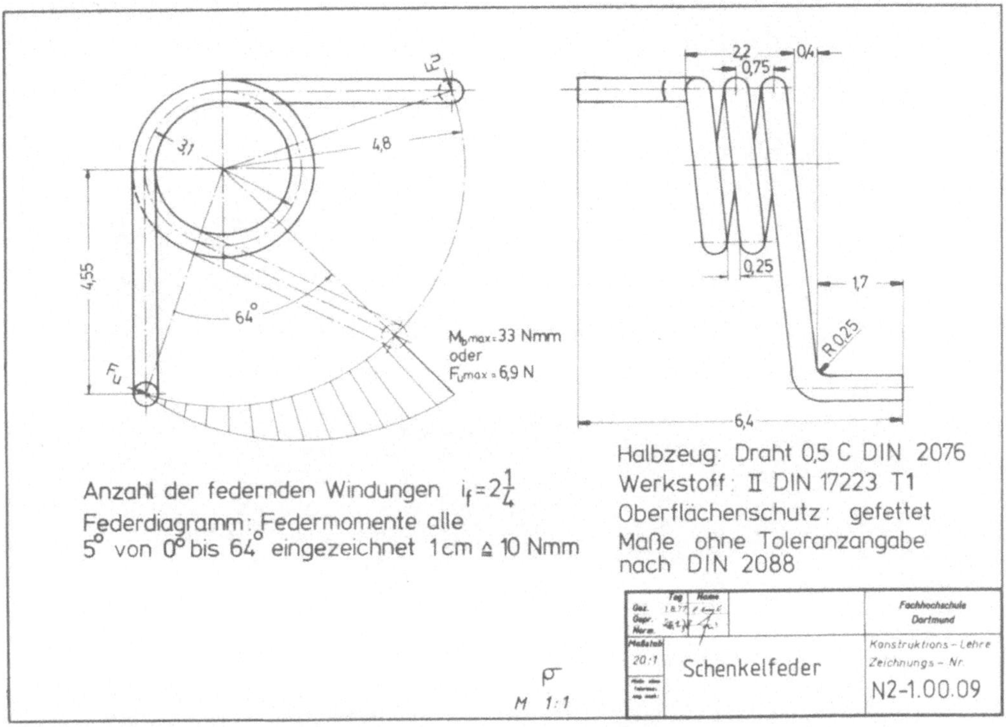

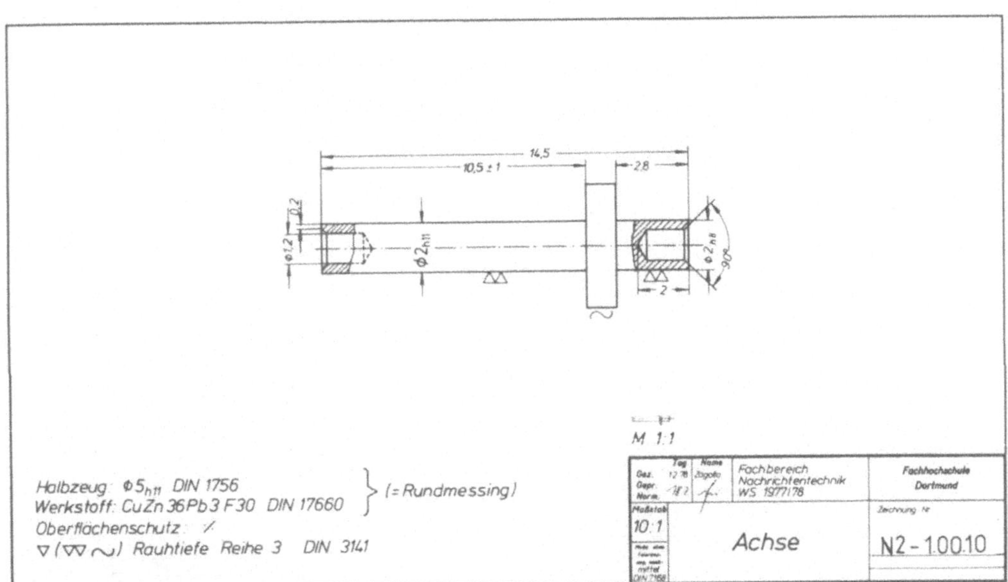

Bild 1.120 Kippschalter, Schenkelfeder

Bild 1.121 Kippschalter, Achse

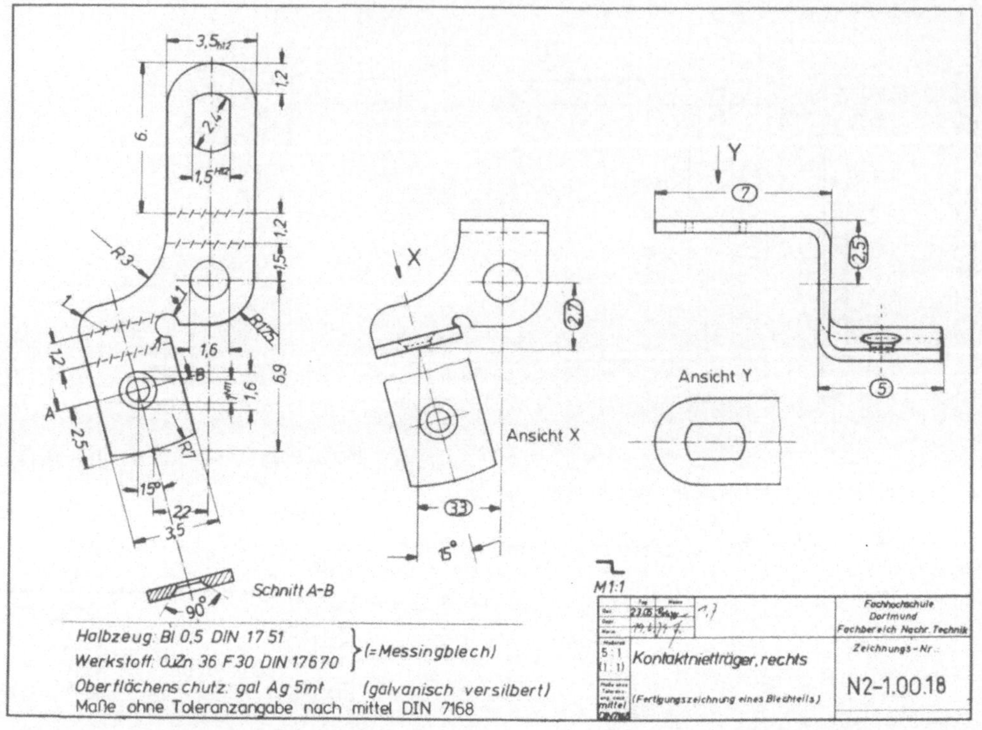

Bild 1.122 Kippschalter, Kontaktnietträger rechts

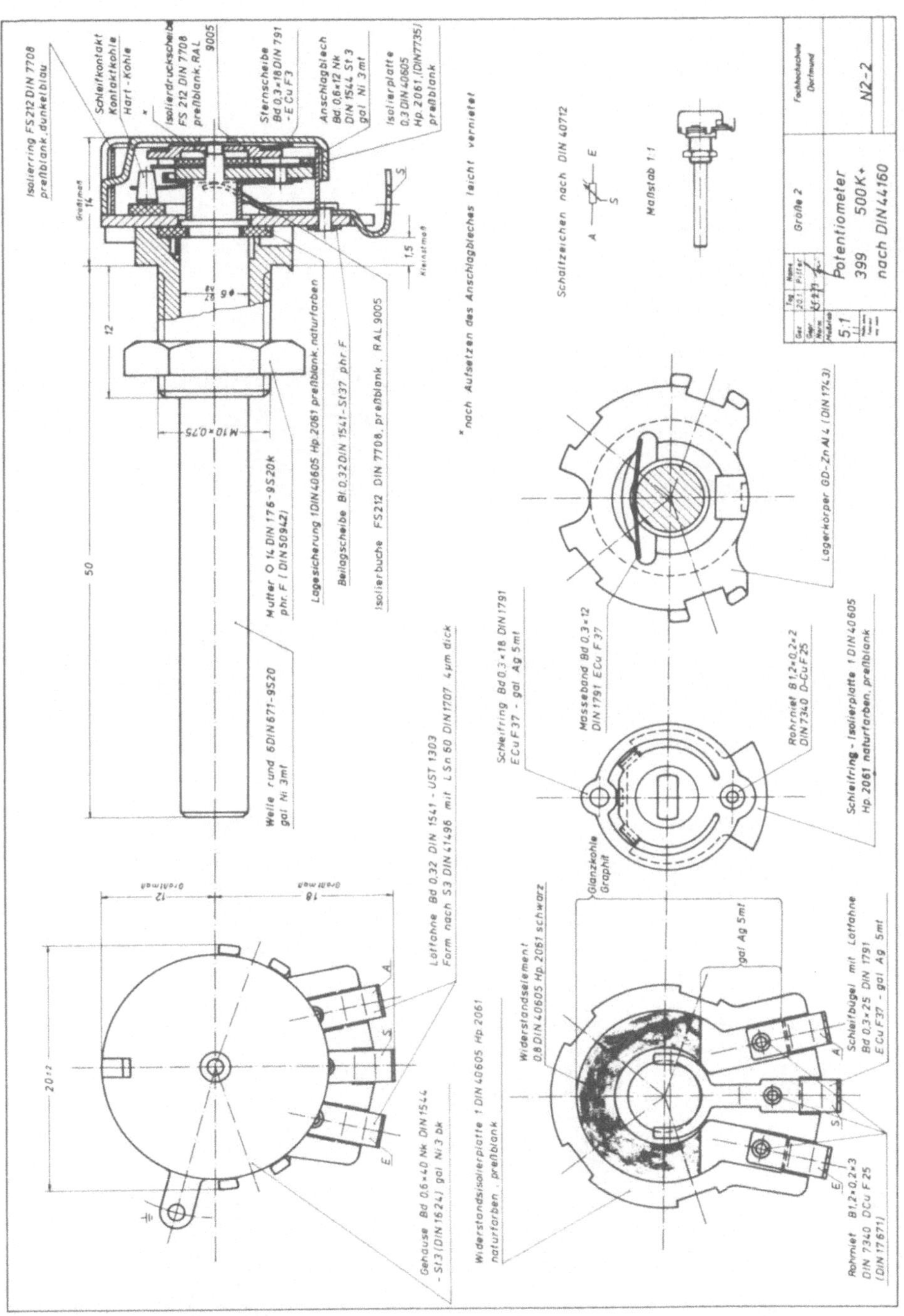

Bild 1.123 Drehpotentiometer, Entwurfszeichnung

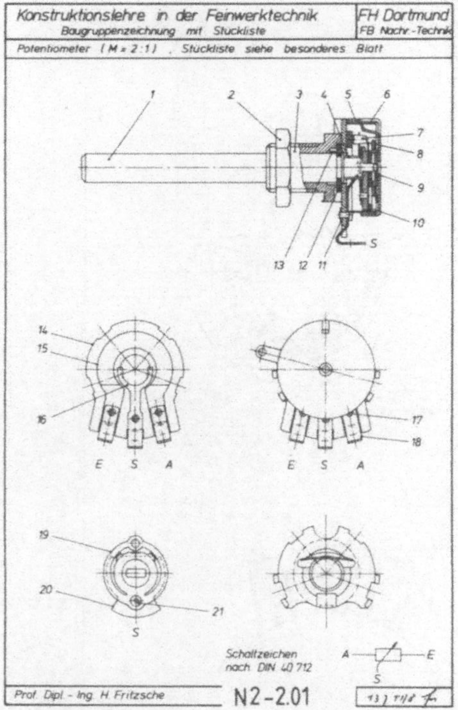

Konstruktionslehre in der Feinwerktechnik — FH Dortmund, FB Nachr.-Technik
Baugruppenzeichnung mit Stückliste
Potentiometer (M = 2:1) , Stückliste siehe besonderes Blatt

Prof. Dipl.-Ing. H. Fritzsche   N2-2.01

Bild 1.124 Drehpotentiometer, Gruppenzeichnung

Schaltzeichen nach DIN 40 712

Bild 1.125 Drehpotentiometer, Stückliste

Stückliste zu Potentiometer						FH Dortmund FB Nachr.-Technik
Stück	Benennung	Sach-Nr Normblatt-Nr	Werkstoff	Lfd Nr	Halbzeug	Oberfläche ggfs. Farbe
1	Welle	N2-2.00.01	9S-20 (DIN 1651)	1	⌀6 DIN 671	gal Fe/Cd 3mt (DIN 50 962)
1	Mutter	-2.00.02	9S-20K (DIN 1651)	2	□14 DIN 176	Feph (DIN 50 942)
1	Lagerkörper	-2.00.03	GD-Zn Al4 (DIN 1743)	3	———	
1	Isolierbuchse	-2.00.04	FS 212 DIN 7708	4	———	preßblank RAL 9005 (DIN 16 919)
1	Gehäuse	-2.00.05	St 3 (DIN 1624)	5	Bd 0,6 × 40 NK DIN 1544	gal Fe/Ni 3bk (DIN 50 968)
1	Isolierring	-2.00.06	FS 212 DIN 7708	6	———	dunkelblau
1	Kohlepimpel	-2.00.07	Normal-kohle	7		
1	Sternscheibe	-2.00.08	E-Cu F37 (DIN 40500)	8	Bd 0,8 × 18 DIN 1791	
1	Isolierdruckscheibe	-2.00.09	FS 212 DIN 7708	9	———	preßblank RAL 9005 (DIN 16 919)
1	Anschlagblech	-2.00.10	St 3 (DIN 1624)	10	Bd 0,6 × 12 NK DIN 1544	gal Fe/Ni 3mt (DIN 50 968)
3	Scheibe	-2.00.11	St 37 (DIN 17100)	11	Bl 0,32 DIN 1541	Feph (DIN 50 942)
1	Sicherung	-2.00.12	Hp 2061 (DIN 7735)	12	1 DIN 40 605	nf
1	Masseband	-2.00.13	E-Cu F37 (DIN 40500)	13	Bd 0,3 × 12 DIN 1791	
1	Isolierplatte	-2.00.14	Hp 2061 (DIN 7735)	14	0,8 DIN 40 605	nf
1	Widerstandselement	-2.00.15	Hp 2061 (DIN 7735)	15	0,8 DIN 40 605	nf
1	Schleifbügel mit Lotfahne	-2.00.16	CuZn37F38 (DIN 17660)	16	Bd 0,3 × 25 DIN 1791	gal Cu/Ag 5mt
3	Rohrniet B 1,2 × 0,2 × 3	DIN 7340	D-Cu F25 (DIN 17671)	17	———	
2	Lotfahne	-2.00.18	U St 1303 (DIN 1623)	18	Bl 0,32 DIN 1541	gal Fe/Ni 1mt (DIN 50 968)
1	Schleifring	-2.00.19	Cu Sn 6 (DIN 17662)	19	Bd 0,2 × 18 DIN 1791	gal Cu/Ag 5mt
1	Isolierplatte	-2.00.20	Hp 2061 (DIN 7735)	20	0,3 DIN 40 605	nf
1	Rohrniet B 1,2 × 0,2 × 2	DIN 7340	D-Cu F25 (DIN 17671)	21	———	

FH Dortmund – Prof. Dipl.-Ing. H. Fritzsche   N2-2.01 St

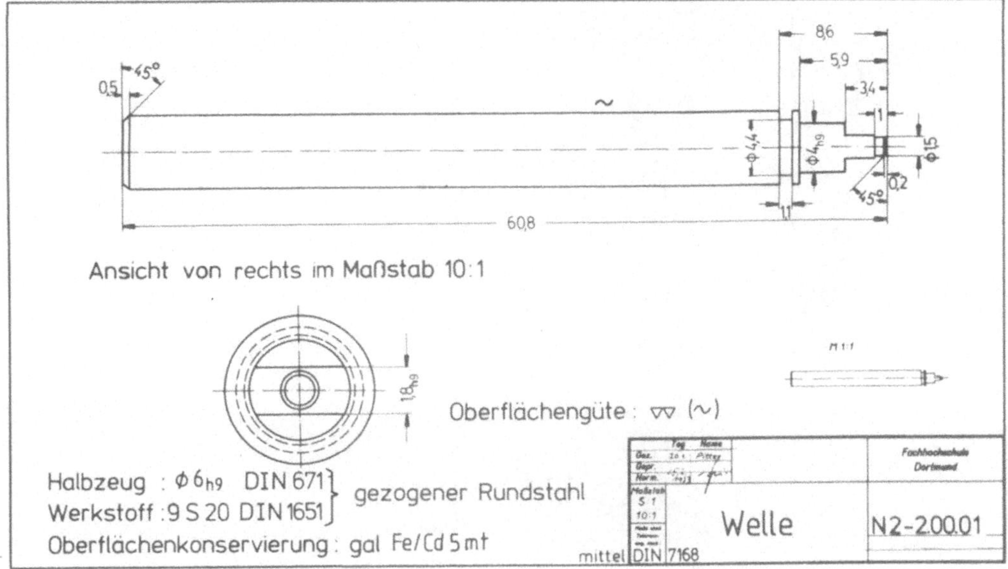

Bild 1.126 Drehpotentiometer, Welle

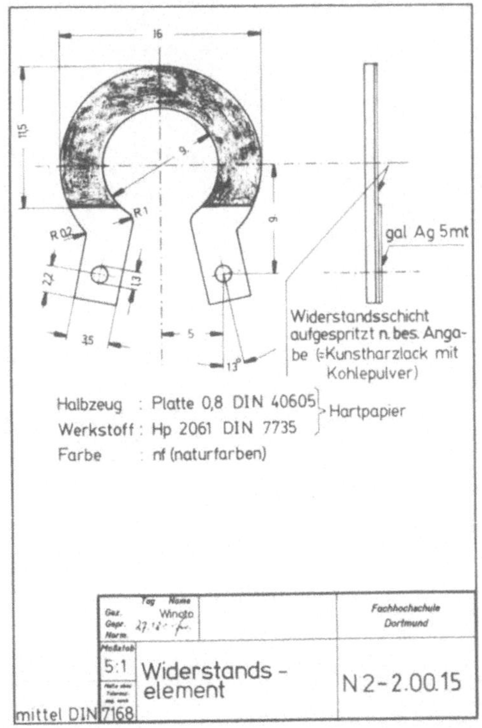

Bild 1.127
Drehpotentiometer, Widerstandselement

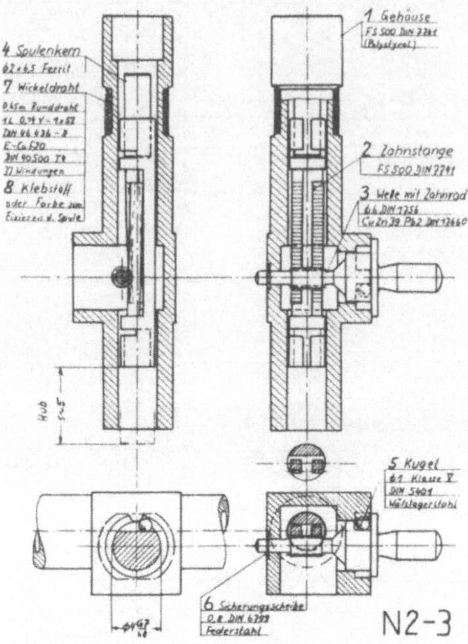

Bild 1.128
Abstimmspule, Entwurfszeichnung

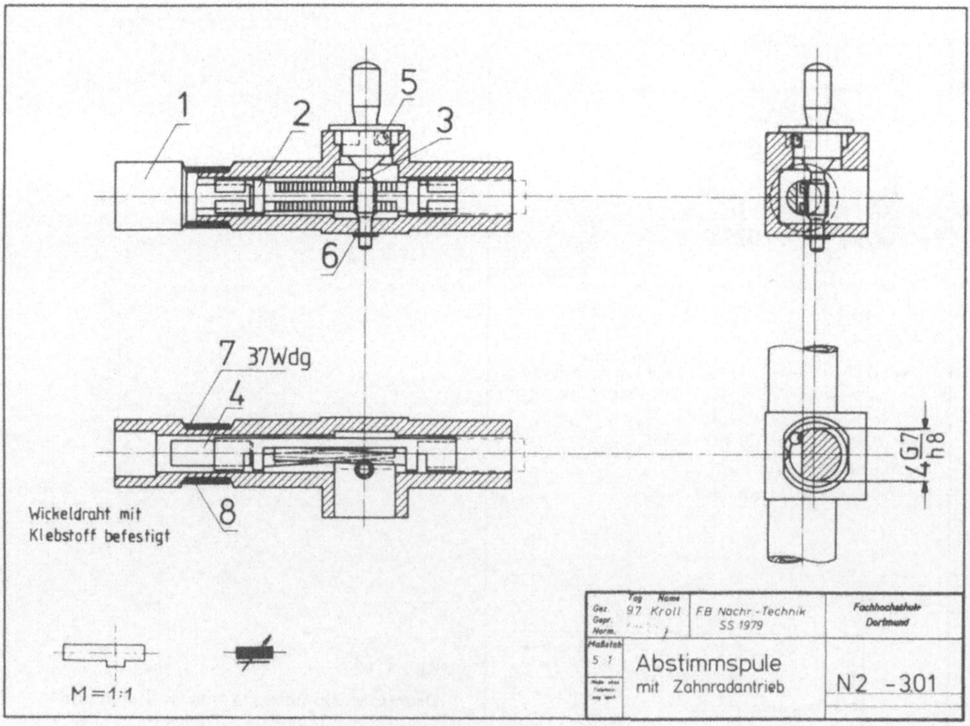

Bild 1.129 Abstimmspule, Gruppenzeichnung

Stück	Benennung	Normblatt Zchg. Nr.	Werkstoff	Lfd. Nr.	Halbzeuge Mod., Nr., Gesenk-Nr.	Ferr. Gew. kg / Stück	Bemerkungen
1	Gehäuse	N2 -3.00.01	FS 5 00	1	Formmasse 500	——	Polystyrol 165 H
			DIN 7741		DIN 7741		Obfl.: ✕
1	Zahnstange	-3.00.02	FS 500	2	Formmasse 500	——	Polystyrol 165 H
			DIN 7741		DIN 7741		Obfl.: ✕
1	Zahnrad mit Welle	-3.00.03	CuZn39 Pb 2	3	Φ6 DIN 1756	——	Obfl: ✕
			DIN 17660				
1	Spulenkern Φ2 x 6,5	-3.00.04	Ferrit B1	4	———————	—	Reineisen mit Poly- carbonat Obfl.: ✕
		(a.Z.)	DIN 41280				
1	Kugel Φ1 Klasse V	DIN 5401	Wälz- lager- stahl	5	———————	—	Obfl.: poliert
1	Sicherungsscheibe 0,8	DIN 6799	Feder- stahl	6	———————	—	Obfl. brü- niert und geölt
1	Wickeldraht 0,65 m	DIN 46436 -D Blatt 2	E-Cu F 20 DIN 40500T4	7	———————	—	Obfl.Leiter- enden ver- zinnt
	Rund 1L 0,14V–1x52						
	[Runddraht aus Kupfer,						
	lackisoliert nach Grad 1(1L),						
	direkt verzinnbar (V) ,						
	1x mit Seidengarn um-						
	sponnen (1x52) d_1=0,14						
	und Einhaltung der zu-						
	lässigen Durchmesser-						
	abweichung (D)]						
	Klebstoff	——————	techni- coll(V) (=Viel- zweck- kleber)	8	———————	—	Beiersdorf AG Hamburg

	Tag	Name		Fachhochschule
Gez.	7.9.79	Stephan		Dortmund
Gepr.				
Norm.		9		
Liste besteht aus 1 Blatt	Abstimmspule mit Zahnradantrieb			N2 -3.01 St
Blatt Nr.				SS 1979

Bild 1.130 Abstimmspule, Stückliste

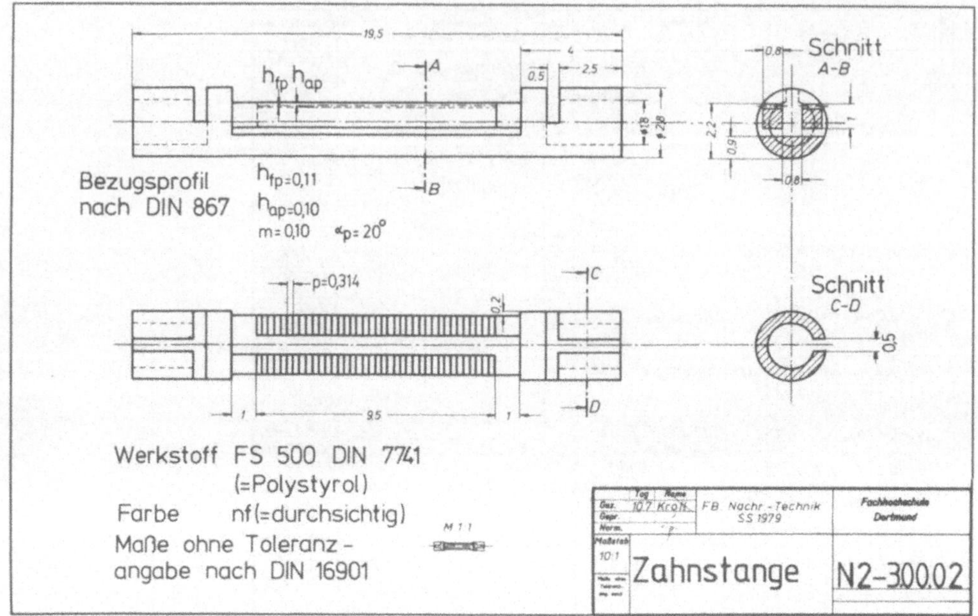

Bild 1.131 Abstimmspule, Zahnstange

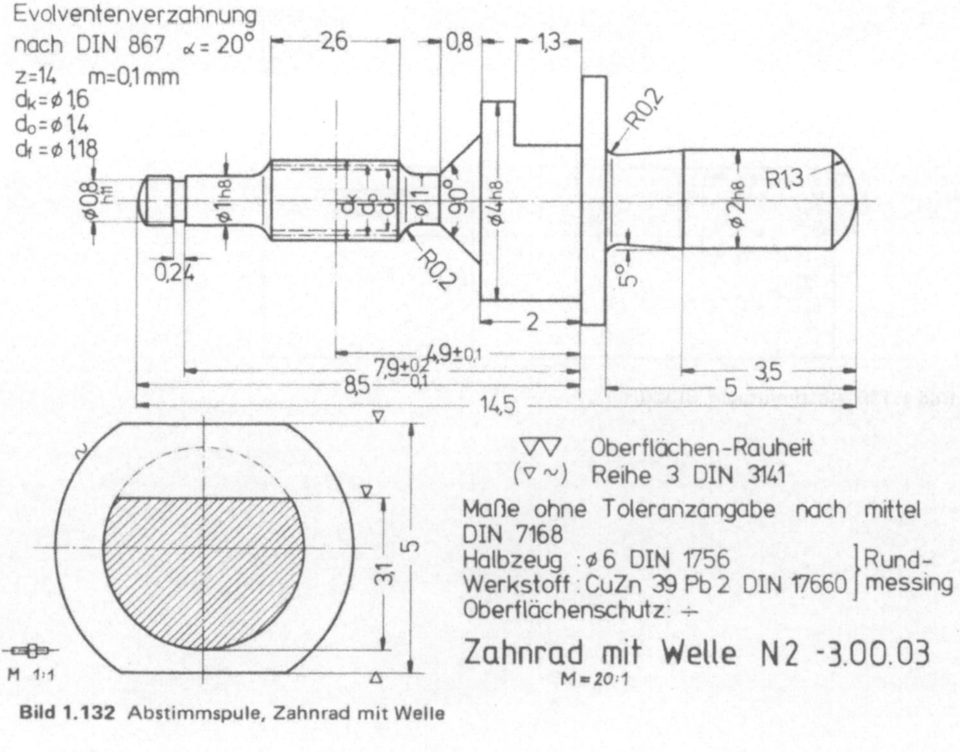

Bild 1.132 Abstimmspule, Zahnrad mit Welle

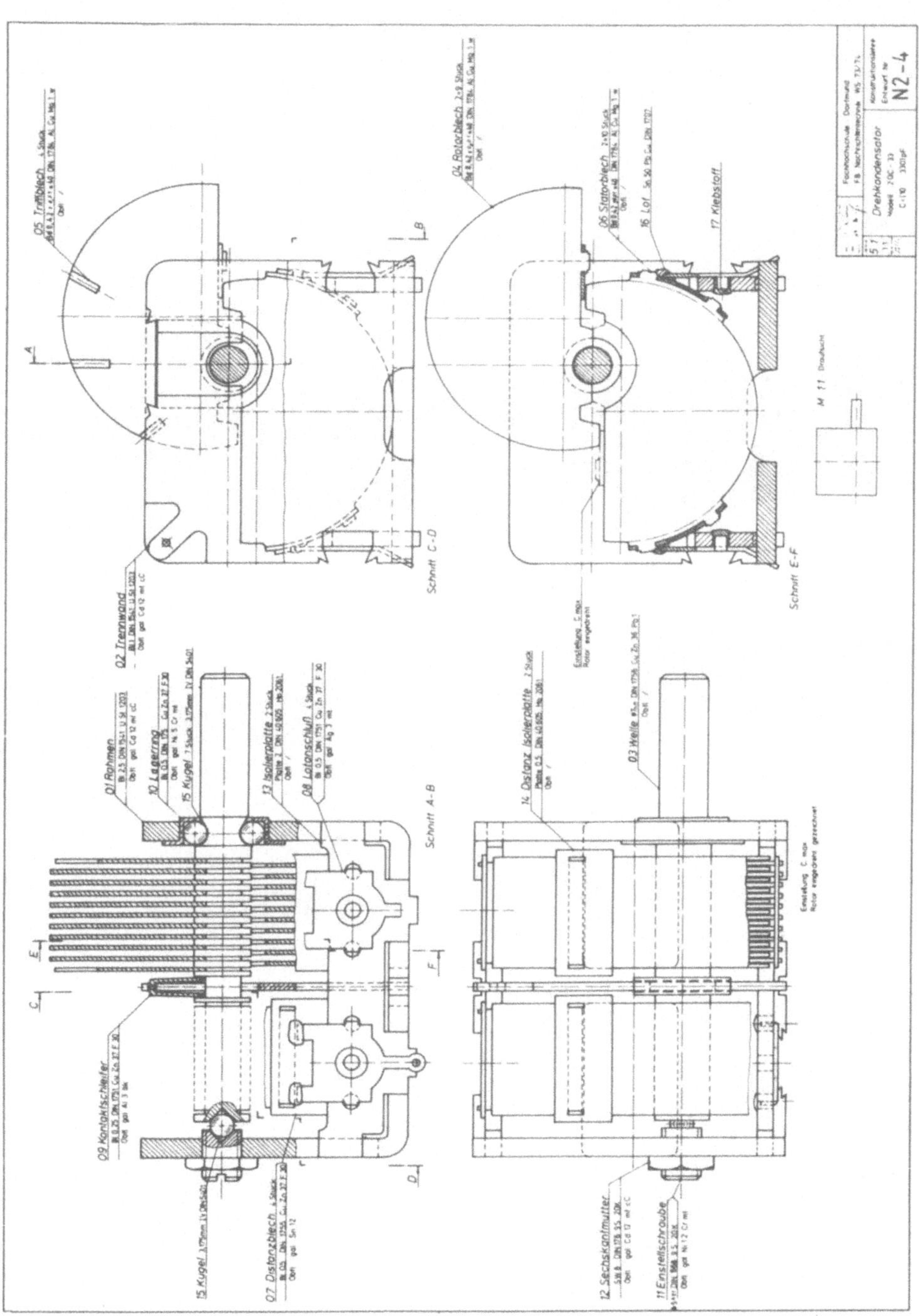

Bild 1.133 Drehkondensator, Entwurfszeichnung

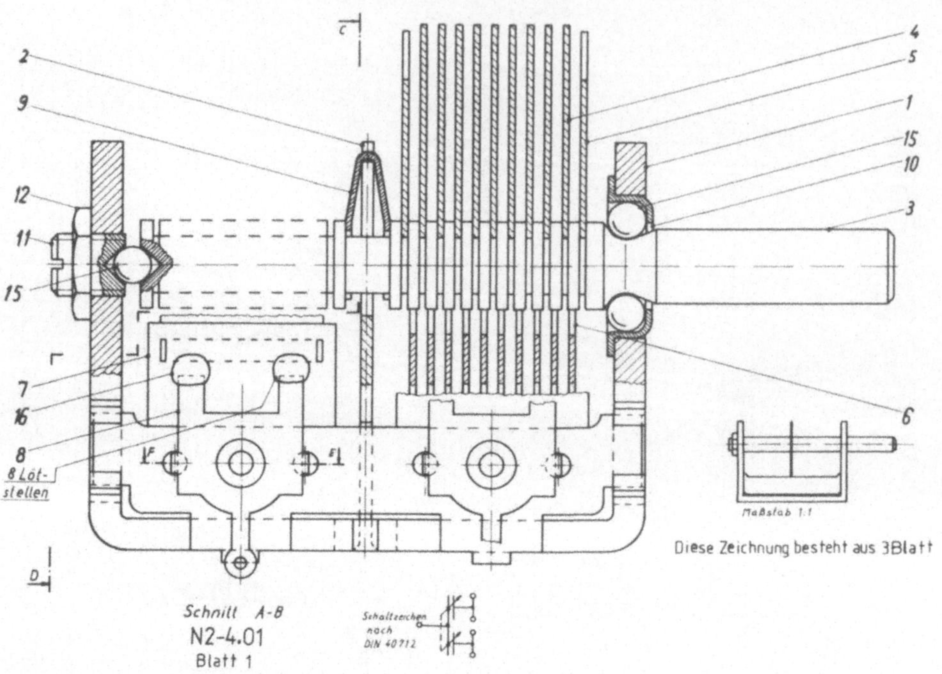

Bild 1.134 Drehkondensator, Gruppenzeichnung, Blatt 1

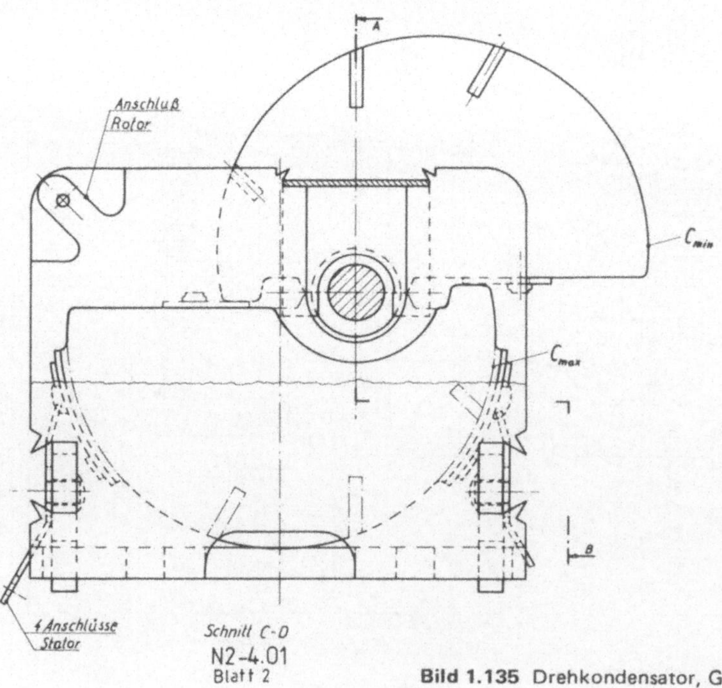

Bild 1.135 Drehkondensator, Gruppenzeichnung, Blatt 2

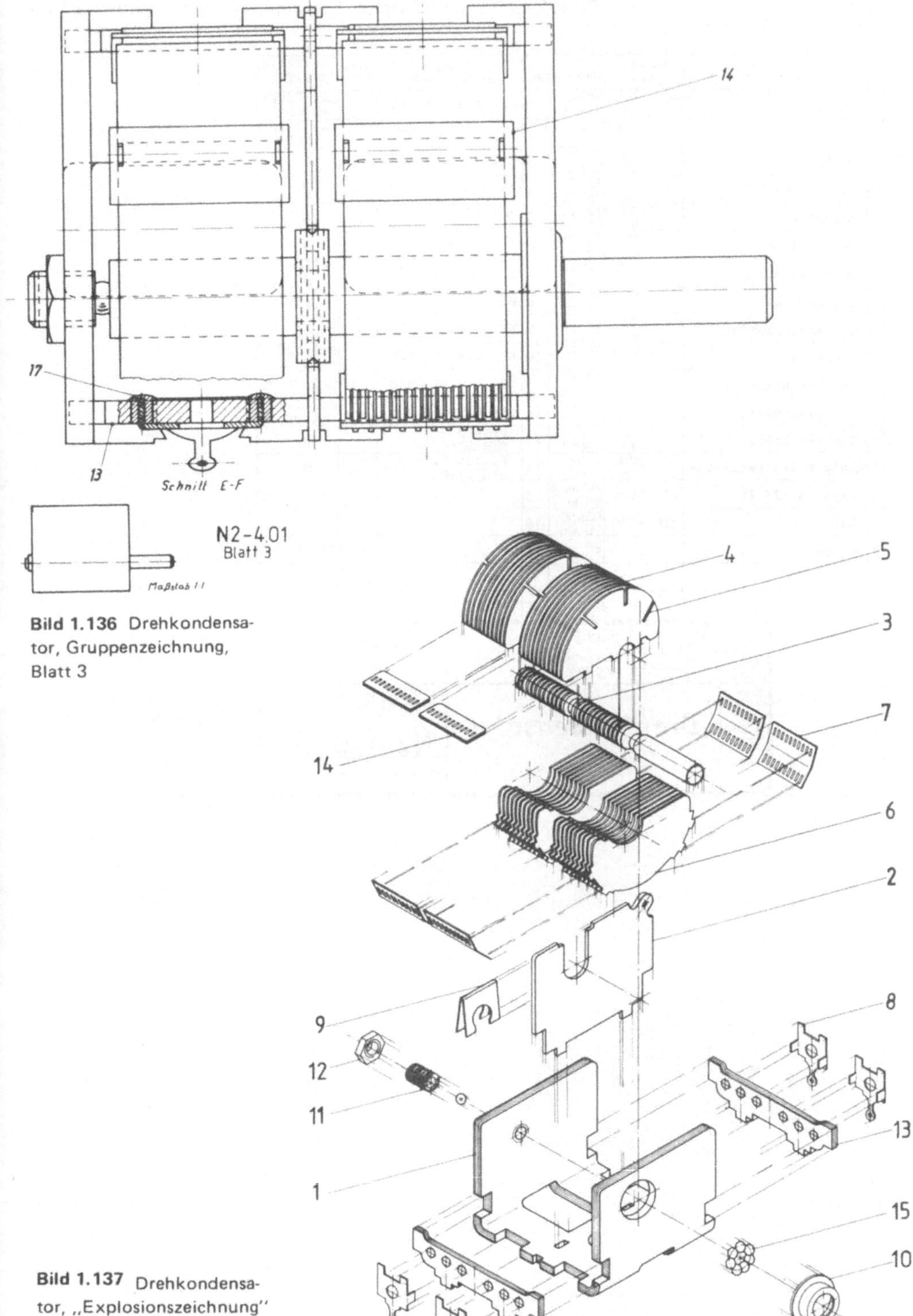

Bild 1.136 Drehkondensator, Gruppenzeichnung, Blatt 3

Bild 1.137 Drehkondensator, „Explosionszeichnung"

Stück	Benennung	Normblatt Zchg. Nr.	Werkstoff	Lfd. Nr.	Halbzeuge Mod., Nr., Gesenk-Nr.	Fert. Gew. kg/Stück	Oberflb.d. fert.Teil
1	Rahmen	N2-4 .00. 01.	USt 1203	1	Bl. 2,5 DIN 1541		gal Cd12 mt cC
1X	Trennwand	.00. 02	USt 1203	2	Bl. 1 DIN 1541		gal Cd12 mt cC
1	Welle	.00. 03	Cu Zn 36Pb1	3	$\varnothing 7_{h11}$ DIN 1756		%
18	Rotorblech	.00. 04	Al Cu Mg 1w	4	} Bd 0,42 ±0,01 ×40 DIN 1784		%
4	Trimmblech	.00. 05	Al Cu Mg 1w	5			%
20	Statorblech	.00. 06	Al Cu Mg 1w	6			%
4	Distanzblech	.00. 07	Cu Zn F 30	7	Bl. 0,5 DIN 1751		gal Sn 12 mt
4	Lötanschluß	.00. 08	Cu Zn F 30	8	Bl. 0,5 DIN 1751		gal Ag 3 mt
1	Kontaktschleifer	.00. 09	Cu Zn 37F30	9	Bl. 0,25 DIN 1751		gal Ag 3 bk
1	Lagerring	.00. 10	Cu Zn 37F30	10	Bl. 0,5 DIN 1751		gal NiCr 5 mt
1	Einstellschraube	.00. 11	9 S 20 K	11	$\varnothing 5_{h11}$ DIN 668		gal NI12Cr mt
1	Sechskantmutter	.00. 12	9 S 20 K	12	SW 8 DIN 176		gal Cd12 mt cC
2	Isolierplatte	.00. 13	Hp 2061	13	Platte 2 DIN 40605		%
2	Distanz-Isolierplatte	.00. 14	Hp 2061	14	Platte 0,5 DIN 40605		%
8	Kugel 3,175 IV	DIN 5401	Wälzlag-St HRC 63±3	15			
	Lot	DIN 1707	LSn50 Pb Cu	16			
	Kleber		FU 30	17			Lieferant: Fa. Römmerling Pirmasens

Gez: 18.1.74 Rösler   Gepr.   Norm.
Liste besteht aus 1 Blatt   Blatt Nr. 1

Fachbereich Nachrichtentechnik WS 1973/74

Drehkondensator

Staatliche Ingenieurschule Dortmund

Konstruktionslehre Entwurf Nr.:

N2-4.01 St

Bild 1.138

Drehkondensator, Stückliste

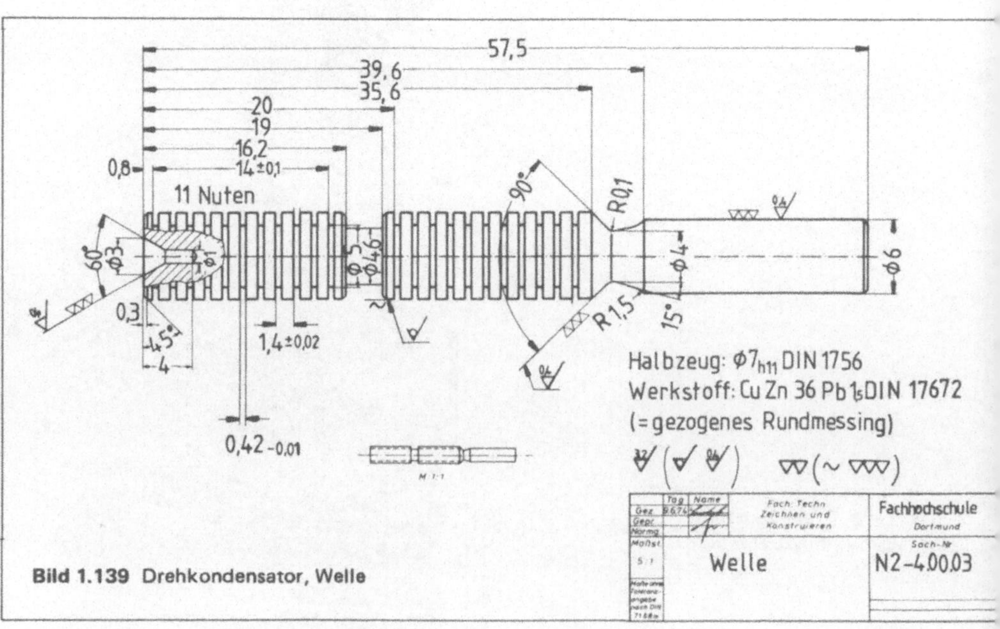

Bild 1.139 Drehkondensator, Welle

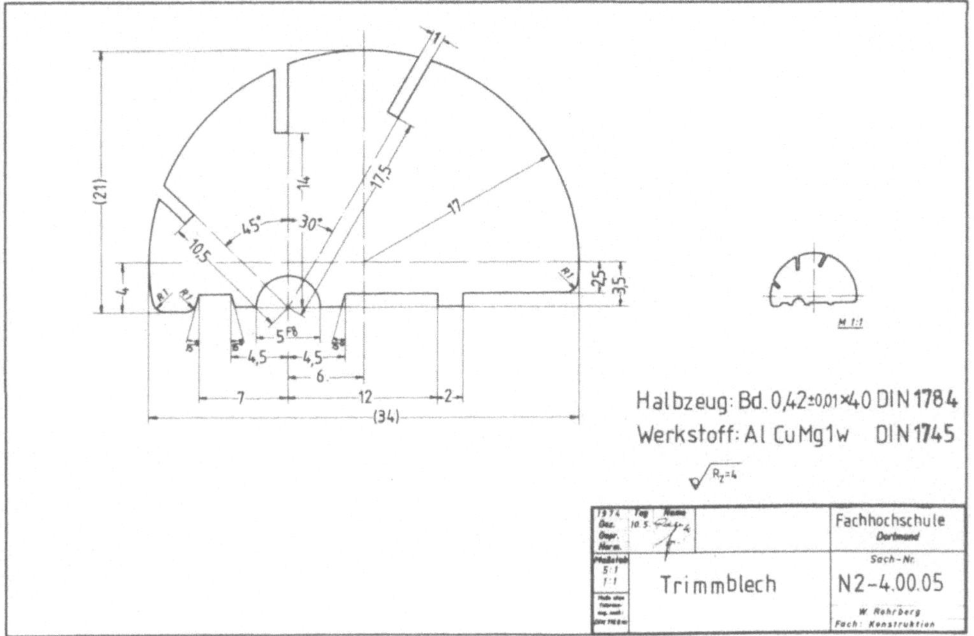

Bild 1.140 Drehkondensator, Trimmblech

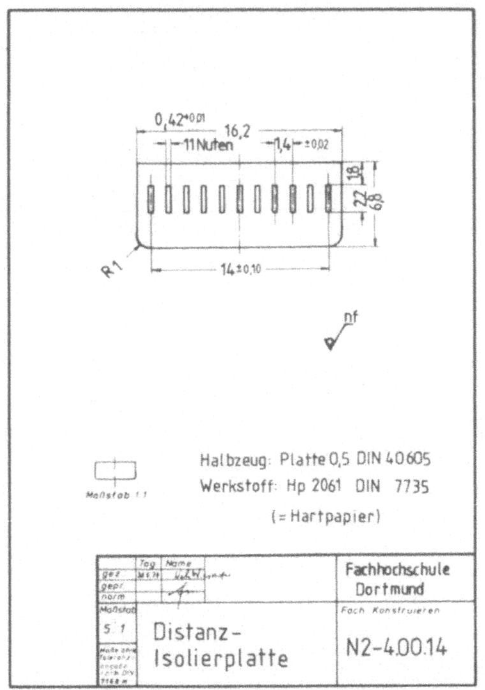

Bild 1.141
Drehkondensator, Distanz-Isolierplatte

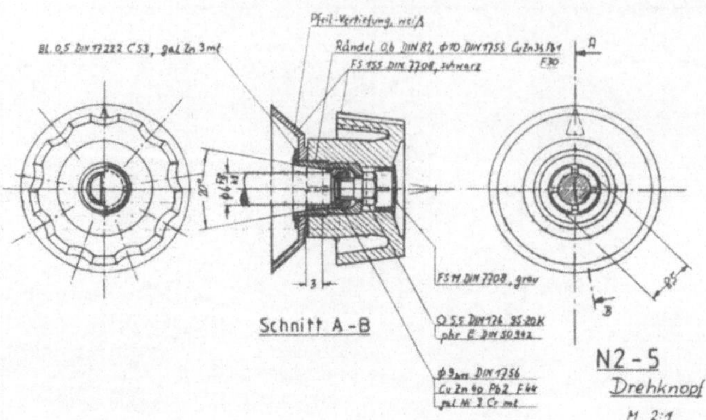

Bild 1.142 Drehknopf, Entwurfszeichnung

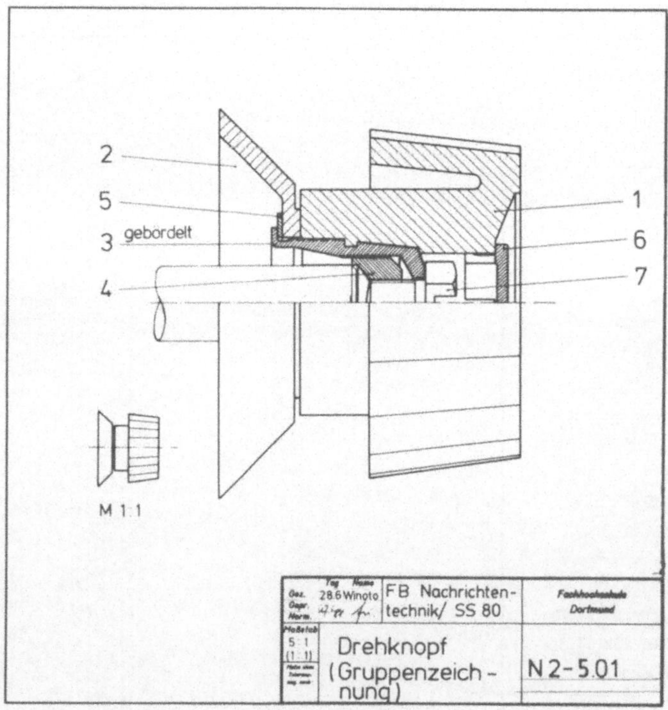

Bild 1.143 Drehknopf, Gruppenzeichnung

Stück	Benennung	Sachnummer	Lfd. Nr.	Bemerkungen	
1	Griff m. Riffelhülse	N2-5.00.01	1	Riffelhülse Pos.3 eingelegt	
1	Zeigerplatte	-5.00.02	2		
1	Riffelhülse	-5.00.03	3	als Kernteil eingelegt in	
				Pos. 1	
1	Spannhülse, geschlitzt	-5.00.04	4		
1	Beilagescheibe	-5.00.05	5		
1	Verschlußdeckel	-5.00.06	6		
1	Sechskantschraube mit Schlitz	-5.00.07	7		

	Tag	Name		Fachhochschule Dortmund	
Gez.	27.3.81	↗			
Gepr.					
Norm.					
Liste besteht aus 1 Blatt			**Drehknopf**	**N2-5.01 St**	
Blatt Nr.					

Bild 1.144 Drehknopf, Stückliste

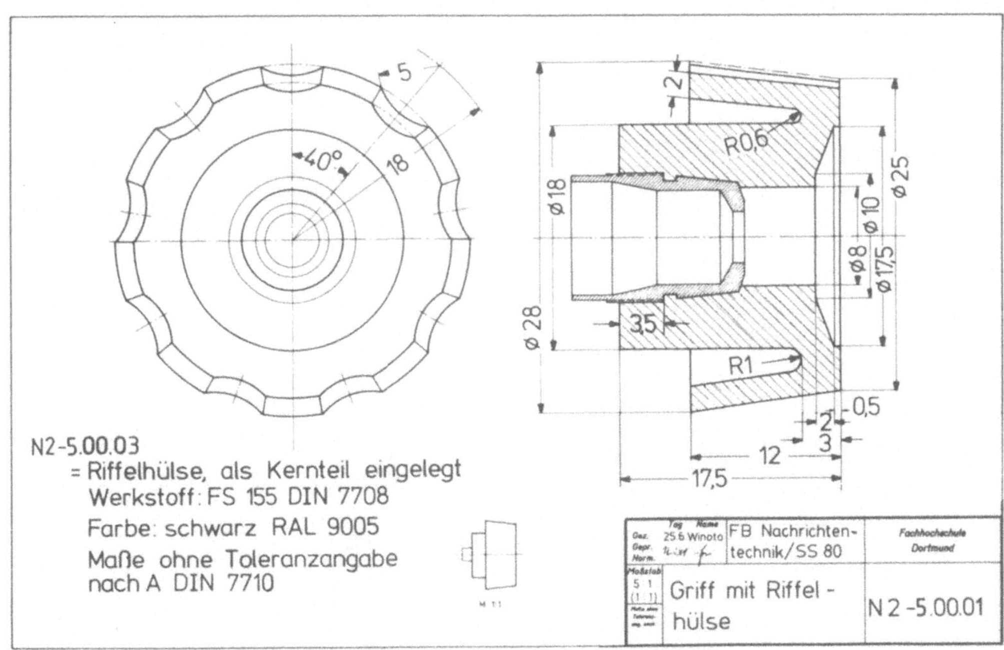

Bild 1.145 Drehknopf, Griff mit Riffelhülse

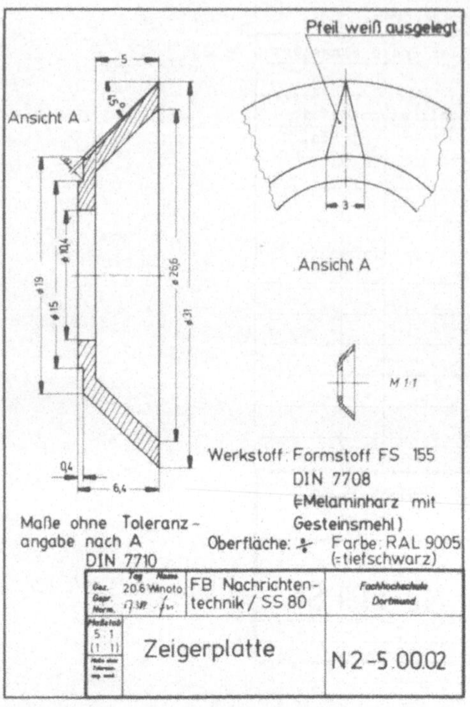

Bild 1.146 Drehknopf, Zeigerplatte

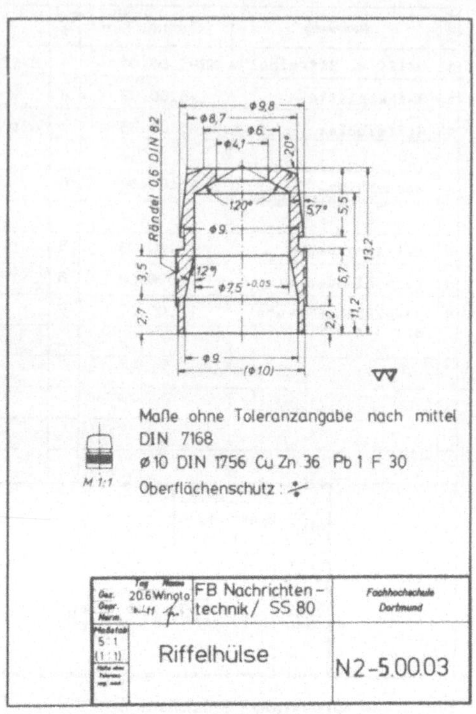

Bild 1.147 Drehknopf, Riffelhülse

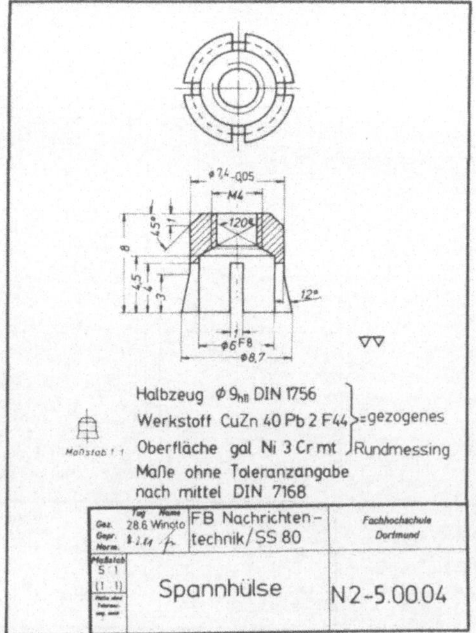

Bild 1.148 Drehknopf, Spannhülse

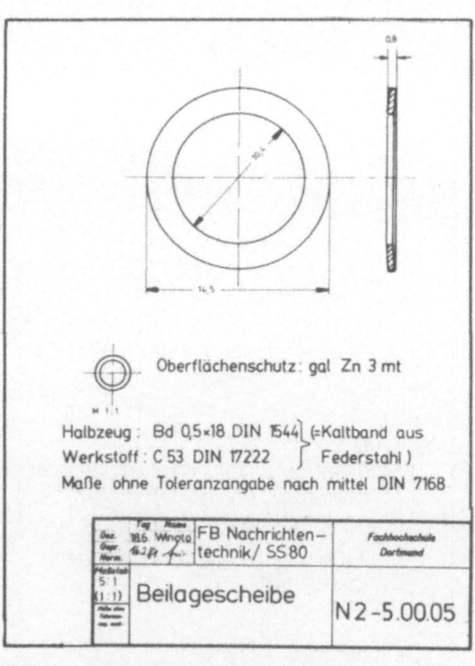

Bild 1.149 Drehknopf, Beilagescheibe

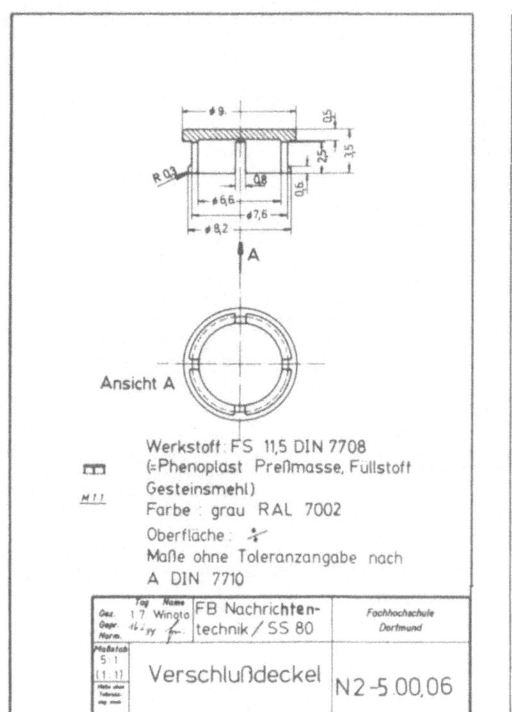

Gez.	Tag 1.7	Name Winoto	FB Nachrichten-technik / SS 80	Fachhochschule Dortmund
Gepr.				
Norm.				
Maßstab 5:1 (1:1)		Verschlußdeckel		N2-5.00,06
Maße ohne Toleranzang. nach				

Bild 1.150 Drehknopf, Verschlußdeckel

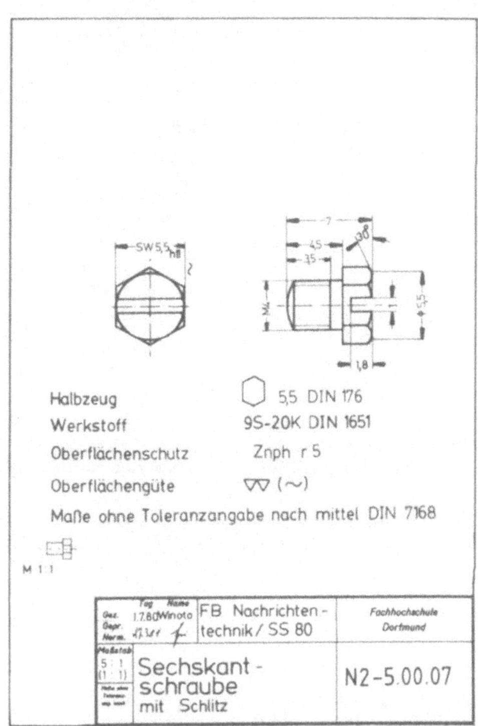

Halbzeug   5,5 DIN 176
Werkstoff   9S-20K DIN 1651
Oberflächenschutz   Znph r 5
Oberflächengüte   ▽▽ (∼)
Maße ohne Toleranzangabe nach mittel DIN 7168

M 1:1

Gez.	Tag 1.7.80	Name Winoto	FB Nachrichten-technik / SS 80	Fachhochschule Dortmund
Gepr.				
Norm.				
Maßstab 5:1 (1:1)		Sechskant-schraube mit Schlitz		N2-5.00.07
Maße ohne Toleranzang. nach				

Bild 1.151 Drehknopf, Sechskantschraube mit Schlitz

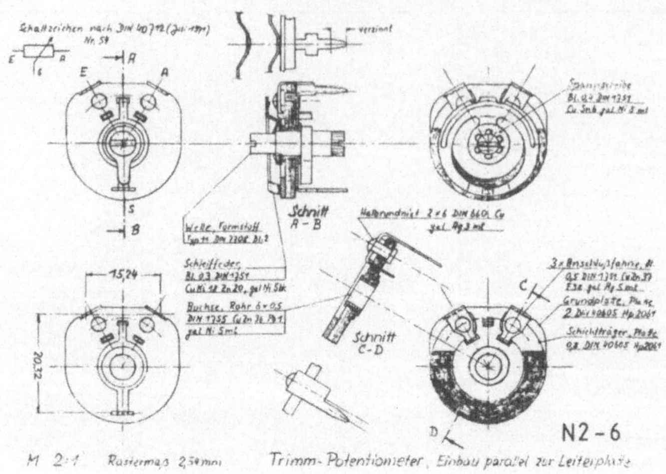

Bild 1.152 Trimmpotentiometer, Entwurf

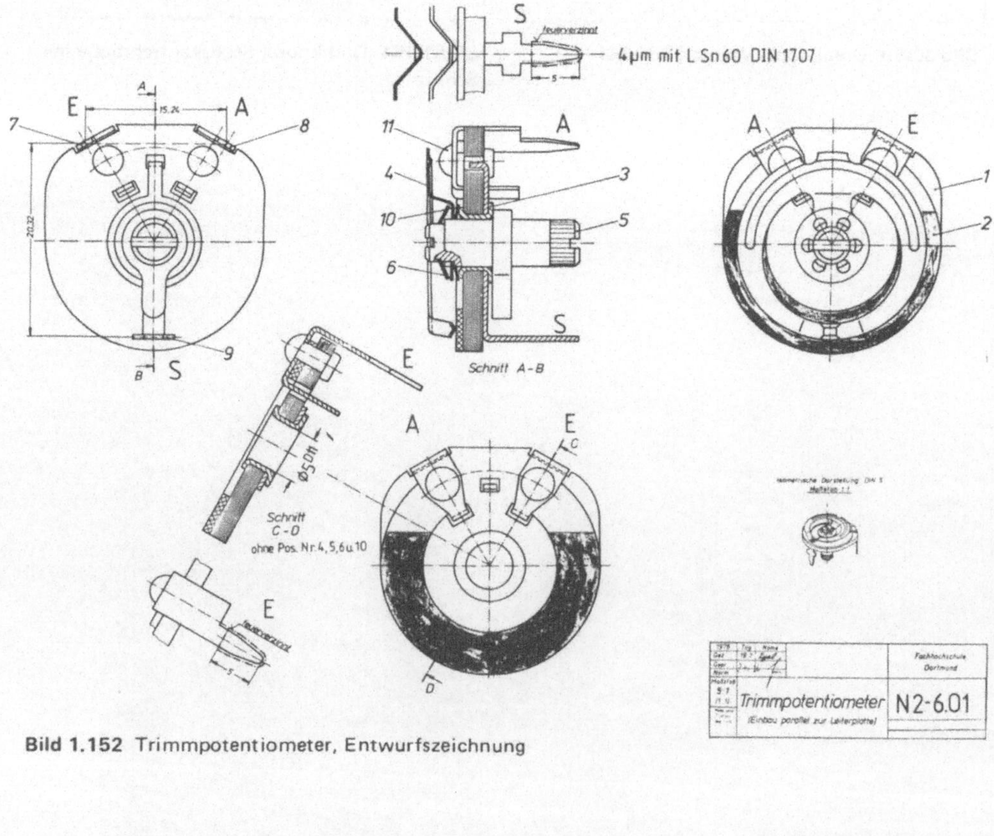

Bild 1.152 Trimmpotentiometer, Entwurfszeichnung

St.	Benennung	Normblatt Zchg. Nr.	Werkstoff	Lfd. Nr.	Halbzeug	Gew.	Bemerkung
		N 2					
1	Grundplatte	– 6.00.01	Hp 2061	1	Platte 2 DIN 40605		——
1	Schichtträger	– 6.00.02	Hp 2061	2	Platte 0,8 DIN 40605		——
1	Buchse	– 6.00.03	CuZn36 Pb1	3	Rohr 6x0,5 DIN 1755		gal Ni 5mt
1	Schleiffeder	– 6.00.04	CuNi18 Zn20	4	Bl. 0,3 DIN 1751		gal Ni 5bk
1	Welle	– 6.00.05	Formm. Typ 11.5 DIN 7708 Bl. 2	5	——		——
1	Spannscheibe	– 6.00.06	CuSn6	6	Bl. 0,4 DIN 1751		gal Ni 5mt
1	Anschlußfahne E	– 6.00.07	CuZn37 F38	7	Bl. 0,5 DIN 1751		gal Ag 5mt
1	Anschlußfahne A	– 6.00.08	CuZn37 F38	8	Bl. 0,5 DIN 1751		gal Ag 5mt
1	Anschlußfahne S	– 6.00.09	CuZn37 F38	9	Bl. 0,5 DIN 1751		gal Ag 5mt
1	Federscheibe	– 6.00.10	CuSn8 F53	10	Bl. 0,25x10 DIN 1791		gal Ni 3bk
2	Halbrundniet 2 x 6	DIN 660	Cu	11	——		——

1976	Tag	Name		Fachhochschule
Gez.	19.7	*Tyçe*		Dortmund
Gepr.				
Norm.				

Liste besteht aus 1 Blatt

Blatt Nr.

Trimmpotentiometer   N2-6.01 St

(Einbau parallel zur Leiterplatte)

Bild 1.154 Trimmpotentiometer, Stückliste

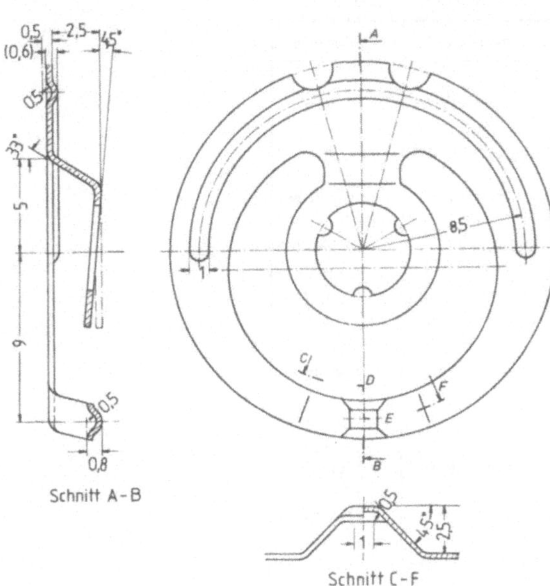

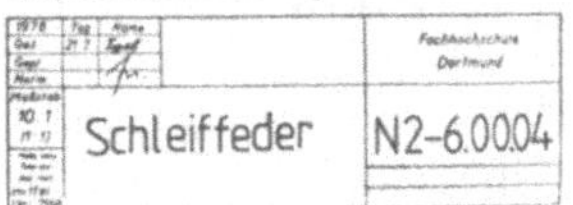

Bild 1.155 Trimmpotentiometer, Schleiffeder

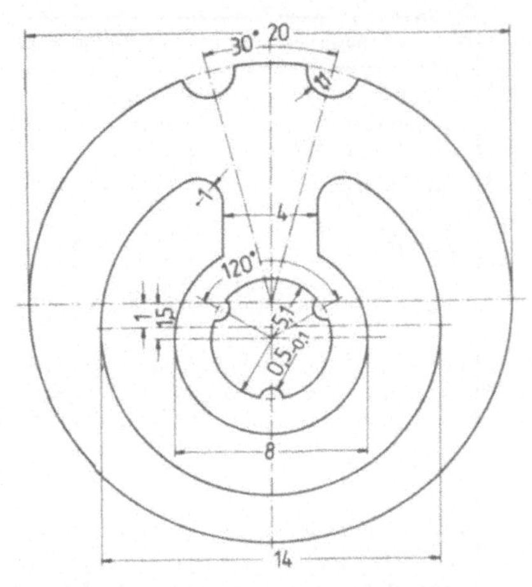

Abwicklung

Nicht vermaßte Radien R 0,5
Halbzeug: Bl. 0,3 DIN 1751
Werkstoff: Cu Ni 18 Zn 20 DIN 17663
Oberflächenschutz: gal Ni 5 bk

1976	Tag	Name	Fachhochschule Dortmund
Gez.	21.7		
Gepr.			
Norm.			
Maßstab 10:1 (1:1)		Schleiffeder	N2–6.00.04

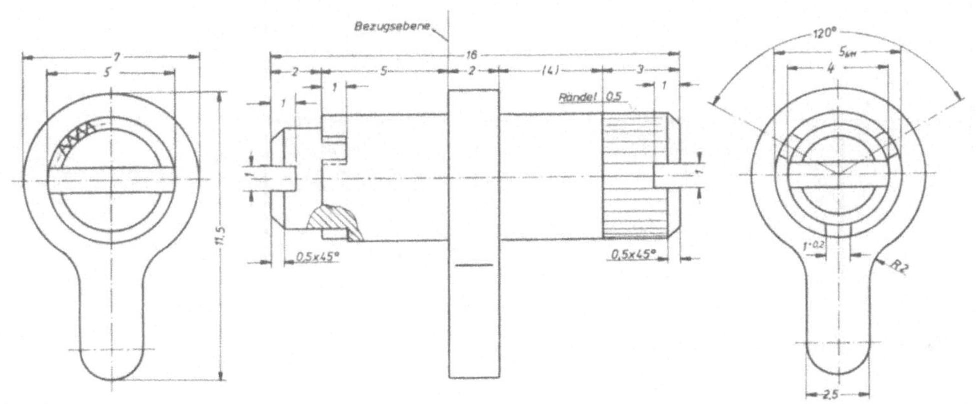

DIN 7708 Bl. 2
Werkstoff: Formmasse Typ 11.5

1976	Tag	Name	Fachhochschule Dortmund
Gez.	20.7		
Gepr.			
Norm.			
Maßstab 10:1 (1:1)		Welle	N2–6.00.05

Bild 1.156 Trimmpotentiometer, Welle

2 Methoden graphischer Darstellung von Daten

von Prof. Dr. Karl Hermann Breuer, Fröndenberg
und Prof. Dipl.-Ing. Helmut Müller, Dortmund

Übertragung, Verarbeitung und Dokumentation von Daten ist in einer informations-orientierten Gesellschaft von zentraler Bedeutung geworden. Hierbei sind Folien für Hellraumprojektionen, Diapositive und die vielfältigen Arten von Druckpublikationen als Informationsträger von besonderer Wichtigkeit.

Die Darstellung von Daten in Form von Schaubildern (Diagrammen) und statistischen Karten nimmt einen breiten Raum ein und ist tabellarischer Auflistung wegen ihrer höheren Anschaulichkeit vorzuziehen.

Die Kenntnis der probaten Darstellungsarten, die Wirksamkeit der unterschiedlichen Informationsträger und das vergleichende Abwägen der Anwendungsbedingungen sind Voraussetzungen der Gestaltung. Einige Regeln der graphischen Gestaltung sollten Beachtung finden [2.1]:

1. Die Darstellung muß für sich alleine verständlich und eindeutig interpretierbar sein.
2. Die Darstellung muß als wesentliche Elemente Größen- und Einheitenbeschriftung, Titel, Schrift- und Registerfeld, Maßstäbe und Quellenangaben enthalten.
3. Die Darstellung soll keine Informationshäufung und keine Trivialinformation enthalten.
4. Die Darstellung ist entsprechend dem Adressatenkreis und dem Übertragungsmedium (Bildprojektionen jeder Art, Publikationsdarstellungen und dgl.) anzupassen.
5. Die Darstellung darf durch den Informationsträger oder das Informationsmedium in ihrem Informationsgehalt nicht beeinträchtigt werden.

Der letzte Grundsatz führt nun über zu einer Gestaltungsproblematik, die an eine ange-paßte Dimensionierung von Linienbreiten, Linienabständen, Schriftgrößen und Schrift-breiten geknüpft ist. Da man allgemein davon ausgehen kann, daß graphische Darstellun-gen aus Gründen der Darstellungspräzision einerseits vergrößert entworfen, dann in die verkleinerte Form des Informationsträgers (Dia, Folie, Druckpublikation) transponiert werden, und andererseits über Informationsmedien dem Betrachter vergrößert dargeboten werden (Projektionen), macht die Auswahl von Linienbreite und Schriftgröße, Linien-abstand und Buchstabenabstand in Wechselwirkung zum Verkleinerungs-/Vergrößerungs-maßstab bedeutsam.

2.1 Begriffe, Bezeichnungen, Ausführungsregeln

2.1.1 Linienbreiten

In der Empfehlung DIN 15 werden die Linienbreiten in Reihe 1 nach einer $\sqrt{2}$-Stufung festgelegt. Aus dieser Reihe werden Liniengruppen gebildet, die jeweils Anwendung als Voll-, Strich-, Strichpunkt- und Freihandlinien finden. Tafel 2.1 führt diese Systematik auf und Bild 2.1 zeigt beispielhaft die Anwendung bei technischen Zeichnungen.

Tafel 2.1 Systematik der Linienarten

Liniengruppe	Breitengruppe	Linienarten	Linienbreite in mm	Bezeichnung
0,5	1	———————	0,5	Vollinie
		———————	0,25	Vollinie
		— — — — —	0,35	Strichlinie
	2	— · — · —	0,5	Strichpunktlinie
		— · — · —	0,25	Strichpunktlinie
		~~	0,25	Freihandlinie

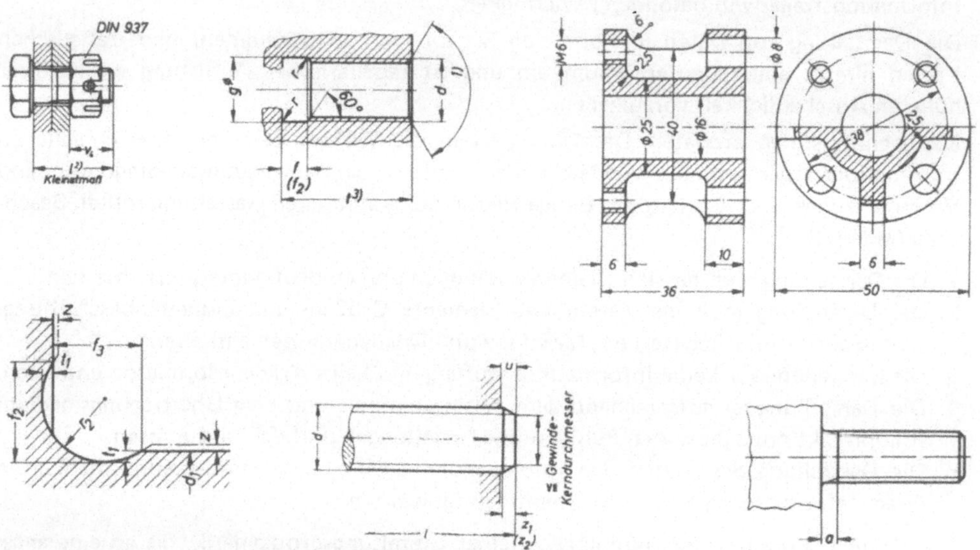

Bild 2.1 Beispielhafte Anwendung von Linienbreiten bei technischen Zeichnungen

Die Anwendung der Linienbreiten der Reihe 1/DIN 15 sollte der graphischen Darstellung von Daten zugrunde gelegt werden, und sofern Zeichnungen Anteil von Diapositiven, Folien und Druckvorlagen sind, sollten auch die Liniengruppen Anwendung finden. Vergleichbares gilt auch für Beschriftungen nach DIN 6776 (DIN 16 und DIN 17). Die Anwendung der $\sqrt{2}$-Stufung für Linienbreiten von Schrift und graphischer Darstellung führt dazu, daß sie unabhängig von der jeweiligen Vergrößerung oder Verkleinerung immer im gleichen Verhältnis zur Formatgröße stehen.

Die Linienbreiten der Schrift nach DIN 6776 (DIN 16 und DIN 17) werden nach dem Schriftgrößenverhältnis (Mittel- und Engschrift) unterschieden, wie es Tafel 2.2 wiedergibt. Hierbei ist die Anwendung der Linienbreite 0,18 mm vom Auflösungsvermögen des Rückvergrößerungsverfahrens abhängig und jeweils zu überprüfen.

Indizes und Exponenten werden immer um eine Schriftgröße kleiner geschrieben, jedoch nicht kleiner als die kleinste Schrift.

Tafel 2.2 Linienbreiten bei Schriftgrößen für Mittel- und Engschrift

Schriftgröße in mm Höhe der Großbuchstaben h	Linienbreite in mm	
	Mittelschrift (1/10) h	Engschrift (1/14) h
1,8	0,18	0,13
2,5	0,25	0,18
3,5	0,35	0,25
5	0,5	0,35
7	0,7	0,5
10	1,0	0,7
14	1,4	1,0
20	2,0	1,4

Tafel 2.3 Linien- und Schriftbreiten bei formatbezogenem Vorlagenentwurf

	Linienbreiten in mm					
	Format des Vorlagenentwurfs					
	A1	A2	A3	A4	A5	A6
Hervorzuhebende Teile	2	1,4	1	0,7	0,5	0,35
Hauptteile	1,4	1	0,7	0,5	0,35	0,25
Nebenteile	1	0,7	0,5	0,35	0,25	0,18
Maß-, Mittel-, Schraffurlinien	0,7	0,5	0,35	0,25	0,18	0,13
Kleinster zwischen Linien	doppelte Linienbreite					
lichter zwischen Abstand Schraffurlinien	4	3,5	2,8	2	1,4	1

2.1.2 Linienabstände

Der kleinste Abstand zwischen zwei Linien soll bei der graphischen Darstellung und Beschriftung gleich der doppelten Linienbreite sein, mindestens aber 0,5 mm bis 0,65 mm betragen, um bei Verkleinerungen eine einwandfreie Trennung zu erreichen.

2.1.3 Formatbezogener Vorlagenentwurf

Ausgehend von dem bereits angedeuteten Sachverhalt, daß der Vorlagenentwurf (Bildvorlage, Druckvorlage) in vergrößertem Maßstab ausgeführt wird, legt einen Vorlagenbezug zu den A-Formaten nach DIN 476 nahe. Die Formate weisen wie die Linien- und Schriftbreiten in ihrem Seitenverhältnis eine $\sqrt{2}$-Stufung auf. In Tafel 2.3 sind Richtwerte der formatbezogenen Linienbreite bei variierter Linienbedeutung aufgeführt. Für die gebräuchlichen Vorlagenentwürfe sind die Formate A 4 und A 5 anzuwenden. Die Anwendung des Formats A 6 setzt eine hohe Präzision der Ausführung voraus.

Die Richtwerte der Tafel sind geeignet für Druckvorlagen von Publikationen und für Bildvorlagen bei Hellraumprojektion. Bei Dunkelraumprojektion können die Linienbreiten und Linienabstände um den Faktor 0,7 kleiner gehalten werden. Die Linienbreiten für helle Linien auf schwarzem Grund sind um den Faktor 1,4 zu vergrößern.

Tafel 2.4 gibt Richtwerte für formatbezogene Beschriftungen wieder. Auch hier gilt wieder der Hinweis auf die Anwendung bei Hellraumprojektion und bei handgeschriebenen Druckvorlagen von Publikationen.

Es ist die Mittelschrift vor der Engschrift zu bevorzugen. Breitschriften sollte man nicht anwenden. Bei der Verwendung von gedruckten Schriften kann die Schriftgröße um den Faktor 0,7 verkleinert werden.

Beispielhaft zeigt Bild 2.2a und b eine Publikationsdarstellung [2.2] als Druckvorlagenentwurf im Format A 5 (2 : 1-Entwurf) mit den Angaben über Linienbreiten und Schrifthöhen und die Reduktion in das Druckoriginal (1 : 1). Weitere Probereduktionen (1 : 2; 1 : 4) des Druckoriginals verdeutlichen die Grenzen der Les- und Interpretierbarkeit.

2.1.4 Maßstabbezogener Vorlagenentwurf

In [2.3] gibt P. Ryffel Erfahrungswerte für Schriftgrößen an, die in Tafel 2.5 aufgelistet sind. Hierbei legt der Verfasser besonderen Wert auf die Festlegung einer minimalen

Tafel 2.4 Schriftgrößen bei formatbezogenem Vorlagenentwurf

| | Schriftgrößen in mm | | | | | |
| | Format des Vorlagenentwurfs | | | | | |
	A1	A2	A3	A4	A5	A6
Bildtitel	20	14	10	7	5	3,5
Text	14	10	7	5	3,5	2,5
Indizes für Bildteil	14	10	7	5	3,5	2,5
Exponenten für Text	10	7	5	3,5	2,5	1,8

Tafel 2.5 Schriftgrößen bei maßstabbezogenem Vorlagenentwurf

Bild (längere Seite) in mm	Vorlagenentwurf (längere Seite) in mm	Maßstab Vorlage/Bild	minimale Schriftgröße in mm	mittlere Schriftgröße in mm (Faktor 1,4)	große Schriftgröße in mm (Faktor 2,0)
100	150	1,5	1,8	2,5	3,5
120	300	2,5	2,5	3,5	5
100	350	3,5	3,5	5	7
100	420	4,2	5	7	10
90	420	4,7	5	7	10
60	300	5	5	7	10
60	420	7	7	10	14
60	480	8	10	14	20

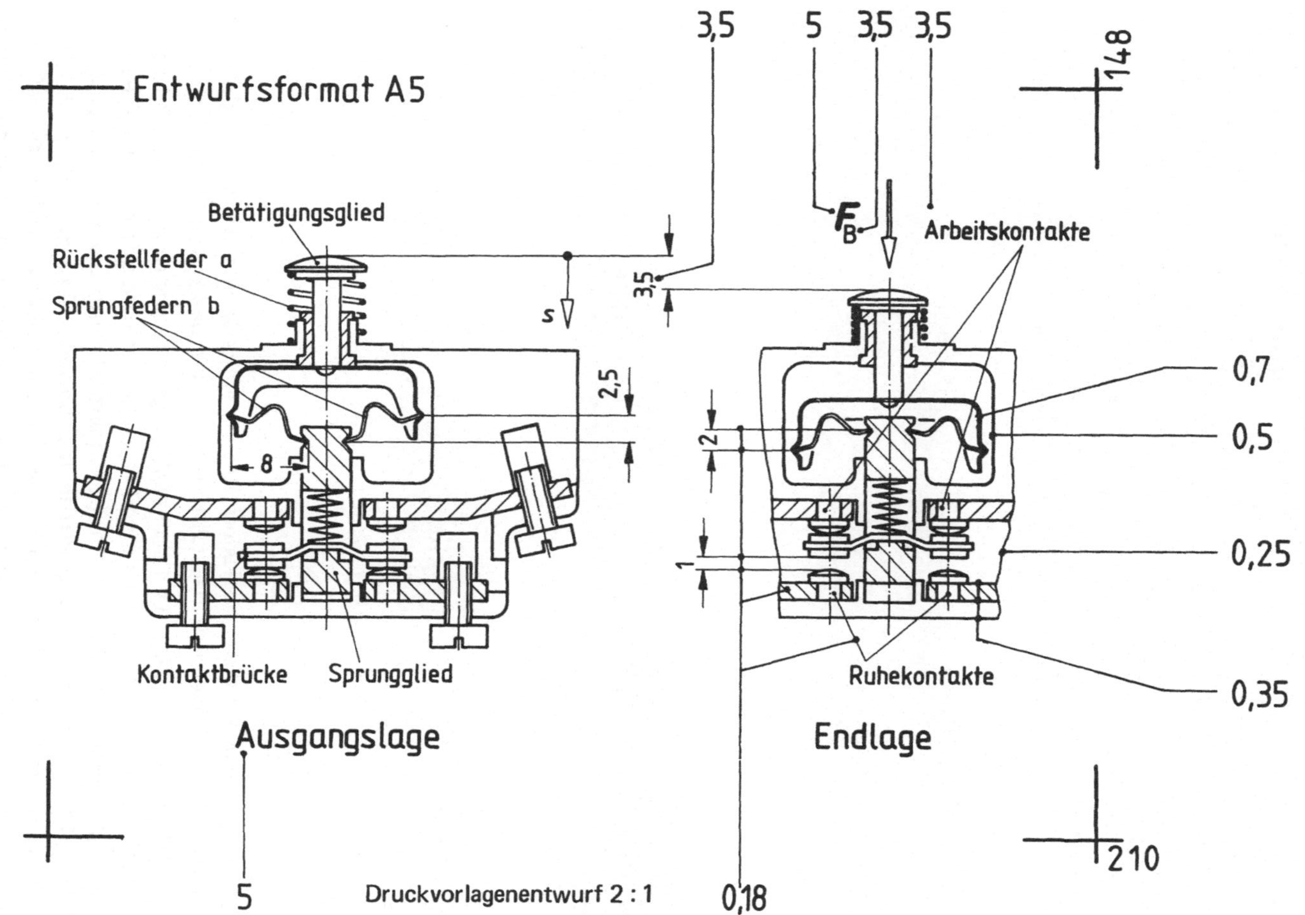

Bild 2.2a)—b) Druckvorlagenentwurf im Format A5 mit Angabe der Linienbreiten und Schriftgrößen a) und Verkleinerung in das Druckoriginal 1 : 1 und weitere Probeverkleinerungen b)

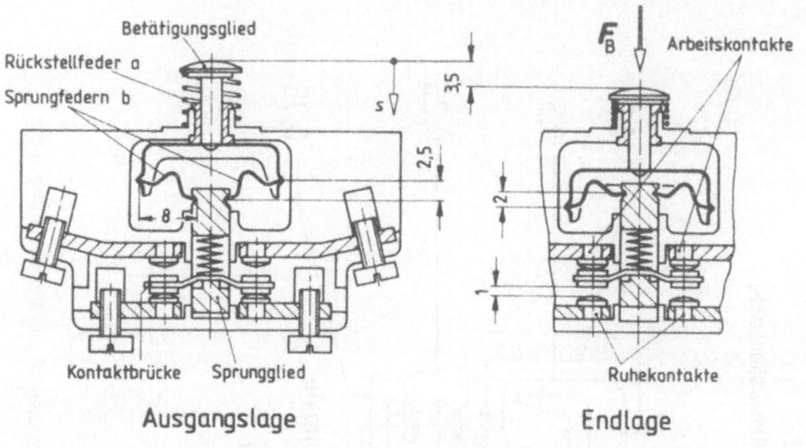

Druckoriginal 1 : 1
(Verkleinerung des Vorlagenentwurfs)

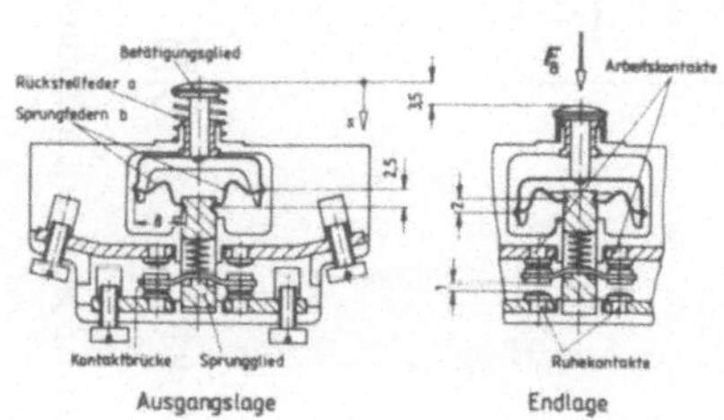

Probeverkleinerung 1 : 2

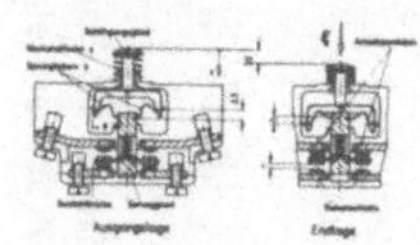

Probeverkleinerung 1 : 4

Schriftgröße. In bezug auf die Entwurfsformate wird entweder von der längeren Seite der Vorlage (Diaprojektion) oder vom Maßstab Klischee/Druckvorlage ausgegangen.

DIN 474, Zeichnungen (Bilder) für Druckzwecke, geht ebenfalls von einem maßstabbezogenen Vorlagenentwurf aus, der vergrößert gezeichnet wird und nach vorgegebenen Verkleinerungsmaßstäben fotografisch in 1 : 1 reduziert wird. Die Verkleinerungsmaßstäbe sind in Tafel 2.6 aufgeführt und werden über Einstellmaße angegeben. Bezogen auf die Verkleinerungsmaßstäbe zeigt Tafel 2.7 die Richtwerte der Linienbreiten. Tafel 2.8 führt die minimale Schriftgröße für unterschiedliche Bildbedeutung, variierten Maßstab und unterschiedliche Sichtweite auf. Zugrunde liegen senkrechte Schrift und die Sichtweitentabelle nach DIN 1451.

Tafel 2.6 Verkleinerungsmaßstäbe nach DIN 474 (Zeichnungen für Druckzwecke)

Verkleinerung auf					
3/4	2/3	1/2	1/3	1/4	1/5

Tafel 2.7 Richtwerte für Linienbreiten bei bestimmten Verkleinerungsmaßstäben

	Linienbreiten gedruckter Bilder in mm		
	Hervorzuhebende Teile	Hauptteile	Nebenteile
	0,3 bis 0,6	0,2 bis 0,3	0,15 bis 0,2
Verkleinerung auf	Linienbreiten der Druckvorlagen in mm		
2/3 bis 3/4	0,5 bis 0,9	0,3 bis 0,5	0,25 bis 0,3
1/2	0,6 bis 1,2	0,4 bis 0,6	0,3 bis 0,4
1/3	0,9 bis 1,8	0,6 bis 0,9	0,5 bis 0,6
1/4	1,2 bis 2,4	0,8 bis 1,2	0,6 bis 0,8
1/5	1,5 bis 3	1,0 bis 1,5	0,8 bis 1,0

Tafel 2.8 Richtwerte für minimale Schriftgrößen bei bestimmten Verkleinerungsmaßstäben

	minimale Schriftgrößen gedruckter Bilder in mm					
	Hauptteile			Nebenteile		
	Engschrift	Mittelschrift	Breitschrift	Engschrift	Mittelschrift	Breitschrift
	2,5	2	1,6	1,6	1,2	1
Verkleinerung auf	minimale Schriftgrößen der Druckvorlagen in mm					
2/3 bis 3/4	4	3	2,5	2,5	2	1,6
1/2	5	4	3	3	2,5	2
1/3	8	6	5	5	4	3
1/4	10	8	6	6	5	4
1/5	12,5	10	8	8	6	5

2.1.5 Schriftarten

In Anlehnung an DIN 1338, Formelschreibweise und Formelsatz, ist die adäquate Anwendung senkrechter und kursiver Schrift dringend zu empfehlen. Die Tafel 2.9 zeigt die generelle Verwendung der beiden Schriftarten auf. Über diese Regeln hinaus sind bei der Beschriftung von Informationsträgern weitere Richtwerte zu beachten, wie beispielsweise die senkrechte und kursive Schreibweise der Indizes und deren Stellung, oder die Schreibweise von Formeln im Textzusammenhang oder die Schreibweise von Größengleichungen. Tafel 2.10 zeigt beispielhafte Schreibweisen von Indizes.

Tafel 2.9 Anwendung senkrechter und kursiver Schrift bei Formelschreibweise und Formelsatz

Symbolgegenstand		Schriftart	Beispiele	Anmerkungen
Zahlen	in Ziffern geschrieben	senkrecht	$9{,}34$; $11{,}2 \cdot 10^5$; $\frac{2}{3}$; $1/2$ K_0; a_{23}; 20fach	Bildbezifferung vorzugsweise kursiv *1.* SMA-Buchse *2.* Buchsenflansch *3.* Abstandsisolator
	durch Buchstaben dargestellt	kursiv	$H_0 \sum\limits_{n=1}^{\infty} \frac{m_n}{2} \langle (\Omega + \omega_n)\, t + \varphi_n \rangle$ $\sqrt[n]{5}$; (a_{mn}); n-fach	
	durch Buchstaben dargestellt (Sonderfälle)	senkrecht	$\pi = 3{,}14159$ $e = 2{,}71828$ $i = j = \sqrt{-1}$	in mathematischer Literatur vielfach kursiv gesetzt
Formelzeichen		kursiv	ϵ_0 (Feldkonstante) E (Feldstärke) D (Flußdichte) C (Kapazität)	
Einheiten		senkrecht	F/m (Farad je Meter) V/m (Volt je Meter) C/m^2 (Coulomb je Quadratmeter) F (Farad) kHz; μF; mΩ	
Funktions- und Operatorzeichen	Zeichen mit freigewählter Bedeutung	kursiv	$f(x)$; $\psi(f)$; $u(v)$ $G(y) = y'' + f_1\, y' + f_0\, y$	
	Zeichen mit feststehender Bedeutung	senkrecht	d; δ; Δ; $\int$; Σ; div; rot; Re ( ) (Realteil von) sin; lg	Zeichen aus einem Buchstaben in mathematischer Literatur vielfach kursiv gesetzt
Symbole chemischer Elemente		senkrecht	Fe_3Cl_2; H_2SO_4	

Anmerkung: An dieser Stelle sei bemerkt, daß im Text grundsätzlich ein einziger Formelsatz gewählt wurde, nämlich der steile Formelsatz. Diese Inkonsequenz zu dem vorstehend Gesagten ist durch das Bemühen zu erklären, eine formale Übereinstimmung mit dem Werk „Konstruktive Gestaltung und Fertigung in der Elektronik" zu erreichen.

2.2 Darstellung der Zuordnung technisch/naturwissenschaftlicher Größen

In der Natur sind Gesetzmäßigkeiten und Zuordnungen zwischen verschiedenen Größen beobachtbar. So hängt die Belastbarkeit eines Halbleiterelementes von der Umgebungstemperatur, die Strahlungsdichte am Empfangsort von der Entfernung zum Sender ab. Man spricht bei derartigen Zuordnungen von Funktionen oder funktionellen Zusammenhängen zwischen Variablen.

Tafel 2.10 Schreibweise von Indizes

Symbolgegenstand	Schriftart	Beispiele		Anmerkungen
Indizes	senkrecht	m_{max} R_i ω_G Z_L ψ_σ	(maximaler Modulationsgrad) (innerer Widerstand) (Grenzfrequenz) (kompl. Wellenwiderstand) (Streufluß)	Anwendung bei Abkürzungen von Stoffnamen, Eigenschaften und dgl. (Generelle Anwendung)
	kursiv	k_n H_z $S_{R(\varphi, \delta)}$ $\Delta T_{(J)}$	$n = 1, 2, 3, \ldots$ (Feldkomponente in Richtung z) (Strahlungsdichte in Richtung φ und δ) (Temperaturänderung in Ab hängigkeit vom Strom)	Anwendung, wenn Indizes der Bedeutung nach besonders gekennzeichnet werden sollen.

Grundsätzlich ist die Darstellung der Zuordnung zwischen den Variablen beliebig, beispielsweise durch eine Verbalaussage möglich. In Naturwissenschaft und Technik sind allerdings drei Zuordnungen bedeutsam:

1. Funktionstafel — Zuordnung durch Angabe von Wertepaaren,
2. Funktionskurve (Graph) — Zuordnung durch ein Schaubild oder Diagramm,
3. Funktionsgleichung — Zuordnung durch eine Rechenvorschrift.

2.2.1 Darstellung durch Funktionstafeln

Die einfachste Art der Zuordnung geschieht durch die Angabe von Wertepaaren in einer Funktionstafel oder Funktionstabelle. Ausgangsoperation für die Gewinnung der Wertepaare sind empirische Verfahren oder Berechnungen.

Darstellungsregeln

Einer Tafel liegt ein Zeilen/Spaltensystem zugrunde, das zweckmäßig graphisch durch Begrenzungslinien gebildet wird. In Bild 2.3 ist der Linienaufbau systematisch dargestellt. Die Linienbreiten sind entsprechend Tafel 2.3 formatbezogen zu wählen, wobei die jeweils ersten drei Linienbreiten eines Formates (z. B. A 5: 0,5 mm; 0,35 mm; 0,25 mm) auf die Tafelumrandung, die Spaltenbegrenzung und die Zeilenbegrenzung anzuwenden sind. Jeder Tafel voran steht der sog. Tafelkopf. In ihm erscheint jeweils das Formelzeichen oder die verbale Beschreibung der aufzulistenden Größe und ihre Einheit. In Bild 2.4a und b wird dies demonstriert. Die Darstellungsart folgt DIN 1422. Andere Kopfbeschriftungen sind gebräuchlich. Wenn in einer Tafel alle Größen in der gleichen Einheit betrachtet werden, ist eine einmalige Angabe im Kopf ausreichend.

Bei Abweichungen von der üblichen Tafeldarstellung mit dem Tafelkopf über den Spalten ist die Linienbreitenwahl entspechend dem Beispiel Bild 2.3 zu wählen. Die Kopfbeschriftung erfolgt nach Bild 2.4.

Häufig haben die Wertepaare unterschiedliche Größenordnungen. Man schreibt in einem solchen Fall die zutreffenden Zehnerpotenzen mit in den Tafelkopf. Bild 2.5 demonstriert ein Beispiel. In Bild 2.5a ist der 10^{12}-fache Wert der Größe c_s (Sperrschichtkapazität) verzeichnet. Man ermittelt für U_s (Sperrspannung) = 10 V: $10^{12} c_s = 56,4$ F, demnach

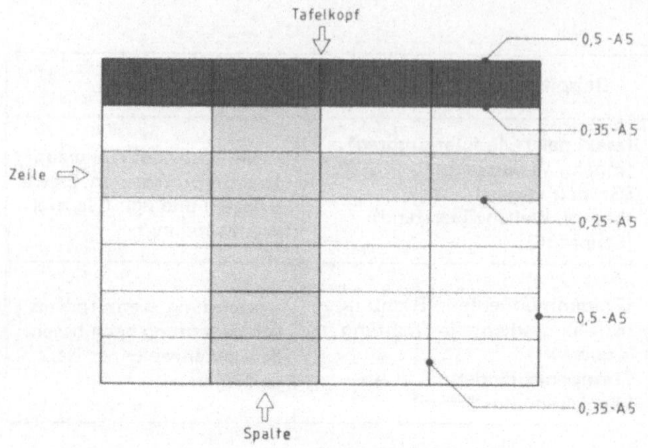

Bild 2.3
Aufbausystematik von Tafeln
(Tabellen) mit Angabe der
Linienbreiten im Format A5

Antenne Nr.	Mittenfrequenz des Funkbandes in MHz	Gewinn (geg. isotropen Strahler) in dB	Hauptstrahlrichtung
1	6,075	18,0	14°
2	11,8375	22,1	7,25°
3	15,275	19,5	10°
4	17,80	20,4	9°

Antenne Nr.	fm MHz	Gi dB	α_{max}
1	6,075	18,0	14°
2	11,8375	22,1	7,25°
3	15,275	19,51	10°
4	17,80	20,4	9°

a)

Durchmesser Anschlußsystem in mm	Lochdurchmesser		Lötaugendurchmesser in mm	
	Durchmesser in mm	maximal zul. Toleranz	bevorzugte Fertigung	Standard-fertigung
0,320 0,361 0,404 0,455 0,511 0,574	0,66	± 0,076	2,54	2,16
0,634 0,724 0,813	0,92	± 0,102	2,77	2,36

b)

Bild 2.4a)—b) Beispiele für Tafelgestaltungen

$\dfrac{U_s}{V}$	$\dfrac{10^{12}C_s}{F}$
1	143
5	77,5
10	56,4
20	40,5
50	25,9
100	18,3

a)

$\dfrac{U_s}{V}$	$\dfrac{C_s}{10^{-12}F}$
1	143
5	77,5
10	56,4
20	40,5
50	25,9
100	18,3

b)

Bild 2.5a)—b) Tafelgestaltung unter Anwendung unterschiedlicher Tafelkopfbeschriftung

$c_s = 56{,}4 \cdot 10^{-12}$ F. In Bild 3.5b entnimmt man für $U_s = 10$ V: $c_s = 56{,}4 \cdot 10^{-12}$ F. Hier sind die c_s-Werte mit der Einheit 10^{-12} F multipliziert.

Die Darstellung von Zuordnungen in Tafeln hat den Nachteil, daß entweder nur eine begrenzte Anzahl von Wertepaaren angegeben werden kann (Meßergebnisse) oder sehr umfangreiche Tafelwerke (Computerausdrucke) die Übersicht erschweren. Bei begrenzter Anzahl von Wertepaaren sind Interpolationen häufig unumgänglich.

2.2.2 Darstellung durch Funktionskurven (Graphen)

Die Zusammenhänge zwischen Wertepaaren werden anschaulicher und interpretierbar, wenn man zugehörigen Wertepaaren Punkte in einem Koordinatensystem zuordnet und die Punkte durch eine Funktionskurve oder einen Graph verbindet. Ein strenger Zusammenhang zwischen einem Graph und der entsprechenden Funktionsgleichung besteht dann, wenn die Koordinaten eines jeden Punktes des Graphen die Funktionsgleichung erfüllen.

Für Naturwissenschaft und Technik ist die Zuordnung durch Funktionskurven in Koordinatensystemen, auch Schaubilder oder Diagramme genannt, vorherrschend. Daneben finden zunehmend Diagrammarten Anwendung, die aus dem Bereich der statistischen Datenaufbereitung stammen, wie beispielsweise das Stabdiagramm und das Flächendiagramm.

2.2.2.1 Darstellung im ebenen rechtwinkligen kartesischen Koordinatensystem

2.2.2.1.1 Tendenzen

Koordinatenachsen

Im ebenen rechtwinkligen kartesischen Koordinatensystem wird der Zusammenhang zwischen den Variablen durch Abschnittsbetrachtungen auf einem Achsensystem hergestellt oder gefunden, das aus zwei aufeinander senkrechten Achsen besteht. Im allgemeinen werden auf der waagerechten Achse, der Abzissenachse, die Zahlenwerte der unabhängigen Veränderlichen und auf der senkrechten Achse, der Ordinatenachse, die Zahlenwerte der abhängigen Veränderlichen dargestellt. „Vom Schnittpunkt des Achssystems aus werden zunehmende Werte der Veränderlichen in der Regel nach rechts und oben, abnehmende nach links und unten abgetragen", DIN 461. Bild 2.6 demonstriert den Sachverhalt nach DIN.

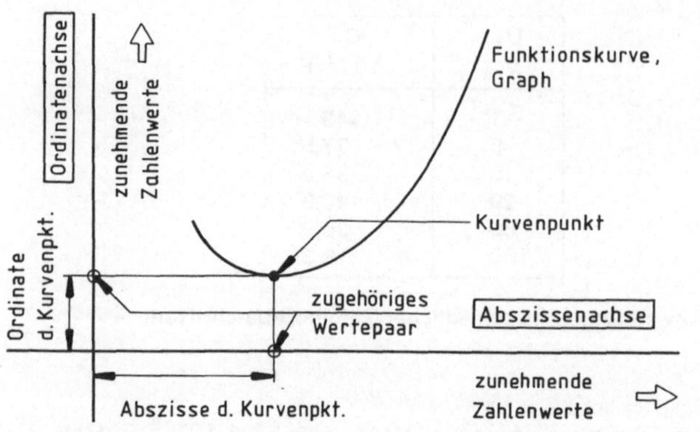

Bild 2.6

Auftragungssystematik im ebenen rechtwinkligen kartesischen Koordinatensystem

Auftragung von Formelzeichen, Einheit und Zahlenwert

Die Koordinatenachsen werden durch Pfeilzuordnungen in der Richtung gekennzeichnet, in der die Koordinaten wachsen. Die Richtungsfestlegung ist so zu interpretieren, daß sie in der Regel die Richtung anwachsender positiver Zahlenwerte angibt.

Man unterscheidet zwischen zwei Zuordnungen, die in Bild 2.7 demonstriert werden. Die Stellung des Formelzeichens oder der Beschriftung ist zu beachten. Entweder stehen sie unter oder links neben dem Pfeil, oder jeweils an der Wurzel der Pfeile. Formelzeichen müssen in der Regel ohne Drehen der Darstellung lesbar sein.

Die Richtungsfestlegung im Sinne anwachsender Koordinaten führt häufig zu mißverstandener Anwendung. Dies ist meist dann der Fall, wenn Polaritäts- und Flußrichtungen in der Elektronik mit definitiv freier Festlegung den Hintergrund bilden. Bild 2.8 gibt die idealisierten Kennlinien (Kurvenschar) des Funktionszusammenhangs $I_c (U_{CE})_{IB}$ eines pnp-Transistors wieder. Bild 2.8a zeigt den Zusammenhang im Sinne obiger Richtungsdefinition in vollständiger physikalischer Ausdeutung. Die Polaritäts-/Flußrichtungen sind durch Zählpfeildefinitionen festgelegt. Auf diesen Zählpfeildefinitionen beruht die Darstellung des statischen Kennlinienfeldes des Bildes 2.8a.

Man erkennt, daß der Funktionszusammenhang des 3. Quadranten anwendungswürdig ist. Dieser Zusammenhang gibt das sog. Ausgangskennlinienfeld wieder.

In der Anwendung der Kurvenschar zur Ermittlung eines geeigneten Arbeitspunktes oder der graphisch/rechnerischen Bestimmung der Verstärkungseigenschaften ist eine Operation im 3. Quadranten ungewohnt und daher unüblich. Man kehrt aus diesem Grund die Dar-

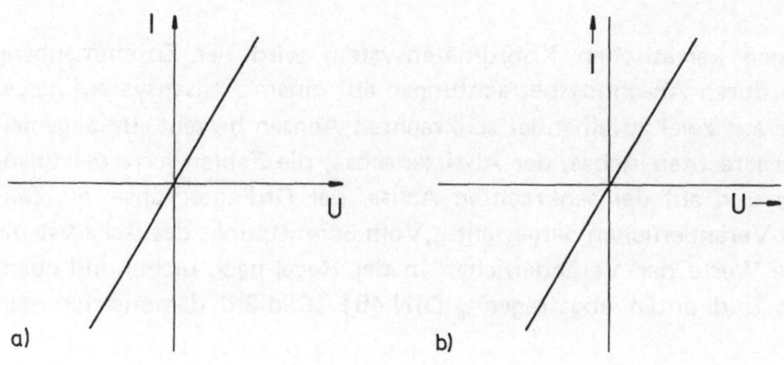

Bild 2.7 a)—b)

Pfeilzuordnungen im Koordinatensystem

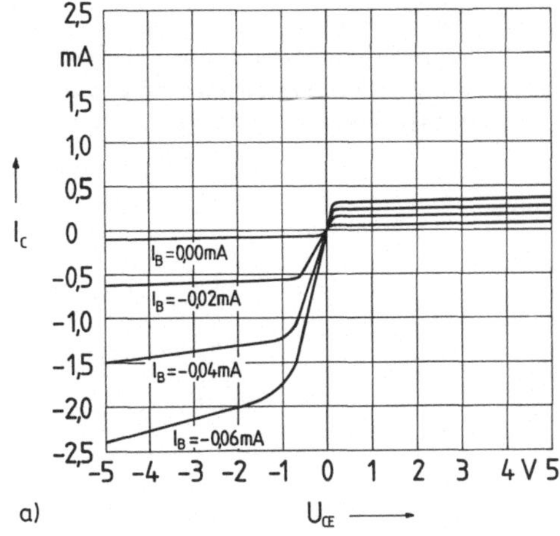

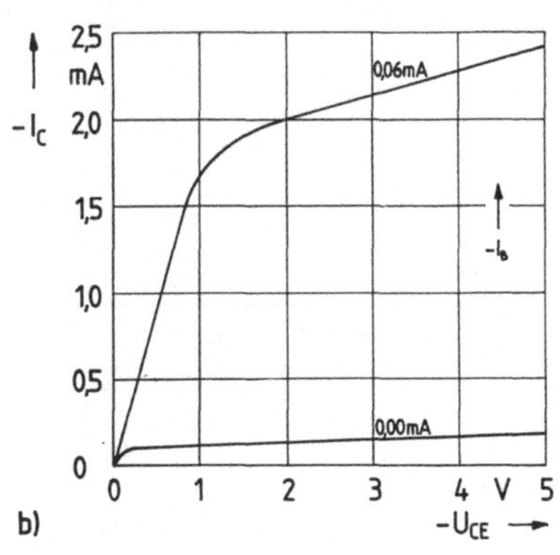

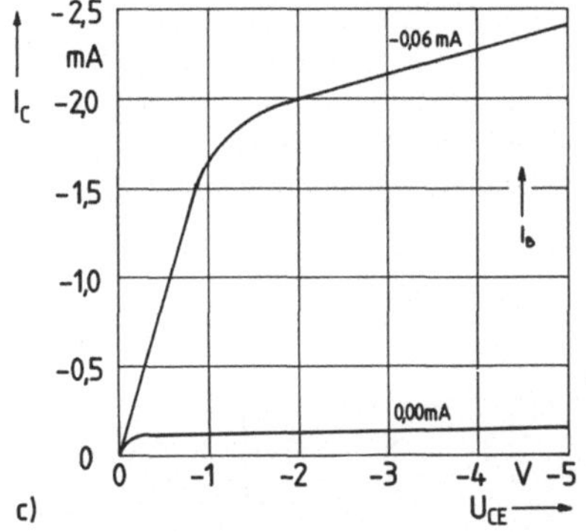

Bild 2.8a)—c)

Idealisierte Kennlinien (Kurvenschar) des Funktionszusammenhangs $I_C(U_{CE})_{I_B}$ eines pnp-Transistors im Sinne der Richtungsdefinition a); Modifizierung der Achsbezeichnung nach Quadrantenwechsel b) und c)

stellung des 3. Quadranten in einen quasi 1. Quadranten unter Modifizierung der Achsbezeichnung. In Bild 2.8b ist dies dargestellt. Die Vorzeichen der Zahlenwerte sind durch Umrechnung zu den Formelzeichen getreten, wodurch die Zahlenwerte positiv erscheinen und damit die definierte Richtungsfestlegung anwendbar wird.

In Bild 3.8c schließlich ist die Darstellung des. 3. Quadranten in die eines 1. Quadranten gekehrt ohne auf definierte Richtungsfestlegungen Rücksicht zu nehmen. Erwähnenswert ist eine Methode der Symbolumwandlung, um ausschließlich alle Darstellungen in einem 1. Quadranten ausführen zu können. Diese Methode sei anhand der Diodenkennlinie einer Zenerdiode verdeutlicht. In Bild 2.9a ist die Gesamtkennlinie im Durchlaß- und Sperrbereich dargestellt. In den Bildern 2.9b und c wird die Umwandlung deutlich. Der Funktionszusammenhang bei positiven Zahlenwerten (Durchlaßbereich) bekommt die Symbolbezeichnung U_F oder I_F (F = Fluß). Der Funktionszusammenhang bei negativen Zahlenwerten (Sperrbereich mit Zenerverhalten) erhält die Symbolbezeichnung U_Z oder I_Z (Z = Zener) mit einer nunmehr eigenständigen Bedeutung und damit auch mit positiven Zahlenwerten.

Die Bilder 2.8 und 2.9 geben einen ersten Hinweis auf die Methodik der Darstellung von Achsteilungen mit und ohne Ergänzung zu einem Koordinatennetz (Bild 2.8) und die Beschriftung einer Schar von Kurven.

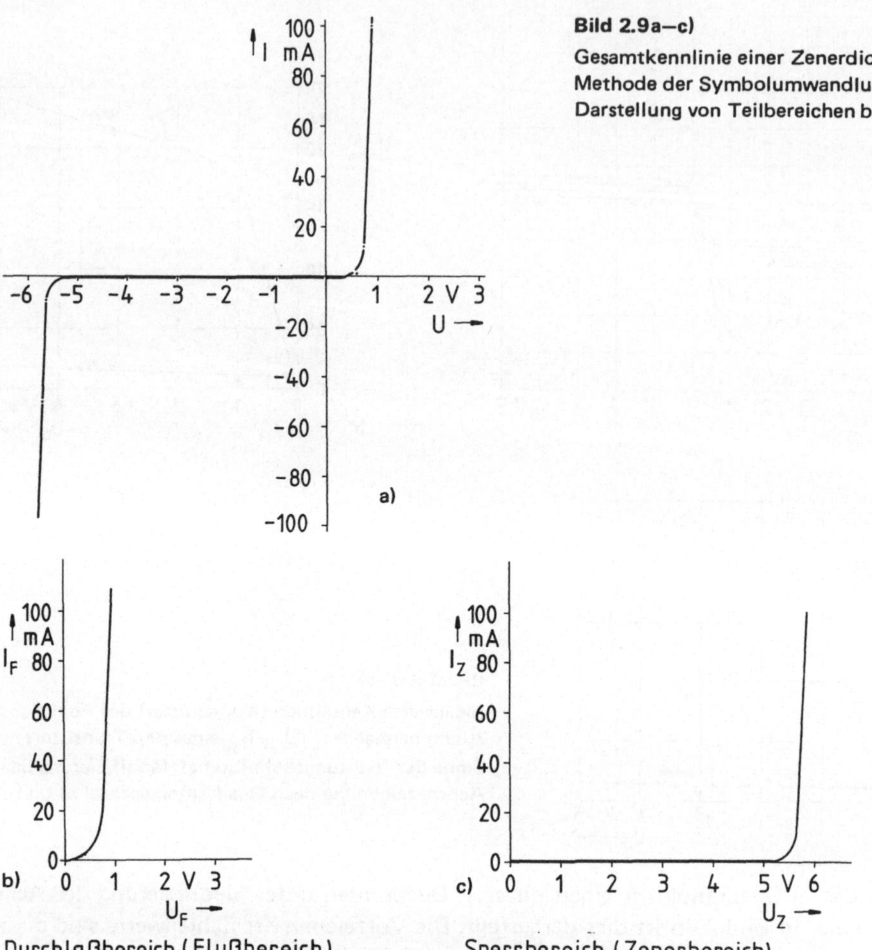

Bild 2.9a–c)
Gesamtkennlinie einer Zenerdiode a) und
Methode der Symbolumwandlung bei der
Darstellung von Teilbereichen b) und c)

Auftragung von Formelzeichen, Zahlenwert und Einheit

In Bild 2.7 wird Aussage über die Richtungsfestlegung und die Auftragung der Formelzeichen als Symbole der Größen oder Veränderlichen getroffen. Durchaus gebräuchlich
sind Auftragungen von Formelsätzen und von die Veränderlichen beschreibenden Wörtern.
In solchen Fällen soll die Formel oder die Schrift parallel zur Ordinatenachse von rechts
lesbar sein.

Zur Bezifferung der Achsen werden sinnvolle Skalierungen vorgenommen, die je nach
Anwendungszweck eine lineare, logarithmische oder eine sonstige nichtlineare Teilung
benutzen. Die Teilung wird durch Strichmarkierungen deutlich gemacht wie es Bild 2.9
ausweist oder, im Falle von Arbeitsdiagrammen, zur anwendungsfreundlicheren Nutzung
zu einem Koordinatennetz erweitert, Bild 2.8. Die Nullpunkte der Abzissen- und Ordinatenachse werden durch je eine Null bezeichnet. Es müssen nicht alle Teilstriche durch
einen Zahlenwert ausgewiesen sein. Die Regel ist jedoch, daß die ersten und die letzten
Zahlenwerte verzeichnet sind.

Die den Zahlenwerten zuzuordnenden Einheiten werden mit ihren Symbolen am rechten Ende der Abzissenachse und am oberen Ende der Ordinatenachse zwischen den letzten beiden Zahlenwerten aufgeführt. Aus Platzgründen ist es häufig angezeigt, die vorletzte Zahl wegzulassen.

Die Bilder 2.8 und 2.9 sind auch für den zuletzt genannten Sachverhalt beispielhaft. Es sei an dieser Stelle darauf hingewiesen, daß im Falle von Koordinatennetzen sich streng umrandete Darstellungsfelder ergeben, die durchaus den Koordinatenursprung im Inneren des Feldes haben können. Die Zahlenwerte werden in der Regel am linken und unteren Rand des Feldes angegeben. Die Symbole der Größen mit ihren Richtungspfeilen trägt man zweckmäßig in der Mitte parallel zu den Feldkanten auf.

Kurvenscharen, Kennlinienscharen

Bei Funktionszusammenhängen mit Parametern enthalten die Schaubilder nicht nur eine Funktionskurve, sondern eine Schar von Kurven oder Kennlinien. An jeder Kurve einer solchen Schar wird der Parameter angeschrieben oder durch Hinweisziffern oder Buchstaben gekennzeichnet. Die Hinweisziffern werden kursiv, die Hinweisbuchstaben senkrecht geschrieben. Sie müssen im Bildbereich erläutert werden, beispielsweise in der Bildbeschriftung. Bild 2.8 gibt Hinweise auf eine Parameterdarstellung, Bild 2.10 auf Hinweisbuchstaben.

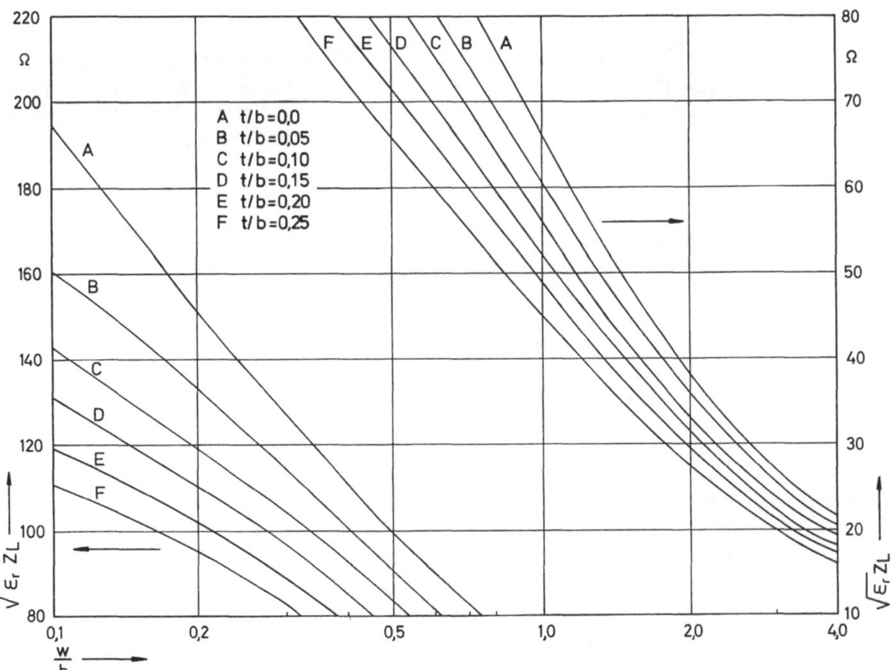

Bild 2.10 Bezeichnung von Kurvenscharen durch Hinweisbuchstaben im Falle eines Wellenwiderstandsdiagramms für Triplate — Leitungen

Mehrere abhängige Veränderliche

Häufig werden in einem Diagramm mehrere abhängige Veränderliche ein und derselben unabhängigen Veränderlichen zugeordnet. In einem solchen Fall ist besondere Aufmerksamkeit auf Übersichtlichkeit und eindeutige Interpretierbarkeit zu legen. Als Regel sollte gelten, daß bei hinreichender Übersicht die gleiche Linienart benutzt wird und jede Kurve durch das Formelzeichen der Veränderlichen oder durch Hinweisziffern und Hinweisbuchstaben gekennzeichnet wird. Bei der Anwendung unterschiedlicher Linienarten oder unterschiedlicher Farben ist im Bildbereich eine Erläuterung zu geben. Die Bilder 2.11 und 2.12 geben die angesprochenen Sachverhalte wieder. Der Erhöhung der Übersicht dienlich sind jeweils eigenständige Skalen der abhängig veränderlichen Größen Bild 2.11.

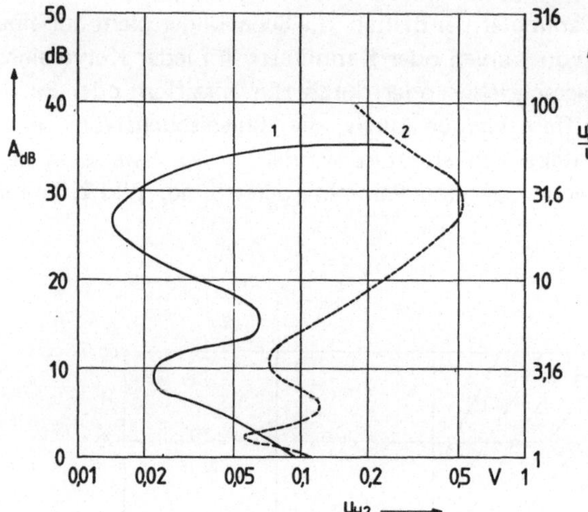

Bild 2.11
Methode der Kennzeichnung bei mehreren abhängigen Veränderlichen durch Hinweisziffern; Zifferläuterung und unterschiedliche Linienart

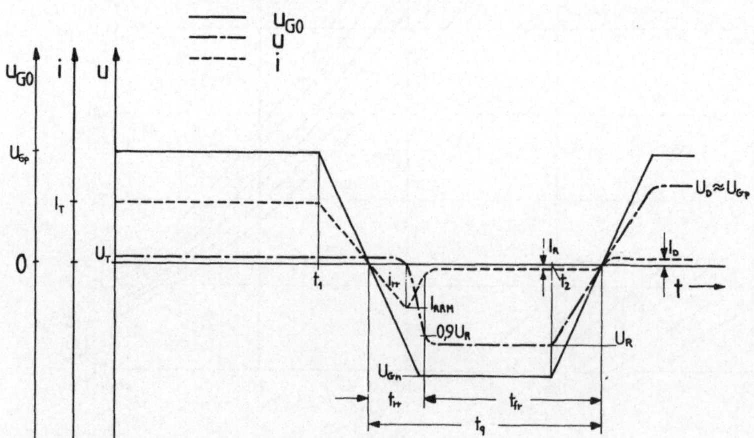

Bild 2.12 Methode der Kennzeichnung bei mehreren abhängigen Veränderlichen durch unterschiedliche Linienart und Erläuterung

Symbolik der Meßwertauftragung

Bei Kurven, die aus Meßwerten gewonnen wurden und deren Meßpunkte verzeichnet werden sollen, legt man für jede Meßkurve (Meßreihe) ein Zeichen zugrunde, Tafel 2.11. Bei Meßwertbetrachtungen mit Streubreiten sind diese in den Diagrammen durch Streuwertsymbole anzugeben. Für die Kurvenfindung aus Meßwerten liegen geeignete mathematische Methoden vor. Die Bilder 2.13 und 2.14 demonstrieren den Sachverhalt.

Tafel 2.11 Symbolik für Meßwertauftragungen

Meßpunkte	Symbol, Symbolgruppen
ohne Streubereich	○ ● + ✕ △ ▲ ▽ ▼ □ ■
mit Streubereich	symbols

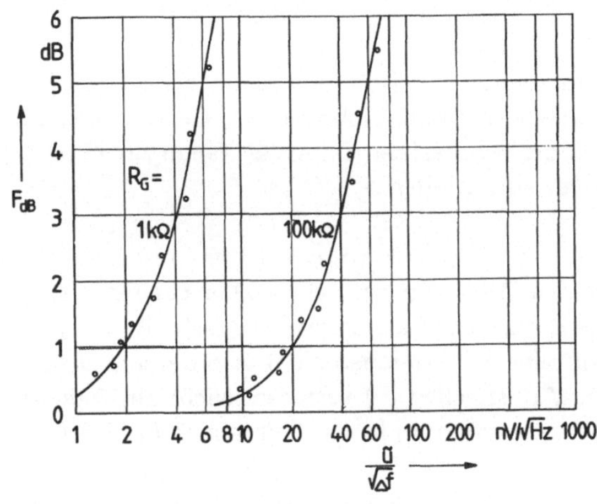

Bild 2.13

Diagramm mit Symbolik der Meßwerte

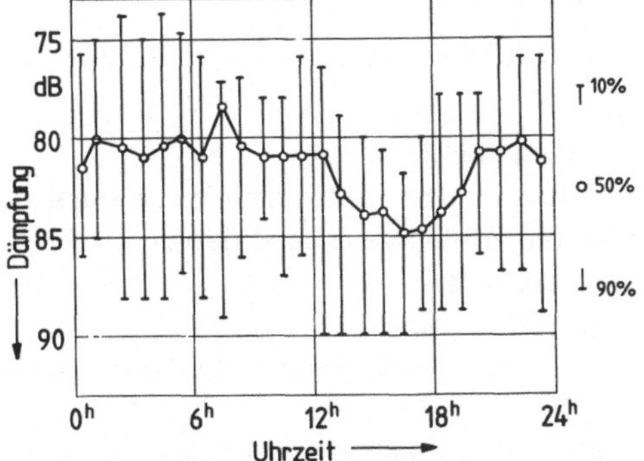

Bild 2.14

Diagramm mit Symbolik der Meßwerte und Symbolik der Meßwert-Streubreiten

2.2.2.1.2 Darstellungsmethoden

Qualitative Darstellung

Die qualitative Darstellung strebt lediglich den charakteristischen Verlauf abhängiger
Größen an. Entsprechend diesem Darstellungsprinzip hat das Koordinatensystem keine
Teilung. Die Angabe charakteristischer Kurvenpunkte
durch Formelzeichen, Symbolkennzeichnung oder Ziffern
ist zulässig, Bild 2.15. Bei der qualitativen Darstellung
setzt man eine lineare Teilung voraus. Abweichungen
von dieser Annahme sind durch Kennzeichnung der
Funktionen der Veränderlichen an den Achsen
anzugeben. In solchen Fällen ist auf die adäquate
Kennzeichnung von Kurvenpunkten zu achen.

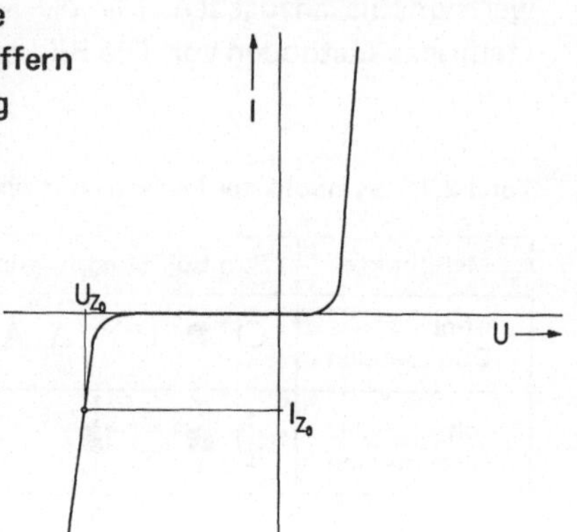

Bild 2.15

Qualitative Darstellung mit Angabe eines
charakteristischen Kurvenpunktes

Quantitative Darstellung

Bei quantitativen Darstellungen der Zuordnung technisch/naturwissenschaftlicher Größen
durch Kurven müssen die jeweiligen Zahlenwerte und Einheiten der Größen eindeutig
bestimmbar sein. Hierzu erhalten die Koordinatenachsen sinnvolle Teilungen (Skalen),
die häufig zu einem Koordinatennetz ausgeweitet werden.

Teilungen

Die Teilungen der Achsen werden mit den Zahlenwerten der Größen beziffert. Dabei
sollen die Zahlenwerte in jedem Fall ohne Drehen des Diagramms lesbar sein. Bei positiven
Zahlenwerten ist eine Kennzeichnung mit einem Pluszeichen nicht erforderlich. Dagegen
werden negative Zahlenwerte mit einem Minuszeichen (−) versehen. Nicht alle Teilungs-
striche müssen mit einem Zahlenwert belegt werden; in jedem Fall jedoch der erste und
der letzte.

Die bisher zu Koordinatennetzen getroffenen Feststellungen der Bezifferung seien hier
noch einmal erinnert und es sei darauf verwiesen, daß bei Arbeitsdiagrammen auch der
obere und rechte Rand eines Netzes häufig beziffert werden.

Ferner sei auch an das zu Einheiten und zur Größenschreibweise Gesagte erinnert und
durch folgende Ergänzung näher umschrieben:

1. das Einheitensymbol darf nie in Klammern gesetzt werden,
2. bei Zahlenwertangaben mit gemeinsamer Zehnerpotenz sollte diese nur einmal mit
   dem Einheitensymbol zwischen die beiden letzten Zahlenwerte geschrieben werden,
3. die Bemerkung unter 2. gilt auch für Angaben wie %; ‰; usw.,
4. bei Winkelangaben stehen die Symbole an jedem Zahlenwert,
5. bei Zeitpunkten wird jeder Zahlenwert mit einem hochgestellten Einheitensymbol
   versehen,
6. bei Zeitabschnitten, Zeitdifferenzen etc. wird das Einheitensymbol wie bereits verwiesen, gesetzt,

7. die Schreibweise von Größen und Einheiten in Quotientenform ist üblich (U/mV),

8. die Wortverknüpfung von Größenbezeichnung und Einheitensymbol durch das Wort „in" ist üblich (U in mV; Spannung in mV).

Die Bilder 2.16a bis d machen die angesprochenen Sachverhalte deutlich.

Die Auswahl der Teilungen nach linearem, logarithmischem und anderem nichtlinearem Maß ist den Anwendungserfordernissen entsprechend zu treffen. Zur Entscheidungsfindung sei auf DIN 5478, DIN 5493 verwiesen.

Bei linearen Teilungen soll der Zahlenwert folgenden drei Reihen entnommen werden, Tafel 2.12. Bei der Festlegung des Teilstrichabstandes ist zwischen Diagrammen zu unterscheiden, die lediglich einem qualitativen Abschätzkriterium unterzogen werden und solchen, die als Arbeitsdiagramme der rechnerischen Auswertung dienen. Im letzteren Fall ist eine hohe Ablesesicherheit erforderlich. Dabei sollten die Linienabstände nicht kleiner als 1 mm sein. Hierbei ist eine eventuelle Verkleinerung einer Diagrammvorlage zu beachten.

Bei logarithmischer Teilung hat sich die Schreibweise der Zahlenwerte mit Zehnerpotenz als zweckmäßig ergeben, da eine größere Übersicht besteht. Für die zwischen Zehnerpotenzen liegenden Zahlenwerte wählt man eine abgekürzte Schreibweise. Die Auswei-

Tafel 2.12 Reihen zur Anwendung linearer Teilung

Reihe	Zahlenwert des Teilungsmaßstabes	Schrittfolge von Teilstrich und Bezifferung
1	$1 \cdot 10^n$	
2	$2 \cdot 10^n$	$n = ...; -2; -1; 0; +1; +2; ...$
3	$5 \cdot 10^n$	

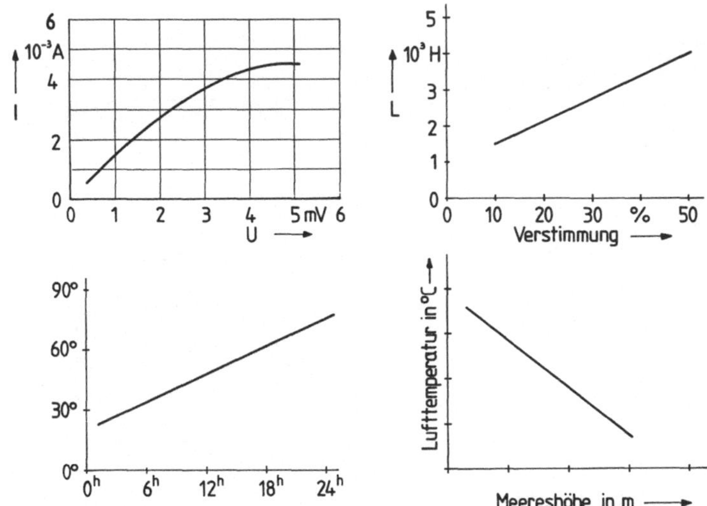

Bild 2.16a)—d) Beispiele für Teilungswahl, Symbolschreibweise, Achskennzeichnung, Einheitenschreibweise

tung zu einem Netzliniendiagramm ist bei logarithmischer Teilung und Anwendung als Arbeitsdiagramm geraten. In Bild 2.17 werden die angesprochenen Sachverhalte demonstriert. Über den kleinsten Teilstrichabstand gilt das Gesagte.

Im Falle einer gemischten Skalenteilung, teils logarithmisch, teils linear, gelten die voranstehenden Darstellungsregeln sinngemäß in Kombination. Bild 2.17 ist auch hierfür ein Beispiel.

Werden in einem Diagramm mehrere abhängig Veränderliche oder mehrere zusammenhängende Diagramme von Veränderlichen dargestellt, so ist jeder der Veränderlichen eine gesonderte Skala zuzuweisen. Bei der Auswahl von Koordinatennetzen ist zu überprüfen, ob dies die Netzstruktur zuläßt. Wenn ja, so ist eine Anwendung von Zahlenwertangaben links und rechts der Netzbegrenzung möglich. In Bild 2.18 werden Möglichkeiten der Darstellung demonstriert.

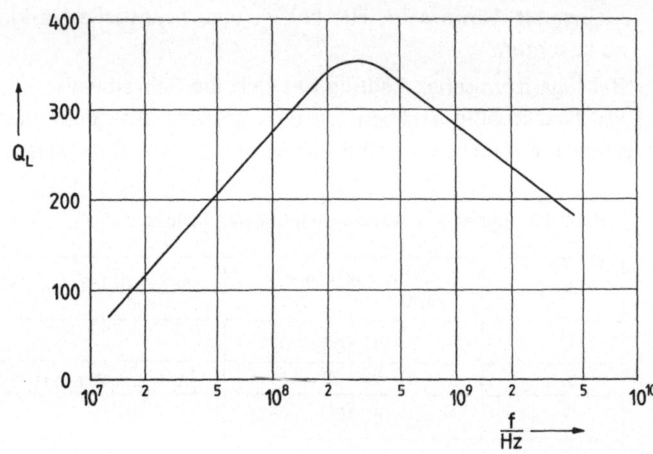

Bild 2.17
Logarithmische Teilung der Frequenzachse und Schreibweise der Zahlenwerte mit Zehnerpotenzen; lineare Teilung der Güteachse

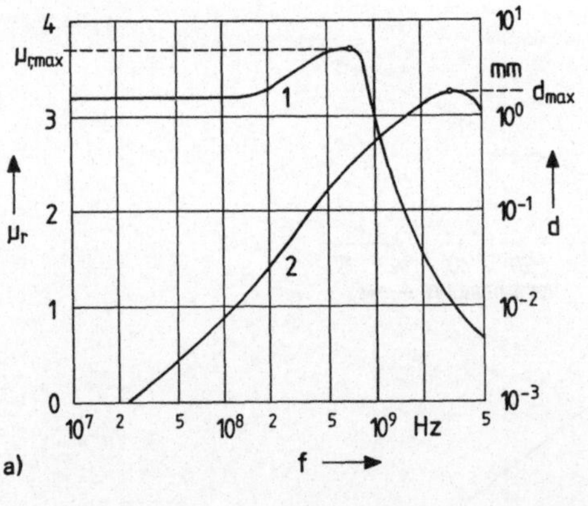

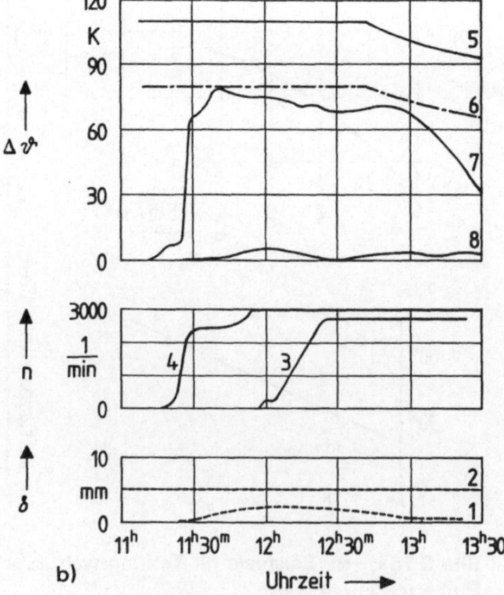

Bild 2.18a)–b) Darstellung von mehreren abhängigen Veränderlichen mit Kennzeichnung charakteristischer Kurvenpunkte a) und von mehreren zusammenhängenden Diagrammen von Veränderlichen b)

Die Anwendung unterdrückter Nullpunkte und unterbrochener Teilungen ist durchaus zulässig. Die Kriterien hierzu liegen:

— in der Bedeutungslosigkeit bestimmter Funktionsbereiche für die Darstellung,
— in einem zur gewählten Teilung großen Abstand von Kurve zu Kurve,
— in Funktionsverläufen mit geringer Steigung in Relation zum Teilungsmaßstab.

In Bild 2.19 werden die Sachverhalte miteinander demonstriert.

Darstellungstechnik

Die Anwendung von adäquaten Linienbreiten ist vergleichbar den Betrachtungen zu Abschnitt 2.1.1 zu treffen. Die Linienbreiten sollten im Verhältnis von Netz zu Achse zu Kurve nach Tafel 2.13 gewählt werden. Auf Hilfslinien, Schraffuren und Hinweisstriche ist die Aussage der Tafel 2.1 sinngemäß anzuwenden.

Bei der Diagrammbeschriftung ist die Anwendung von Abschnitt 2.1.5 zu empfehlen. Auch hier sei wieder auf mögliche Diagrammverkleinerungen hingewiesen.

Bei der Beschriftung innerhalb einer Diagrammfläche sollte man abwägen, ob die Übersicht des Diagramms dies zuläßt. Achsbezeichnungen sollten möglichst in reiner Symbolsprache erfolgen. Wortdefinitionen sollte man, wenn möglich, meiden. Bei der Achsbeschriftung von Mehrfachdiagrammen in einer Diagrammkomposition ist eine gemeinsame Beschriftung zulässig.

Abschließend sei eine grundsätzliche Bemerkung zur Anwendung von schräger und senkrechter Schrift gemacht. Es wurde darauf hingewiesen, daß nach Norm die Schreibweise festgelegt ist, so zum Beispiel das Formelsymbol kursiv, das Einheitensymbol senkrecht, der Zahlenwert senkrecht, die Hinweiszahl kursiv, der Hinweisbuchstabe senkrecht. Diese Empfehlung gilt streng für Diagramme in Veröffentlichungen, Druckveröffentlichungen. Im Bereich des Zeichnungswesens allgemeiner Art und immer dort, wo keine Mißverständnisse zu erwarten sind, ist die senkrechte Schreibweise oder die kursive Schreibweise des gesamten Symbolumfangs zulässig.
Von dieser Möglichkeit wird auch in diesem Buch Gebrauch gemacht!

Tafel 2.13 Linienbreiten für Koordinatennetze

Linienart	Verhältnis der Linienarten
Netz	1 : 1
Achse	1 : 2
Kurve	1 : 4

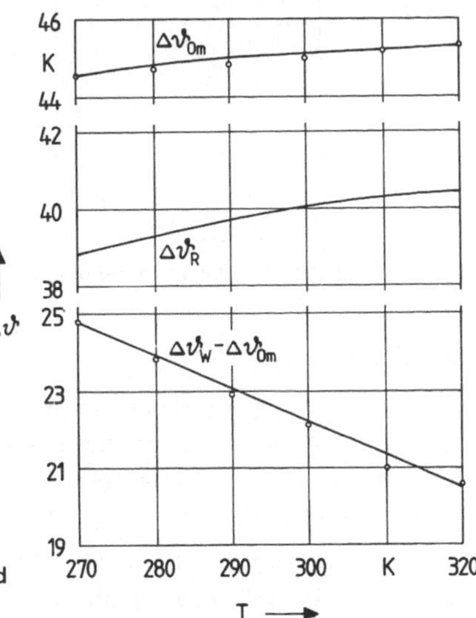

Bild 2.19

Anwendung mit unterdrücktem Nullpunkt und unterbrochener Teilung

2.2.2.2 Darstellung im Polarkoordinatensystem

2.2.2.2.1 Tendenzen

Definitiv sind die Polarkoordinaten eines Punktes P in der Ebene (x, y) der Abstand r vom Nullpunkt 0 und der Winkel φ, den der Vektor OP mit der positiven Richtung der x-Achse bildet.

Bei Polarkoordinaten sind die Kurven r = const konzentrische Kreise um den Ursprung und die Kurven φ = const Geraden durch den Ursprung. Die Kurvenscharen bilden ein Netz, das Polarkoordinatennetz, dessen Teilungen linear und gemischt nichtlinear sein können. Bild 2.20a und b zeigt die Festlegungen des positiven Durchlaufsinnes des Radius und des Winkels eines Funktionsverlaufes in Polarkoordinaten. In Bild 2.21a und b werden Polarkoordinatennetze gezeigt.

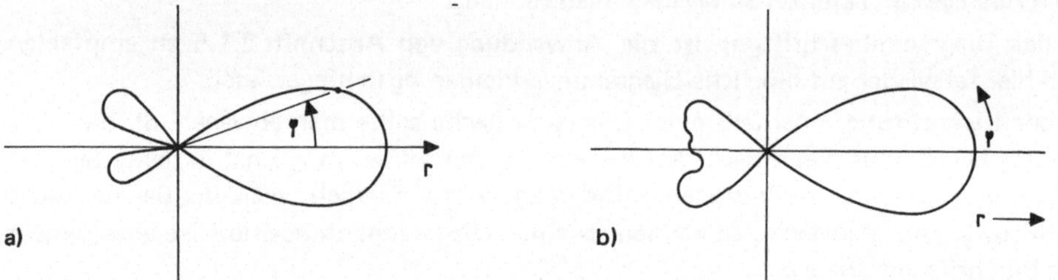

Bild 2.20a)–b) Festlegung des positiven Durchlaufsinnes des Radius und Winkels eines Funktionsverlaufs in Polarkoordination

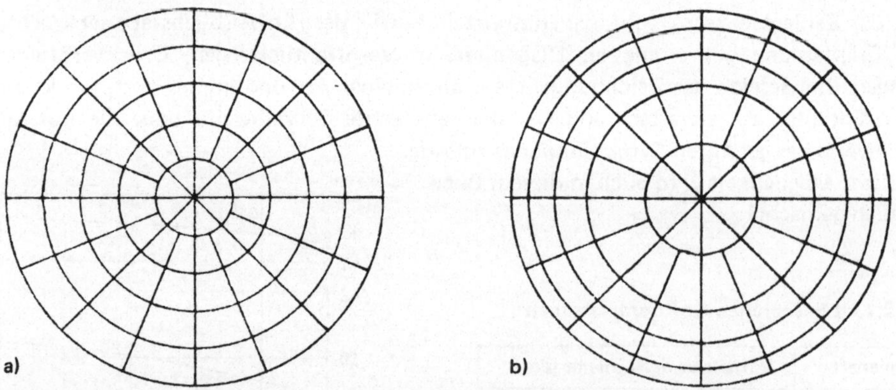

Bild 2.21a)–b) Polarkoordinatennetze mit linearer a) und nichtlinearer r-Teilung b)

2.2.2.2.2 Beispiele

Die Anwendung von Polarkoordinaten ist in der Technik weit verbreitet. Überall dort, wo die Beurteilung von Strahlungsquellen erforderlich ist, in der Elektroakustik, der Optoelektronik, der Antennentechnik, werden Funktionszusammenhänge häufig in Polarkoordinaten erfaßt.

Die Darstellungsvarianten im Vergleich zu rechtwinkligen Koordinaten sind eingeschränkt. Es gilt aber auch hier das zu Beschriftung, Linienbreite, Teilung bereits Gesagte.

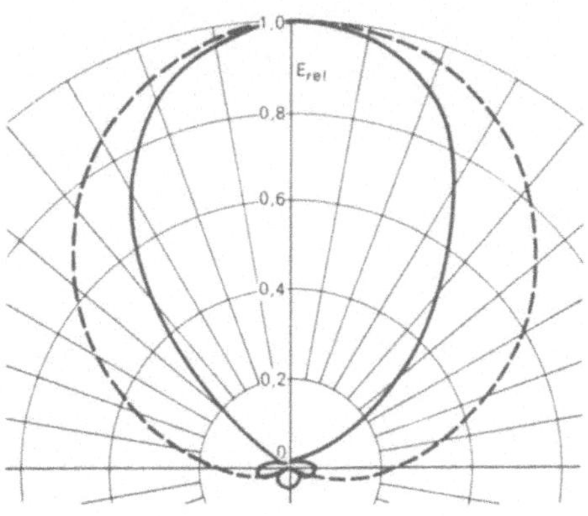

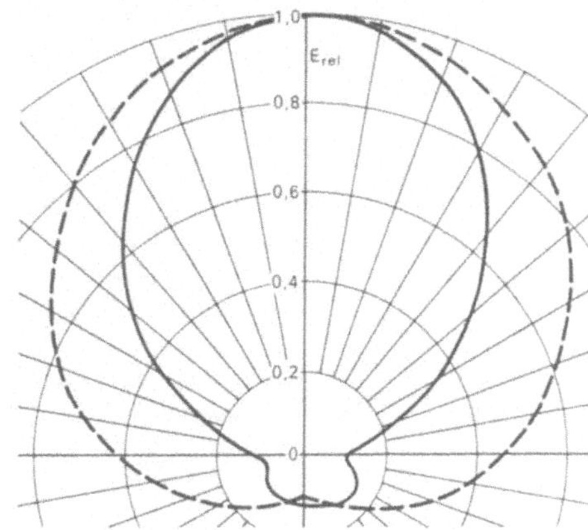

Bild 2.22

Polarkoordinatendarstellung des Feldstärke-
vektors E_{rel} einer Richtantenne bei linearer
E-Teilung; φ-Bezug nicht besonders bezeichnet

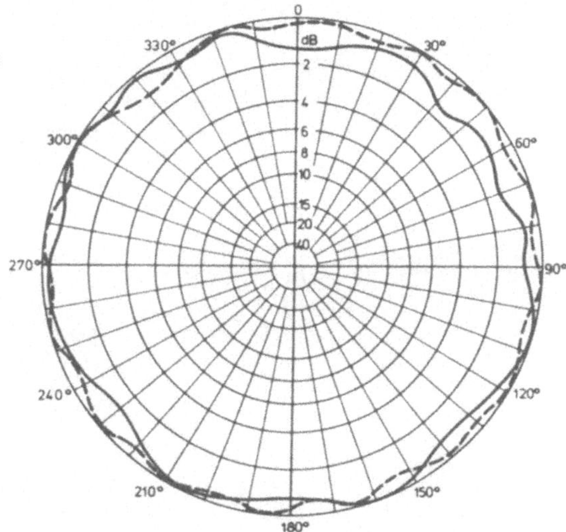

Bild 2.23

Polarkoordinatendarstellung einer Strah-
lergruppe bei nichtlinearer Teilung; φ-Bezug
gedreht

Die nachfolgenden Bilder sollen Diagramme in Polarkoordinaten beispielhaft zeigen und
das tendenzielle der Auftragung und die Möglichkeiten der Darstellung klarstellen, Bild
2.22, Bild 2.23, Bild 2.24.

2.2.2.3 Darstellung in räumlich rechtwinkligen kartesischen Koordinaten

2.2.2.3.1 Tendenzen

Die Darstellung in räumlich rechtwinkligen Koordinaten eröffnet die Möglichkeit der
Anwendung von zwei abhängig Veränderlichen in der Form von Funktionsflächen. Die
Darstellungen werden hierbei in axonometrischer Projektion gezeichnet, Bild 2.25.

Die Anwendung eines räumlichen Koordinatensystems ist wegen der komplexeren, auf-
wendigeren Zeichnungsart nicht häufig, obwohl die Darstellung wegen ihres hohen Infor-
mationsgehaltes fallweise dringend geboten wäre.

Die Darstellungsvarianten sind vergleichbar zu Darstellungen in ebenen rechtwinkligen
Koordinaten ähnlich vielfältig. Es gilt daher das zur Methodologie Gesagte sinngemäß.

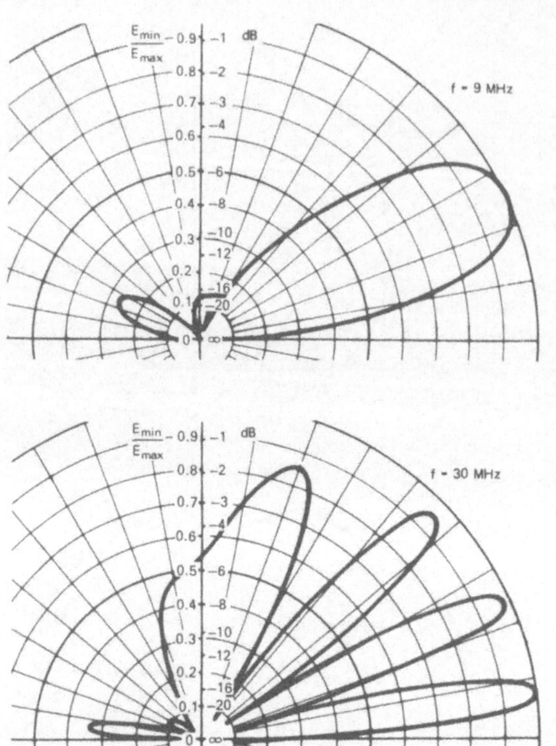

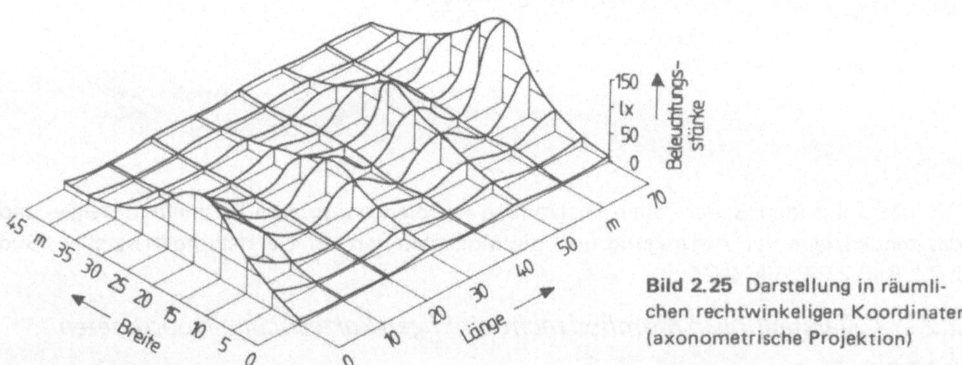

Bild 2.24
Polarkoordinatendarstellung einer
Feldstärkeverteilung bei unterschiedlichen Erregerfrequenzen mit linearer
und nichtlinearer Teilung; φ-Bezug
nicht besonders bezeichnet

Bild 2.25 Darstellung in räumlichen rechtwinkeligen Koordinaten
(axonometrische Projektion)

2.2.2.3.2 Beispiele

Signifikante Beispiele sind immer dort zu finden, wo zum Verständnis komplexer Funktionszusammenhänge ein hohes Maß an Anschaulichkeit gefordert wird. Beispielsweise ist dies im Bereich der elektromagnetischen Strahlung oder Akustik der Fall. Die Möglichkeiten, die die Computergraphik bietet, lassen Darstellungen in räumlichen Koordinaten immer häufiger zu. Dieser begrüßenswerte Umstand wird der räumlichen Darstellung

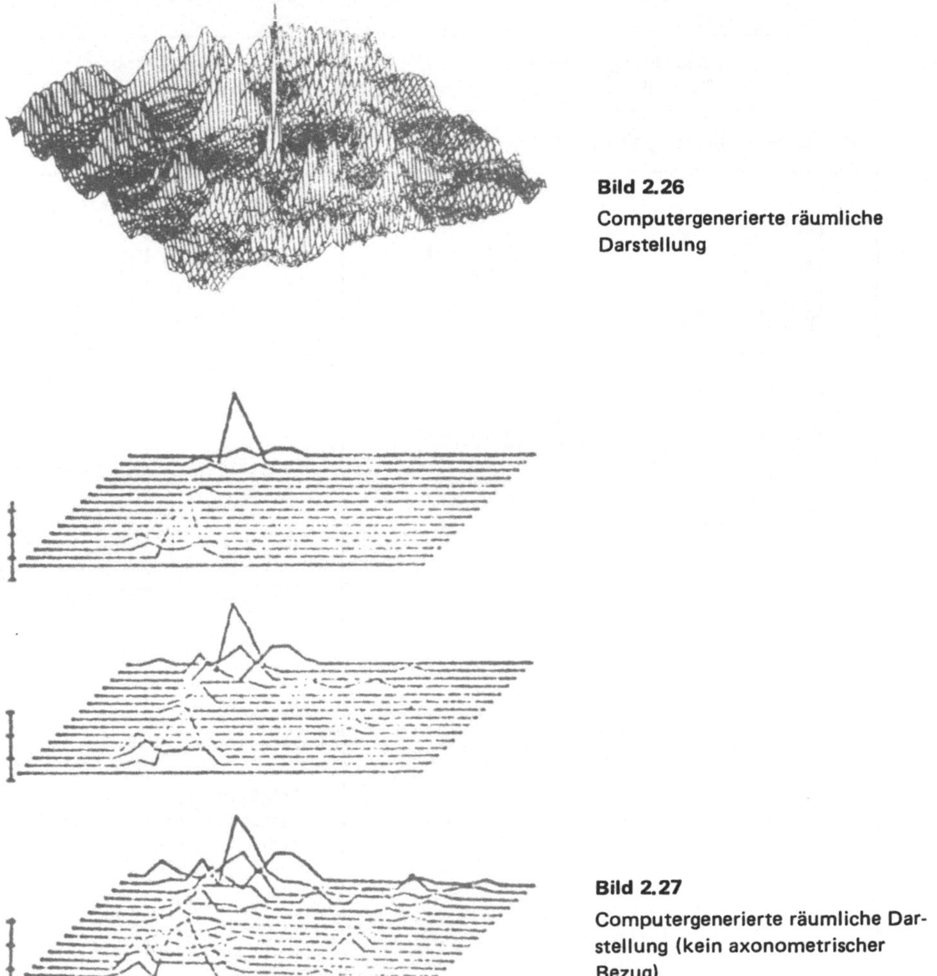

Bild 2.26
Computergenerierte räumliche
Darstellung

Bild 2.27
Computergenerierte räumliche Dar-
stellung (kein axonometrischer
Bezug)

sicher zu einem neuen Durchbruch verhelfen. Die Bilder 2.26 und 2.27 zeigen Darstellungen, die durch Computer generiert wurden. Hier ist die Anwendung axonometrischer
Darstellung häufig unüblich.

2.2.2.4 Darstellungssynopse

Die in den vorangegangenen Abschnitten gemachten Ausführungen zur Methodologie der
graphischen Darstellung von Datenmaterial soll in einer Übersicht katalogisiert werden,
um die umfangreichen Regeln handlicher und gebrauchsfertiger fassen zu können. Dabei
muß klar sein, daß ein Katalog nicht vollständig sein kann und Interpretationen offen
läßt, Tafel 2.14.

Nr.	Zuordnungssystem, Darstellungsprinzip	Benennung, Anwendungshinweise
1	Achssystem, Richtungsfestlegung	
1.1	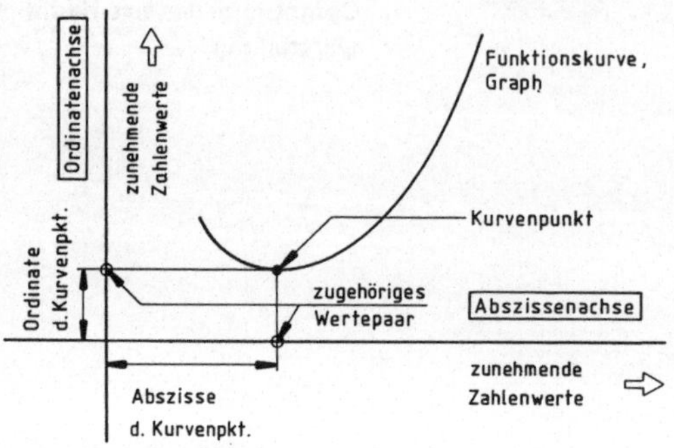 (Diagramm)	**Definition DIN 461**
1.2	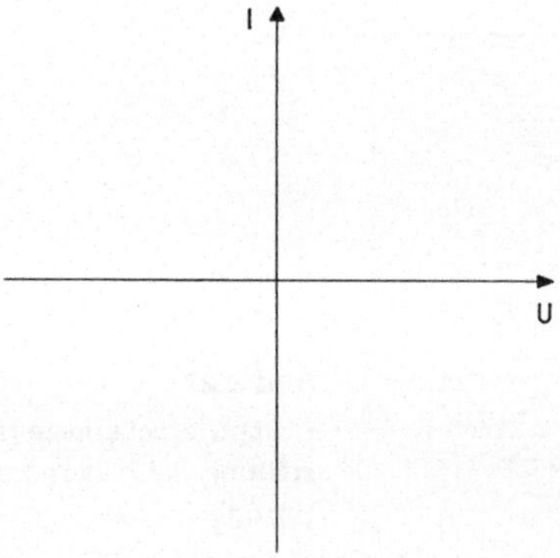 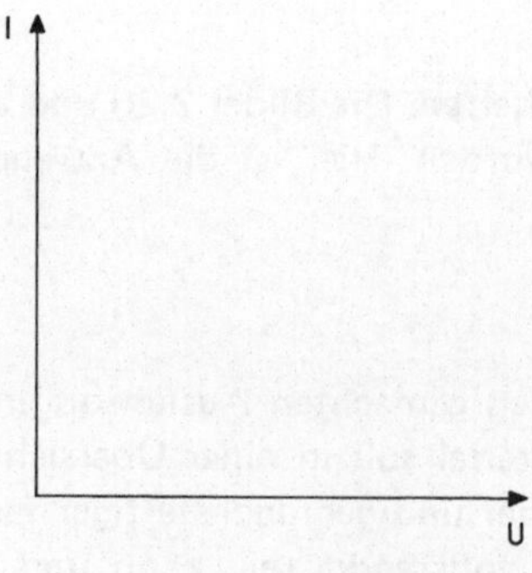 (Diagramm)	**Achssysteme, Darstellungsmöglichkeiten der Richtungsfestlegung, Stellung des Formelzeichens**

Nr.	Zuordnungssystem, Darstellungsprinzip	Benennung, Anwendungshinweise
	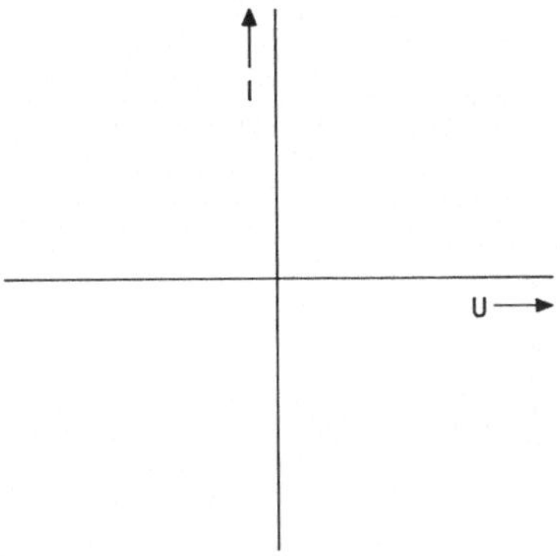 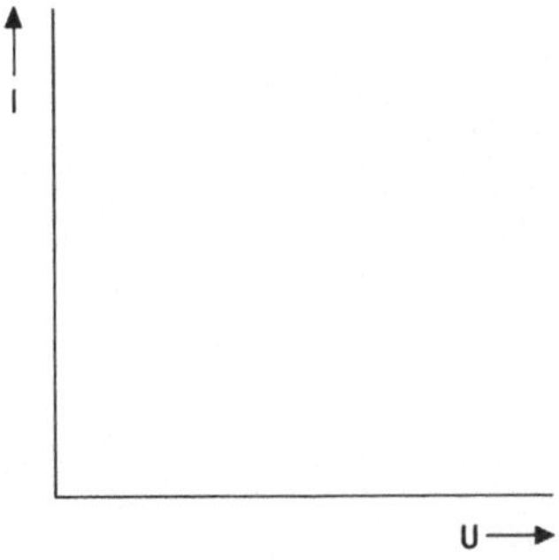 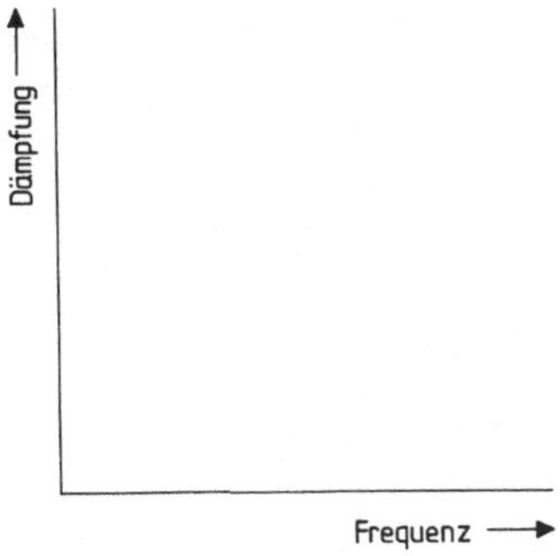 I $U \longrightarrow$ I $U \longrightarrow$ Dämpfung Frequenz $\longrightarrow$	 Darstellung von Formelsatz und beschreibenden Wörtern

Nr.	Zuordnungssystem, Darstellungsprinzip	Benennung, Anwendungshinweise
2	Teilungen	

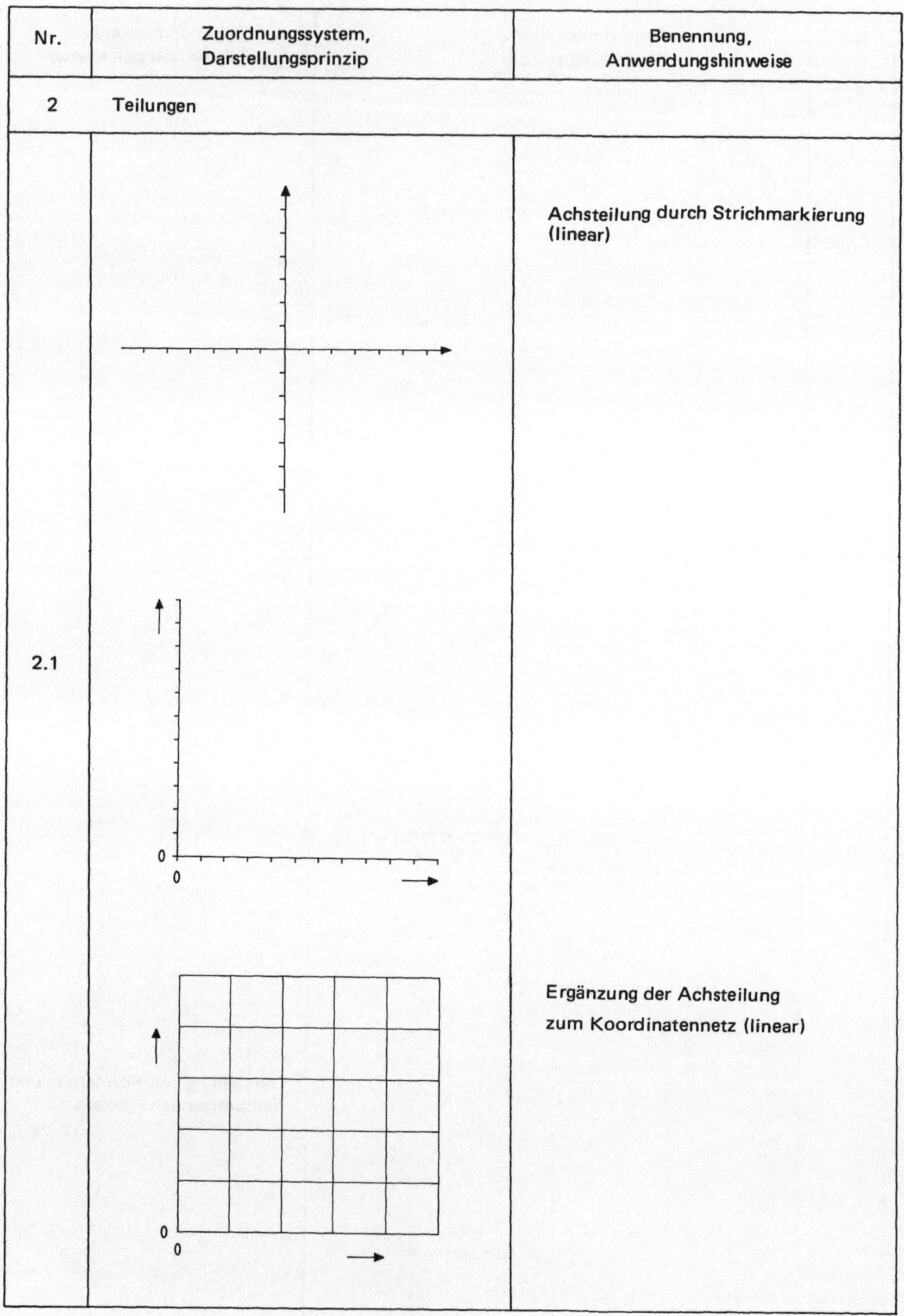

2.1

Achsteilung durch Strichmarkierung (linear)

Ergänzung der Achsteilung zum Koordinatennetz (linear)

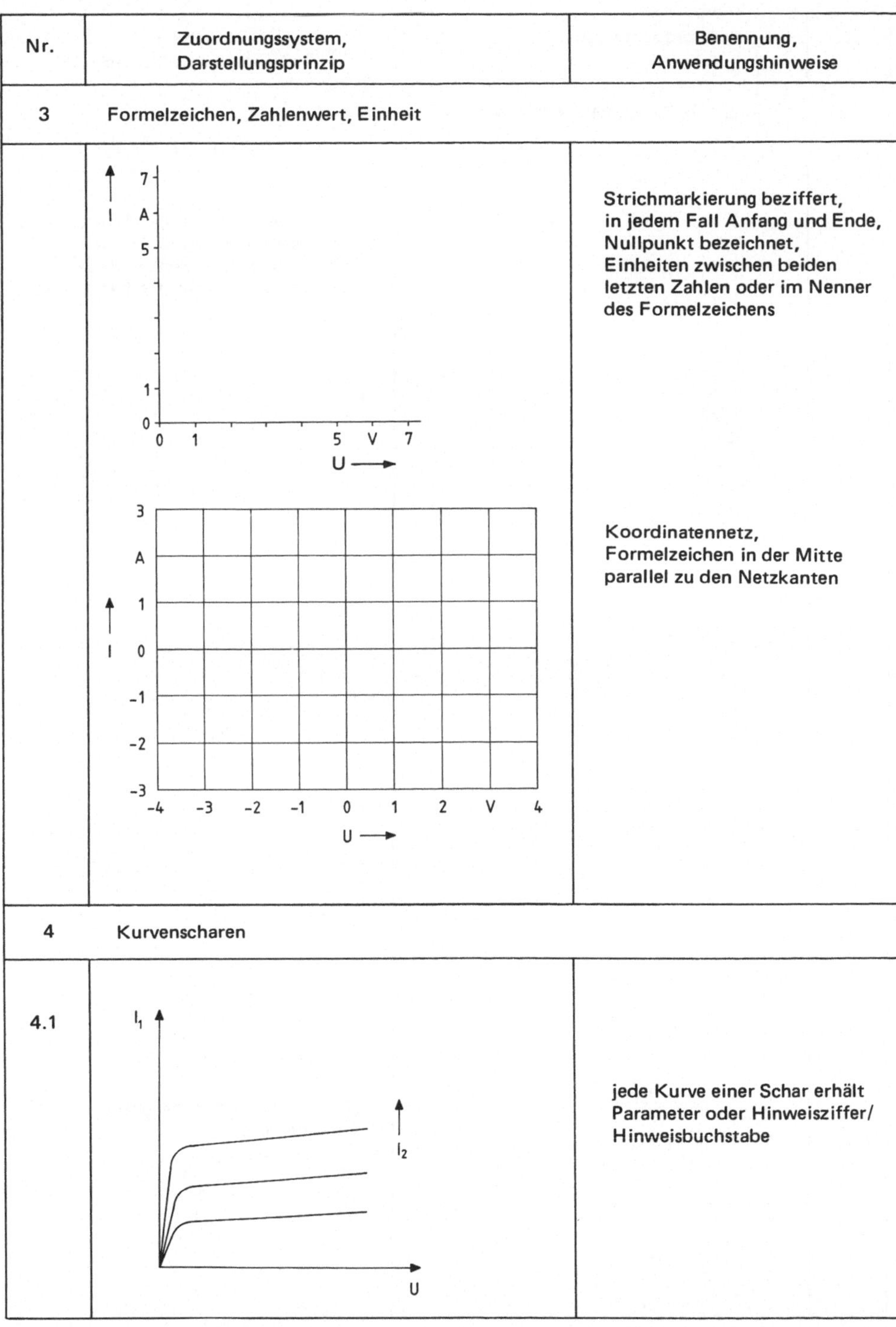

Nr.	Zuordnungssystem, Darstellungsprinzip	Benennung, Anwendungshinweise
3	Formelzeichen, Zahlenwert, Einheit	
		Strichmarkierung beziffert, in jedem Fall Anfang und Ende, Nullpunkt bezeichnet, Einheiten zwischen beiden letzten Zahlen oder im Nenner des Formelzeichens
		Koordinatennetz, Formelzeichen in der Mitte parallel zu den Netzkanten
4	Kurvenscharen	
4.1		jede Kurve einer Schar erhält Parameter oder Hinweisziffer/ Hinweisbuchstabe

Nr.	Zuordnungssystem, Darstellungsprinzip	Benennung, Anwendungshinweise
5	mehrere abhängige Veränderliche	

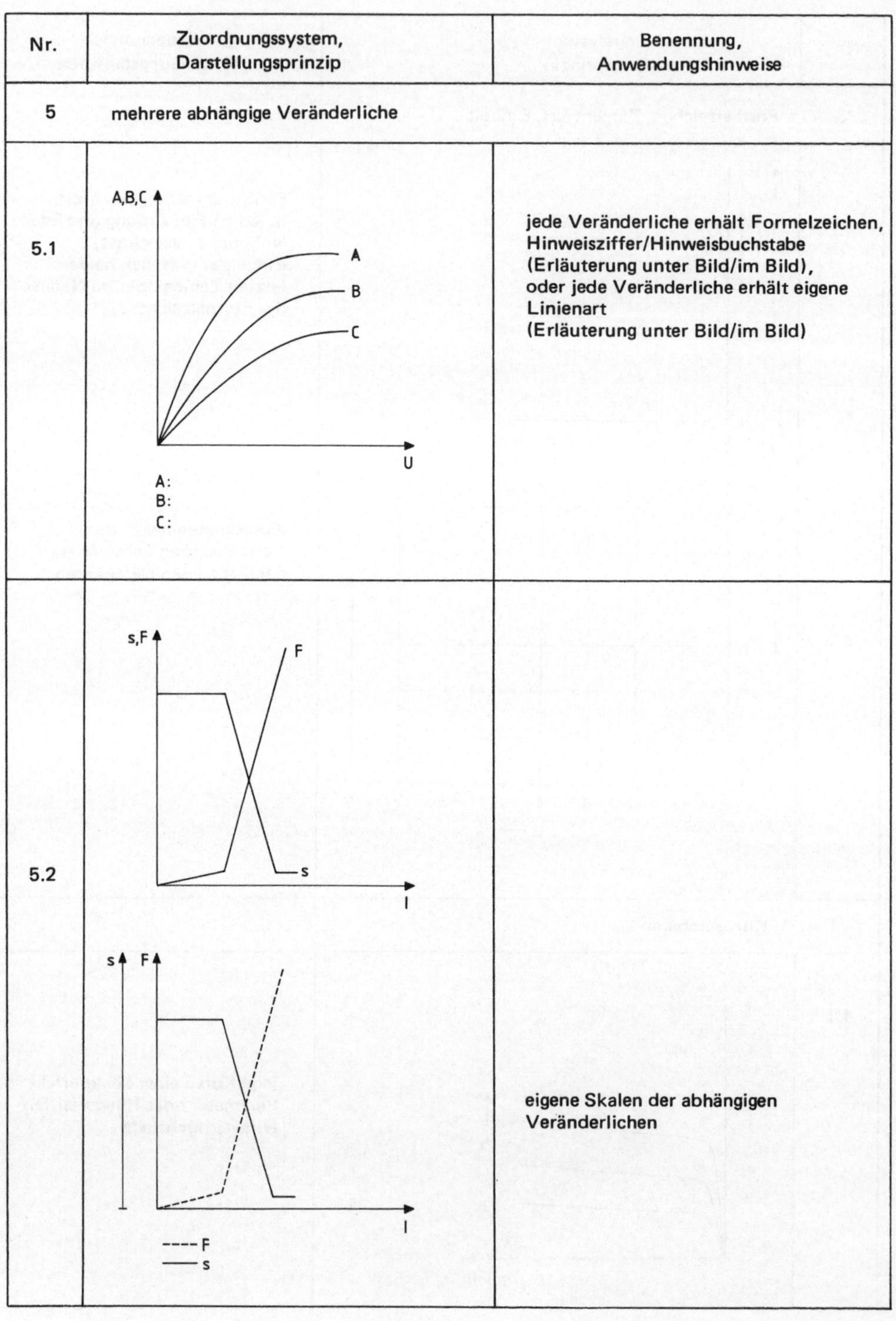

Nr.	Zuordnungssystem, Darstellungsprinzip	Benennung, Anwendungshinweise
5.1		jede Veränderliche erhält Formelzeichen, Hinweisziffer/Hinweisbuchstabe (Erläuterung unter Bild/im Bild), oder jede Veränderliche erhält eigene Linienart (Erläuterung unter Bild/im Bild)
5.2		eigene Skalen der abhängigen Veränderlichen

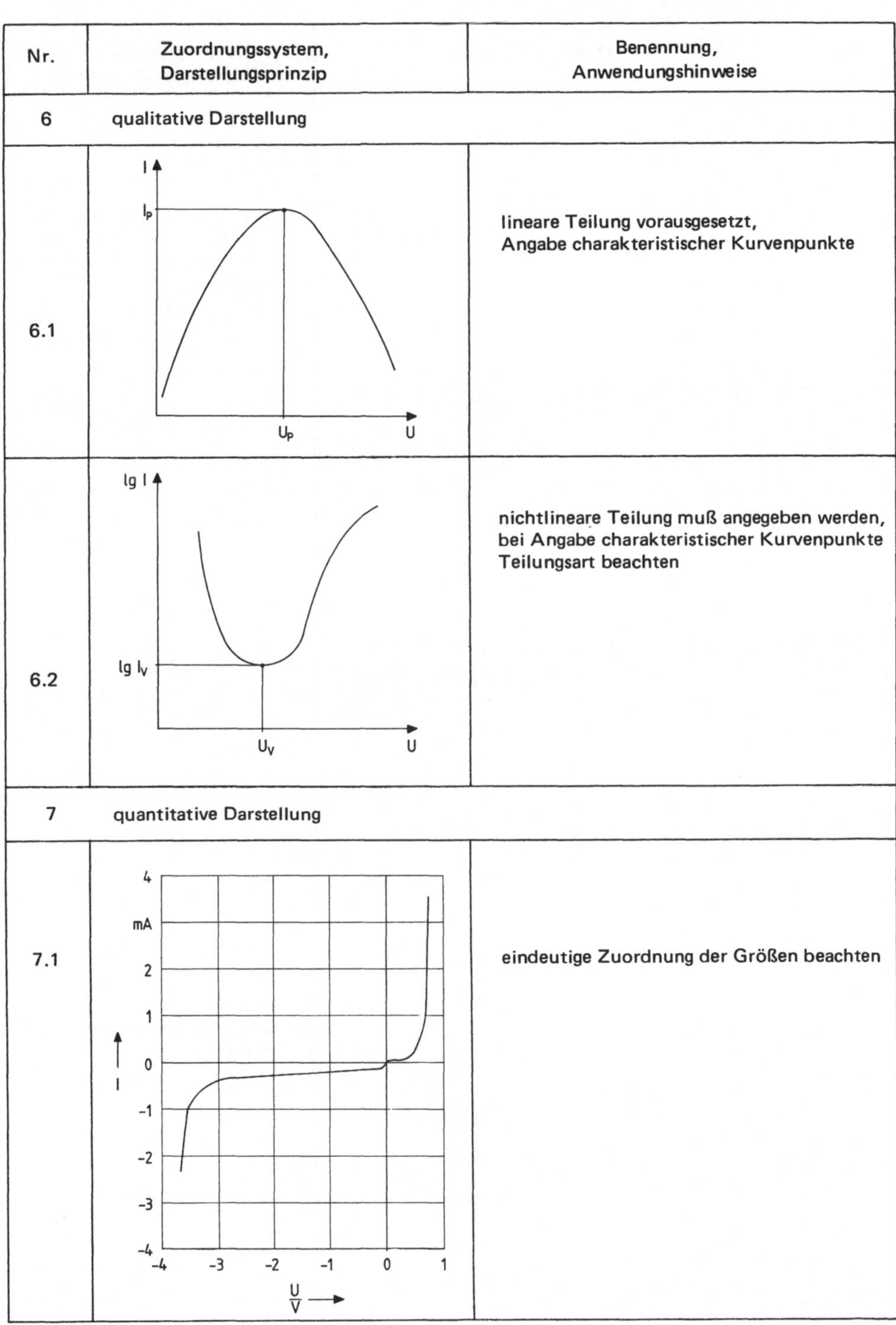

Nr.	Zuordnungssystem, Darstellungsprinzip	Benennung, Anwendungshinweise
6	qualitative Darstellung	
6.1		lineare Teilung vorausgesetzt, Angabe charakteristischer Kurvenpunkte
6.2		nichtlineare Teilung muß angegeben werden, bei Angabe charakteristischer Kurvenpunkte Teilungsart beachten
7	quantitative Darstellung	
7.1		eindeutige Zuordnung der Größen beachten

Nr.	Zuordnungssystem, Darstellungsprinzip	Benennung, Anwendungshinweise
7.2	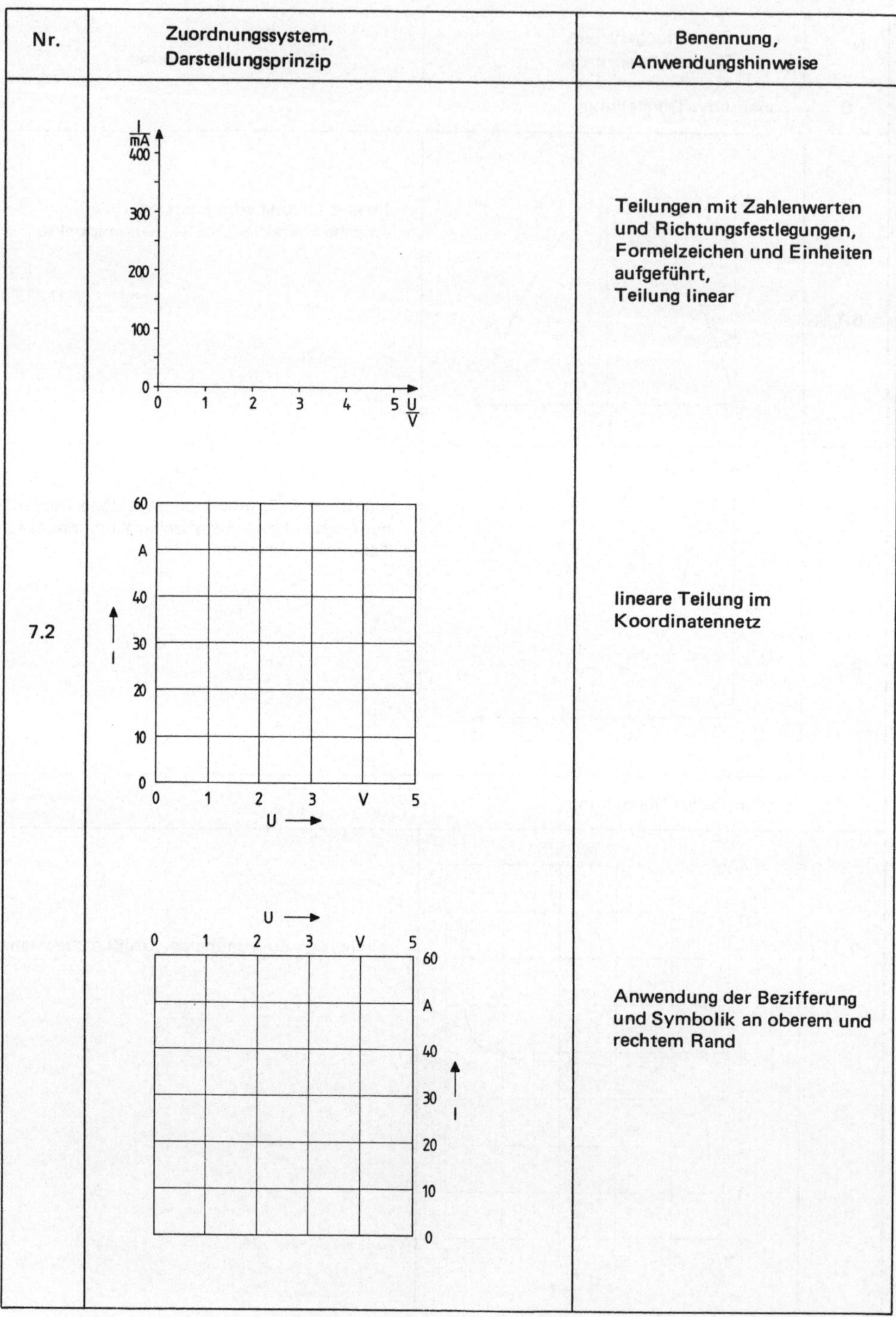	Teilungen mit Zahlenwerten und Richtungsfestlegungen, Formelzeichen und Einheiten aufgeführt, Teilung linear lineare Teilung im Koordinatennetz Anwendung der Bezifferung und Symbolik an oberem und rechtem Rand

Nr.	Zuordnungssystem, Darstellungsprinzip	Benennung, Anwendungshinweise
7.3	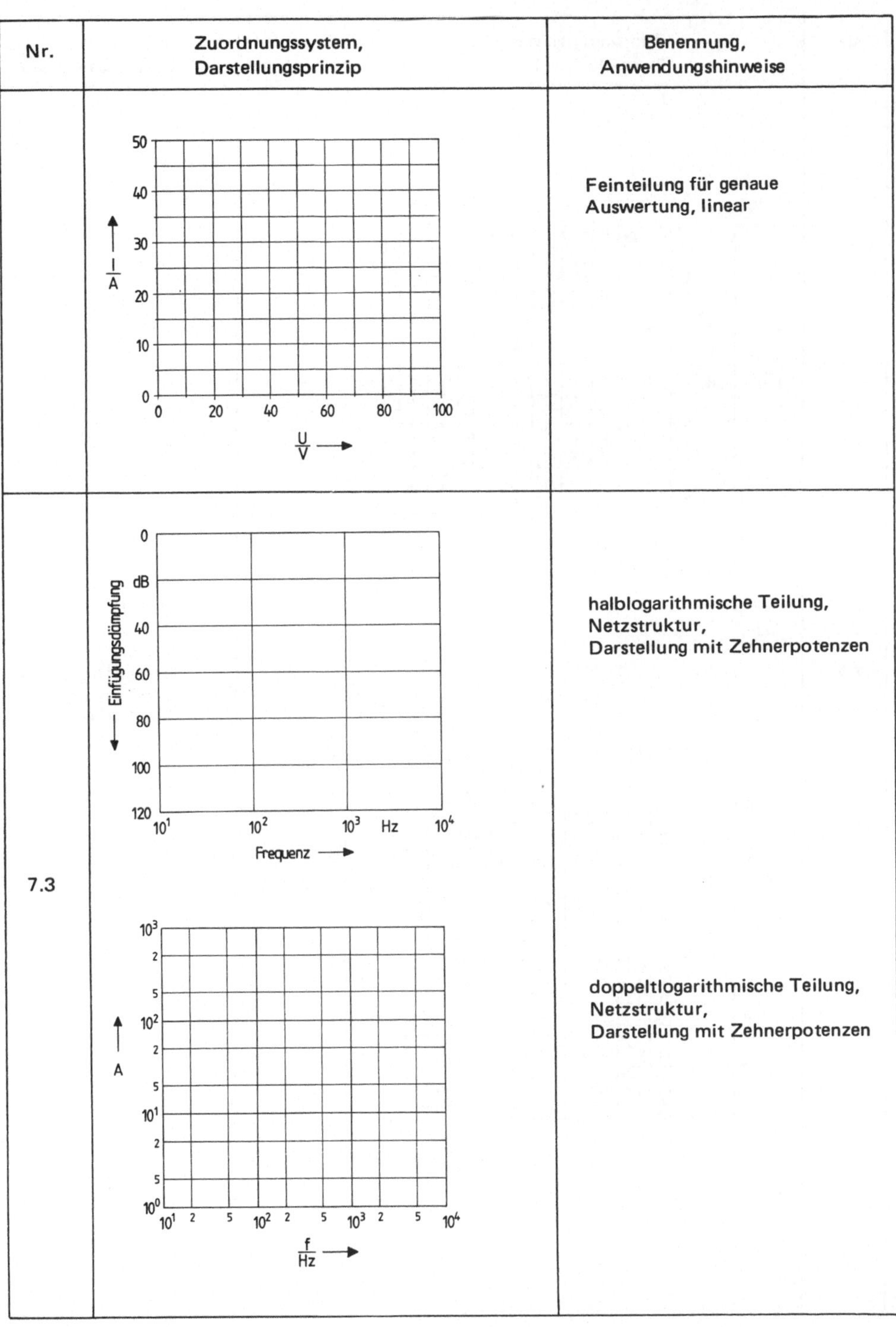	Feinteilung für genaue Auswertung, linear halblogarithmische Teilung, Netzstruktur, Darstellung mit Zehnerpotenzen doppeltlogarithmische Teilung, Netzstruktur, Darstellung mit Zehnerpotenzen

Nr.	Zuordnungssystem, Darstellungsprinzip	Benennung, Anwendungshinweise
7.4	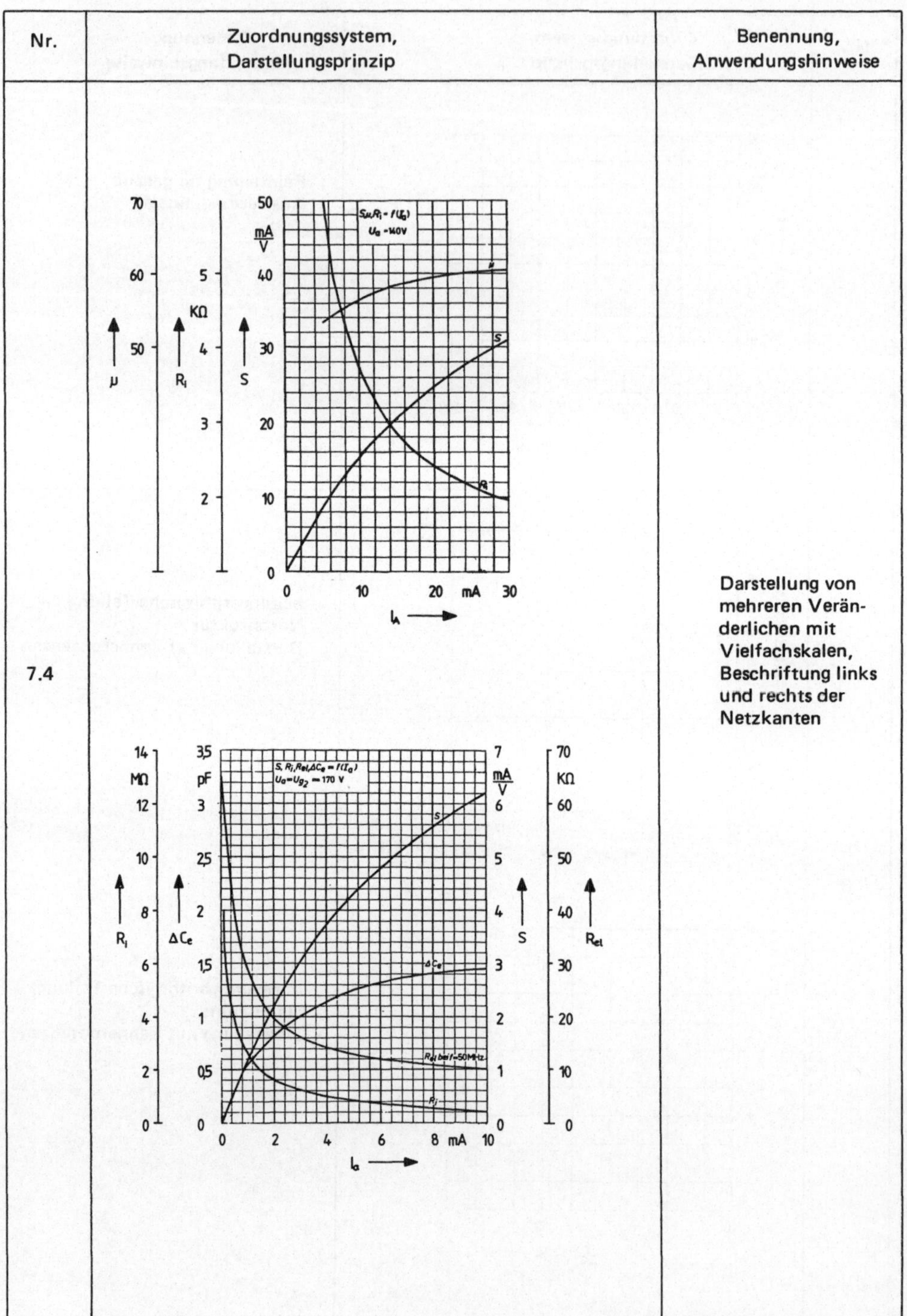	Darstellung von mehreren Veränderlichen mit Vielfachskalen, Beschriftung links und rechts der Netzkanten

Nr.	Zuordnungssystem, Darstellungsprinzip	Benennung, Anwendungshinweise
8	unterdrückter Nullpunkt, unterbrochene Teilung	
8.1	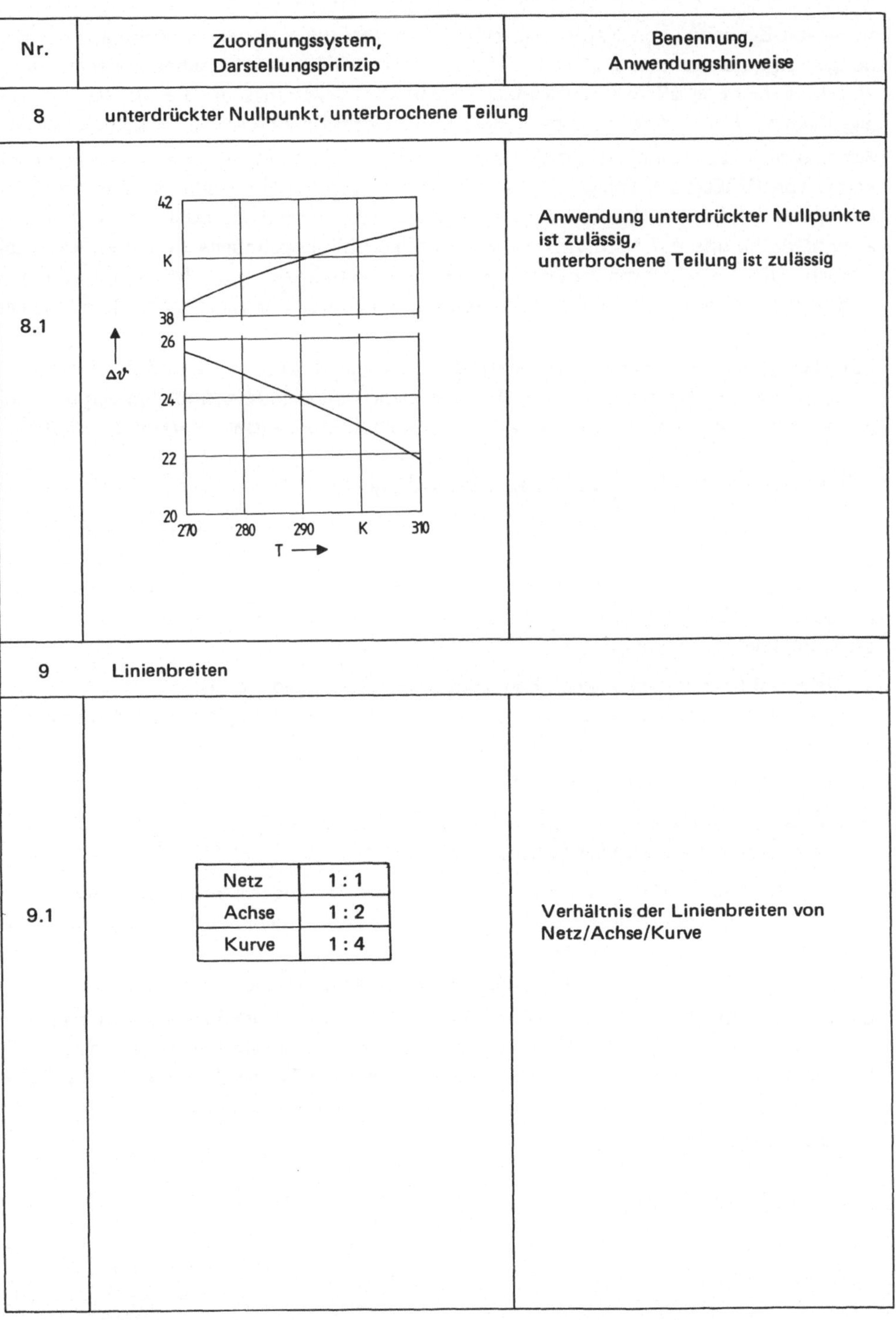	Anwendung unterdrückter Nullpunkte ist zulässig, unterbrochene Teilung ist zulässig
9	Linienbreiten	
9.1	Netz 1 : 1 Achse 1 : 2 Kurve 1 : 4	Verhältnis der Linienbreiten von Netz/Achse/Kurve

2.3 Darstellung der Zuordnung statistischer Größen

In weiten Bereichen von Naturwissenschaft und Technik sind die beobachtbaren Erscheinungen und interessierenden Größen häufig von einer Fülle von Ursachen abhängig, die im einzelnen nicht erfaßt werden können. Signifikant trifft dies für die Meßtechnik ganz allgemein zu. Ein weiterer ganz besonders ausgeprägter Bereich ist die Fertigungstechnik.

Aufbauend auf der Wahrscheinlichkeitslehre befaßt sich die Statistik mit den Gesetzmäßigkeiten von Größen und Ereignissen obiger Art. Hierbei sind eine Fülle von Daten aufzubereiten und darzustellen. Was die Darstellungsarten statistischen Materials betrifft, so sollen exemplarische und auf Naturwissenschaft und Technik abgehobene Verfahren vorgestellt werden. Die Verfahrenspräsentation kann nicht vollständig sein. Immerhin scheint es notwendig, die wesentlichen Darstellungsarten und Darstellungsmethoden dem Ingenieur nahezubringen.

Zur Darstellungsmethodologie statistischer Daten gilt das unter 2.1 und 2.2 Gesagte. Es ist allerdings bei statistischem Material weitgehend üblich in Netzdarstellungen und nicht in reinen Koordinatendarstellungen zu informieren, um die Auswertbarkeit zu erhöhen.

2.3.1 Graphische Darstellung in Liniendiagrammen

Das Liniendiagramm ist eine elementare Methode der Darstellung von statistischen Daten. Liniendiagramme geben vor allem den Trend statistischer Größen an. Hierbei weist die Abszisse häufig die Zeit auf. Die der Zeit zugeordneten Größen in Ordinatenrichtung werden zu einem Polygonzug vervollständigt. Liniendiagramme haben ihre Bedeutung als Trenddiagramme, wenn:

1. die Anzahl der zeitabhängigen Beobachtungen/Messungen groß ist,
2. verschiedene Meßreihen/Beobachtungsreihen miteinander verglichen werden sollen,
3. Prognosen sichtbar gemacht werden sollen.

Bei zeitabhängigem statistischen Material unterscheidet man zwischen:

— Beobachtungen/Messungen für einen definierten Zeitpunkt,
— Beobachtungen/Messungen für einen Zeitbereich.

Im ersteren Fall ist die Auftragung der abhängigen Veränderlichen üblich vorzunehmen (senkrecht über dem Zeitpunkt). Im Falle von Zeitbereichen erfolgt die Auftragung senkrecht über der Bereichsmitte.

Die Bilder 2.28 und 2.29 verdeutlichen den soeben angesprochenen Sachverhalt.

Bei der Informationsübertragung statistischen Datenmaterials ist die Gefahr manipulativer Darstellung gegeben. Es sind daher verzerrte Maßstäbe in jedem Fall zu vermeiden. Diese Maßnahme gilt nicht nur für die Abszisse, sondern auch für die Ordinate. Bei der Skalenwahl der Ordinate von Liniendiagrammen unterscheidet man zwischen:

— arithmetischer Skala,
— Indexskala,
— logarithmischer Skala.

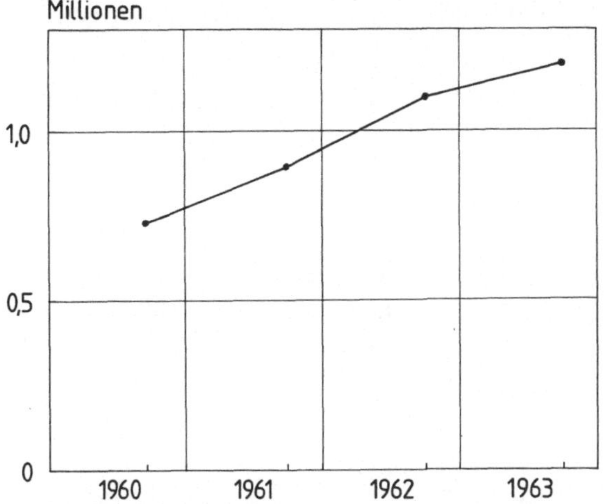

Bild 2.28

Liniendiagramm; Auftragungsmethode für einen definierten Zeitpunkt

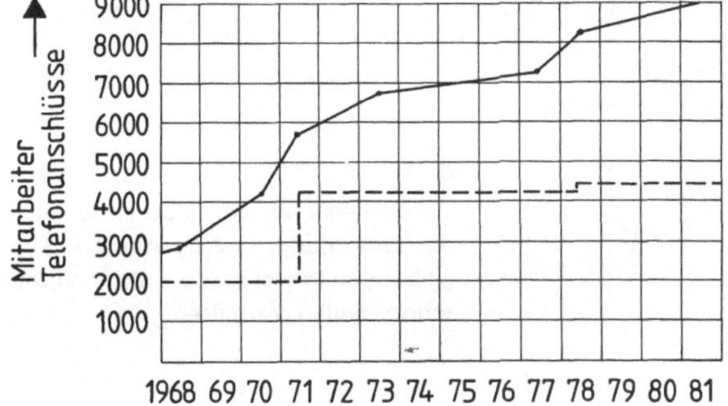

Bild 2.29

Liniendiagramm; Auftragungsmethode für einen Zeitbereich. Beispiel mit zwei abhängigen Veränderlichen unterschiedlicher Linienart und Linieninterpretation unter dem Bild

Liniendiagramm mit arithmetischer Skala

Mit dieser Darstellungsart soll das absolute Ausmaß einer statistischen Größe in ihrer Veränderung wiedergegeben werden. Die Ordinate wird linear geteilt. Bild 2.30 zeigt den Sachverhalt. Es bleibt abzuwägen, ob eine besondere Fülle wiedergegebener Meßpunkte/ Beobachtungspunkte noch der Wirksamkeit der Darstellung dient. Die Schaubilder können mehrere Polygonzüge enthalten. Im Falle unterschiedlicher Skalen sollte man sorgfältig die Interpretationsmöglichkeiten der Betrachter abwägen. Auch hier gilt das angesprochene Kriterium der Manipulation.

Die in Liniendiagrammen wiedergegebenen Zuordnungen können mehr oder weniger deutlichen Schwankungen unterliegen. Die Möglichkeit, relativ stark schwankende Zuordnungen in ein allgemein tendenzielles Verhalten zu transformieren, besteht in der Berechnung und Darstellung des gleitenden Mittelwertes.

Hierbei werden n aufeinanderfolgende Zahlen gemittelt. Bei der Berechnung der Mittelwerte müssen die Fälle n gerade oder ungerade unterschieden werden. Bild 2.31 zeigt einen derart ausgeglichenen Darstellungsverlauf. Die Wahl n ist nicht unproblematisch. Erinnert sei hierbei an den Ausgleich von saisonalen Schwankungen, wobei ein voller Zyklus zahlenmäßig erfaßt werden muß.

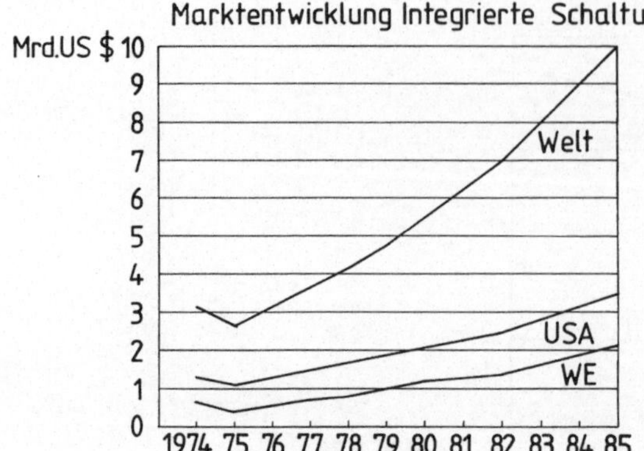

Bild 2.30

Liniendiagramm mit linear geteilter Ordinate; Darstellung mehrerer Polygonzüge mit Hinweisbeschreibung

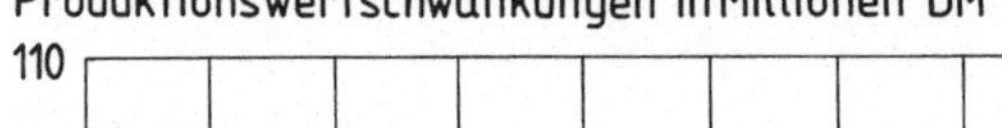

Produktionswertschwankungen in Millionen DM

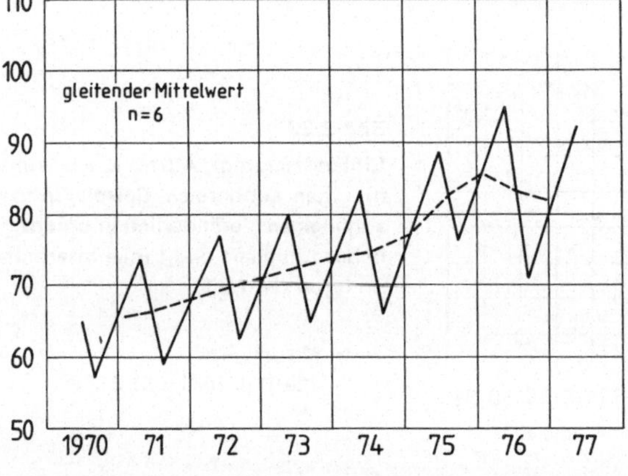

Bild 2.31

Liniendiagramm mit deutlich schwankender Zuordnung. Transformation in den gleitenden Mittelwert zur Darstellung des tendenziellen Verhaltens

– – – gleitender Mittelwert

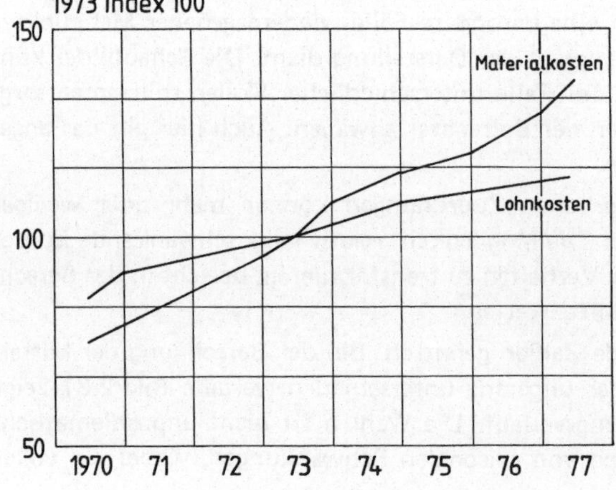

Bild 2.32

Liniendiagramm mit Indexskala

Liniendiagramm mit Indexskala

Bestimmte Fragen der prozentualen Kostenentwicklung oder Mengenentwicklung im Laufe eines Zeitabschnittes bedürfen eines geeigneten gerichteten Bezugssystems. Hier bietet sich ein Index oder eine Indexzahl als statistische Maßzahl für Vergleichsbetrachtungen an. In der Regel wird ein Index in Prozent angegeben. Verschiedene Methodologien der Indexbestimmung, die nicht Gegenstand dieser Erörterungen sein können, sind in der Statistik bekannt.

Bild 2.32 zeigt ein Indexdiagramm.

Liniendiagramm mit logarithmischer Skala

Zur Darstellung relativer Änderungen wird häufig der Logarithmus einer statistischen Größe in Folge dargestellt. Anstelle der logarithmischen Transformation der Zahlen wählt man logarithmische Skalen oder Papiere mit logarithmischer Teilung. In Funktionspapieren mit logarithmischer Teilung ist der Abstand zwischen Zehnerpotenzen konstant. Ein Nullpunkt ist nicht vorhanden. Damit ist auch nur die Auftragung von Beträgen von Zahlen (positive Zahlen) möglich.

Bei der Interpretation der Diagramme sind folgende Merkmale signifikant:

1. ein linear verlaufender Trend charakterisiert ein konstantes Wachstum,
2. Veränderungen der Steigung bedeuten Veränderungen der Wachstumsrate,
3. parallele Polygonzüge zeigen gleiche relative Veränderungen der zu vergleichenden Meßreihen/Beobachtungsreihen auf.

Bild 2.33 demonstriert ein Liniendiagramm in logarithmischem Funktionspapier.

2.3.2 Graphische Darstellung in Flächendiagrammen

Flächendiagramme entstehen aus Liniendiagrammen dann, wenn die Fläche zwischen Polygonzug und Abszisse eingefärbt, schraffiert oder folienbelegt wird. Bedeutung hat das Flächendiagramm bei Schichtungen von Flächen infolge der Darstellung von mehreren

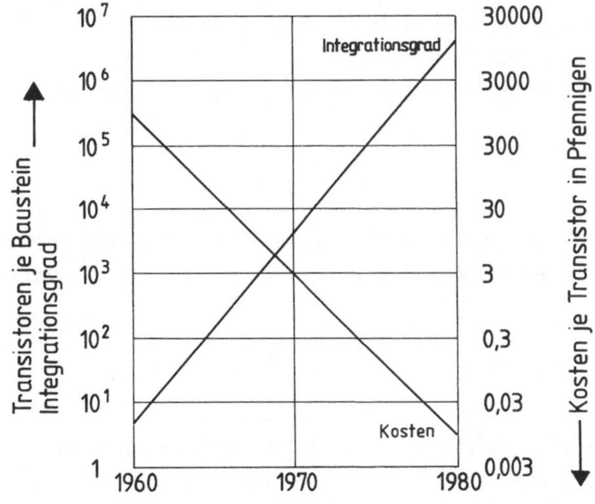

Bild 2.33
Liniendiagramm mit logarithmisch geteilter Ordinate und beidseitiger Ordinatenbeschriftung

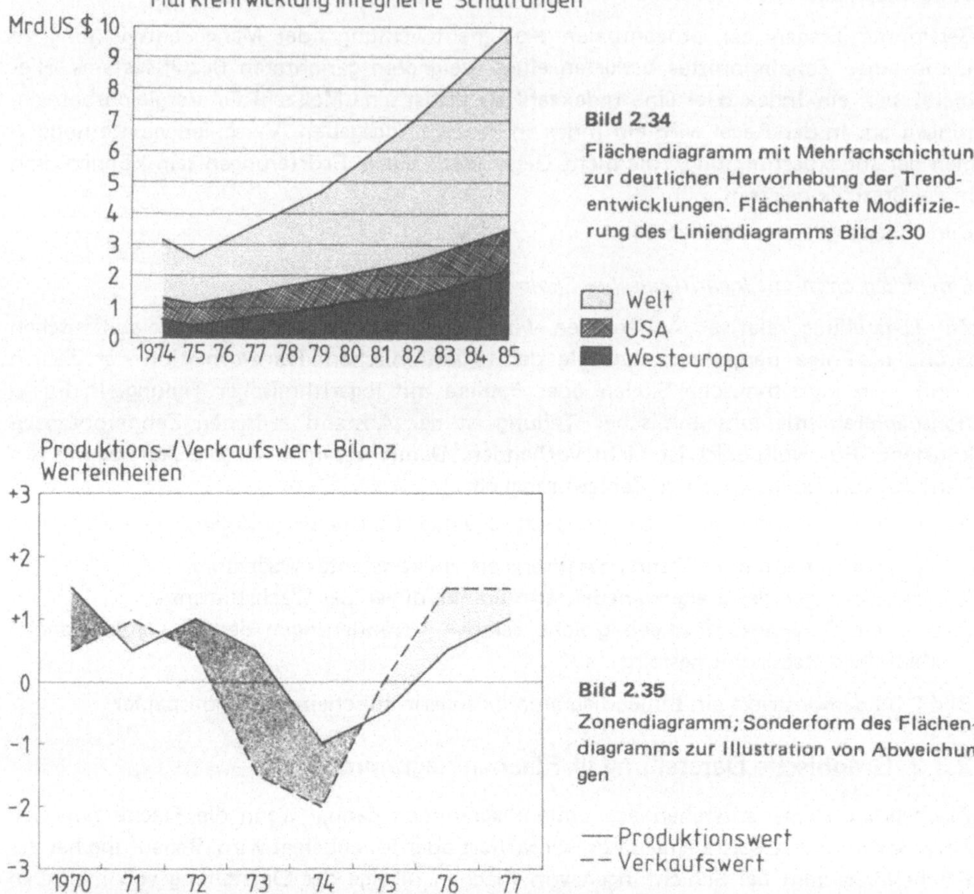

Bild 2.34
Flächendiagramm mit Mehrfachschichtung zur deutlichen Hervorhebung der Trendentwicklungen. Flächenhafte Modifizierung des Liniendiagramms Bild 2.30

☐ Welt
▨ USA
■ Westeuropa

Bild 2.35
Zonendiagramm; Sonderform des Flächendiagramms zur Illustration von Abweichungen

— Produktionswert
-- Verkaufswert

Polygonzügen, womit Trendentwicklungen besonders hervorgehoben werden. In Bild 2.34 ist ein Flächendiagramm mit Mehrfachbeschichtung dargestellt. Eine sinnfällige Anwendung als Flächendiagramm ist das Zonendiagramm, das Abweichung von einem Bezugswert illustriert, Bild 2.35.

2.3.3 Stabdiagramm

Ein Stabdiagramm stellt das Ausmaß einer statistischen Größe in zeitlicher, räumlicher oder sachlicher Folge durch Stäbe unterschiedlicher Höhe dar, Bild 2.36. Als Entwurfsrichtlinien sollte man beachten:

1. die Höhenskala beginnt mit Null,
2. Die Stäbe sind gleich breit,
3. der Abstand zwischen den Stäben ist gleich der Hälfte der Stabbreite,
4. bei sehr vielen Stäben ist ein Aneinanderzeichnen der Stäbe zulässig (siehe empirische Häufigkeitsfunktionen, Histogramme).

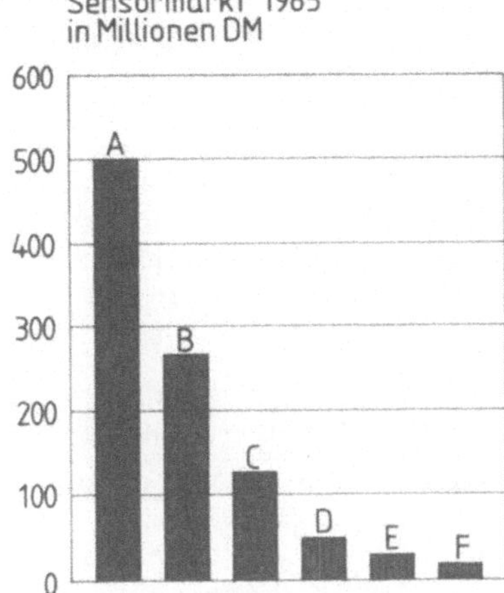

Bild 2.36

Stabdiagramm; grundsätzliches Beispiel des Ausmaßes statistischer Größen in sachlicher Folge

A Autoelektronik
B Haushaltelektronik
C Messelektronik
D Nachrichtenelektronik
E Unterhaltungselektronik
F Freizeitelektronik

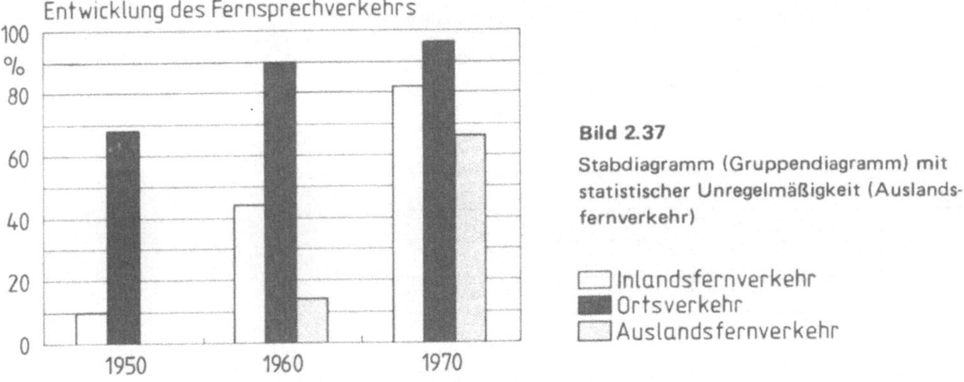

Bild 2.37

Stabdiagramm (Gruppendiagramm) mit statistischer Unregelmäßigkeit (Auslandsfernverkehr)

Es ist bei der graphischen Gestaltung von Wichtigkeit, daß die Betrachtung auf die Höhe der Stäbe gelenkt wird. Von weiterer Wichtigkeit sind folgende Gestaltungskriterien:

1. in statistischen Zahlenreihen sind Unregelmäßigkeiten deutlich zu machen, Bild 2.37,
2. die Ordinatenskala ist, sofern Einheitenbeschriftung erfolgt, eindeutig lesbar zu kennzeichnen,
3. alle Stäbe sollen auf dem Schaubild Platz finden,
4. ein Unterbrechen der Stäbe ist nicht zulässig,
5. Die Perspektivische Darstellung von Stäben ist zu vermeiden.

Gruppendiagramme

Eine Aneinanderreihung von Stäben zu Stabgruppen ohne Zwischenraum bietet sich für die Darstellung von zwei oder mehreren statistischen Zahlenreihen an, Bild 2.38. Hierbei ist die Ausführung in Farbe oder Folienschraffur zweckmäßig. Eine Farblegende ist der Darstellung beizufügen. Die einzelne Stabgruppe sollte von der Nachbarstabgruppe um eine Stabbreite getrennt werden.

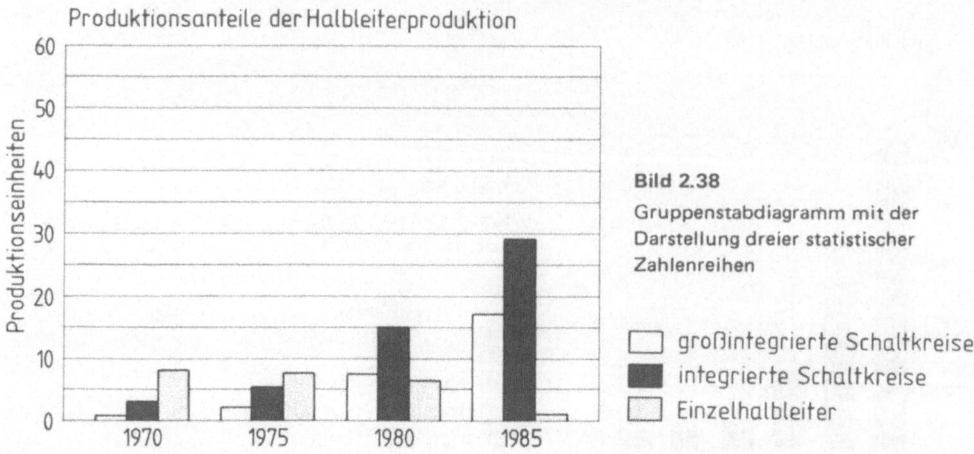

Bild 2.38
Gruppenstabdiagramm mit der
Darstellung dreier statistischer
Zahlenreihen

☐ großintegrierte Schaltkreise
■ integrierte Schaltkreise
☐ Einzelhalbleiter

Tafel 2.15 Komponentenermittlung für Komponentenstabdiagramm

Folge	Ereignisse (Komponenten)		
	A	A + B	A + B + C'
1			
2			
3			
n			

Komponentenstabdiagramme

Will man eine Menge in ihren Teilmengen zur Darstellung bringen, so eignet sich hierfür
ein in seine Komponenten aufgeteiltes Stabdiagramm nach dem Beispiel Bild 2.39.
Zweckmäßig ermittelt man die Komponenten vorab in einer Tabellenberechnung nach
Tafel 2.15.

Stabdiagramme mit bezogenen Größen

Bezogene statistische Größen entstehen durch Quotientenbildung zweier Größen, die je
einen bestimmten Sachverhalt beschreiben wie:

$$- \quad \frac{\text{Anzahl der exportierten Kfz.}}{\text{Anzahl der produzierten Kfz.}}$$

$$- \quad \frac{\text{Anzahl der Einwohner BRD}}{\text{Fläche der BRD in km}^2}$$

$$- \quad \frac{\text{Bruttosozialprodukt}}{\text{Bruttosozialprodukt des Basisjahres}}$$

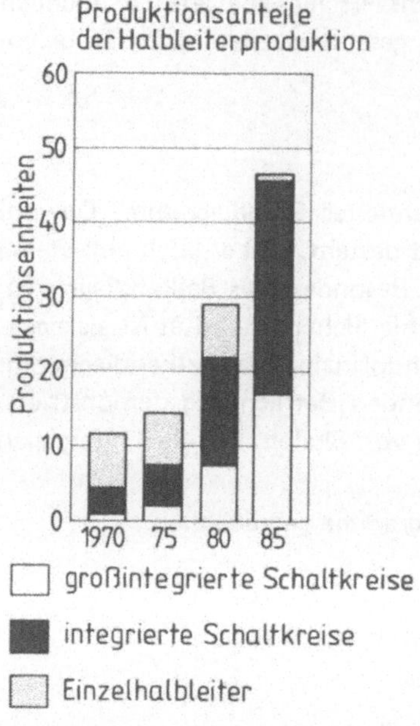

☐ großintegrierte Schaltkreise

■ integrierte Schaltkreise

▨ Einzelhalbleiter

Bild 2.39 Komponentenstabdiagramm
dreier statistischer Zahlenreihen (Entwicklung aus Bild 2.38)

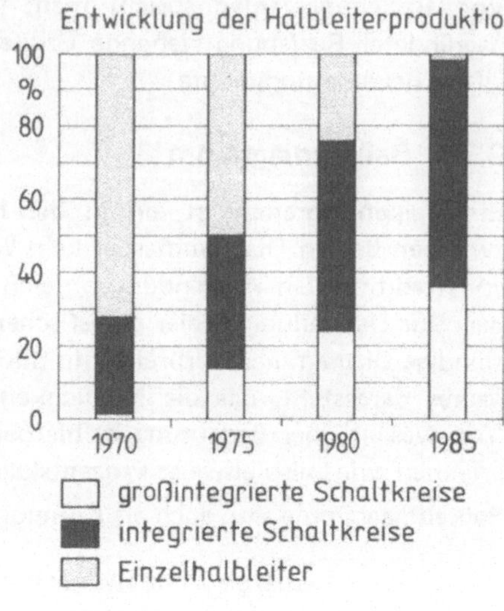

☐ großintegrierte Schaltkreise

■ integrierte Schaltkreise

▨ Einzelhalbleiter

Bild 2.40 Stabdiagramm unter Anwendung von Gliederungszahlen (relative
Anteile in Prozent)

Tafel 2.16 Komponentenermittlung für Komponentenstobdiagramm
bei Anwendung von Prozentangaben

Folge	Ereignisse (Komponenten)		
	A	A + B	A + B + C
1			100 %
2			100 %
3			100 %
n			100 %

Die Beispiele stehen stellvertretend für die Unterscheidung in die Bezugszahlen:

- Gliederungszahl,
- Beziehungszahl,
- Meßzahl.

Von Gliederungszahlen spricht man dann, wenn gleichartige Größen ins Verhältnis gesetzt werden. Bild 2.40 zeigt ein Beispiel. Auch hier bietet sich die vorherige Berechnung in Tabellenform an. Im Falle der Prozentangabe ist die Berechnung nach Tafel 2.16 zweckmäßig.

Von Beziehungszahlen spricht man, wenn zwei wesensverschiedene aber in sachlich begründeter Beziehung stehende Größen ins Verhältnis gesetzt werden, z. B. Geburtenziffer, Bevölkerungsdichte.

2.3.4 Balkendiagramm

Ein Balkendiagramm ist ein in die Horizontale gewandeltes Stabdiagramm. Obwohl zwischen beiden Diagrammarten kein Wesensunterschied besteht, gibt es doch eine Reihe von traditionellen Anwendungen des Balkendiagramms. Besonders das Balkendiagramm-paar zur Darstellung zweier statistischer Größen unterschiedlicher Intensität ist als eigenständige Diagrammart verbreitet. In Bild 2.41 ist das Grundprinzip eines Balkendiagramm-paares dargestellt, das die Möglichkeit einer vergleichenden Betrachtung demonstriert. Von wesentlicher Bedeutung ist hierbei die Anwendung von Skalen, die einen Vergleich erlauben, wie beispielsweise Prozentskalen.

Balkendiagramme sind auch als Komponenten-Balkendiagramme gebräuchlich.

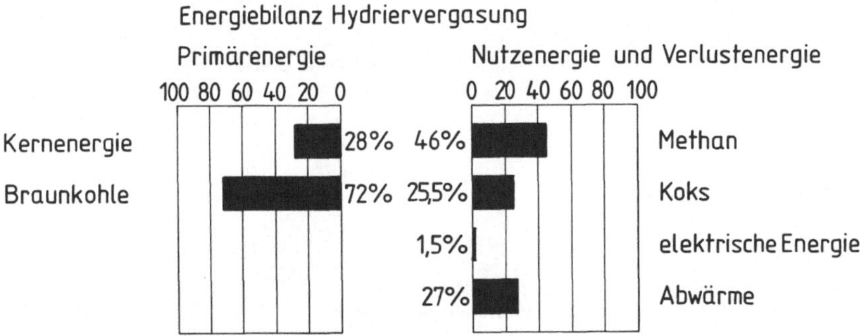

Bild 2.41 Grundprinzip der Darstellung eines Balkendiagramms

2.3.5 Kreisdiagramm

Eine Darstellung von Datenmaterial in einem Kreisdiagramm hat eine sehr hohe Anschaulichkeit, Bild 2.42. In der Anwendung ist nicht nur das elementare Kreisdiagramm, in dem die Flächen von Kreissegmenten verglichen werden, sondern auch Diagramme, in denen neben Kreissegmenten, Kreislinien eine weitere statistische Größe einführen, Bild 2.43.

Die Anwendung bezogener Größen ist auf Gliederungszahlen beschränkt. Wichtig ist die Angabe der Bezugsgrößen und eventuell die Farblegende.

Als Konstruktionshilfen eignen sich Diagrammvorlagen nach Bild 2.44. Hierbei handelt es sich um ein modifiziertes Polarpapier.

2.3.6 Kartogramm

Ein Kartogramm dient der Darstellung der Dichte von statistischen Größen (Senderdichte, Empfängerdichte). In der Technik sind Kartogramme auch in der Form der Verteilung von Größen (Feldstärkediagramm) bekannt.

Die Darstellung der Dichte kann auf verschiedene Weise erfolgen. Kartogramme sind auch in der Kombination mit anderen Diagrammarten (Stabdiagramm, Kreisdiagramm) gebräuchlich.

Stimmenanteil der Nationalen Komitees

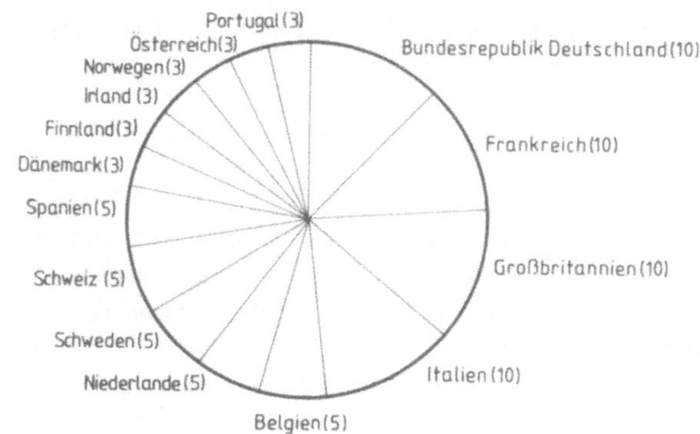

Bild 2.42

Grundprinzip der Darstellung eines Kreisdiagramms

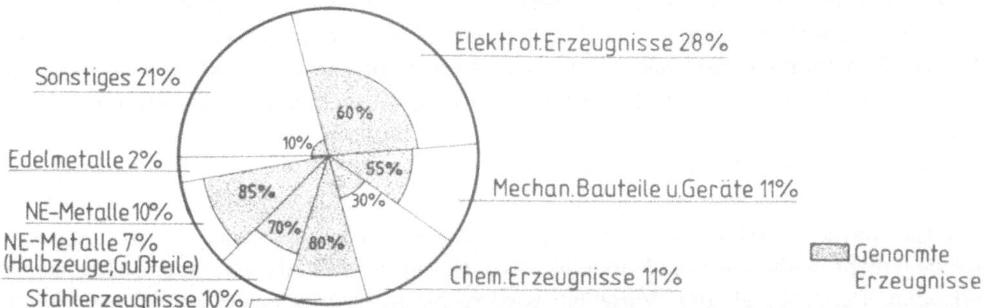

Bild 2.43 Kreisdiagramm mit Segment- und Kreisliniendarstellung. Beispiel des Materialbezugs eines Unternehmens (Segmente) und der hierbei genormten Erzeugnisse (Kreislinien)

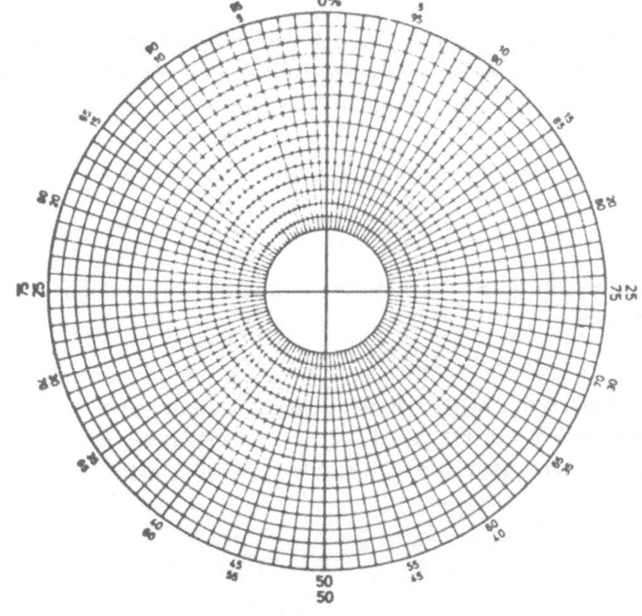

Bild 2.44

Konstruktionsvorlage für Kreisdiagramme

2.3.7 Piktogramm

Bei Piktogrammen ersetzen Symbole die Stäbe, Flächen, Balken. Ein Symbol stellt eine bestimmte statistische Menge dar. Für die technisch/naturwissenschaftliche Anwendung sind Piktogramme nicht üblich.

2.4 Nomographie

Nomogramme sind graphische Darstellungen von reellen Funktionen, die analytisch durch eine Funktionsgleichung oder empirisch gegeben sein können. (Wir wollen uns hier auf reelle Funktionen beschränken). Wenn man mathematische Darstellungen von funktionalen Zusammenhängen in analoge und digitale unterteilt, so zählen Nomogramme zu den analogen Hilfsmitteln (wie auch der Rechenschieber). Graphische Darstellungen werden wegen ihrer Anschaulichkeit oft digitalen Tabellierungen vorgezogen, insbesondere dann, wenn die Ansprüche an Ablesegenauigkeit relativ gering sind. So werden Funktionen durch Nomogramme numerisch zugänglich gemacht und oft umfangreiche und komplizierte Berechnungsvorschriften durch einfache Ablesevorschriften ersetzt. Dienen Nomogramme zur näherungsweisen Ermittlung der Zahlenwerte physikalischer Größen, so ist von zugeschnittenen Größengleichungen auszugehen. Beispiele einfacher Nomogramme sind die „Bildkurve" von $y = f(x)$ bei zwei Variablen oder die aus der Kartographie bekannten „Höhenlinien" bei drei Variablen.

Es soll im folgenden ein Überblick über die gebräuchlichsten Typen von Nomogrammen gegeben werden, wobei auch konstruktive Aspekte berücksichtigt werden. Zunächst werden nicht mehr als drei Variable zugrunde gelegt, weil sie eine ebene Darstellung erlauben. Bei mehr als drei Variablen wird nicht in einen höher dimensionalen Raum ausgewichen, sondern ebene Darstellungen kombiniert, [2.4] bis [2.8]. Zur Symbolsprache siehe Kapitel 4.

2.4.1 Funktionsleiter

Es sei $f: \mathbb{R} \to \mathbb{R}$ im betrachteten Intervall $[x_1, x_2] \subset$ streng monoton. Überträgt man die zu glatten, meist äquidistanten x-Werten zugehörigen Funktionswerte auf eine y-Achse und beschriftet sie mit den x-Werten, so erhält man eine Funktionsleiter. Man kennt sie vom Rechenschieber her.

Konstruktion: Bei vorgegebener Leiterlänge l berechnet man den Maßstabfaktor

$$m := \frac{l}{f(x_2) - f(x_1)} \qquad (2.1)$$

und trägt auf einer Geraden von einem festen Anfangspunkt für äquidistante $x \in [x_1, x_2]$ (konstante Schrittweite) die Strecken

$$u = m \, (f(x) - f(x_1))$$

ab, deren Endpunkte mit den x-Werten beschriftet werden. Die Skalenteilung soll so dicht sein, daß man linear interpolieren kann. Für $f(x_2) < f(x_1)$ ist m negativ. In diesem Fall beziffert man die Leiter von oben nach unten bzw. von rechts nach links (rote Skalen auf dem Rechenschieber).

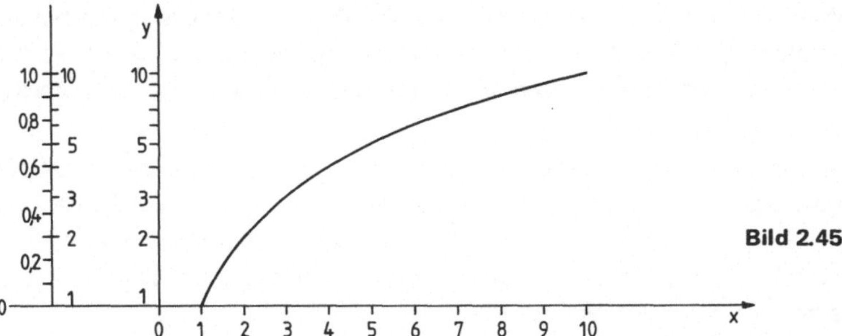

Bild 2.45

Schreibt man noch, um die Zuordnung deutlich zu machen, die linear (äquidistant) abgetragenen y-Werte an die andere Seite der Leiter, so erhält man eine Funktionsdoppelleiter, das einfachste (Leiter-)Nomogramm für einen funktionalen Zusammenhang von zwei Veränderlichen. Bei negativem m ist die Bezifferung gegenläufig.

Als einfaches Beispiel sei in Bild 2.45 die logarithmische Doppelleiter betrachtet mit der analytischen Darstellung:

$$\lg: [1,10] \to [0,1] \quad \text{mit} \quad x \mapsto y = \lg x \quad (\text{Basis } 10)$$

Bisher war stillschweigend angenommen, daß die Trägerkurve der Funktionsleiter eine Gerade ist. Sei jetzt allgemeiner die (gekrümmte) Trägerkurve das stetige Bild eines Intervalls:

$$T: [t_1, t_2] \to \mathbb{R}^2 \quad \text{mit} \quad t \mapsto \begin{pmatrix} x(t) \\ y(t) \end{pmatrix},$$

so ist durch die Abbildung T eine nach dem Parameter t bezifferte Funktionsleiter gegeben.

Eine Trägerkurve läßt sich durch beliebig viele solcher Abbildungen darstellen. Sei T_1: $[\tau_1, \tau_2] \to \mathbb{R}^2$ eine von T verschiedene Abbildung mit der gleichen Trägerkurve und ordnet man die t- und τ-Werte mit jeweils demselben Trägerpunkt einander zu, so erhält man eine Doppelleiter für $\tau = f(t)$ oder für die Umkehrfunktion $t = g(\tau)$. Beide Funktionen kann man implizit zu $F(t, \tau) = 0$ zusammenfassen.

2.4.2 Funktionspapiere

Bei einem kartesischen Koordinatensystem sind die Achsen Funktionsleiter mit linearer Teilung und einer Geraden als Träger. Funktionspapiere sind Koordinatenraster mit funktionaler Teilung

$$\begin{aligned} u &= m_x\, f(x) \\ v &= m_y\, g(y) \end{aligned} \qquad f, g \text{ monoton,}$$

wobei m_x und m_y Maßstabsfaktoren bedeuten.

Insbesondere interessiert die Frage, welche Klassen von Kurven, die in einem kartesischen Koordinatensystem gekrümmt sind (Krümmung verschwindet nicht identisch), werden in einem solchen funktionalen Koordinatenraster durch Geraden dargestellt (Verstreckung von gekrümmten Kurven). Eine Bedingung für eine solche Verstreckung erhält man aus der in u und v linearen Geradengleichung:

$$g(y) = a\, f(x) + b, \quad a, b \text{ konstant} \tag{2.2}$$

Lassen sich in der gegebenen Funktionsgleichung die Variablen x und y wie in der Schlüsselgleichung (2.2) trennen, genau dann ist eine Verstreckung möglich. Eine Kurve mit explizit gegebener Gleichung y = f (x) ist nach (2.2) stets verstreckbar, sogar mit linearer y-Teilung.

Funktionspapiere werden durch die Angabe des Paares (g (y), f (x)) charakterisiert (DIN 5478). Im Handel sind (lg y, x)-Papiere (einfach- oder halb-logarithmisches Papier, Exponentialpapier) und (lg y, lg x)-Papiere (doppelt- oder ganz-logarithmisches Papier, Potenzpapier) mit verschiedenen Maßstäben (Dekaden) erhältlich. Auf (lg y, x)-Papier wird die Bildkurve jeder Exponentialfunktion

$$x \mapsto y = k\,a^x \quad \text{mit} \quad a, k > 0,\ a \neq 1,$$

und auf (lg y, lg x)-Papier die Bildkurve jeder Potenzfunktion

$$x \mapsto y = k\,x^n \quad \text{mit} \quad k, x > 0,\ n \in \mathbb{R}$$

zu einer Geraden verstreckt.

2.4.3 Netztafeln

Es sei ein funktionaler Zusammenhang der drei Variablen x, y, z durch eine Gleichung

$$F\,(x, y, z) = 0 \qquad (2.3)$$

gegeben. Läßt sich (2.3) durch Einführen der beiden Parameter u, v in der Form

$$\begin{aligned} f\,(u, v, x) &= 0 \\ g\,(u, v, y) &= 0 \qquad (2.4) \\ h\,(u, v, z) &= 0 \end{aligned}$$

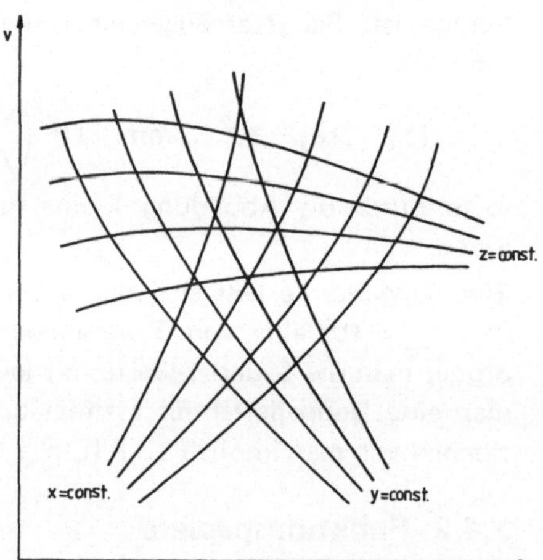

Bild 2.46

schreiben (durch Elimination von u und v in (2.4) erhält man wieder (2.3)), dann kann man (2.4) durch drei Kurvenscharen für jeweils konstante Werte von x, y, und z graphisch in einem u, v-Koordinatensystem darstellen gemäß Bild 2.46. Es sei vorausgesetzt, daß die drei Kurvenscharen ein Netz bilden, so daß in jedem Punkt eines u, v-Bereichs sich je eine x-, y- und z-Kurve schneiden. Solche graphischen Darstellungen heißen Netztafeln. Einem Punkt der u, v-Ebene ist auf diese Weise ein Tripel (x, y, z) zugeordnet, das (2.3) erfüllt. Mit einer solchen Netztafel kann man bei vorgegebenen Werten von zwei Variablen, etwa einem x- und y-Wert, den zugeordneten z-Wert dadurch näherungsweise bestimmen, daß man den Schnittpunkt der x- und der y-Kurve ermittelt und dann, gegebenenfalls durch Interpolation, den z-Wert abliest, der der z-Kurve entspricht, die durch diesen Schnittpunkt geht.

Durch (2.3) sind die drei Funktionen f, g, h in (2.4) nicht eindeutig bestimmt. Wir gehen daher den umgekehrten Weg: f, g, h werden vorgegeben. Damit ist ein Nomogrammtyp bestimmt, und wir fragen, welche Funktionen (2.3) lassen sich durch diesen Nomogrammtyp darstellen.

Sei beispielsweise angenommen, daß die x = const.-Schar und die y = const.-Schar zwei zueinander senkrechte Parallelenscharen zu den Koordinatenachsen sind mit linearem f und g. Dann sind mit $u = m_x x$ und $v = m_y y$ die ersten beiden Gleichungen in (2.4) festgelegt (m_x, m_y sind Maßstabsfaktoren). Gilt die Äquivalenz

$$F(x, y, z) = 0 \iff y = \varphi(x, z),$$

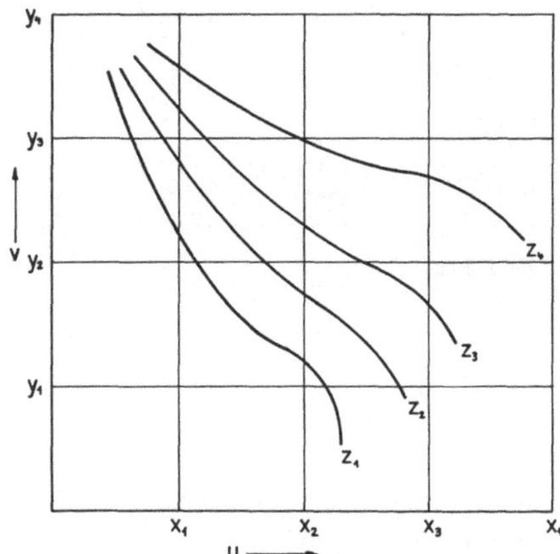

Bild 2.47

d. h. läßt sich Gleichung (2.3) nach y umstellen, so ist die z = const.-Schar (Höhenlinien) explizit durch $y = \varphi(x, z_i)$ mit dem Scharparameter z_i gegeben, Bild 2.47.

Statt der linearen Teilung beider Achsen wählt man häufig solche funktionale Teilungen, so daß die z = const.-Schar zu einer Geradenschar verstreckt wird.

2.4.3.1 Die Geradenschartafel

Aus praktischen Gründen seien die Kurvenscharen Geradenscharen, d. h. f, g, h sind linear in u und v:

$$f(u, v, x) = a_{11}(x)\, u + a_{12}(x)\, v + a_{13}(x) = 0$$
$$g(u, v, y) = a_{21}(y)\, u + a_{22}(y)\, v + a_{23}(y) = 0 \qquad (2.5)$$
$$h(u, v, z) = a_{31}(z)\, u + a_{32}(z)\, v + a_{33}(z) = 0$$

Das lineare Gleichungssystem (2.5) für u und v ist überbestimmt und besitzt nur dann eine Lösung, wenn die Koeffizientendeterminante verschwindet:

$$\begin{vmatrix} a_{11}(x) & a_{12}(x) & a_{13}(x) \\ a_{21}(y) & a_{22}(y) & a_{23}(y) \\ a_{31}(z) & a_{32}(z) & a_{33}(z) \end{vmatrix} = 0 \qquad (2.6)$$

(2.6) heißt Schlüsselgleichung für die Geradenschartafel. Genau dann, wenn sich die gegebene Funktionsgleichung $F(x, y, z) = 0$ äquivalent in Form einer verschwindenden Determinante (2.6) schreiben läßt, ist sie durch eine Geradenschartafel nomographisch darstellbar, Bild 2.48.

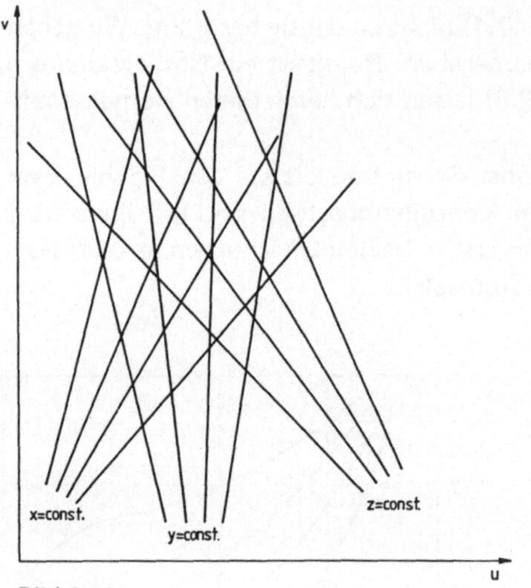

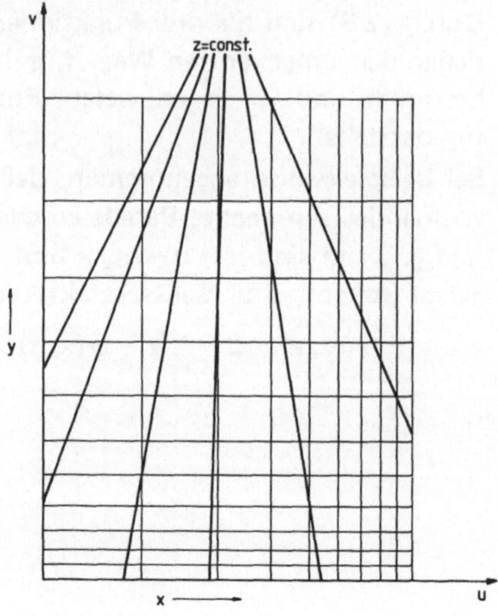

Bild 2.48

Bild 2.49

2.4.3.2 Zwei orthogonale Parallelenscharen und eine Geradenschar

Sind die x- und y-Schar ein orthogonales Geradenscharpaar parallel zu den Koordinaten-achsen, und ist die u-Achse nach $f(x)$ und die v-Achse nach $g(y)$ geteilt, Bild 2.49, so lautet (2.6):

$$\begin{vmatrix} 1 & 0 & -f(x) \\ 0 & 1 & -g(x) \\ a(z) & b(z) & c(z) \end{vmatrix} = 0 \Longleftrightarrow : f(x)\,H_1(z) + g(y) + H_2(z) = 0 \qquad (2.7)$$

mit leicht ersichtlichen Abkürzungen $H_1(z)$ und $H_2(z)$.

Die Konstruktion einer solchen Geradenschartafel ist genau dann möglich, wenn die Variablen in (2.3) wie in (2.7) getrennt werden können. Für konstantes z ergibt sich aus (2.7) wieder Gleichung (2.2) als Sonderfall.

Der Anstieg der Geraden $z = $ const. ergibt sich zu

$$m(z) = -\frac{a(z)}{b(z)}.$$

Ist darüberhinaus $b(z) = k\,a(z)$, so erhält man einen besonders einfachen Nomogramm-typ: die Parallelenschartafel mit der Schlüsselgleichung

$$F(x) + G(y) + H(z) = 0.$$

So lassen sich beispielsweise funktionale Beziehungen der Form

$$\frac{1}{f(x)} + \frac{1}{g(y)} = \frac{1}{h(z)} \Longleftrightarrow h(z) = \frac{f(x)\,g(y)}{f(x) + g(y)}$$

durch eine Parallelenschartafel darstellen. Zu diesem Netztafeltyp gehört auch die Paral-lelenschar in $(\lg y, \lg x)$-Papier für

$$F(x, y, z) = x^l\,y^m\,z^n - c = 0 \qquad (l, m, n, c \text{ beliebige Konstante})$$

2.4.3.3 Die Geradenbüscheltafel

Eine Geradenschar, deren Geraden alle durch einen Punkt gehen, dem Zentrum der Schar, ist praktisch ebenso leicht zu zeichnen, wie eine Parallelenschar (mit dem Zentrum im unendlich fernen Punkt). Häufig wird ein solches Geradenbüschel durch eine Randbeschriftung ersetzt, so daß mit einem um das Zentrum drehbaren Zeiger leicht ein Parameterwert eingestellt oder abgelesen werden kann.

Sei wieder die x- und die y-Schar ein orthogonales Geradenscharpaar parallel zu den Koordinatenachsen, Bild 2.50, und die z-Schar habe das Zentrum im Punkt $O = (u_0, 0)$ und den Anstieg $m(z)$ (d. h. jede Gerade des Büschels hat die Gleichung $v = m(z)(u - u_0)$), dann lautet nach (2.6) die Schlüsselgleichung

$$\begin{vmatrix} 1 & 0 & -f(x) \\ 0 & 1 & -g(y) \\ m(z) & -1 & -m(z)\,u_0 \end{vmatrix} = 0 \Longleftrightarrow f(x)\,m(z) + g(y) = u_0\,m(z)$$

$$\Longleftrightarrow: F(x)\,m(z) + g(y) = 0.$$

2.4.3.4 Die Zwei-Geradenbüscheltafel

Sei die x-Schar ein Geradenbüschel durch $O_1 = (u_1, v_1)$ und die y-Schar ein Geradenbüschel durch $O_2 = (u_2, v_2)$ mit den Geradengleichungen

$$v - v_1 = m_1(x)\,(u - u_1)$$
$$v - v_2 = m_2(y)\,(u - u_2)\,.$$

Die Geradenschar $z = $ const. sei durch

$$v = m_3(z)\,u + b(z)$$

gegeben, Bild 2.51.

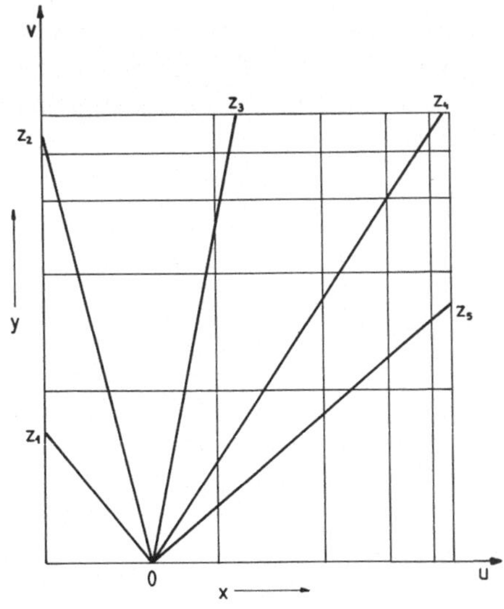

Bild 2.50

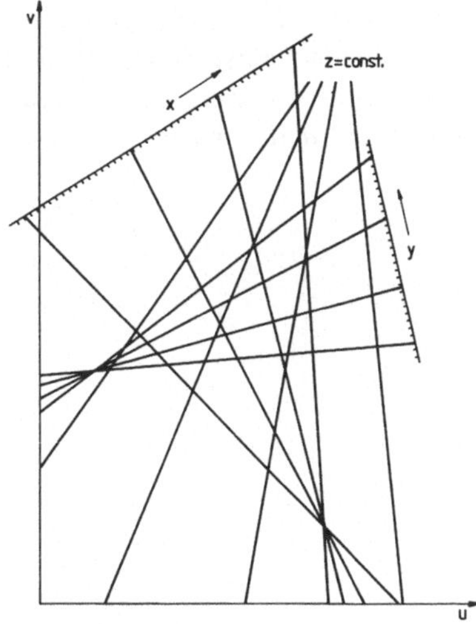

Bild 2.51

Dann ergibt sich nach (2.6) die Schlüsselgleichung für diesen Nomogrammtyp

$$
\begin{vmatrix}
m_1\,(x) & -1 & v_1 - m_1\,(x)\,u_1 \\
m_2\,(y) & -1 & v_2 - m_2\,(y)\,u_2 \\
m_3\,(z) & -1 & b\,(z)
\end{vmatrix} = 0
$$

$$
\Longleftrightarrow:\ g\,(y) = \frac{f\,(x)\,h_1\,(z)}{f\,(x) + h_2\,(z)}
$$

mit ersichtlichen Abkürzungen.

2.4.4 Leitertafeln

Durch eine dual-projektive Abbildung werden Punkte umkehrbar eindeutig auf Geraden unter Erhaltung der Inzidenzbeziehungen abgebildet. Nach dem Dualitätsprinzip der projektiven Geometrie, entspricht jedem Satz eine duale Aussage, wenn man die Begriffe Punkt und Gerade wechselseitig vertauscht. Auf diese Weise entspricht einer (bezifferten) Geradenschar eine (bezifferte) Punktmenge (Leiter), wobei die Hüllkurve der Geradenschar in die Trägerkurve der Leiter übergeht. Ferner besitzt jede Netztafel, die aus drei Geradenscharen besteht, ein duales Bild mit drei im allgemeinen gekrümmten Leitern, Bild 2.52. Nach dem Dualitätsprinzip geht die Aussage: „Drei Geraden einer Netztafel für zusammengehörige Parameterwerte schneiden sich in einem Punkt" (Ablesevorschrift einer Geradenschartafel) in die duale Aussage über: „Drei Leiterpunkte für zusammengehörige Parameterwerte liegen auf einer Geraden" (Ablesevorschrift einer Leitertafel).

Bei Leiter- oder Fluchtliniennomogrammen wird also für jede der drei Variablen eine im allgemeinen gekrümmte und beschriftete Funktionsleiter gezeichnet. Die Lage der Leitern zueinander wird so konstruiert, daß die Schnittpunkte einer beliebigen Geraden, der Fluchtgeraden (Ablesegeraden), mit den Leitern ein Tripel (x, y, z) bestimmt, das der dargestellten Funktionsgleichung F (x, y, z) = 0 genügt.

Solche Leitertafeln sind meist bequemer zu zeichnen und zu bemessen, als Netztafeln. Außerdem ist die Interpolation einfacher und genauer als die Interpolation zwischen den Geraden einer Schar. Ist z der gesuchte Wert, dann legt man die z-Leiter zwischen die x- und y-Leiter, um die Ablesegenauigkeit zu erhöhen. Bei mehr als drei Variablen sind Kombinationen von Leiter- und Netztafeln möglich.

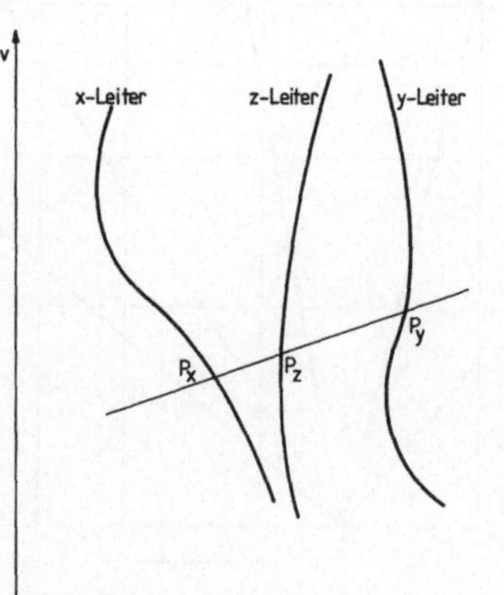

Bild 2.52

Die Funktionsleitern seien in einem rechtwinkligen, kartesischen (u, v)-Koordinatensystem durch ihre Parameterdarstellungen mit den Parametern x, y, z gegeben:

$$\text{x-Leiter:} \quad \begin{aligned} u &= f_1(x) \\ v &= f_2(x) \end{aligned} \quad x \in [x_1, x_2]$$

$$\text{y-Leiter} \quad \begin{aligned} u &= g_1(y) \\ v &= g_2(y) \end{aligned} \quad y \in [y_1, y_2]$$

$$\text{z-Leiter} \quad \begin{aligned} u &= h_1(z) \\ v &= h_2(z) \end{aligned} \quad z \in [z_1, z_2]$$

Liegen die Punkte $P_x = (f_1(x), f_2(x))$, $P_y = (g_1(y), g_2(y))$ und $P_z = (h_1(z), h_2(z))$ auf einer Geraden, so gilt

$$\frac{h_2(z) - f_2(x)}{h_1(z) - f_1(x)} = \frac{g_2(y) - h_2(z)}{g_1(y) - h_1(z)} \iff$$

$$\begin{vmatrix} f_1(x) & f_2(x) & 1 \\ g_1(y) & g_2(y) & 1 \\ h_1(z) & h_2(z) & 1 \end{vmatrix} = 0 . \tag{2.8}$$

Die Kollinearitätsbedingung (2.8) ist die Schlüsselgleichung für ein allgemeines Leiternomogramm und die zu (2.6) duale Aussage.

Es sollen nun Sonderfälle von Leitertafeln diskutiert werden, die Geraden als Träger der Leitern besitzen.

2.4.4.1 Drei parallele Leitern

Für den Nomogrammtyp im Bild 2.53 lautet die Schlüsselgleichung (2.8):

$$\begin{vmatrix} 0 & m_x f(x) & 1 \\ p + q & m_y g(y) & 1 \\ p & m_z h(z) & 1 \end{vmatrix} = 0$$

$$\iff q\, m_x\, f(x) + p\, m_y\, g(y) - (p + q)\, m_z\, h(z) = 0.$$

Sie ist also von der Form

$$a\, f(x) + b\, g(y) + c\, h(z) = 0. \tag{2.9}$$

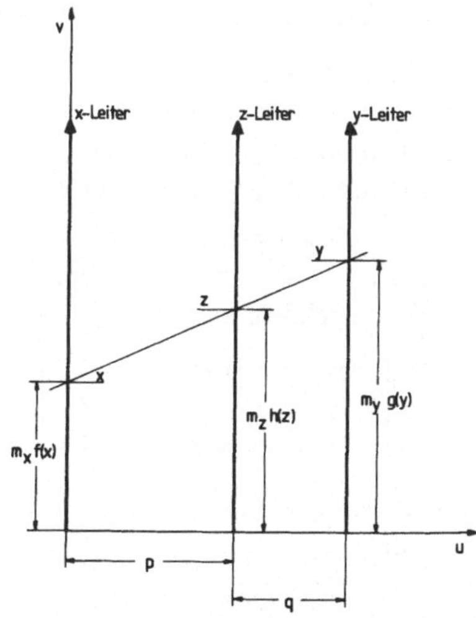

Bild 2.53

Genau dann, wenn die gegebene Funktionsgleichung eine solche additive Trennung der Variablen wie in (2.9) erlaubt, ist dieser besonders einfache Nomogrammtyp möglich.

Konstruktion: Die Intervalle (Wertebereiche) $[x_1, x_2]$, $[y_1, y_2]$ für die beiden Variablen x und y, sowie die Leiterlänge l und die Nomogrammbreite h sind gegeben.

Die durch ein Leiternomogramm darzustellende Funktionsgleichung ist äquivalent umzuformen in die Schlüsselgleichung. Dann sind die Koeffizienten a, b, c bis auf einen nicht-verschwindenden Faktor k bekannt.

Die Berechnung der Maßstabsfaktoren erfolgt nach (2.1):

$$m_x = \frac{l}{f(x_2) - f(x_1)}; \quad m_y = \frac{l}{g(y_2) - g(y_1)}$$

(es sind auch unterschiedliche Leiterlängen möglich; bei verschiedenen Vorzeichen von m_x und m_y sind die Leitern gegenläufig zu beziffern).

Das Gleichungssystem

$$\begin{aligned}
m_x\, q &= a\, k \\
m_y\, p &= b\, k \\
-(p + q)\, m_z &= c\, k \\
p + q &= h
\end{aligned}$$

(2.10)

erlaubt aus den bekannten Größen m_x, m_y, a, b, c, h die unbekannten Größen p, q, k, m_z zu berechnen.

Mit diesen Angaben ist die Konstruktion des Leiternomogramms durchführbar.

Die Schlüsselgleichung der Parallelenschartafel stimmt mit (2.9) überein; denn beide Nomogrammtypen sind zueinander dual.

Hat beispielsweise die gegebene Funktionsgleichung die folgende multiplikative Struktur

$$(f(x))^{\alpha}\, (g(y))^{\beta}\, (h(z))^{\gamma} = 1,$$

so ist durch Logarithmieren eine additive Trennung der Variablen gemäß (2.9) möglich und damit eine nomographische Darstellung mit parallelen Leitern.

2.4.4.2 Drei gerade Leitern durch einen (endlichen) Punkt

Durch eine projektive Abbildung, die den unendlich fernen Punkt in einen endlichen Punkt überführt, läßt sich der Nomogrammtyp „Drei parallele Leitern" auf den Typ „Drei gerade Leitern durch einen Punkt" zurückführen. So verwundert es nicht, daß die Schlüsselgleichung dieses Typs wieder von der Form (2.9) ist:

Sei der Leiterschnittpunkt der Ursprung des Koordinatensystems, und der Träger der x-Leiter sei die v-Achse. c_y bzw. c_z bedeute den Anstieg der y- bzw. z-Leiter. Dann lautet die Schlüsselgleichung

$$\begin{vmatrix} 0 & f(x) & 1 \\ g(y) & c_y\, g(y) & 1 \\ h(z) & c_z\, h(z) & 1 \end{vmatrix} = 0 \Longleftrightarrow (c_y - c_z)\frac{1}{f(x)} - \frac{1}{g(y)} + \frac{1}{h(z)} = 0.$$

Der Ablesegenauigkeit wegen gibt man dem Nomogrammtyp „Drei parallele Leiter" den Vorzug.

2.4.4.3 Zwei parallele und eine gekrümmte Leiter

Die Schlüsselgleichung dieses Nomogrammtyps gemäß Bild 2.54 lautet:

$$\begin{vmatrix} 0 & f(x) & 1 \\ p & g(y) & 1 \\ h_1(z) & h_2(z) & 1 \end{vmatrix} = 0 \iff$$

$$f(x)\,\frac{h_1(z)-p}{h_1(z)} - g(y) + p\,\frac{h_2(z)}{h_1(z)} = 0 \qquad (2.11)$$

$$\iff: f(x)\,H_1(z) + g(y) + H_2(z) = 0.$$

Aus der Übereinstimmung mit (2.7) ist die Dualität zum Netztafeltyp „Zwei Parallelenscharen und eine Geradenschar" ersichtlich.

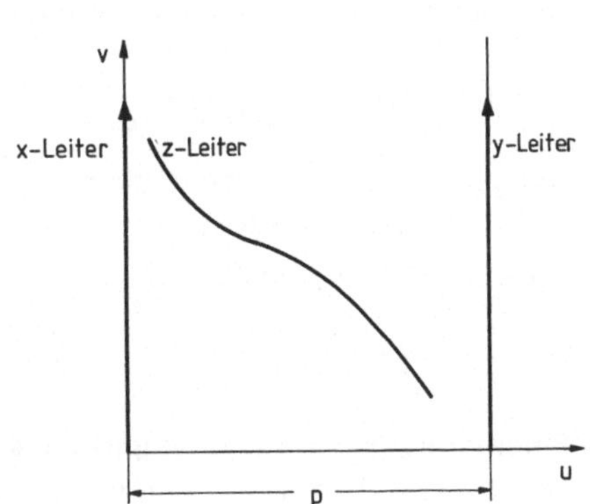

Bild 2.54

2.4.4.4 Zwei parallele und eine gerade Leiter

Dieser Sonderfall von 2.4.4.3 wird häufig als N- oder Z-Nomogramm bezeichnet. Sei also der Träger der z-Leiter eine Gerade mit dem Anstieg c, so ergibt sich als Schlüsselgleichung aus (2.11):

$$f(x)\,\frac{h(z)-p}{h(z)} - g(y) + pc = 0 \iff f(x)\,H(z) + g(y) + C = 0,$$

was sich auch in der Form

$$H(z) = F(x)\,G(y)$$

schreiben läßt. Für C = 0 erhält man das sogenannte H-Nomogramm.

Damit ist eine Übersicht über einige gebräuchliche Nomogrammtypen gegeben, die keineswegs vollständig ist.

2.4.5 Kombinierte Nomogramme

In der Praxis liegen oft mehr als drei Veränderliche vor, wie die durchgeführten Beispiele des folgenden Abschnitts zeigen.

Sei beispielsweise ein funktionaler Zusammenhang in vier Variablen

$$F(x, y, z, w) = 0$$

gegeben, so kann man versuchen, durch Einführen einer Hilfsvariablen u eine Aufspaltung gemäß

$$F(x, y, z, w) = 0 \iff w = f(x, y, z) \iff w = \psi(\varphi(x, y), z)$$
$$\iff w = \psi(u, z) \quad \text{mit} \quad u := \varphi(x, y)$$

vorzunehmen. Sind $w = \psi\,(u, z)$ und $u = \varphi\,(x, y)$ jeweils durch ein Nomogramm darstellbar, so sind beide Nomogramme über die u-Leiter miteinander „verzapft". Die u-Leiter, die auch Zapflinie heißt, braucht dabei nicht beschriftet zu werden, da der Zahlenwert von u bei gegebenen x- und y-Werten nicht interessiert.

2.4.6 Praktische Beispiele

Die Induktivität einer Kreisspiralspule wurde von Wheeler [2.9] mit

$$L = 0{,}703\, w^2\, \frac{(d_a + d_i)^2}{2{,}14\, d_a - d_i}$$

angegeben, wobei L der Zahlenwert der Induktivität in nH und d_a, d_i die Zahlenwerte des äußeren bzw. inneren Durchmessers in mm, sowie w die Windungszahl bedeuten.

Nach Bryan [2.9] erhält man

$$L = 1{,}24\,(d_a + d_i)\, w^{5/3}\, \ln 4\, \frac{d_a + d_i}{d_a - d_i}\,.$$

Beide Formeln wurden empirisch ermittelt, bei nicht zu großen Isolationsabständen zwischen den Windungen und einer nicht zu kleinen Windungszahl, [2.10].

Für die Variablen wurden in den folgenden Beispielen die Intervalle

$$d_i \in [5,\ 50], \quad d_a \in [5,\ 50], \quad w \in [1,\ 225]$$

zugrunde gelegt mit der Bedingung $d_a > d_i$.

Dies entspricht einer Leiterbreite b mit $0{,}1\ \text{mm} \leqslant b \leqslant 1{,}0\ \text{mm}$ und einer Ganghöhe g der Leiter mit $0{,}2\ \text{mm} \leqslant g \leqslant 1{,}0\ \text{mm}$.

2.4.6.1 Kombiniertes Netztafelnomogramm für die Formel von Wheeler

Kombination zweier Netztafeln (Bild 2.55) gemäß

$$z := \frac{(d_a + d_i)^2}{2{,}14\, d_a - d_i} \quad \text{und} \quad L = 0{,}703\, w^2\, z.$$

Die beiden unabhängigen Teilnomogramme werden wegen der unterschiedlichen funktionalen Struktur der z-Leitern über eine „Gleitkurve" verbunden. Diese ergibt sich als Einhüllende der Geradenschar, die man erhält, wenn man die gleichen z-Werten zugeordneten Punkte verbindet, was Gegenläufigkeit der beiden z-Leitern voraussetzt.

Der eingezeichnete „Rechnungsweiser" demonstriert die Ablesevorschrift und gehört zu dem Ablesebeispiel:

$$\frac{d_a}{\text{mm}} = 40, \quad \frac{d_i}{\text{mm}} = 30, \quad w = 50. \text{ Dann ist } \frac{L}{\text{nH}} = 1{,}55 \cdot 10^5\,.$$

2.4.6.2 Kombinierte Netz-Leitertafel für die Formel von Bryan

Mit $d_a + d_i =: x$, $d_a - d_i =: y$ läßt sich

$$L = 1{,}24\, x\, w^{5/3}\, \ln 4\, \frac{x}{y}$$

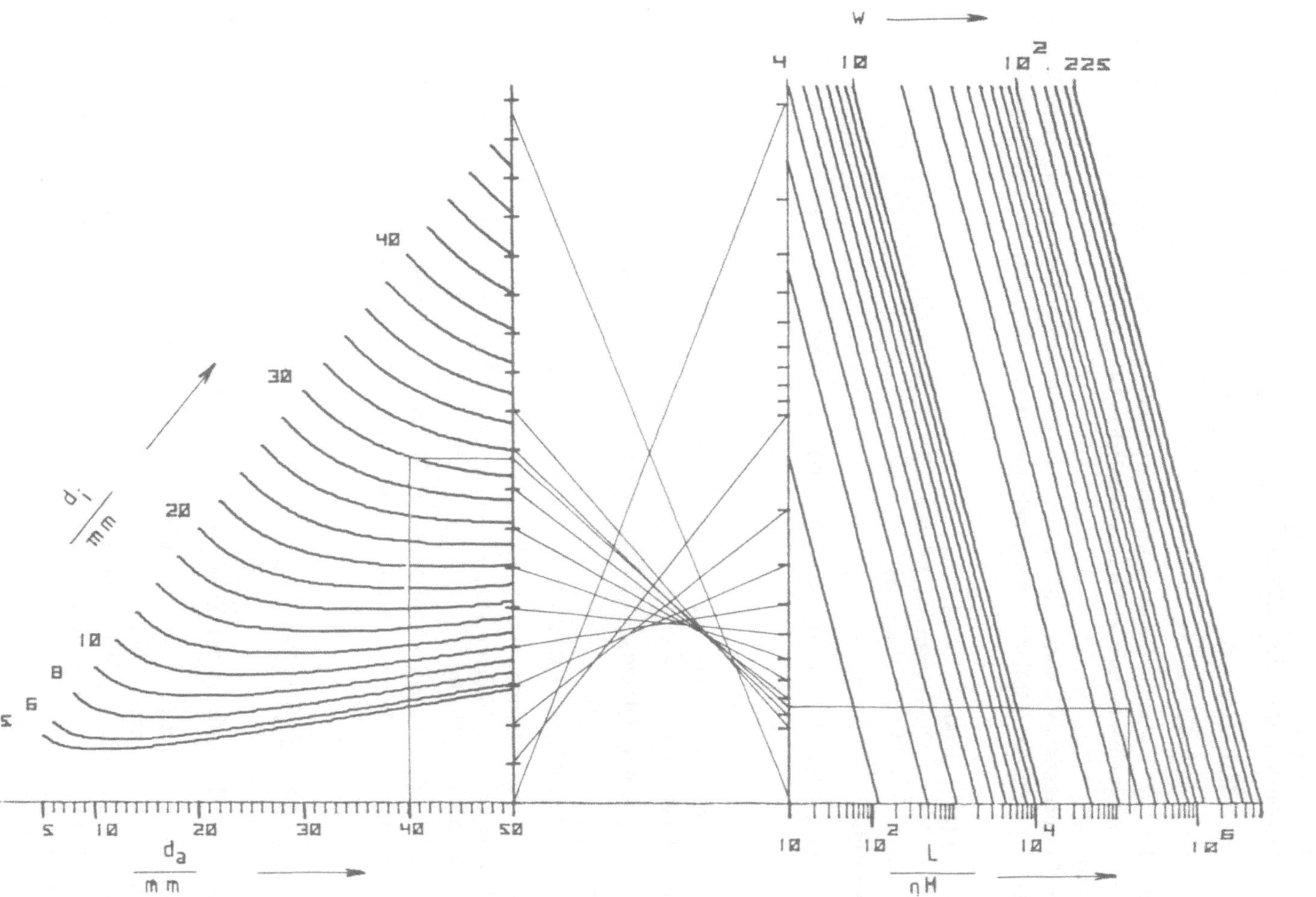

Bild 2.55 Netztafelnomogramm zur Berechnung von Planarspulen (Berechnungsmethode Wheeler); gezeichnet vom Plotter Hewlett-Packard HP 9862A

zerlegen in

$$z := x \ln 4 \frac{x}{y} \quad \text{und} \quad L = 1{,}24\, z\, w^{5/3}.$$

Für $x \in [10; 100]$ und $y \in [0{,}2; 45]$ wird gemäß

$$x \ln y - x \ln 4\, x + z = 0 \tag{2.12}$$

eine Netztafel, bestehend aus einem orthogonalen y, z-Netz und einer Geradenschar $x = \text{const.}$, mit einer Leitertafel aus logarithmischen Leitern für die Variablen z, w, L kombiniert.

Die Geradenschar $x = \text{const.}$ sei durch $a(x)\, u + b(x)\, v + c(x) = 0$ mit dem Anstieg $m(x) = - a(x)/b(x)$ gegeben, dann erhält man durch Vergleich der Schlüsselgleichung nach 2.7

$$\begin{vmatrix} a(x) & b(x) & c(x) \\ 1 & 0 & -m_y\, g(y) \\ 0 & 1 & -m_z\, h(z) \end{vmatrix} = 0$$

mit (2.12):

$$-m_y\, m(x) = k\, x, \quad g(y) = \ln y; \quad m_z\, h(z) = k\, z \quad \text{und}$$

$$\frac{c(x)}{b(x)} = - k\, x \ln 4\, x.$$

Haben y-Leiter (u-Achse) und z-Leiter (v-Achse) die gleiche vorgegebene Länge $l = 15$ cm, so erhält man

$$u = m_y \ln y \quad \text{mit} \quad m_y = 2{,}77\ \text{cm}, \quad v = k\, z \quad \text{mit} \quad k = 0{,}02\ \text{cm}$$

und

$$v = (-0{,}007\, x)\, u + 0{,}02\, x \ln 4\, x \quad \text{für die Geradenschar } x = \text{const.}$$

Wählt man im Leiternomogramm für die Leiterlänge $l = 17{,}5$ cm, so erhält man die Maßstabfaktoren $m_z = 14{,}8$ cm, $m_w = 7{,}44$ cm, $m_L = 3{,}43$ cm und die Leiterabstände $p = 6{,}15$ cm, $q = 1{,}85$ cm.

Mit diesen Daten wurde das Nomogramm in Bild 2.56 vom Plotter HP 9862 A gezeichnet. Der eingezeichnete Rechnungsweiser demonstriert die Ablesevorschrift und das Beispiel:

$$w = 20 \quad \text{und}$$

$$\frac{x}{\text{mm}} = 65, \quad \frac{y}{\text{mm}} = 5. \quad \text{Dann ist} \quad \frac{L}{\text{nH}} = 4{,}68 \cdot 10^4.$$

2.5 Freie Darstellung der Zuordnung von Daten

Immer schon hat es in Abweichung von Normen und Standards die freie Darstellung von Datenmaterial gegeben. Diese, eher von den Kriterien der visuellen Kommunikation bestimmten Darstellungen, haben nicht nur in der populären Technikliteratur ihre Bedeutung. Nachfolgend seien einige Beispiele dieser Gestaltungsart vorgestellt, Bild 2.57, Bild 2.58, Bild 2.59.

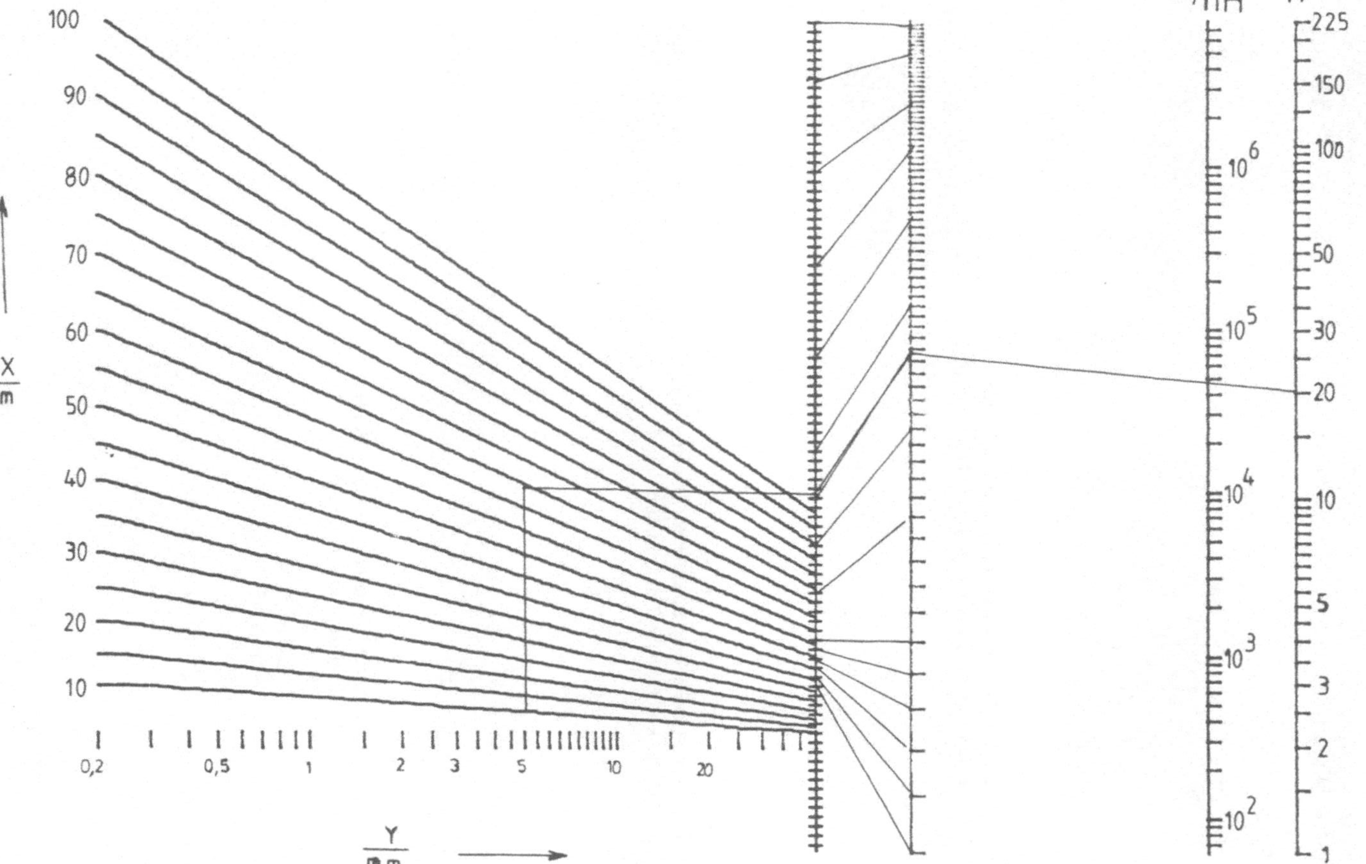

Bild 2.56 Netzleitertafel zur Berechnung von Planarspulen (Berechnungsmethode Bryan)

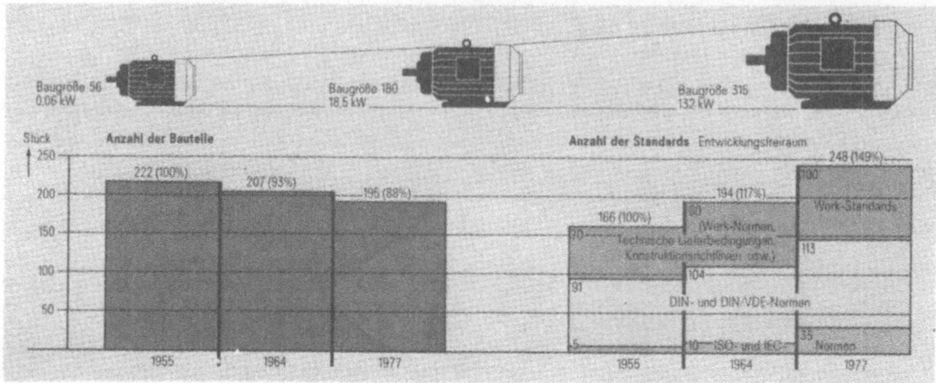

Bild 2.57 Frei komponierte Darstellung. Beispiel für Normung und Freiraum für die Entwicklung beim Normmotor

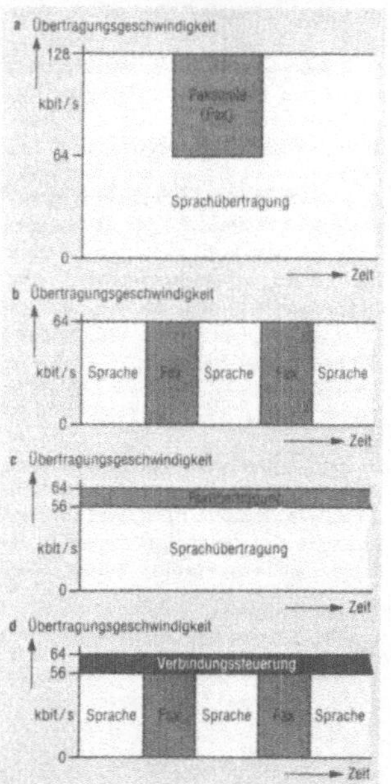

Bild 2.58

Frei komponierte Darstellung. Beispiel der Übertragungsmöglichkeiten für kombinierte Telekommunikation

Bild 2.59 Frei komponierte Darstellung. Beispiel des Normungsvolumens in Abhängigkeit vom Aufbaugrad.

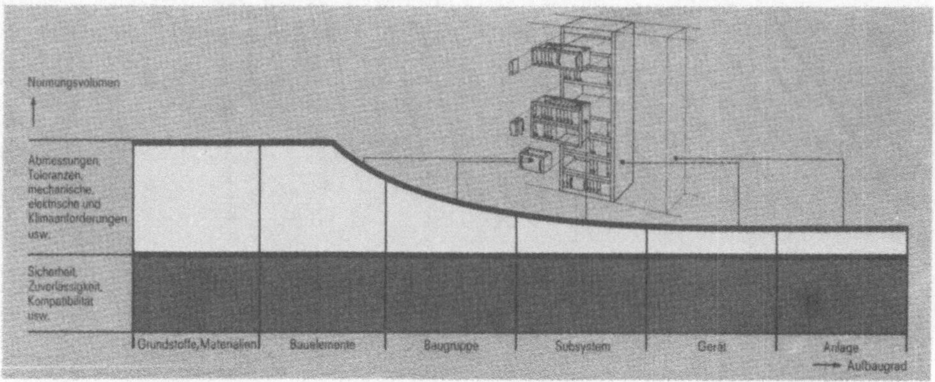

3 Schaltungsdokumentation

von Prof. Dipl.-Ing. Helmut Müller, Dortmund

Die im Bereich der Schaltungsdokumentation zu behandelnden Sachverhalte sind in besonderer Weise Ausdruck für eine ingenieurgemäße Symbolsprache. Eine Einteilung in Symbole und Symbolkombinationen (graphische Symbole der Elektrotechnik) und in Symbolverknüpfungen (Schaltungsunterlagen der Elektrotechnik) soll dies ausweisen.

Die Symbolsprache selbst ist in einen umfangreichen Normencodex eingebunden, der einer steten Veränderung unterliegt. Eine fortgesetzte Neuordnung von Normen und Standards, Harmonisierungen mit und Anpassung an internationale Standards, hier insbesondere an IEC-Publikationen, geben der Symbolsprache ein hohes Maß an Lebendigkeit und Wandlung. Insbesondere im Bereich der Digitalelektronik führt das angesprochene Phänomen vielfach dazu, daß das Verständnis der Sprache und deren Anwendung verloren geht. Die Sprachentwicklung ist vergleichbar der Evolution der elektronischen Bauelemente. Soll aber die Sprache ihren Sinn als Mittel des Informationsaustausches beibehalten, so bedarf es ihrer steten Übung und Anwendung.

Das bislang Gesagte impliziert, daß das Normenmaterial heutiger Gültigkeit sehr umfangreich ist. Es kann im Rahmen dieser Abhandlung nur exemplarisch vorgestellt und aufbereitet werden. Dem Leser muß die stete Kenntnisnahme und Beschäftigung mit den Publikationen des deutschen Normenwerkes und international vergleichbarer Organisationen anempfohlen werden.

3.1 Bildzeichen

Unter Bildzeichen sind Symbole zu verstehen, die elektrotechnische Produkte und Produktfunktionen beschreiben. Bildzeichen haben als Basis die Norm DIN 30 600 und IEC 417.

Allgemeine Quellen:

DIN 30 600
IEC 417
DIN 40 100, Teil 1
DIN 40 100, Beiblatt 1 zu Teil 1

Tafel 3.1 Strom, Spannung, Frequenz, Leitung, Erdung (nach DIN 40 100 Teil 3)

Nr.	Symbol, Bildzeichen	Benennung	Anwendungshinweise
1		Gleichstrom	auch Gleichspannung
2		Wechselstrom	auch Wechselspannung, Frequenz allgemein
3		Allstrom	
4		Pluspol (Positiv)	
5		Minuspol (Negativ)	
6		Schwingung	
7		Impuls (kurzer Impuls)	
8		Impuls (langer Impuls)	
9		Eingang für Energie und Signal	
10		Ausgang für Energie und Signal	
11		Koaxialer Eingang	
12		Koaxialer Ausgang	
13		Elektrische Leitung unterirdisch	
14		Elektrische Leitung oberirdisch	

zu **Tafel 3.1**

Nr.	Symbol, Bildzeichen	Benennung	Anwendungshinweise
15		Koaxiale Leitung	
16		Koaxiale Leitung abgeschirmt	
17		Erde, allgemein	entspricht Alphazeichen nach IEC 445 E
18		Fremdspannungsarme Erde	TE
19		Schutzleiter, Schutzleiter- anschluß	PE
20		Masse	MM
21		Äquipotential	CC
22		Stromsicherung	
23		Spannungssicherung	

Tafel 3.2 Bewegung, Richtung, Wirkung, Geschwindigkeit (nach DIN 40 100, Teil 6)

Nr.	Symbol, Bildzeichen	Benennung	Anwendungshinweise
1		Bewegung in Pfeilrichtung	
2		Bewegung in zwei Pfeilrichtungen	
3		Bewegung in beiden Richtungen	
4		Vorwärtsbewegung	
5		Rückwärtsbewegung	
6		Umdrehung, Drehen	
7		Umdrehung je Minute	
8		Wirkung auf Bezugspunkt zu	
9		Wirkung von Bezugspunkt aus	
10		Wirkung aus zwei Richtungen auf Bezugspunkt zu	Druck
11		Wirkung von Bezugspunkt aus in zwei Richtungen	Zug
12		Geschwindigkeit	Normalgeschwindigkeit in Pfeilrichtung
13		Geschwindigkeit, erhöht	in Pfeilrichtung
14		Fließpfeil für Ein- und Ausgang	Pfeil weist in Funktionsrichtung

Tafel 3.3 Allgemeine Einrichtungen (nach DIN 40 100, Teil 7)

Nr.	Symbol, Bildzeichen	Benennung	Anwendungshinweise
1		Einsteller	
2		Verstärker	
3		Stellbarer Verstärker	
4		Verstärker selbsttätig geregelt	
5		Regler	
6		Oszilloskop	
7		Meßwertanzeiger	analoge Anzeige
8		Meßwertanzeiger	digitale Anzeige
9		Schreiber	
10		Drucker, Druckwerk	
11		Entzerrer	
12		Begrenzer	
13		Größtwertbegrenzer	
14		Kleinstwertbegrenzer	

Tafel 3.4 Generatoren, Umsetzer (nach DIN 40 100, Teil 10)

Nr.	Symbol, Bildzeichen	Benennung	Anwendungshinweise
1		Stromerzeuger, allgemein	umlaufend
2		Generator	Sinusspannung nicht umlaufend
3		Generator mit Frequenzänderbarkeit	Sinusspannung nicht umlaufend
4		Kippgenerator	
5		Quarzgenerator	
6		Wobbelgenerator	
7		Rauschgenerator	
8		Umsetzer	
9		Gleichspannungsumsetzer	
10		Wechselspannungsumsetzer	
11		Umsetzer mit Angabe der Wirkrichtung	
12		Wechselrichter	
13		Gleichrichter	
14		Frequenzumsetzer	

zu Tafel 3.4

Nr.	Symbol, Bildzeichen	Benennung	Anwendungshinweise
15	f / nf	Frequenzvervielfacher	
16	$f / \frac{f}{n}$	Frequenzteiler	

Tafel 3.5 Aufzeichnungstechnik, allgemein (nach DIN 40 100, Teil 11)

Nr.	Symbol, Bildzeichen	Benennung	Anwendungshinweise
1		Informationsaufnahme auf Informationsträger	
2		Informationswiedergabe von Informationsträger	
3		Eingangssignalkontrolle	bei Aufnahme
4		Signalkontrolle	während der Aufnahme
5		Wiedergabesignalkontrolle	

Tafel 3.6 Übertragungstechnik (nach DIN 40 100, Teil 17)

Nr.	Symbol, Bildzeichen	Benennung	Anwendungshinweise
1		Frequenzbandwahl für mehrere Bereiche	
2		Abstimmen	
3		Empfangsfrequenz-Regelung	
4		Trägerschwingung	
5		Pilotschwingung	
6		Modulator, Demodulator, Diskriminator	
7		Sender	
8		Empfänger	
9		Elektrisches Frequenzfilter	
10		Frequenzweiche	
11		Meßsender	
12		Meßempfänger	
13		Funkempfänger, Rundfunkempfänger, Tuner	

3.2 Schaltzeichen

Schaltzeichen dienen der symbolhaften Beschreibung von Bauelementen, Systemkomponenten und Systemen der Elektrotechnik oder allgemein, im Sinne der Normdefinition von DIN 40 719, der symbolhaften Beschreibung elektrischer Betriebsmittel zum Zwecke der zeichnerischen Darstellung von Schaltplänen. Schaltpläne wiederum bilden jenen Dokumentationsanteil an Schaltungsunterlagen, die die elektromagnetische Verknüpfung der Betriebsmittel ausweisen.

Die Schaltzeichennormung hat in jüngster Zeit erhebliche Veränderungen erfahren und wird dies auch weiterhin tun. Alle neueren Dokumente wurden in Anlehnung an IEC-Publikationen entwickelt. Eine Reihe von Neuordnungen des Schaltzeichenwerkes liegt in DIN-IEC-Entwürfen vor, so daß Neuerungen während der Drucklegung dieses Buches zu erwarten sind.

Exemplarisch seien die wesentlichen Schaltzeichen vorgestellt und teilweise ihre Anwendung aufbereitet.

3.2.1 Schaltzeichen für Strom- und Spannungsarten

Quelle: DIN 40 700, Teil 4

Tafel 3.7 führt die Schaltzeichen auf. Enthalten sind auch die Impulsarten und modulierte Pulse.

3.2.2 Schaltzeichen für Leitungen und Leitungsverbindungen

Quelle: DIN 40 711

Die Norm enthält die für die Nachrichtentechnik und elektrische Energietechnik gültigen Schaltzeichen. Die Kenntnis dieser Norm ist unverzichtbar.

Tafel 3.8 gibt einen ausgewählten Überblick.

3.2.3 Schaltzeichen für Netze

Quelle: DIN 40 722

Der Entwurf eines Netzplanes steht unter dem Ziel, Leitungen, Verbindungen und Streckenführungen eines Netzes einschließlich der zugehörigen Anlagen darzustellen. Die Norm stellt eine Abrundung des Abschnitts 3.2.2 dar. Die zugrunde liegende Norm nimmt wieder Bezug auf Netze der Nachrichtentechnik und elektrischen Energietechnik.

Tafel 3.9 gibt einen ausgewählten Überblick.

3.2.4 Schaltzeichen für Schaltgeräte

Quelle: DIN 40 713

Es ist unzweifelhaft, daß in allen Bereichen der Elektrotechnik Schaltglieder, Steckverbinder, etc. Anwendung finden. Daher seien in einer Auswahl anwendungsadäquate Schaltzeichen aufgelistet, Tafel 3.10.

Tafel 3.7 Strom- und Spannungsarten, Impulsarten

Nr.	Symbol, Schaltzeichen	Benennung	Anwendungshinweise
1		Gleichstrom, Gleichspannung allgemein	
2		wie 1	Anwendung nur, wenn Verwechslung möglich
3		Wechselstrom, Wechselspannung	Frequenzangabe rechts neben Symbol
4		Tonfrequenter Wechselstrom, Tonfrequente Wechselspannung	
5		Hochfrequenter Wechselstrom Hochfrequente Wechsel- spannung	
6		Allstrom	
7		Mischstrom	
8	1 ∿ 16 2/3 Hz	Einphasen-Wechselstrom	$16\,^2/_3$ Hz
9	2 ∿	Zweiphasen-Wechselstrom	
10	3/N ∿ 50 Hz	Dreiphasen-Wechselstrom	50 Hz
11	2/N ———	Zweiteiler-Gleichstrom	
12		Rechteckimpuls, positiv	
13		Rechteck-Wechselimpuls	
14		Rechteckimpuls, negativ	

zu Tafel 3.7

Nr.	Symbol, Schaltzeichen	Benennung	Anwendungshinweise
15		Schwingungsimpuls	
16		Sprung, positiv	
17		Sprung, negativ	
18		Dreieckimpuls	
19	2µs 10 kHz	Beispiel Rechteckimpuls	Impulsdauer 2 μs Pulsfrequenz 10 kHz
20		Pulsphasenmodulation	PPM
21		Pulsfrequenzmodulation	PFM
22		Pulsamplitudenmodulation	PAM
23		Pulsabstandmodulation	
24		Pulsdauermodulation	PDM
25	2^5	Pulscodemodulation	PCM, 5 Bit-Code
26	$\binom{7}{3}$	Pulscodemodulation	PCM, 3 aus 7-Code

Tafel 3.8 Leitungen und Leitungsverbindungen

Nr.	Symbol, Schaltzeichen	Benennung	Anwendungshinweise
1	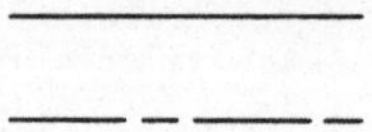	Leitungen, allgemein	Strich/Längenverhältnis 3 : 1
2		Leitungen mit Kennzeichnung des Bauzustands	
3		Bewegliche Leitung	
4		Nachrüstleitung	
5		Leitungen mit Kennzeichnung des Verwendungszwecks	
6	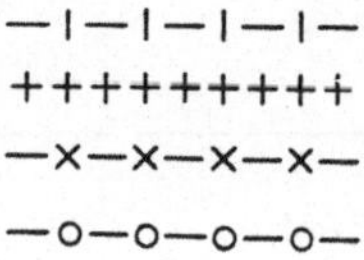	weitere Leitungsdarstellungsarten	
7		Verdrillte Leitung	
8	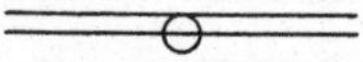	Koaxleitung	
9	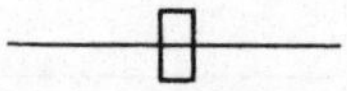	Rechteckhohlleitung	
10	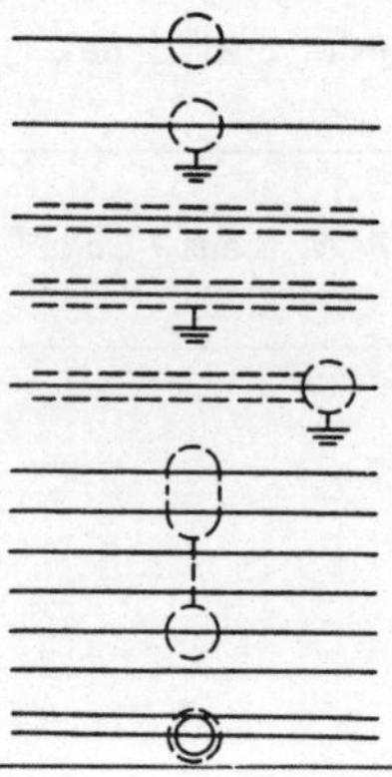	Geschirmte Leitungen	

zu Tafel 3.8

Nr.	Symbol, Schaltzeichen	Benennung	Anwendungshinweise
11		Leiterzahlkennzeichnung	3 Leiter
12		Kreiskennzeichnung	2 Stromkreise
13	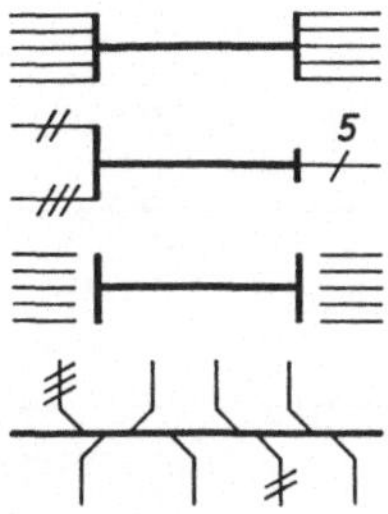	Zusammenfassung von Leitungen zur vereinfachten Darstellung von Schaltplänen	Bündel mit Zielkennzeichnung
14	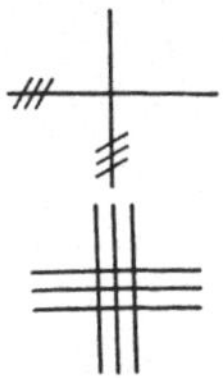	Leitungskreuzung	einpolige Darstellung mehrpolige Darstellung
Leitungsverbindungen			
15	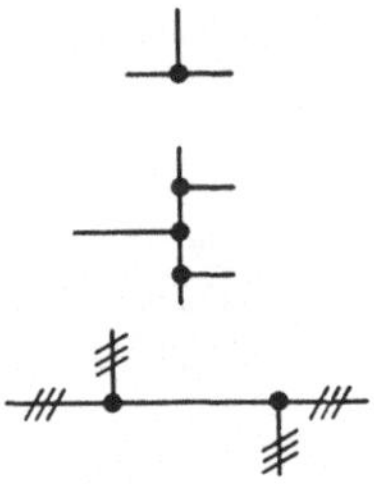	Leitende Verbindungen	nicht lösbar
16		Verbindungsstelle, allgemein	nicht lösbar lösbar
17		Klemmleiste, Reihenklemmen	

zu Tafel 3.8

Nr.	Symbol, Schaltzeichen	Benennung	Anwendungshinweise
		wie 17, mit fester Verbindung	
18		wie 17, mit lösbarer Verbindung	
		Reihentrennklemme	
19	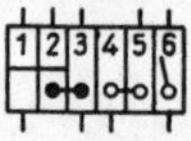		Beispiel
20	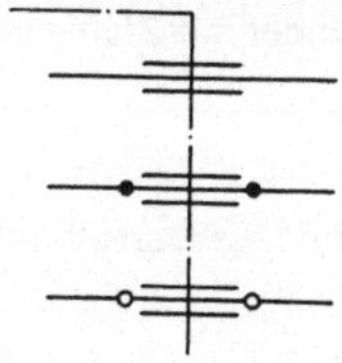	Leitungsdurchführung in Gehäuse- oder Gebäudewand	

Tafel 3.9 Schaltzeichen für Netze

Nr.	Symbol, Schaltzeichen	Benennung	Anwendungshinweise
1		Stricharten zur Darstellung von Leitungen	Bedeutung und Anwendung ist im Plan zu erläutern
2		Stricharten zur Darstellung geplanter Leitungen	
3		verdrillte Leitung	
4		verdrillte Leitung	n-Adern
5		oberirdisch verlegte Leitung	
6		im Wasser verlegte Leitung	
7		in der Erde verlegte Leitung	
8	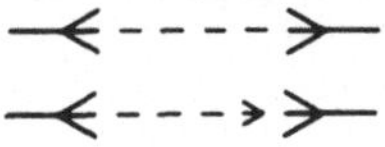	Funkverbindungen	allgemein mit Kennzeichen des Übertragungsweges
9		HF-führende Leitung	
10		Doppelleitung, allgemein Drehstrom-Doppelleitung wahlweise Darstellung mit zwei Stromkreisen wahlweise Darstellung	2 × 3 Leiter
11	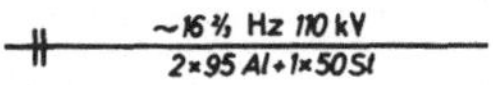 ~16⅔ Hz 110 kV 2×95 Al + 1×50 St 3×95 + 1×50 Cu	Doppelleitung mit Zusatz-kennzeichnung Drehstromleitung	Einphasen-Doppelleitung 16 2/3 Hz, 110 kV, usw.

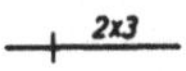

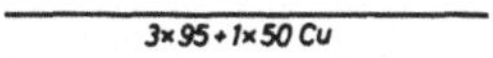

Tafel 3.10 Schaltgeräte, Antriebe

Nr.	Symbol, Schaltzeichen	Benennung	Anwendungshinweise
	Schaltglieder		
1		Einschaltglied, Schließer	Schaltzeichen ohne und mit Darstellung der Verbindungsstellen
2		Ausschaltglied, Öffner	wie 1
3		Umschaltglied, Wechsler	wie 1
4		Einschaltglied mit drei Schaltstellungen	wie 1
	Steckverbinder		
5		Steckerstift	
6		Steckerbuchse	
7		Steckverbinder mit Steckerstift und -Buchse	
8		wie 7	wahlweise Darstellung
9		wie 7, jedoch mit Kennzeichnung des Schutzleiters	
10		Steck- oder Druckverbinder	

zu **Tafel 3.10**

Nr.	Symbol, Schaltzeichen	Benennung	Anwendungshinweise
	Sicherungen		
11		Sicherung, allgemein	
12		Sicherung	Kennzeichnung des netzseitigen Anschlusses
13		Spannungssicherung Überspannungsableiter	
14		Funkenstrecke	
15		Doppelfunkenstrecke	
	Elektromechanische Antriebe		
16		Antrieb, allgemein	Relais, Schütz
17		Antrieb mit besonderen Eigenschaften, allgemein	
18		Schaltschloß	

3.2.5 Schaltzeichen für Transformatoren und Drosselspulen

Quelle: DIN 40 714, Blatt 1

Tafel 3.11 zeigt einen Ausschnitt der anwendungsadäquaten Schaltzeichen.

3.2.6 Schaltzeichen für Widerstände, Kondensatoren, etc. Kennzeichen für Veränderbarkeit, Einstellbarkeit

Quelle: DIN 40 712

Bei den unter obiger Norm verzeichneten Schaltzeichen und Kennzeichen handelt es sich um solche, die für allgemeine passive Bauelemente gebräuchlich sind, Tafel 3.12.

3.2.7 Schaltzeichen für Halbleiterbauelemente

Quelle: DIN 40 700, Blatt 8

Trotz vielfältiger Anwendung der verschiedensten Halbleiterbauelemente, ist die normgerechte Schaltzeichennutzung vielfach unzureichend. Dies hat seine Ursache in den festgeprägten Symbolen der Anfangsphase der Halbleitertechnik. In solchen Fällen sind Wandlungen immer erst langsam durchzusetzen. Tafel 3.13 zeigt die wesentlichen Schaltzeichen der Norm.

3.2.8 Schaltzeichen für Meßgrößenumformer

Quelle: DIN 40 716, Blatt 6

Im Bereich der Steuerungs- und Regelungselektronik besteht das Problem der Meßgrößenerfassung und Meßgrößenwandlung. Meßgrößenwandler oder Umformer werden durch obige Norm erfaßt. Tafel 3.14 demonstriert die Schaltzeichen ausschnitthaft.

3.2.9 Schaltzeichen für Meßinstrumente

Quelle: DIN 40 716, Blatt 1

Messen, Anzeigen, Schreiben, Registrieren, Melden sind wesentliche Erscheinungsformen der peripheren Elektronik. Die angeführte Norm gibt einen Einblick in die Schaltzeichen der Meßinstrumente, Meßgeräte und Zähler, Tafel 3.15.

3.2.10 Schaltzeichen der Mikrowellenelektronik

Quelle: DIN 40 700 Blatt 11

Die Mikrowellenelektronik nutzt einen eigenständigen Schaltzeichenkomplex, der nur geringe Verbreitung gefunden hat. Gerade hier werden häufig Phantasiesymbole angewandt, die eine korrekte Informationsübertragung erschweren. Anderenfalls ist man gezwungen, zu Ersatzdarstellungen mit konzentrierten Elementen hilfsweise und meist unvollkommen zurückzugreifen. Was unter einer ersatzweisen Darstellung des Schaltungsverhaltens zu verstehen ist, zeigt Bild 3.1 für einen UHF-Topfkreisgenerator. In Tafel 3.16 werden die Symbole aufgelistet.

Tafel 3.11 Transformatoren, Drosselspulen

Nr.	Symbol, Schaltzeichen	Benennung	Anwendungshinweise
1		Drosselspule	wahlweise Darstellungen
2		Transformator	mit zwei getrennten Wicklungen
3		Transformator	mit drei getrennten Wicklungen
4		Spartrafo (Autotrafo)	
5		Drosselspule, stetig verstellbar	
6		Transformator, stetig verstellbar	
7		Transformator, stellbar, Kennzeichnung der stellbaren Wicklung	
8		Spartransformator, stetig stellbar	
9	6000 V / 1000 kVA / $16\frac{2}{3}$ Hz / 400 V	Einphasentransformator	6000/400 V 1000 kVA, $16\,2/3$ Hz
10	6000 V / 1000 kVA / 50 Hz / 7,5 % / 2×200 V	Einphasentransformator	6000/2 × 200 V 1000 kVA, 50 Hz
11	60 kV / 6300 kVA / 50 Hz / Yd5 / 15 kV	Drehstromtransformator mit Sternpunktklemme	Schaltung Yd5 60/15 kV, 6300 kVA, 50 Hz
12	15 000 V / 1000 kVA / 50 Hz / 400 V	Drehstromtransformator	Schaltung △/✳ 15000/400 V, 1000 kVA, 50 Hz

Tafel 3.12 Widerstände, Kondensatoren, Kennzeichen für Veränderbarkeit, etc.

Nr.	Symbol, Schaltzeichen	Benennung	Anwendungshinweise
	Kennzeichen für Veränderbarkeit		
1		stetige Veränderbarkeit, allgemein	durch mechanische Verstellung
2		wie 1, linear	
3		wie 1, nicht linear	
4		stufige Veränderbarkeit	Stufenangaben können erfolgen
	Kennzeichen für Einstellbarkeit		
5		Einstellbarkeit, allgemein	durch mechanische Verstellung
6		wie 1, stetig	
7		wie 1, stufig	
	Kennzeichen für Veränderbarkeit unter Einfluß einer physikalischen Größe		
8		lineare Veränderbarkeit	Kennzeichen kann erweitert werden
9		nichtlineare Veränderbarkeit	wie 8
	Widerstände		
10		Widerstand, allgemein	Seitenverhältnis $1 : \geqq 2$

zu Tafel 3.12

Nr.	Symbol, Schaltzeichen	Benennung	Anwendungshinweise
11		Widerstand	wahlweise Darstellung
12		Widerstand mit Anzapfung	
13	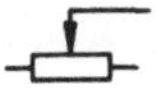	Widerstand mit Schleifkontakt	
14		ohmscher Widerstand	
15	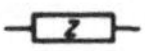	Scheinwiderstand	
	Induktivitäten		
16		Induktivität, allgemein	Seitenverhältnis $1 : \geq 2$
17		Induktivität	wahlweise Darstellung
18		Induktivität	wahlweise Darstellung
19		Induktivität mit Anzapfung	
20		Induktivität mit Kern	magnetischer Werkstoff
21		Induktivität mit Kern und Luftspalt	wie 20
	Kapazitäten (Kondensatoren)		
22		Kapazität, allgemein	Kondensator, allgemein

zu **Tafel 3.12**

Nr.	Symbol, Schaltzeichen	Benennung	Anwendungshinweise
23		Kapazität mit Anzapfung	Kondensator mit Anzapfung
24		Kapazität mit Außenbelagskennzeichnung	
25		gepolte Kapazität	gepolter Kondensator
26			gepolter Elektrolytkondensator
27			ungepolter Elektrolytkondensator
28			Durchführungskondensator
	Erdung		
29		Erde, allgemein	
30		Erde, Erdungsart	Betriebserde
31		Fremdspannungsarme Erde	
32		Schutzleiteranschluß	
33		Masse, allgemein	
34		Masse, Potentialangabe	

zu **Tafel 3.12**

Nr.	Symbol, Schaltzeichen	Benennung	Anwendungshinweise
	Trennung, Abschirmung		
35		Trennlinie	
36		Umrahmungslinie	eines Betriebsmittels
37		Abschirmung	eines Betriebsmittels
	Batterie		
38		Primärelement, Akkumulator (Zelle), Batterie	Angabe von Spannung, Zellenzahl, etc. ist zulässig
	Anwendungsbeispiele		
39		veränderbarer Widerstand	
40		wie 39 mit Motorantrieb	
41		wie 39 mit nichtlinearer Kennlinie	
42		wie 39 mit linearer Kennlinie	
43		einstellbarer Widerstand	
44		stufig stellbar, 5 Stufen	
45	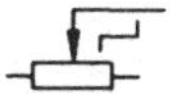	stufig veränderbar	Schleifkontakt

zu **Tafel 3.12**

Nr.	Symbol, Schaltzeichen	Benennung	Anwendungshinweise
46		stetig veränderbar, linear	Potentiometer mit Schleifkontakt
47	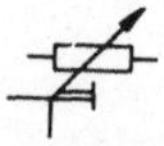	Handbetätigung, nichtlinear	
48		wie 47, wahlweise	
49		Potentiometer	
50	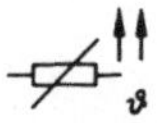	Temperaturabhängiger Widerstand	
51	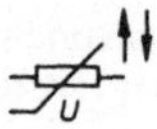	Spannungsabhängiger Widerstand	
52		stufig veränderbar	
53		stetig stellbar	
54		stetig veränderbar	
55		Differentialkondensator	
56	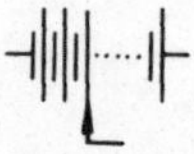	Batterie mit Spannungsabgriff	

Tafel 3.13 Halbleiterbauelemente

Nr.	Symbol, Schaltzeichen	Benennung	Anwendungshinweise
	Allgemeine Zeichen, Aufbauelemente		
1		Umrandung	
2		Halbleiterzone mit einem Anschluß	ohne Gleichrichterwirkung
3		Halbleiterzone mit zwei Anschlüssen	ohne Gleichrichterwirkung
4		wie 3, wahlweise	
5		Leitender Kanal für Element vom Verarmungstyp	
6		Leitender Kanal für Element vom Anreicherungstyp	
7		Gleichrichtender Übergang	P auf N
8		Sperrschicht, die durch elektrisches Feld eine Halbleiterzone beeinflußt	z. B. in Sperrschicht-Feldeffekt-Transistor
9		P-Gebiet beeinflußt N-Zone	
10		N-Gebiet beeinflußt P-Zone	
11		Kennzeichnung der Art des Substrats	z. B. Verarmungs-IG-FET
12		Kennzeichnung der Art des Substrats	z. B. Anreicherungs-IG-FET
13		Isoliertes Gate	

zu **Tafel 3.13**

Nr.	Symbol, Schaltzeichen	Benennung	Anwendungshinweise
14	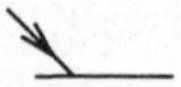	Emitter auf einer Halbleiterzone	P-Emitter auf N-Zone
15	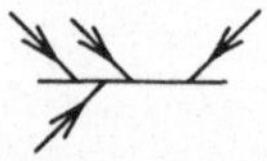	mehrere Emitter auf einer Halbleiterzone	P-Emitter auf N-Zone
16	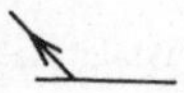	N-Emitter auf P-Zone	
17	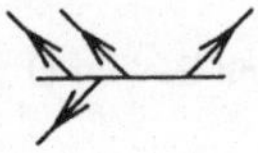	mehrere N-Emitter auf P-Zone	
18		Kollektor auf einer Halbleiterzone	Der Leitungstyp des Kollektors kann nur aus dem vollständigen Schaltzeichen über den Emitterpfeil ermittelt werden
19		Kapazitiver Effekt	
20		Tunneleffekt	
21		Durchbrucheffekt	
22		Durchbrucheffekt	in beiden Richtungen
23		Backward-Effekt	
	Halbleiter ohne Gleichrichterwirkung		
24	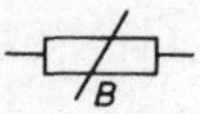	Von der Induktion abhängiger Widerstand	Feldplatte
25	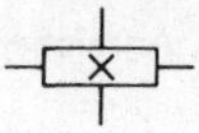	Hallgenerator	
26	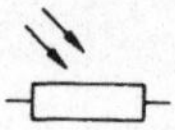	Photowiderstand	

zu **Tafel 3.13**

Nr.	Symbol, Schaltzeichen	Benennung	Anwendungshinweise
	Halbleiter mit Gleichrichterwirkung		
27		Halbleiter-Diode, Gleichrichter	Durchlaßrichtung in Richtung der Pfeilspitze
28		Temperaturabhängige Diode	
29		Kapazitätsdiode	
30		Tunneldiode	
31		Zenerdiode	
32		Zenerdioden-Begrenzer	
33		Photoelektrisches Element, allgemein	
34		Photodiode	
35		Luminiszenz	
36		Strahlungsdetektor	γ-Strahlen
37		Photoelement	
38		Backward-Diode	
39		Zweirichtungsdiode	

zu Tafel 3.13

Nr.	Symbol, Schaltzeichen	Benennung	Anwendungshinweise
40		Gleichrichtergerät	
41		Thyristor, allgemein	
42		Thyristor, rückwärts sperrend	
43		Thyristor, rückwärts leitend	
44	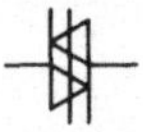	Thyristor, Zweirichtungsthyristor	
45	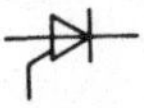	Thyristor, rückwärts sperrend	anodenseitig steuerbar
46	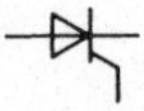	wie 45	kathodenseitig steuerbar
47		Abschaltthyristor	anodenseitig steuerbar
48	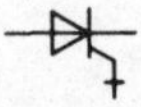	Abschaltthyristor	kathodenseitig steuerbar
49	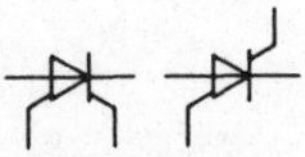	Thyristortetrode	
50		Thyristortriode	
51		Thyristor, rückwärtsleitend	anodenseitig steuerbar
52	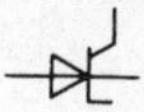	Thyristor, rückwärtsleitend	kathodenseitig steuerbar

zu **Tafel 3.13**

Nr.	Symbol, Schaltzeichen	Benennung	Anwendungshinweise
	Bipolare Transistoren		
53		PNP-Transistor	E = Emitter C = Kollektor B = Basis
54		NPN-Transistor	Kollektor mit Gehäuse verbunden
	Sondertransistoren		
55		PNP-Phototransistor	
56		Zweizonentransistor vom P-Typ	Unijunction-Transistor Doppelbasisdiode
57		Zweizonentransistor vom N-Typ	Unijunction-Transistor, Doppelbasisdiode
	Feldeffekttransistoren, Sperrschicht-FET		
58		Sperrschicht-FET, N-Kanal	Sourceanschluß in Verlängerung des Gateanschlusses
59		Sperrschicht-FET P-Kanal	
	Feldeffekttransistoren, Isolierschicht-FET, IG-FET		
60		Anreicherungs-IG-FET P-Kanal auf N-Substrat	
61		Anreicherungs-IG-FET N-Kanal auf P-Substrat	
62		Anreicherungs-IG-FET Substratanschluß herausgeführt	

zu Tafel 3.13

Nr.	Symbol, Schaltzeichen	Benennung	Anwendungshinweise
63		Anreicherungs-IG-FET Source und Substrat intern verbunden	
64		Verarmungs-IG-FET N-Kanal	
65		Verarmungs-IG-FET P-Kanal	
66		IG-FET mit zwei Gates	

Tafel 3.14 Meßgrößenumformer

Nr.	Symbol, Schaltzeichen	Benennung	Anwendungshinweise
1		Widerstands-Stellungsgeber	allgemein
2		Widerstands-Stellungsgeber	3 Abgriffe für Drehbewegung
3		Dehnungsmeßstreifen	
4		Widerstandsthermometer	(Bolometer)
5			allgemein
6		Thermoelement	mit Ausgleichsleitung
7			mit galv. getrenntem Heizer
8			mit galvan. verbundenem Heizer

zu **Tafel 3.14**

Nr.	Symbol, Schaltzeichen	Benennung	Anwendungshinweise
9	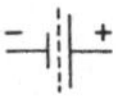	Meßzelle	galvanisch
10		Leitfähigkeitselektroden	
11		magneto-elastischer Geber	
12		magnetischer Geber mit beweglicher Spule	
13		induktiver Geber	allgemein, mit Koppeländerung
	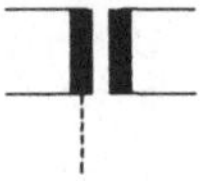		Kennzeichnung der bewegten Wicklung
14		induktiver Differenzgeber	
15	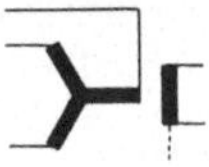	Winkelstellungsgeber	
16	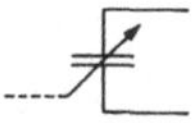	kapazitiver Geber	
17	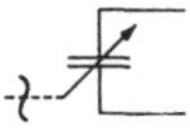	Schwingkondensator	
18	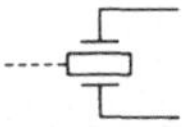	Piezoelektrischer Geber	
19	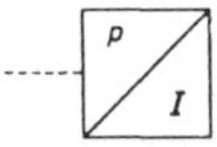	Druckgeber	
20	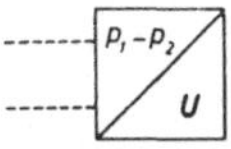	Differenzdruckgeber	

Tafel 3.15　Meßinstrumente, Meßgeräte, Zähler

Nr.	Symbol, Schaltzeichen	Benennung	Anwendungshinweise
1		Meßinstrumente, allgemein	
2		Meßgerät, allgemein registrierend	(Seitenverhältnis 1 : 1)
3		integrierendes Meßgerät	Zähler (Seitenverhältnis 1 : 1 ÷ 0,25)
4		Meßwerk, allgemein	
5		Meßwerk mit Spannungspfad	wenn Unterscheidung erforderlich
6		Meßwerk mit Strompfad	wenn Unterscheidung erforderlich
7		Meßwerk mit Anzapfung	
8		Meßwerk mit Summen oder Differenzbildung	
9		Meßwerk mit Produktbildung	
10		Meßwerk mit Quotientenbildung	
11		Anzeige, allgemein	
12		Anzeige mit beidseitigem Ausschlag	
13		Vibrationsanzeige	
14		Digitalanzeige	(numerisch)

zu **Tafel 3.15**

Nr.	Symbol, Schaltzeichen	Benennung	Anwendungshinweise
15		Registrierung, schreibend	
16		Registrierung, punktschreibend	
17		trägheitsarm	
18		tragheitsbehaftet	
19		Größtwertanzeige	
20		Kleinstwertanzeige	
21		Meßinstrument, allgemein	ohne Kennzeichnung der Meßgröße
22		Meßinstrument, allgemein	ohne Kennzeichnung der Meßgröße
23		Strommesser	Angabe in Ampere
24		Spannungsmesser	Angabe in Millivolt
25		Spannungsmesser für Gleich- und Wechselspannung	
26		Vielfachmesser	Angaben in Volt, Ampere, Ohm
27		Nullindikator für Wechselstrom	
28		Meßwerk, trägheitsarm	Oszillografenschleife

zu **Tafel 3.15**

Nr.	Symbol, Schaltzeichen	Benennung	Anwendungshinweise
29	W-var	Linienschreiber, zweifach	Anzeige von Wirk- und Blindleistung
30	kWh	Drehstromzähler	
31	Ω	Widerstandsmeßbrücke	
32	$u(t)$	Oszilloskop zur Kurvenbild-anzeige der Spannung	

Tafel 3.16 Schaltzeichen der Mikrowellenelektronik

Nr.	Symbol, Schaltzeichen	Benennung	Anwendungshinweise
	Leitungen		
1		Homogene Leitung, Wellenleitung, allgemein	
2		Bewegliche Wellenleitung	
3		Verdrehte Wellenleitung	
4		Rechteckhohlleiter	
5		Rechteckhohlleiter mit Dielektrikum	festes Dielektrikum
6		Rechteckhohlleiter mit Gasfüllung	
7		Rundhohlleiter	
8		Steghohlleiter	
9		unsymmetrische Streifenleitung	
10		unsymmetrische Streifenleitung	festes Dielektrikum, Microstrip
11		symmetrische Streifenleitung	
12		symmetrische Streifenleitung	festes Dielektrikum, Triplate
13		koaxiale Leitung	

zu **Tafel 3.16**

Nr.	Symbol, Schaltzeichen	Benennung	Anwendungshinweise
14	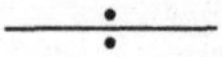	Paralleldraht-Leitung	
15		Paralleldraht-Leitung	mit Abschirmung
16		Drahtwellenleitung	Goubau-Leitung
17		Dielektrische Rundleitung	
18		Dielektrische Rohrleitung	
19		Leitung mit verminderter Ausbreitungsgeschwindigkeit	
Leitungsangaben			
20	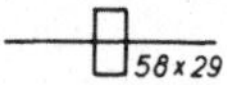 58×29		Querschnittsabmessung
21	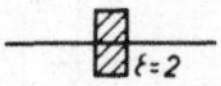 $\varepsilon = 2$		Dielektrizitätszahl
22	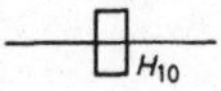 H_{10}		Wellentyp
23	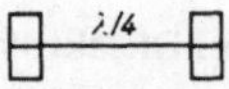 $\lambda/4$		Kritische Länge $\lambda/4$
24	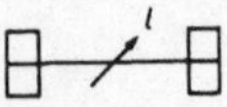 l		Verstellbarkeit l
Leitungsverbinder			
25	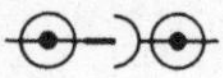	Steckverbinder zweier Koax-Leitungen	

zu **Tafel 3.16**

Nr.	Symbol, Schaltzeichen	Benennung	Anwendungshinweise
26		Sperrflanschverbindung zweier Rechteckhohlleiter	
27		Universalflanschverbindung zweier Rechteckhohlleiter	
28		Hohlleiterdrehkupplung	
	Leitungsabschlüsse		
29		kurzgeschlossene Leitung	
30		verschiebbarer Kurzschluß	
31		kurzgeschlossener Rundhohlleiter	
32		unstetiger Leitungsabschluß	
33	$r=0{,}1$	angepaßter Leitungsabschluß	mit Reflexionsfaktorangabe
34		Bolometerabschluß	
	Leitungsverzweigungen		
35		T-Verzweigung, allgemein	
36	E	Wie 35 mit Feldvektor in der Verzweigungsebene	E-Vektor
37	0,6 / 0,4	Leistungsteiler	Teilungsverhältnis 0,6 : 0,4

zu Tafel 3.16

Nr.	Symbol, Schaltzeichen	Benennung	Anwendungshinweise
38	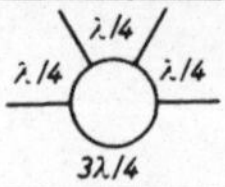	Ringverzweigung mit Angabe der Teillängen	
39		Doppel-T-Verzweigung	
40	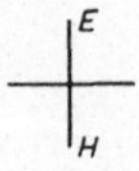	wie 39 mit Angabe der Feldvektoren	Magisches T
41		Richtungs-Ringgabel	dreiarmig
42	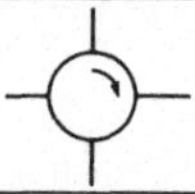	Richtungs-Ringgabel	vierarmig
43		Richtungs-Ringgabel mit umkehrbarer Energierichtung	
44	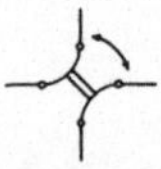	Zweiwegumschalter Rastwinkel 90°	
45	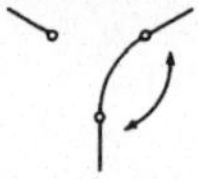	Umschalter mit 3 Stellungen Rastwinkel 120°	
46	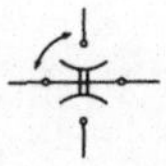	Umschalter mit 4 Stellungen Rastwinkel 45°	
	Kopplung, Koppelelemente		
47		Kopplung allgemein	
48	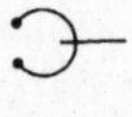	Kopplung mit Hohlraumresonator	
49	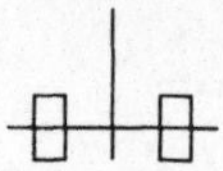	Kopplung mit Rechteckhohlleiter	
50		Richtungskopplung, allgemein	der Pfeil kennzeichnet die bevorzugte Koppelrichtung

zu Tafel 3.16

Nr.	Symbol, Schaltzeichen	Benennung	Anwendungshinweise
51		Polarisationskopplung, allgemein	
52	20 dB	Kopplung zwischen zwei Leitungen	Koppeldämpfung 20 dB
53	20/40 dB	Richtungskopplung mit Angabe des Kopplung/Richtverhältnis	Koppeldämpfung zu Richtdämpfung 20/40 dB
54	0/40 dB	Polarisationskopplung	Koppeldämpfung zu Polarisationskopplung 0/40 dB
55		Induktive Kopplung	
56		Induktive Kopplung zwischen durchgehender Hohlleitung und einem Leitungsende	
57		Kapazitive Kopplung	
58		Kapazitive Kopplung zwischen durchgehender Leitung und Leitungsende	
59		Kapazitive Sonde	Meßleitung
60		Lochkopplung	
61	E	wie 60 zwischen zwei Leitungsenden	Lochebene senkrecht zum E-Vektor
62		Lochkopplung, einstellbar	
63	H	Lochkopplung zwischen durchgehender Leitung und Leitungsende	Lochebene senkrecht zum H-Vektor
64	E	Lochkopplung zwischen zwei durchgehenden Leitungen	

zu Tafel 3.16

Nr.	Symbol, Schaltzeichen	Benennung	Anwendungshinweise
	Leitungsbauteile, Durchgangselemente		
65		Dämpfungsglied, allgemein	
66	*0 bis 10 dB*	wie 65, einstellbar	Bereich 0 bis 10 dB
67		Wellentypwandler, allgemein	
68		Wellentypunterdrücker, allgem.	Mode-Filter
69	E_{11}	Wellentypunterdrücker	Unterdrückung der E_{11}-Welle
70		stetiger Übergang Rund- auf Rechteckhohlleiter	
71		stufiger Übergang	
72		Übergang mit Wellentypwandler	
73		Transformationsglied	
74		Resonanzkreis, allgemein	Leitungsresonator, Hohlraumresonator
75		Resonanzkreis, einstellbar, gekoppelt	
76		Richtungsleitung, allgemein	
77	*0,5 / 30 dB*	wie 76 mit Durchgangs-/ Sperrdämpfung	z. B. 0,5/30 dB

zu **Tafel 3.16**

Nr.	Symbol, Schaltzeichen	Benennung	Anwendungshinweise
78		Phasenschieber, allgemein	
79		wie 78, Phasenwinkel 30°	
80		Phasenschieber, veränderbar	
81		Richtungsphasenschieber	
82		Polarisationsdreher	
83		Gyrator	
84		Bandpaß	

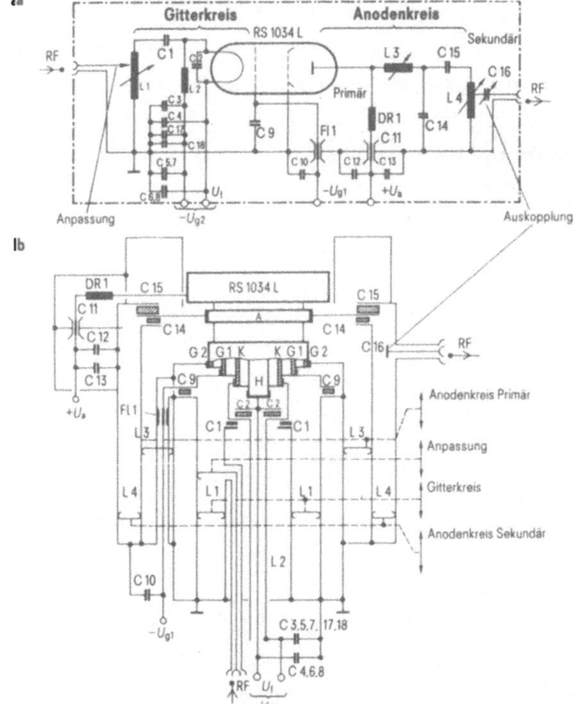

Bild 3.1

Ersatzweise Darstellung eines Schaltungsverhaltens a) eines Topfkreisgenerators b)

3.2.11 Schaltzeichen für Frequenzpläne

Quelle: DIN 40 700, Teil 25

Das Verständnis der Zusammenhänge von Frequenzaufbereitungen in der Telekommunikation ist durch Frequenzpläne deutlich zu fördern. Es handelt sich bei diesen Plänen um eine eigenständige Planart, die die Schaltungsunterlagen ergänzt. Tafel 3.17 zeigt die Symbole und Bild 3.2 gibt einen Überblick über die Symbolanwendung beim Grundprimär- und Grundsekundärgruppenaufbau von Frequenzmultiplexgeräten.

3.2.12 Schaltzeichen für Übersichtsschaltpläne

Quelle: DIN 40 700, Blatt 10

Übersichtsschaltpläne gehören normdefinitiv (DIN 40 719, Blatt 1) in die Gruppe der Schaltungsunterlagen zur Erläuterung der Arbeitsweise der Schaltung. Es handelt sich hierbei um vereinfachte Darstellungen einer Schaltung, wobei nur die wesentlichen Betriebsmittel berücksichtigt werden. Die Schaltzeichen zu diesem Plankomplex gehen daher folgerichtig von einer allgemeinen Betriebsmittel (Schaltglieder)-Symbolik aus, die durch Kennzeichensymbole näher beschrieben wird. Über diesen Beschreibungsumfang hinaus können folgende Kennzeichnungen vorgenommen werden:

— andere Symbole aus Schaltzeichennormen,
— Formelzeichen für physikalische Größen,
— Kennlinien,
— Gerätebezeichnungen,
— genormte Kennbuchstaben.

In Tafel 3.18 sind die allgemeinen Schaltzeichen und die Kennzeichen aufgeführt. In Tafel 3.19 sind beispielhafte Schaltzeichenkombinationen gebildet.

Zur weiteren Verständnisfindung der Bedeutung des angesprochenen Sachverhalts sei in Bild 3.3 ein Beispiel eines Übersichtsschaltplanes demonstriert. Die signifikanten Merkmale sind:

— Aufreihung der wesentlichen Betriebsmittel blockhaft,
— Gliederung der Betriebsmittel in Funktionsbereiche,
— Kennzeichnung der Betriebsmittel durch Symbole, Kennbuchstaben, physikalische Größen und Bezeichnungen,
— einpolige Leitungsdarstellung.

Tafel 3.17 Schaltzeichen für Frequenzpläne

Nr.	Symbol, Schaltzeichen	Benennung	Anwendungshinweise
	Charakteristische Einzelfrequenzen		
1	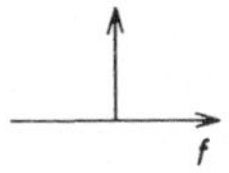	Träger, allgemein	Frequenzachse zum Verständnis
2	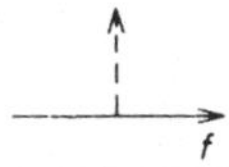	Unterdrückter Träger	
3		Verminderter Träger	
4	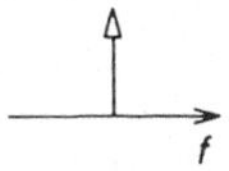	Pilot, allgemein	
5	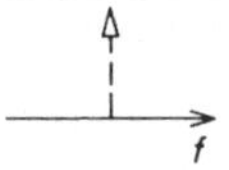	Unterdrückter Pilot	
6	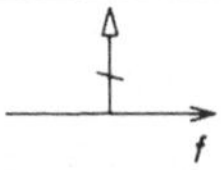	Primärgruppenpilot	
7	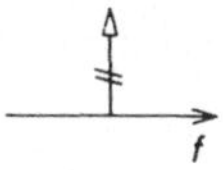	Sekundärgruppenpilot	
8	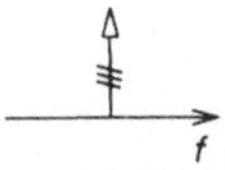	Tertiärgruppenpilot	
9	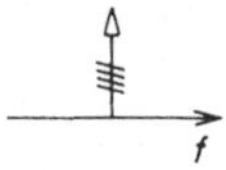	Quartärgruppenpilot	
10	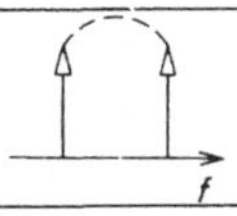	Zwei Pilote für wahlweise Übertragung	
11	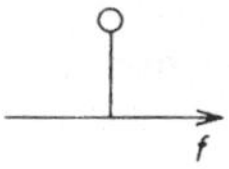	Zusätzliche Meßfrequenz allgemein	
12	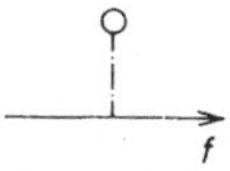	Zusätzliche Meßfrequenz nach Bedarf	
13	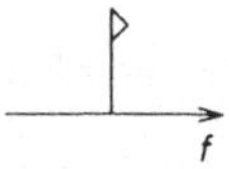	Signalfrequenz	

zu **Tafel 3.17**

Nr.	Symbol, Schaltzeichen	Benennung	Anwendungshinweise
	Frequenzbänder		
14		Frequenzband, allgemein	
15	f_1 f_2	Frequenzband, begrenzt	
16		Frequenzband, eingeteilt in Gruppen, Kanäle	
17		Sekundärgruppe	
18		Frequenzband in Regellage, allgemein Frequenzband in Kehrlage, allgemein	Die Senkrechte in der Dreiecksdarstellung entspricht der höchsten Frequenz der zu übertragenden Information
19		Regellage für alle Kanäle bzw. Gruppen	
20		Kehrlage für alle Kanäle bzw. Gruppen	
21		Gemischte Lage	
22		Gemischte Lage	
23		Gemischte Lage	unbestimmtes System
	Modulations- und Übertragungsarten		
24	f	Frequenzmodulation	Träger und HF-Spektrum

zu **Tafel 3.17**

Nr.	Symbol, Schaltzeichen	Benennung	Anwendungshinweise
25		Phasenmodulation	
26		Amplitudenmodulation Zweiseitenband-Übertragung	
27		Amplitudenmodulation Restseitenband-Übertragung	
28		Amplitudenmodulation Einseitenband-Übertragung	Übertragung des oberen Seitenbandes
29		Amplitudenmodulation, getrennt modulierte Seitenbänder	

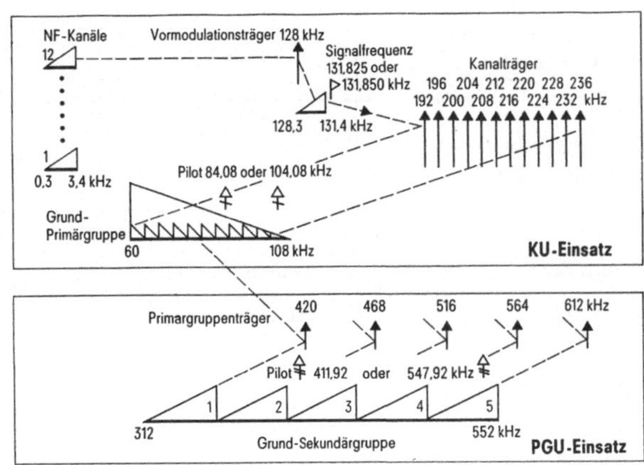

Bild 3.2

Symbolanwendung der Schaltzeichen für Frequenzpläne

Tafel 3.18 Schaltzeichen für Übersichtsschaltpläne

Nr.	Symbol, Schaltzeichen	Benennung	Anwendungshinweise
	Allgemeine Schaltzeichen		
1		Schaltglieder (Betriebsmittel) allgemein unterteilt	Wahlweise Quadrat oder Rechteck, Größe beliebig, Schaltglied im Sinne eines allgemeinen Betriebsmittels (Komponente, Gerät, Anlage, System)
2		Umsetzer, Übertragung, allgemein	
3		Speicher, allgemein	
4		Gerät mit automatischer Steuerung, allgemein	
5		Zentrale Schaltstelle, zentrale Einrichtung	
6		Bedienungsplatz	Terminal
	Kennzeichen der Schaltglieder (Betriebsmittel)		
7	→	Übertragungsweg mit einer Übertragungsrichtung, z. B. gerichteter Schreibverkehr	Simplexverkehr
8	↔	Übertragungsweg mit wechselseitiger Übertragung in beiden Richtungen, z. B. Wechselschreibverkehr	Halbduplexverkehr Wechselsprechverkehr
9	→×←	Übertragungsweg mit gleichzeitiger Übertragung in beiden Richtungen	Duplexverkehr Gegensprechverkehr
10	•→	Senden, Geben (vom Punkt in Pfeilrichtung)	

zu **Sp. 3.18**

Nr.	Symbol, Schaltzeichen	Benennung	Anwendungshinweise
11	→•	Empfangen (Pfeilspitze zum Punkt)	
12	•↔	Senden oder Empfangen, wechselzeitig	
13	•⤬	Senden und Empfangen, gleichzeitig	
14	⌐	Größtwertbegrenzung, allgemein, insbesondere symmetrische Größtwertbegrenzung	
15	⌐	Kleinstwertbegrenzung, allgemein, insbesondere symmetrische Kleinstwertbegrenzung	
16	∫	Größt- und Kleinstwertbegrenzung allgemein, insbesondere symmetrisch	
	∫	unsymmetrisch zu Null (positiv)	
	∫	unsymmetrisch zu Null (negativ)	
	∫	symmetrisch zu Null	
17	∠	Abschneiden negativer Amplituden, z. B. mit gleichzeitiger Begrenzung positiver Amplituden	
18	⅂	Abschneiden positiver Amplituden, z. B. mit gleichzeitiger Begrenzung negativer Amplituden	
19	ʌ	Dynamikpressung	
20	ʃ	Dynamikdehnung	
21	⌐	Entzerrung, Verzerrung	
22	▷∣	Gleichrichtung	

zu **Tafel 3.18**

Nr.	Symbol, Schaltzeichen	Benennung	Anwendungshinweise
23		Modulation, Demodulation, allgemein	
24		Verstärkung	
25		Zeitverzögerung	
26		Siebung, Filterung	
27		Gabel	
28		Schaltungs-Längsglied	
29		Schaltungs-Querglied	
30		Vierpol, z. B. T-Glied	
31		Fernsprechen	
32		Fernschreiben	
33		Ton-Übertragung, z. B. Rundfunk-, Drahtfunk-Übertragung	
34		Bild-Übertragung	
35		Drucken allgemein auf Blatt auf Streifen, Band auf Karte	

zu **Tafel 3.18**

Nr.	Symbol, Schaltzeichen	Benennung	Anwendungshinweise
36		Lochung allgemein in Blatt in Streifen in Karte	Kennzeichen gelten auch für Abtastung
37		Übertragung mit Lochstreifen	
38		Tastatur, allgemein	
39		Nummernwahl mit Nummernschalter mit Zieltasten mit Tastatur	
40		Azimutanzeige allgemein mit Magnetnadel	
41		Unterwasserschall	
42		Radar	
43		Hyperbeortung	
44		Zweiseitenband	oberes und unteres Seitenband
45		Einseitenband oberes Seitenband unteres Seitenband	

Tafel 3.19 Beispielhafte Gestaltung der Schaltglieder (Betriebsmittel)

Nr.	Symbol, Schaltzeichen	Benennung	Anwendungshinweise
	Fernschreiber		
1		allgemein	
		Blattschreiber, Darstellung mit Tastatur	
		Blattschreiber, z. B. nur für Empfang	
		Streifenschreiber, Darstellung mit Tastatur	
		Lochstreifensender	
		Lochstreifenempfänger	
		Lochabtaster, allgemein	
	Verstärker		
2		allgemein	
		wahlweise Darstellung	
		z. B. fünfstufig	
		Verstärker mit Verstellbarkeit	
		Kathodenverstärker	

zu **Tafel 3.19**

Nr.	Symbol, Schaltzeichen	Benennung	Anwendungshinweise
2		Gitterbasisverstärker	
		Gegentaktverstärker	
		Verstärker mit Transistoren	
		Vierdrahtverstärker	
		Zweidrahtverstärker	
		NL-Verstärker (Negative Leitung)	
	Empfänger, Sender		
3		Empfänger, Empfangsgerät, allgemein	
		Überlagerungsempfänger	
		Sender, Sendegerät, Geber, allgemein	
	Speicher		
4		Magnetspeicher, allgemein	
		Matrixspeicher, z. B. Ringkernspeicher	
		Speicher mit umlaufendem Informationsträger, z. B. Trommelspeicher	

zu **Tafel 3.19**

Nr.	Symbol, Schaltzeichen	Benennung	Anwendungshinweise
4		Speicher mit linearbewegtem Informationsträger	
		Speicher mit linearbewegtem Informationsträger, z. B. Lochstreifenspeicher	
		Magnetbandspeicher	
		Lochkartenspeicher	
		Kondensatorspeicher	
		Elektronischer Ladungsspeicher	

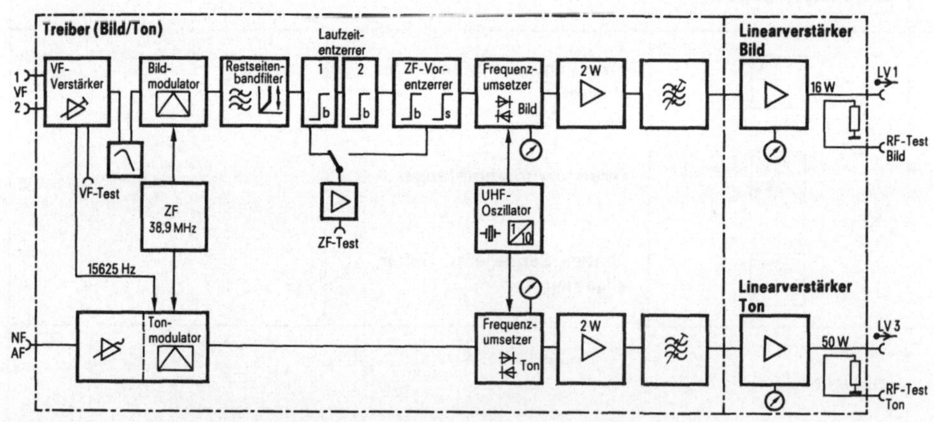

Bild 3.3 Übersichtsschaltplan mit unterschiedlicher Merkmaldarstellung

3.2.13 Schaltzeichen für digitale Informationsverarbeitung

Quelle: DIN 40 700, Teil 14

Bei dieser Schaltzeichennorm handelt es sich um eine sehr komplexe, wiewohl auch anspruchsvolle Norm, die nur zögernd Zugang findet oder fand. Das bereits in Abschnitt 3.2.10 angesprochene Phänomen des Beharrens in Vorgängernormen, die dem Anwender vertraut sind, gilt auch hier.

Die Schaltzeichen sind in zweifacher Weise anwendbar:

1. als Symbole Boolescher Funktionen oder Operationen, zum Zweck der Beschreibung und des Entwurfs digitaler Systeme,
2. als Symbole zur Darstellung von Schaltungsunterlagen digitalelektronischer Systeme.

Im Falle 2 sind die Zuordnungen der abstrakten Werte von beispielsweise binären Variablen zu physikalischen Pegeln zusätzlich zu treffen. Deshalb soll einführend diesem sehr wesentlichen Gedanken der Norm Rechnung getragen werden.

Logische Zustände, Logische Pegel

Die Norm DIN 40 700, Teil 14, wie auch die zugeordneten neueren Normenentwürfe, befassen sich mit der *Binärlogik.* Als solches befassen sie sich mit Variablen, die zwei Zustände annehmen können (sog. logische Zustände). In dieser Norm werden die Ziffern 0 und 1 für die Kennzeichnung der Zustände der binären Variablen verwendet und alle Beziehungen zwischen den Eingängen und Ausgängen von binären Schaltgliedern werden durch eine besondere Symbolik der logischen Funktion in der Form der logischen Zustände dargestellt.

Eine solche Symbolik kann auf Plänen, die abstrakte logische Entwürfe darstellen, ohne Interpretationsschwierigkeiten angewandt werden. Diese Pläne nennt man *Logikpläne.* Sie tragen kein Merkmal zur Verwirklichung in einer bestimmten Technik (mechanisch, elektrisch). Die Symbolik der Norm, die noch einer näheren Betrachtung zugeführt wird, ist in Bild 3.4 in ihrem grundsätzlichen Aufbau und in Tafel 3.20 für binäre Verknüpfungsglieder in einer Synopse zur alten Normensymbolik dargestellt.

Bei der Wahl der Schaltkreise, für die in den Logikplänen ausgewiesenen logischen Funktion, ist die Entscheidung nach der physikalischen Präsentation der logischen Zustände zu treffen. In der Elektronik fällt die Entscheidung für die elektrische Spannung als physikalische Größe. Bei der Festlegung der Werte für die Darstellung der logischen Zustände werden nun keine exakten Amplituden definiert. Vielmehr wird ein gleitender Wertebereich der Festlegung zugrundegelegt.

Die Werte werden als mehr positiv (High, H) oder mehr negativ (Low, L) definiert und als *logische Pegel* bezeichnet.

Zur Verständnisfindung ist es angezeigt, auf folgende Termini hinzuweisen:

— logische Zustände,
— logische Funktionen,
— Logikplan,
— physikalische Präsentation,
— logische Pegel.

Insbesondere ist der Unterschied zwischen logischem Zustand und logischem Pegel präsent zu halten.

Es sei an dieser Stelle darauf hingewiesen, daß auch andere Parameter einer physikalischen Größe zur Pegeldefinition herangezogen werden können. In diesem Normenzusammenhang gilt allerdings ausschließlich die eben definierte Art.

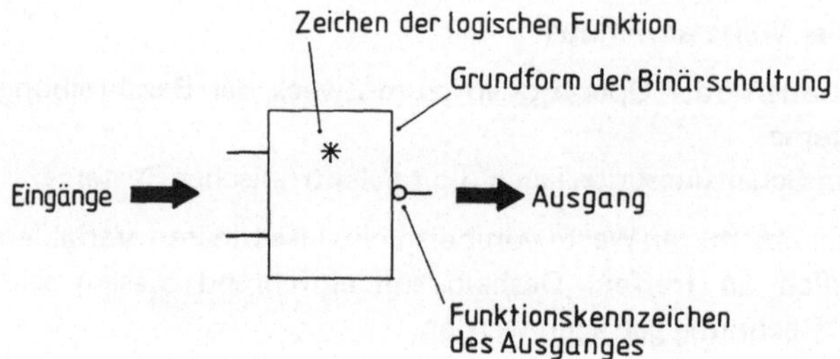

Bild 3.4
Grundsätzlicher Aufbau der Normsymbolik beim Schaltzeichen für Digitale Informationsverarbeitung

Tafel 3.20 Synopse alter zu neuer Normensymbolik für binäre Verknüpfungsglieder

Symbol Schaltzeichen		Benennung	Wahrheitstabelle
alt	neu		
a—D—c (b)	a—[&]—c (b)	UND-Glied	a b c 0 0 0 0 1 0 1 0 0 1 1 1
a—D—c (b)	a—[≧1]—c (b)	ODER-Glied	a b c 0 0 0 0 1 1 1 0 1 1 1 1
a—D•—c	a—[1]o—c	NICHT-Glied	a c 0 1 1 0
a—D•—c (b)	a—[&]o—c (b)	NAND-Glied	a b c 0 0 1 0 1 1 1 0 1 1 1 0
a—D•—c (b)	a—[≧1]o—c (b)	NOR-Glied	a b c 0 0 1 0 1 0 1 0 0 1 1 0

Logische Konventionen

Die Beziehung zwischen den logischen Zuständen und den logischen Pegeln muß grundsätzlich festgelegt und in den Schaltunterlagen, die die Schaltzeichen zur Darstellung von digitalelektronischen Systemen nutzen, ausdrücklich verzeichnet werden. Um dies durchzuführen, gibt es zwei Konventionen:

1. Einfache logische Konvention (auch gemeinsames Zuordnungssystem)

Für den ganzen oder einen klar definierten Teil der Schaltunterlagen ist die Zuordnung zwischen einem gegebenen logischen Zustand und dem logischen Pegel für alle Eingänge und Ausgänge dieselbe. Man unterscheidet hierbei in eine sog. positive logische Konvention und eine negative logische Konvention.

Bei positiver logischer Konvention oder positiver Logik, entspricht der H-Pegel dem logischen Zustand 1. Der L-Pegel dem Zustand 0.

Bei negativer Logik entspricht der L-Pegel dem logischen Zustand 1, der H-Pegel dem Zustand 0, Tafel 3.21.

Tafel 3.21 Einfache logische Konvention

Logischer Zustand	Logische Pegel	
	Positive Logik	Negative Logik
0	L	H
1	H	L
Beispiel physikalischer Präsentation (elektrische Spannung)		
0	$L \,\hat{=}\, 0\,V$	$H \,\hat{=}\, +5\,V$
1	$H \,\hat{=}\, +5\,V$	$L \,\hat{=}\, 0\,V$

Bei der einfachen logischen Konvention wird das Funktionssymbol Negation verwendet. Das Funktionssymbol Polaritätsindikator darf dagegen nicht verwendet werden.

Die Anwendung der positiven oder der negativen Logik muß auf den Schaltungsunterlagen deutlich angegeben werden.

2. Spezielle logische Konvention (auch individuelles Zuordnungssystem)

Wenn die spezielle logische Konvention genutzt wird, kennzeichnet ein Polaritätsindikator an einem bestimmten Eingang oder Ausgang, daß der L-Pegel dem logischen Zustand 1 entspricht. Das Fehlen des Indikators zeigt an, daß der H-Pegel dem Zustand 1 an diesem Punkt der Schaltungsunterlage entspricht. Das Funktionszeichen für Negation darf unter dieser Konvention nicht verwendet werden.

Schaltzeicheninterpretation

Beispielhaft sollen Interpretationshilfen für Schaltzeichen bei unterschiedlicher Konvention gegeben werden. Hierbei ist als wichtig zu merken, daß die Funktionszeichen für Negation und Polarität immer nur im Zusammenhang mit dem Schaltzeichen verwendet werden und nicht Teil der Verbindungen zwischen den Schaltzeichen sind (Tafeln 3.22, 3.23, 3.24).

Tafel 3.22 Beispiele positiver Logik

Funktion, Schaltzeichen	Positive Logik	
	logische Zustände	logische Pegel
UND a ──┤ & ├── c b ──┘	a b c 0 0 0 0 1 0 1 0 0 1 1 1	a b c L L L L H L H L L H H H
NAND a ──┤ & ├o── c b ──┘	a b c 0 0 1 0 1 1 1 0 1 1 1 0	a b c L L H L H H H L H H H L

Tafel 3.23 Beispiele negativer Logik

Funktion, Schaltzeichen	Negative Logik	
	logische Zustände	logische Pegel
UND a ──┤ & ├── c b ──┘	a b c 0 0 0 0 1 0 1 0 0 1 1 1	a b c H H H H L H L H H L L L
ODER a ──┤ ≧1 ├── c b ──┘	a b c 0 0 0 0 1 1 1 0 1 1 1 1	a b c H H H H L L L H L L L L

Tafel 3.24 Beispiele mit Polaritätsindikator in negativer Logik

Funktion Schaltzeichen	logische Zustände	logische Pegel
UND	X Y Z 0 0 0 0 1 0 1 0 0 1 1 1	a b c H H H H L L L H L L L H
UND	X Y Z 0 0 0 0 1 0 1 0 0 1 1 1	a b c L L H L H H H L H H H L
Inverter	X Y 0 0 1 1	a c L H H L
Inverter	X Y 0 0 1 1	a c H L L H

Nachfolgend werden die wesentlichen Schaltzeichen der umfangreichen Norm exemplarisch dargestellt. Das Exemplarische gilt in diesem Fall besonders, so daß das sorgfältige Studium der vollständigen Norm angeraten ist. Die nachfolgende Darstellung umfaßt die Tafeln 3.25 bis 3.30.

Die folgende Tafel 3.28 behandelt den Schaltzeichenumfang der Codierer. Normdefinitiv versteht man unter einem Codierer eine Binärschaltung, die eine Menge von Eingangswerten in eine Menge von Ausgangswerten übersetzt. Die Übersetzung geschieht nach einem Code der tabellarisch ausgewiesen ist. Eingangs- und Ausgangswerte können parallel oder seriell auftreten. Man unterscheidet in folgende Codiererarten:

— Parallel-zu Parallel-Codierer   — Seriell-zu Parallel-Codierer
— Parallel-zu Seriell-Codierer   — Seriell-zu Seriell-Codierer

Tafel 3.29 verzeichnet die Schaltzeichen für Verzögerungsglieder. Hierunter sind Schaltglieder zu verstehen, die den Übergang von einem logischen Zustand zum anderen zeitlich verzögern.

Die nachfolgende Tafel 3.30 behandelt Kippglieder, in Sonderheit bistabile, monostabile und astabile Kippglieder. Normdefinitiv versteht man unter einem Kippglied binäre Schaltglieder, deren Ausgangszustand 1 oder 0 annimmt, wenn der Eingangszustand bestimmten Einflußvariablen unterliegt.

Der Betrachtung nicht zugeführt sind hier, aus Gründen zu großen, notwendigerweise geschlossen darzustellenden Umfangs, die umfassenden Schaltzeichen für Register, Zähler und Speicher und die in diesem Zusammenhang erforderliche Darstellung der Abhängigkeitsnotation.

Tafel 3.25 Schaltzeichen der digitalen Informationsverarbeitung — Allgemeines

Nr.	Symbol, Schaltzeichen	Benennung	Anwendungshinweise
	Allgemeines Schaltzeichen und Kombinationen		
1		Grundform für Binärschaltungen	Seitenverhältnis beliebig
2		Steuerblock	Proportionen beliebig
3		Ausgangsblock	Proportionen beliebig
4		*Kombination von Schaltzeichen* In einigen Schaltzeichenkombinationen, oft in solchen mit Steuerblock, gibt es zwei oder mehrere Richtungen des Informationsflusses innerhalb der Schaltzeichenkombination. Jedes Schaltzeichen einer Binärschaltung kann darüber hinaus innerhalb eines anderen Schaltzeichens einer Binärschaltung angeordnet werden, wenn der Zusammenhang zwischen diesen Schaltzeichen entweder durch deren Anordnung oder durch interne Verbindungslinien zweifelsfrei zu erkennen ist.	

zu Tafel 3.25

Nr.	Symbol, Schaltzeichen	Benennung	Anwendungshinweise
5	Eingänge — □ — Ausgänge	*Eingangs- und Ausgangsverbindungen am Schaltzeichen* Die Eingänge und Ausgänge sind vorzugsweise an gegenüberliegenden Seiten eines Schaltzeichens anzubringen. Ein Schaltzeichen kann eine beliebige Anzahl von Eingängen und Ausgängen aufweisen.	
	Lage der Funktionskennzeichen		
6	*	*Lage des Funktionskennzeichens* Das Funktionskennzeichen macht eine Aussage über die Funktion der Binärschaltung, die sich aus den Werten der Variablen an den virtuellen Eingängen und den virtuellen Ausgängen ergibt. Das Funktionskennzeichen ist entweder oben in der Mitte oder in der Mitte des Schaltzeichens anzubringen. Diese Norm enthält keine Regeln für die Lage des Funktionskennzeichens für den Fall, daß ein Schaltzeichen zu der hier dargestellten Lage gedreht wird.	Zusätzliche Kennzeichen können im Innern des Schaltzeichens angebracht werden.
7	*	*Lage des Kennzeichens für die Funktion in einer Schaltzeichenkombination* Bei Schaltzeichen, die lückenlos untereinander angeordnet sind, und für die das gleiche Kennzeichen für die Funktion gilt, genügt es, dieses nur in einem der Schaltzeichen, vorzugsweise im ersten oder letzten, anzugeben.	
	Negation		
8	—o	*Eingang mit Negation* Der Kreis drückt die Komplementierung des Wertes der binären Schaltvariablen an einem Eingang aus. Die Verbindungslinie kann auch durch den Kreis führen.	

zu **Tafel 3.25**

Nr.	Symbol, Schaltzeichen	Benennung	Anwendungshinweise
9		**Ausgang mit Negation** Der Kreis drückt die Komplementierung des Wertes der binären Schaltvariablen an einem Ausgang aus. Die Verbindungslinie kann auch durch den Kreis führen.	
	Polarität		
10		**Eingang mit Polaritätsindikator** Das Dreieck drückt aus, daß dem H-Pegel der binären Variablen der Wert 0 zugeordnet ist und dem L-Pegel der Wert 1.	
11		**Ausgang mit Polaritätsindikator** Das Dreieckt drückt aus, daß der Wert 0 der binären Variablen dem H-Pegel zugeordnet ist und der Wert 1 dem L-Pegel.	
	Statische und dynamische Eingänge		
12		**Statischer Eingang** Eingang, bei dem nur der Zustand der binären Eingangsvariablen wirksam ist.	
13		**Dynamischer Eingang** Eingang, bei dem nur die Änderung des Zustandes der binären Eingangsvariablen von 0 auf 1 wirksam ist.	
14		**Dynamischer Eingang mit Negation** Eingang, bei dem nur die Änderung des Zustandes der binären Eingangsvariablen von 1 auf 0 wirksam ist.	
	Sperreingänge		
15		**Sperr-Eingang** Eingang, der beim Anliegen des Wertes 1 der Variablen verhindert, daß die Schaltvariable am Ausgang den Wert 1 annimmt oder den Wert 0, wenn der Ausgang negiert ist.	

zu Tafel 3.25

Nr.	Symbol, Schaltzeichen	Benennung	Anwendungshinweise
16		*Sperr-Eingang mit Negation* Eingang, der beim Anliegen des Wertes 0 der Variablen verhindert, daß die Schaltvariable am Ausgang den Wert 1 annimmt oder den Wert 0, wenn der Ausgang negiert ist.	
	Eingänge/Ausgänge, die keine binären Signale führen		
17		*Eingang, der kein binäres Signal führt* Das Kreuz kann durch eine beliebige Angabe ersetzt werden, wenn diese eindeutig ausdrückt, daß der Eingang kein binäres Signal führt.	
18		*Ausgang, der kein binäres Signal führt* Das Kreuz kann durch eine beliebige Angabe ersetzt werden, wenn diese eindeutig ausdrückt, daß der Ausgang kein binäres Signal führt.	
	Erweiterung und Zusammenfassung von Eingängen		
19		*Erweiterungs-Eingang* Ein Erweiterungsglied dient dazu, die Anzahl der Eingänge zu einer anderen Binärschaltung zu erhöhen. Der Eingang einer Binärschaltung, die mit einem Ausgang eines Erweiterungsgliedes verbunden ist, wird mit dem Buchstaben E gekennzeichnet.	
20		*Zwei oder mehr physikalische Eingänge wirken als ein einzelner funktioneller Eingang* Muß ein Eingang durch mehrere Anschlußlinien dargestellt werden, die so miteinander gekoppelt sind, daß sich bei Änderung des Wertes der Variablen auf einer Linie zwangsläufig die Werte der Variablen auf den anderen Linien ändern, so können diese Linien durch eine Klammer zusammengefaßt werden.	

Tafel 3.26 Binäre Verknüpfungsglieder

Nr.	Symbol, Schaltzeichen	Benennung	Anwendungshinweise
1	&	**UND-Glied** Die Variable am Ausgang nimmt nur dann den Wert 1 an, wenn die Variablen an allen Eingängen den Wert 1 haben.	
2	$\geqq 1$	**ODER-Glied** Die Variable am Ausgang nimmt nur dann den Wert 1 an, wenn an mindestens einem Eingang die Variable den Wert 1 hat.	≥ 1 kann durch 1 ersetzt werden, wenn keine Unklarheit entsteht.
3	1	**NICHT-Glied** Die Variable am Ausgang nimmt nur dann den Wert 0 an, wenn die Variable am Eingang den Wert 1 hat.	
4	$\geqq m$	**Schwellwert-Glied** Die Variable am Ausgang nimmt nur dann den Wert 1 an, wenn die Anzahl der Eingänge, an denen die Variablen den Wert 1 haben, die Zahl m erreicht oder überschreitet.	m ist kleiner der Gesamtzahl der Eingänge
5	$>n/2$	**Majoritäts-Glied** Die Variable am Ausgang nimmt nur dann den Wert 1 an, wenn an der Mehrzahl der Eingänge die Variablen den Wert 1 haben.	
6	$=m$	**(m aus n)-Glied** Die Variable am Ausgang nimmt nur dann den Wert 1 an, wenn an m und nur an m von seinen insgesamt n Eingängen die Variablen den Wert 1 haben.	zu m siehe Nr. 4
7	$=1$	**Exklusiv-ODER-Glied** Die Variable am Ausgang nimmt nur dann den Wert 1 an, wenn an einem und nur an einem Eingang die Variable den Wert 1 hat. Wegen der Unklarheit, die entsteht, wenn der Ausdruck „Exklusiv-ODER" auf Schaltglieder mit mehr als 2 Eingängen angewendet wird, sind hier nur 2 Eingänge angegeben.	

zu **Tafel 3.26**

Nr.	Symbol, Schaltzeichen	Benennung	Anwendungshinweise
8	$2k+1$	***Ungerade-Glied (Addition modulo 2-Glied)*** Die Variable am Ausgang nimmt nur dann den Wert 1 an, wenn die Variablen an einer ungeraden Anzahl (1, 3, 5, ...) von Eingängen den Wert 1 haben.	
9	$2k$	***Gerade-Glied*** Die Variable am Ausgang nimmt nur dann den Wert 1 an, wenn die Variablen an einer geraden Anzahl (0, 2, 4, ...) von Eingängen den Wert 1 haben.	
10	$=$	***Äquivalenz-Glied*** Die Variable am Ausgang nimmt nur dann den Wert 1 an, wenn entweder an allen Eingängen die Variablen den Wert 1, oder wenn an allen Eingängen die Variablen den Wert 0 haben.	

Tafel 3,27 Beispielhafte Fälle binärer Verknüpfungsglieder

Nr.	Symbol, Schaltzeichen	Benennung	Anwendungshinweise
1		*UND-Glied mit negiertem Ausgang. NAND-Glied* Die Variable am Ausgang nimmt nur dann den Wert 0 an, wenn die Variablen an allen Eingängen den Wert 1 haben.	
2		*ODER-Glied mit negiertem Ausgang. NOR-Glied* Die Variable am Ausgang nimmt nur dann den Wert 0 an, wenn an mindestens einem Eingang die Variable den Wert 1 hat.	
3		*NOR-Glied mit einem negierten Eingang* Die Variable am Ausgang nimmt nur dann den Wert 0 an, wenn am oberen Eingang die Variable den Wert 0 hat und/oder an einem oder beiden unteren Eingängen die Variable den Wert 1 hat.	
4		*ODER-Glied mit Sperr-Eingang*	
5		*ODER-Glied mit negiertem Sperr-Eingang*	
6		*Drei ODER-Glieder unabhängig voneinander und direkt verbunden mit einem UND-Glied*	
7		*Erweitertes NAND-Glied* Durch die Verwendung eines Erweiterungsgliedes wird die Zahl der funktionellen Eingänge des NAND-Gliedes von 2 auf 4 erhöht.	

Tafel 3.28 Codierer und Signalpegelumsetzer

Nr.	Symbol, Schaltzeichen	Benennung	Anwendungshinweise
	Allgemeines zur Schaltzeichendarstellung		
1	X/Y	*Codierer, Grundschaltzeichen* X und Y können durch geeignete Bezeichnung der Eingangs- und Ausgangsinformation ersetzt werden.	
2	X/Y	*Signalpegel-Umsetzer*	
3	$X/\!/Y$	*Signalpegel-Umsetzer mit besonderer Kennzeichnung der Potentialtrennung zwischen Eingang und Ausgang*	
	Kennzeichnung des Zusammenhangs zwischen Ein-/Ausgängen bei Codieren		
4	A/B $A1$ $B1$ $A2$ $B2$ $A3$ $B3$	Angabe des Zusammenhangs zwischen Eingängen und Ausgängen durch eine Tabelle A1 A2 A3 | B1 B2 B3 0 0 0 | 1 0 0 0 0 1 | 0 0 0 0 1 0 | 0 1 0 0 1 1 | 0 0 0 1 0 0 | 0 0 0 1 0 1 | 0 0 0 1 1 0 | 0 0 1 1 1 1 | 0 0 0	
5	X/Y $A\ B\ C$ A $0\,0\,0$ B $0\,1\,0$ C $1\,1\,0$	Die Variablen an den Ausgängen nehmen nur dann den Wert 1 an, wenn die Variablen an den Eingängen die an den Ausgängen angegebenen Werte eingenommen haben.	
6	X/Y 4 0 2 2 6	Die Variablen an den Ausgängen nehmen nur dann den Wert 1 an, wenn die Summe der Gewichte an den Eingängen gleich ist den angegebenen Zahlen an den Ausgängen.	
7	ECL/TTL	Signalpegel-Umsetzer von ECL nach TTL-Technik	

Tafel 3.29 Verzögerungsglieder

Nr.	Symbol, Schaltzeichen	Benennung	Anwendungshinweise
	Allgemeines zur Schaltzeichendarstellung		
1		*Verzögerung, Allgemein* Jeder Übergang zwischen den beiden Werten der Variablen am Eingang bewirkt einen um jeweils die gleiche Zeit verzögerten Übergang zwischen den Werten der Variablen am Ausgang.	
2	$t_1 \quad t_2$	*Verzögerungsglied mit Angabe der Verzögerungswerte* Der Übergang vom Wert 0 zum Wert 1 der Variablen am Ausgang erfolgt nach einer Verzögerung von t_1 in bezug auf denselben Übergang am Eingang. Der Übergang vom Wert 1 zum Wert 0 der Variablen am Ausgang erfolgt nach einer Verzögerung von t_2 in bezug auf denselben Übergang am Eingang.	
3		*Variables Verzögerungsglied*	
	Beispiele		
4	$25ns \quad t_2$	Der Übergang vom Wert 0 zum Wert 1 der Variablen am Ausgang erfolgt 25 ns nach dem gleichen Übergang am Eingang. t_2 ist nicht näher spezifiziert.	
5	$t_1 \quad 30ns$	Der Übergang vom Wert 1 zum Wert 0 der Variablen am Ausgang erfolgt 30 ns nach dem gleichen Übergang am Eingang. t_1 ist nicht näher spezifiziert.	
6	$0 \quad 35ns$	Der Übergang vom Wert 0 zum Wert 1 der Variablen am Ausgang ist nicht verzögert in bezug auf denselben Übergang am Eingang. Der Übergang vom Wert 1 zum Wert 0 der Variablen am Ausgang erfolgt 35 ns nach demselben Übergang am Eingang.	

zu **Tafel 3.29**

Nr.	Symbol, Schaltzeichen	Benennung	Anwendungshinweise
7	25ns 30ns	Der Übergang vom Wert 0 zum Wert 1 der Variablen am Ausgang erfolgt 25 ns nach dem gleichen Übergang am Eingang. Der Übergang vom Wert 1 zum Wert 0 der Variablen am Ausgang erfolgt 30 ns nach dem gleichen Übergang am Eingang.	
8	35ns	Beide Übergänge der Variablen am Ausgang, vom Wert 0 zum Wert 1 und vom Wert 1 zum Wert 0, erfolgen 35 ns nach den entsprechenden Übergängen am Eingang.	
		Der Übergang vom Wert 0 zum Wert 1 der Variablen am Ausgang erfolgt 25 ns nach dem gleichen Übergang am Eingang.	

Tafel 3.30 Kippglieder und Ein-/Ausgangskennzeichnung

Nr.	Symbol, Schaltzeichen	Benennung	Anwendungshinweise
	Bistabile Kippglieder		
1	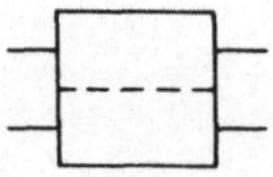	*Bistabiles Kippglied, Allgemein* Wenn die Variable am Eingang den Wert 1 hat, nimmt die Variable am Ausgang, die im gleichen Feld des Schaltzeichens liegt, den Wert 1 an. Die Variablen von zwei Ausgängen oder Gruppen von Ausgängen, die sich in den durch die gestrichelte Linie gebildeten Feldern des Schaltzeichens gegenüberliegen, haben komplementäre Werte. Der Informationsfluß verläuft parallel zur gestrichelten Linie. Diese Linie muß nicht durch die Mitte des Schaltzeichens gehen.	
2	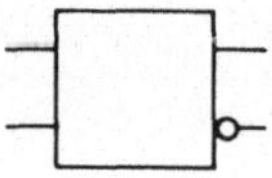	Um eine einfachere Darstellung zu erzielen, und um Raum für zusätzliche Eintragungen innerhalb der Kontur zu gewinnen, kann die gestrichelte Linie im Schaltzeichen von bistabilen Kippgliedern entfallen, wenn dadurch keine Unklarheiten entstehen. In diesem Fall sind alle Ausgänge — gegebenenfalls durch Verwendung des Negationskennzeichens — so anzugeben, daß die im definierten 1 Zustand (Setz-Zustand) des Kippgliedes an den Ausgängen auftretenden Werte der Variablen gezeigt werden.	
3	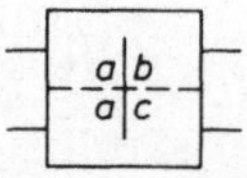	*Bistabiles Kippglied mit Angabe eines besonderen Schaltverhaltens* Die Variablen an den Ausgängen in den beiden Feldern des Schaltzeichens nehmen nur dann die Werte b und c an, wenn an beiden Eingängen der Wert a anliegt. Für a, b und c ist gemäß der Funktion des Kippgliedes 0 oder 1 zu setzen.	

zu **Tafel 3.30**

Nr.	Symbol, Schaltzeichen	Benennung	Anwendungshinweise
4		*Kippglied mit Haftverhalten, Haftspeicher* Die Variablen an den Ausgängen in den beiden Feldern des Schaltzeichens nehmen beim Einschalten der Energie die gleichen Werte an, wie sie beim vorangegangenen Ausschalten der Energie an diesen Ausgängen lagen.	
5		*Bistabiles Kippglied mit besonders gekennzeichneter Grundstellung* Der gekennzeichnete Ausgang hat in einer besonders zu definierenden Grundstellung den Wert 1.	
Monostabile Kippglieder			
6		*Monostabiles Kippglied* Die Variable am Ausgang nimmt den Wert 1 an, wenn die Variable am Eingang den Wert 1 annimmt; die Ausgangsvariable behält den Wert für eine bestimmte Zeit, unabhängig von der Dauer des Wertes 1 der Variablen am Eingang. Die Dauer des Ausgangsimpulses wird durch die Eigenschaften des monostabilen Kippgliedes bestimmt.	
Astabile Kippglieder			
6		*Astabiles Kippglied* An das Schaltzeichen können auch Steuereingänge geführt werden.	
8		*Synchron anlaufendes astabiles Kippglied* Wenn die Variable am Eingang den Wert 1 annimmt, erscheint am Ausgang eine Impulsfolge. Die Impulsfolge beginnt mit einem vollen Impuls.	
9		*Synchron anhaltendes astabiles Kippglied* Wenn die Variable am Eingang den Wert 0 annimmt, wird am Ausgang die Impulsfolge angehalten, nachdem der letzte Impuls voll beendet wurde.	

zu **Tafel 3.30**

Nr.	Symbol, Schaltzeichen	Benennung	Anwendungshinweise
10		*Synchron anlaufendes und anhaltendes astabiles Kippglied*	
Kennzeichnung der Ein-/Ausgänge von Speichergliedern			
11		*R-Eingang* Wenn die Variable am R-Eingang den Wert 1 annimmt, erzwingt sie den Wert 1 am zugehörigen Ausgang. Die Rückkehr der Variablen am R-Eingang zum Wert 0 bewirkt keine Zustandsänderung.	Rücksetzzustand
12		*S-Eingang* Wenn die Variable am S-Eingang den Wert 1 annimmt, erzwingt sie den Wert 1 am zugehörigen Ausgang. Die Rückkehr der Variablen am S-Eingang zum Wert 0 bewirkt keine Zustandsänderung.	Setzzustand
13		*C-Eingang (Takt-Eingang)* zum Beispiel: Takt-Eingang mit Zustandssteuerung. Takt-Eingang mit Flankensteuerung. Takt-Eingang mit Flankensteuerung.	
14		*T-Eingang* Der T-Eingang bewirkt jedesmal einen Zustandswechsel, wenn seine Variable den Wert 1 annimmt. Die Rückkehr dieser Variablen zum Wert 0 bewirkt keine Änderung des Zustands.	
15		*D-Eingang* Ein D-Eingang ist immer einem anderen Eingang untergeordnet.	
16		*J-Eingang* Setzeingang wie der S-Eingang, jedoch mit der zusätzlichen Eigenschaft, daß das bistabile Kippglied seinen komplementären Zustand annimmt, wenn die Variablen an den Eingängen J und K beide den Wert 1 haben.	

zu **Tafel 3.30**

Nr.	Symbol, Schaltzeichen	Benennung	Anwendungshinweise
17		*K-Eingang* Rücksetzeingang wie der R-Eingang, jedoch mit der zusätzlichen Eigenschaft, daß das bistabile Kippglied seinen komplementären Zustand annimmt, wenn die Variablen an den Eingängen J und K beide den Wert 1 haben.	
18		*RS-Kippglied* Wenn die Variablen an beiden Eingängen verschiedene Werte oder gleichzeitig den Wert 0 haben, zeigen die Variablen an den beiden Ausgängen komplementäre (verschiedene) Werte.	
19		*T-Kippglied (Binärteiler)* Wenn bei der Variablen am Eingang der Übergang vom Wert 0 zum Wert 1 eintritt, dann gehen die Werte der Variablen an den Ausgängen in die komplementären über.	
20		*RS-Kippglied* Die beiden R-Eingänge sind durch ODER und die beiden S-Eingänge sind durch ODER miteinander verknüpft.	
21		*JK-Kippglied mit Einflankensteuerung*	

3.3 Schaltungsunterlagen

3.3.1 Definitionen, Interpretationen, Kategorien

Unter Schaltungsunterlagen versteht man normdefinitiv Schaltpläne der verschiedensten Art sowie Tafeln, Diagramme und Beschreibungen zur Erläuterung, Interpretation, Analyse und Berechnung der Funktion und der Wechselwirkungszusammenhänge von Schaltung und Schaltungsverbindungen.

Ein Schaltplan ist die graphisch/zeichnerische Darstellung elektrischer Betriebsmittel durch Schaltzeichen.

Schaltungsunterlagen werden nach DIN 40 719, Blatt 1, in zwei Gruppen eingeteilt:

— Einteilung nach dem Zweck,
— Einteilung nach der Art der Darstellung.

In Bild 3.5 ist die Einteilungssystematik dargestellt. Die Einteilungsblöcke sind auch mit ihrer angelsächsischen Bezeichnung versehen. Dies ist dann hilfreich anzuwenden, wenn die unvermeidlichen Interpretationsschwierigkeiten mit den Fragestellungen, was ist dieser, was ist jener für ein Schaltplan, auftreten. Der Hinweis soll deutlich machen, daß es erhebliche Verständnisschwierigkeiten in der Artenbestimmung und Artendarstellung von Schaltplänen gibt. Jahrzehntelanges Anwenden von Schaltunterlagen alter Art ist nicht kurzzeitig änderbar. Eine Fülle neuerer Normungen für Schaltungsunterlagen, die noch keineswegs abgeschlossen sind, haben eher irritiert als harmonisiert.

Die Einteilung der Schaltungsunterlagen nach dem Zweck ist wiederum unterteilt in solche zur Erläuterung der Arbeitsweise und solche zur Erläuterung der Verbindungen und räumlichen Lage. Die erstere Gruppe ist deutlich jene, die der Erläuterung, Interpretation und Analyse dient. Die zweite Gruppe charakterisiert den Komplex der Fertigungs-, Montage- und Wartungsunterlagen.

Weiterhin muß bei dieser Einteilung deutlich werden, daß Schaltungsunterlagen nicht nur identisch mit Schaltplänen sind. Tabellen, Diagramme und Beschreibungen sind gleichwohl Bestandteil der Schaltungsunterlagen.

Die Einteilung nach der Art der Darstellung ist selbstverständlich nicht losgelöst von der Einteilung nach dem Zweck aufzufassen. Beide Einteilungen können sich bedingen oder stehen in enger Wechselwirkung. Ein solcher Zusammenhang ist beispielsweise beim Übersichtsschaltplan und einpoliger Darstellung vorhanden. Die Einteilung nach der Art der Darstellung ist im Sinne der Darstellungszweckmäßigkeit zu interpretieren.

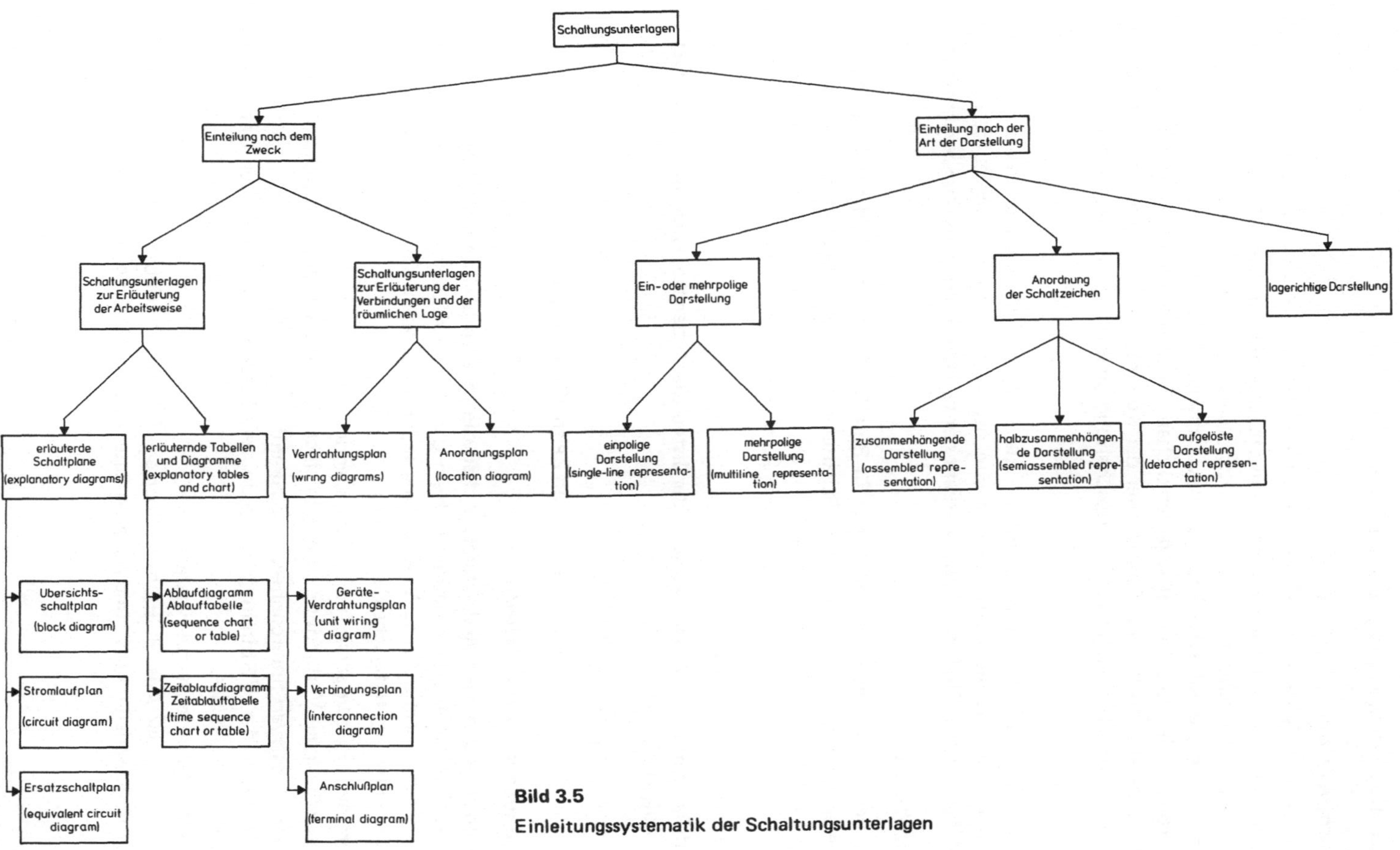

Bild 3.5

Einleitungssystematik der Schaltungsunterlagen

Die Schaltplanarten seien kurz kommentiert:

Übersichtsschaltplan

Blockdiagramm sagt eigentlich hierzu Deutliches aus. Es handelt sich bei diesem Schaltplan um eine aus Funktionsblöcken komponierte vereinfachte Darstellung einer Schaltung. Meist einpolig ausgeführt, soll er die Arbeitsweise und die Funktionsgliederung zeigen. Bei der hohen Komplexität heutiger elektronischer Schaltungen kommt diesem Schaltplan große Bedeutung bei allen gedanklichen Prozessen zu, die zum Verständnis der Arbeitsweise einer Schaltung führen oder der Kommunikation um eine Schaltung dienen. Fälschlich wird dieser Plan auch Prinzipschaltbild oder Wirkplan, etc. genannt.

Stromlaufplan

Ein Stromlaufplan (circuit diagram) ist die zentrale Darstellungsart einer elektrischen Schaltung, bei der alle Betriebsmittel und der gesamte Verbindungsaufbau vollständig ausgeführt werden. Ein Stromlaufplan dient der vollständigen Funktionsbeschreibung.

Ersatzschaltplan

Dieser Schaltplan, wie er beispielsweise in Bild 3.1 dargestellt ist, dient der Beschreibung einer elektronischen Schaltung durch Schaltelemente, die die Funktion hilfs- oder ersatzweise repräsentieren. Der Ersatzschaltplan (equivalent diagram) wird im ingenieurmäßigen Arbeiten zur Analyse und zur Berechnung komplexen Schaltungsverhaltens benutzt.

Ablaufdiagramm und Tabelle

Ablaufdiagramm und Tabelle zeigen oder listen die Arbeitsvorgänge in ihrer festgelegten Reihenfolge auf.

Zeitablaufdiagramm und Tabelle

Diese Unterlagenart führt zusätzlich einen Zeitmaßstab in die Arbeitsfolgen ein.

Verdrahtungspläne und Tabellen

Verdrahtungspläne (wiring diagrams) stellen die inneren und/oder äußeren Verbindungen zwischen den elektrischen Betriebsmitteln dar. Eine Erläuterung der Wirkungsweise ist dadurch nicht beabsichtigt. Verdrahtungstabellen können die Diagramme ersetzen. In der Zweckbindung unterscheidet man in:

1. *Geräteverdrahtungsplan* (unit wiring diagram)
   Darstellung der Verbindung innerhalb eines Gerätes oder einer Gerätekombination.
2. *Verbindungsplan* (interconnection diagram)
   Darstellung der Verbindung *zwischen* verschiedenen Geräten oder Gerätekombinationen einer Anlage.
3. *Anschlußplan* (terminal diagram)
   Darstellung der Anschlußpunkte einer elektrischen Betriebseinrichtung und der daran angeschlossenen inneren und äußeren leitenden Verbindungen.

Anordnungsplan

Der Anordnungsplan (location diagram) stellt die elektrischen Betriebsmittel in ihrer räumlichen Lage dar. Die Darstellung muß nicht maßstäblich sein.

Gemischte Schaltpläne

Eine sehr wesentliche Bemerkung trifft DIN 40 719, Blatt 1 zur Mischung der Schaltplanarten (mixed diagram). Die Mischung ist zulässig! Mit Rücksicht auf wirtschaftliche Überlegungen ist es nach Norm erlaubt, einen oder wenige Pläne durch Kombination von Planarten anzufertigen! Diese Zulässigkeit impliziert auch die Unzulässigkeit von Phantasiegebilden. Ferner sollten in einem mixed diagram im Schriftfeld die angewandten Normen angegeben werden.

Anordnung der Schaltzeichen

Zu dieser Darstellungsart ist anzumerken, daß zusammenhängende Darstellung (assembled representation) die zusammenhängende Darstellung aller Schaltzeichen eines elektrischen Betriebsmittels meint.

Im Falle der halbzusammenhängenden Darstellung (semiassembled representation) werden Schaltzeichen für Komponenten eines Betriebsmittels getrennt dargestellt und so angeordnet, daß die Schaltzeichen für die mechanischen Verbindungen zwischen zusammengehörenden Komponenten eingezeichnet werden können.

Bei der aufgelösten Darstellung (detached representation) werden die Schaltzeichen für elektrische Betriebsmittel getrennt dargestellt und so angeordnet, daß jeder Stromweg leicht aufzufinden ist.

Lagerichtige Darstellung

Bei der lagerichtigen Darstellung (topographical representation) werden die Schaltzeichen eines Betriebsmittels ganz oder teilweise der räumlichen Lage angepaßt. Die Darstellung muß nicht maßstäblich sein.

3.3.2 Kennzeichnung elektrischer Betriebsmittel

Im Mittelpunkt der Normungen über Schaltungsunterlagen steht die Norm DIN 40 719, Teil 2, über Kennzeichnungen elektrischer Betriebsmittel. In wesentlichen Teilen handelt es sich hierbei um die Übernahme der IEC-Publikation 113-2. Die Norm gilt für elektrische Anlagen und enthält Regeln zur eindeutigen Bildung von Kennzeichnungen und deren Anwendung.

Es ist anfänglich von Wichtigkeit, die Normdefinition elektrisches Betriebsmittel oder kurz Betriebsmittel voranzustellen.

> Als Betriebsmittel gelten alle Bauelemente, Komponenten, Funktionseinheiten, Geräte und Anlagen, die durch ein Schaltzeichen in einem Schaltplan dargestellt sind.

Zur Kennzeichnung dieser Betriebsmittel nutzt man Kennzeichnungsblöcke, in denen zusammengehörige Angaben verzeichnet sind. Art und Umfang der Angaben richten sich

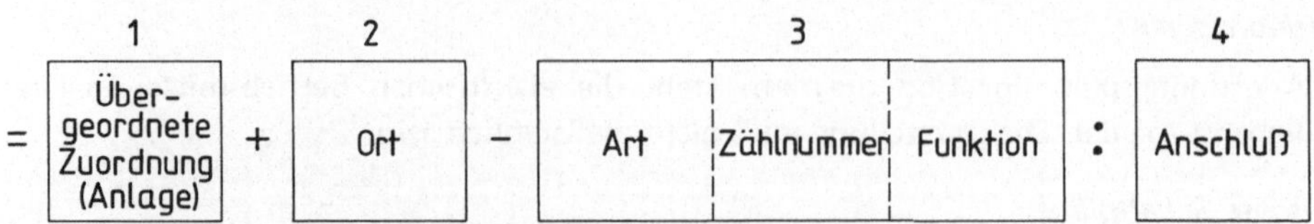

Bild 3.6 Kennzeichnungsblöcke zur Identifikation der Betriebsmittel

nach der Ausgestaltung des Schaltplanes und nach der Schaltplanart. Die Kennzeichnungs-blöcke sind Bild 3.6 zu entnehmen. Ersichtlich wird, daß 4 Kennzeichnungsblöcke ver-wendet werden. Block 3 hat hierbei eine zentrale Bedeutung . Im einzelnen kennzeichnen die Blöcke:

— *Block 1*
Eine übergeordnete Zuordnung (Anlage), aus der die Wechselbeziehung mit anderen Teilen (der Anlage) im Hinblick auf Ort und/oder Funktion hervorgeht.

— *Block 2*
Ort des Betriebsmittels.

— *Block 3*
Identifizierung des Betriebsmittels nach
Art des Betriebsmittels (3 A),
Zählnummer (3 B),
Funktion des Betriebsmittels (3 C).

— *Block 4*
Anschluß und Leiterbezeichnung.

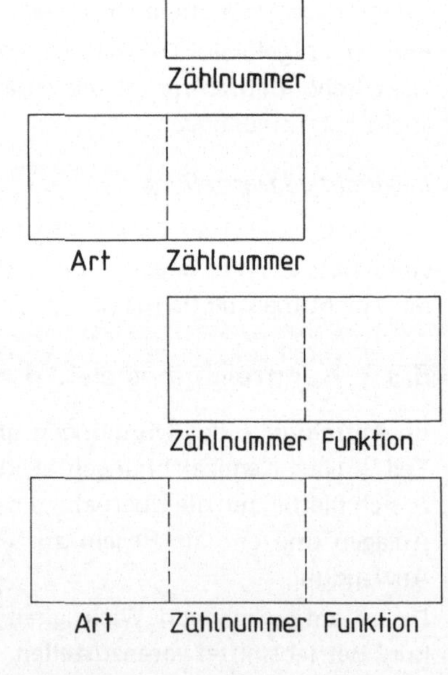

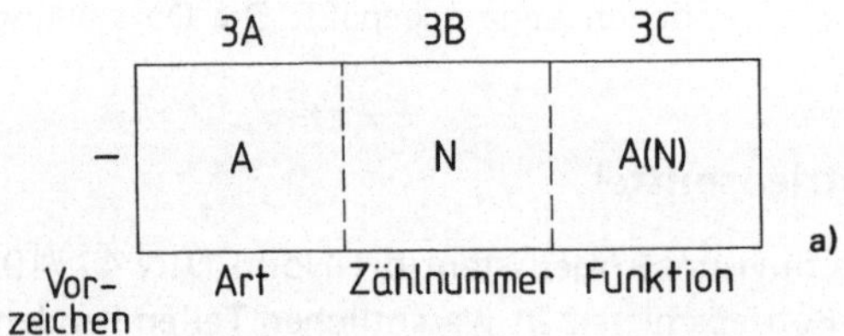

Bild 3.7
Kennzeichnung für den Block 3 durch Ziffern (N)
und Buchstaben (A) in Bild 3.7a) und Anwendung
der Blockvarianten 3A, 3B, 3C nach Bild 3.7b)

Jeder Funktionsblock erhält zur Identifizierung ein Vorzeichen (=, +, −, :)

Die Kennzeichen werden aus arabischen Ziffern (N) und lateinischen Buchstaben (A) wechselweise gebildet.

Die Bildung der Kennzeichnung für den Block 3 ist in Bild 3.7a aufgeführt. Teil 3 A gibt durch einen Buchstaben Aufschluß über die Art des Betriebsmittels. Die Beschränkung liegt auf einem Buchstaben. In Tafel 3.31 sind die Kennbuchstaben für die Art des Betriebsmittels mit Beispielen aufgeführt. Die konkret unter diese Kennbuchstaben fallenden Bauelemente, Komponenten, Funktionsteile und -Einheiten sind alphabetisch in Tafel 3.32 aufgelistet.

Tafel 3.31 Kennbuchstaben für die Bestimmung der Art des Betriebsmittels (Teil 3 A)

Kenn-buchstabe	Art des Betriebsmittels	Beispiele
A	Baugruppen, Teilbau-	Verstärker mit Röhren oder Transistoren, Magnet-verstärker, Laser, Maser Gerätekombinationen; Baugruppen und Teilbaugruppen, die eine konstruktive Einheit bilden, aber nicht eindeutig einem anderen Kennbuchstaben zugeordnet werden können, wie Einschübe, Rahmen, Einsätze, Steckkarten, Flachbaugruppen.
B	Umsetzer von nicht elektrischen auf elektrische Größen oder umgekehrt	Thermoelektrische Fühler, Thermozellen, photoelektrische Zellen, Dynamometer, Kristallwandler, Mikrophon, Tonabnehmer, Lautsprecher, Drehfeldgeber, Funktionsdrehmelder Meßumformer, Thermoelemente; Widerstandsthermometer; Photowiderstand, Druckmeßdosen; Dehnungsmeßdosen; Dehnungsmeßstreifen; Piezoelektrische Geber; Drehzahlgeber; Geschwindigkeitsgeber, Impulsgeber; Tachogenerator; Weg- und Winkelumsetzer; Näherungsinitiatoren; Hallsonden, Feldplattenpotentiometer; Geber für Druck, Menge, Dichte, Niveau, Temperatur
C	Kondensatoren	
D	Binäre Elemente, Verzögerungseinrichtungen, Speichereinrichtungen	kombinative Elemente, Verzögerungsleitungen, bistabile Elemente, monostabile Elemente, Kernspeicher, Register, Magnetbandgeräte, Plattenspeicher Einrichtungen der binären und digitalen Steuerungs-, Regelungs- und Rechentechnik. Integrierte Schaltkreise mit binären und digitalen Funktionen, Verzögerer; Zeitglieder, Speicher- und Gedächtnisfunktionen, z. B. Trommel- und Magnetbandspeicher, Schieberegister, Verknüpfungsglieder, z. B. UND- und ODER-Glieder. Digitale Einrichtungen, Impulszähler, digitale Regler und Rechner
E	Verschiedenes	Beleuchtungseinrichtungen, Heizeinrichtungen, Einrichtungen, die an anderer Stelle dieser Aufstellung nicht aufgeführt sind Elektrofilter, Elektrozäune, Lüfter, meßtechnische Geräteabsperrungen, Abgleichgefäße
F	Schutzeinrichtungen	Sicherungen (Feinsicherungen, Schraubsicherungen, HH-Sicherungen), Überspannungsentladevorrichtungen, Überspannungsableiter Fernmeldeschutzschalter, Schutzrelais; Bimetallauslöser; magnetische Auslöser, Druckwächter, Windfahnenrelais; Fliehkraftschalter, Buchholzschutz; elektronische Einrichtungen zur Signalüberwachung; Signalsicherung, Leitungsüberwachung; Funktionssicherung; Installationsleitungsschutzschalter

Kenn-buchstaben	Art des Betriebsmittels	Beispiele
G	Generatoren, Strom-versorgungen	rotierende Generatoren, rotierende Frequenzwandler, Batterien, Stromversorgungseinrichtungen, Oszillatoren, Quarzoszillatoren ruhende Generatoren und Umfomer; Ladegeräte; Netzgeräte, Stromrichtergeräte; Taktgeneratoren
H	Meldeeinrichtungen	Optische und akustische Meldegeräte Signalleuchten, Geräte für das Gefahren- und Zeitmeldewesen, Zeitfolgemelder, Manöver-Registriergeräte, Fallklappenrelais
J		frei
K	Relais, Schütze	Leistungsschütze, Hilfsschütze; Hilfsrelais, Zeitrelais; Blinkrelais und Reed-Relais
L	Induktivitäten	Drosselspulen, Wellensperren
M	Motoren	
N	Verstärker, Regler	Einrichtungen der analogen Steuerungs-, Regelungs- und Rechentechnik; elektronische und elektromechanische Regler; Operationsverstärker; Umkehrverstärker; Trennverstärker, Impedanzwandler; Steuersätze; Analogregler und Analogrechner; integrierte Schaltkreise mit analogen Funktionen, Transduktoren
P	Meßgeräte, Prüfein-richtungen	anzeigende, schreibende und zählende Meßeinrichtungen, Impulsgeber, Uhren Anlaog, binär und digital anzeigende und registrierende Meßgeräte (Anzeiger, Schreiber, Zähler), mechanische Zählwerke; binäre Zustandsanzeigen; Oszillographen; Datensichtgeräte, Simulatoren; Prüfadapter; Meß-, Prüf- und Einspeisepunkte
Q	Starkstrom-Schaltgeräte	Leistungsschalter, Trennschalter Schalter in Hauptstromkreisen; Schalter mit Schutzeinrichtungen; Schnellschalter, Lasttrenner; Sterndreieckschalter, Polumschalter; Schaltwalzen, Trennlaschen; Zellenschalter; Sicherungstrenner; Sicherungslasttrenner, Installationsschalter; Motorschutzschalter
R	Widerstände	einstellbare Widerstände, Potentiometer, Regelwiderstände, Nebenschlußwiderstände, Heißleiter Festwiderstände; Anlasser; Bremswiderstände; Kaltleiter; Meßwiderstände; Shunt
S	Schalter, Wähler	Steuerschalter, Taster, Grenztaster, Wahlschalter, Wähler, Nummernschalterkontakt, Koppelstufe Befehlsgeräte; Einbaugeräte; Drucktaster; Schwenktaster; Leuchttaster; Steuerquittierschalter; Meßstellenumschalter; Steuerwalzen, Kopierwerke; Dekadenwahlschalter, Kodierschalter, Funktionstasten; Wählscheiben; Drehwähler
T	Transformatoren	Spannungswandler, Stromwandler Netz-, Trenn- und Steuertrafos

Kennbuchstaben	Art des Betriebsmittels	Beispiel
U	Modulatoren, Umsetzer von elektrischen in andere elektrische Größen	Diskriminator, Demodulator, Frequenzwandler, Kodiereinrichtung, Inverter, Umsetzer, Telegraphenübersetzer Frequenz-Modulatoren (-Demodulatoren); (Strom-)-Spannungs-Frequenzumsetzer; Frequenz-Spannungs-(Strom)-Umsetzer; Analog-Digital-Umsetzer; Digital-Analog-Umsetzer; Signal-Trennstufen; Gleichstrom- und Gleichspannungswandler; Parallel-Serien-Umsetzer; Code-Umsetzer; Opto-Koppler; Fernwirkgeräte
V	Röhren, Halbleiter	Elektronenröhren, Gasentladungsröhren, Dioden, Transistoren, Thyristoren Anzeigeröhren, Verstärkerröhren, Thyratrons; Hg-Stromrichter; Zenerdioden; Tunneldioden; Kapazitätsdioden; Triac's
W	Übertragungswege, Hohlleiter, Antennen	Schaltdrähte, Kabel, Sammelschienen, Hohlleiter, gerichtete Kupplungen von Hohlleitern, Dipole, parabolische Antennen Lichtleiter; Koaxialleiter; TFH-, UKW-Richtfunk und HF-Leitungsübertragungswege; Fernmeldeleitungen
X	Klemmen, Stecker, Steckdosen	Trennstecker und -steckdosen, Prüfstecker, Klemmenleisten, Lötleisten Koaxstecker; Buchsen; Meßbuchsen; Vielfachstecker; Steckverteiler; Rangierverteiler; Kabelstecker; Programmierstecker; Kreuzschienenverteiler, Klinken
Y	elektrisch betätigte mechanische Einrichtungen	Bremsen, Kupplungen, Druckluftventile Stellantriebe, Hubgeräte, Bremslüfter, Regelantriebe; Sperrmagnete; mechanische Sperren, Motorpotentiometer; Permanent-Magnete, Fernschreiber; elektrische Schreibmaschinen; Drucker; Plotter; Bedienungsblattschreiber
Z	Abschlüsse, Gabelüber-Entzerrer, Begrenzer Ausgleichseinrichtungen, Gabelabschlüsse	Kabelnachbildungen, Dynamikregler, Kristallfilter R/C- und L/C-Filter; Funkentstör- und Funkenlöscheinrichtungen; aktive Filter, Hoch-, Tief- und Bandpässe; Frequenzweichen; Dämpfungseinrichtungen

Tafel 3.32 Alphabetische Zuordnung der Betriebsmittel und Kennbuchstaben (Teil 3 A)

A

Abgleichgefäße	E
Abschluß	Z
Aktive Filter	Z
Analog, binär und digital anzeigende und registrierende Meßgeräte (Anzeiger, Schreiber, Zahlen)	P
Analog-Digital-Umsetzer	U
Analogregler und Analogrechner	N
Anlasser	R
Antennen	W
Anzeigende, schreibende und zählende Meßeinrichtungen	P
Anzeigeröhren	V
Ausgleichseinrichtungen	Z
Auslöser, magnetische	F

B

Batterien	G
Baugruppen (wenn keinem anderen Buchstaben zuordenbar)	A
Bedienungsblattschreiber	Y
Befehlsgeräte	S
Begrenzer	Z
Beleuchtungseinrichtungen	E
Bimetallauslöser	F
Binäre Elemente	D
Binäre Zustandsanzeigen	P
Bistabile Elemente	B
Blinkrelais	K
Bremsen	Y
Bremslüfter	Y
Bremswiderstände	R
Brückengleichrichter	V
Buchholzschutz	F
Buchsen	X

C

Codeumsetzer	U

D

Dämpfungseinrichtungen	Z
Datensichtgeräte	P
Dehnungsmeßdosen	B
Dehnungsmeßstreifen	B
Dekadenwahlschalter	S
Demodulator	U
Dichte-Geber	B
Digital-Analog-Umsetzer	U
Digitale Einrichtungen	D
Digitale Rechner	D
Digitale Regler	D
Dioden	V
Dipole	W
Diskriminatoren	U
Drehfeldgeber	B
Drehwähler	S

Drehzahlgeber	B
Drosselspulen	L
Drucker	Y
Druckluftventile	Y
Druckmeßdosen	B
Druckgeber	B
Drucktaster	S
Druckwächter	F
Dynamometer	B
Dynamikregler	Z

E

Einbaugeräte	S
Einrichtungen der analogen Steuerungs-, Regelungs- und Rechentechnik	N
Einrichtungen der binären und digitalen Steuerungs-, Regelungs- und Rechentechnik	D
Einstellwiderstände	R
Elektrisch betätigte mechanische Einrichtungen	Y
Elektrische Schreibmaschinen	Y
Elektrofilter	E
Elektronenröhren	V
Elektronische Einrichtungen zur Signalüberwachung	F
Elektronische und elektromechanische Regler	N
Elektrozäune	E
Elemente, kombinative (binär)	D
Entzerrer	Z
Einsätze	A
Einschübe	A

F

Fallklappenrelais	H
Feinsicherungen	F
Feldplattenpotentiometer	B
Fernmeldeleitungen	W
Fernmeldeschutzschalter	F
Fernschreiber	Y
Fernwirkgeräte	U
Festwiderstände	R
Filter	Z
Flachbaugruppen	A
Fliehkraftschalter	F
Fotowiderstand	B
Frequenz-Modulatoren (-Demodulatoren)	U
Frequenz-Spannungs(Strom)-Umsetzer	U
Frequenzwandler	U
Frequenzweichen	Z
Funktionsdrehmelder	B
Funktionssicherung	F
Funkentstör- und Funkenlöscheinrichtungen	Z
Funktionstasten	S

G

Gabelabschlüsse	Z
Gabelübertrager	Z
Gasentladungsröhren	V
Geber für Druck	B
Geber für Menge	B
Geber für Dichte	B
Geber für Niveau	B
Geber für Temperatur	B
Generatoren	G
Geräte für das Gefahren- und Zeitmeldewesen	H
Gerätekombinationen	A
Gerichtete Kupplungen von Hohlleitern	W
Geschwindigkeitsgeber	B
Gleichrichter	V
Gleichstrom- und Gleichspannungswandler	U
Grenztaster	S

H

Halbleiter	V
Hallsonden	B
Heiß- und Kaltleiter	R
Heizeinrichtungen	E
HF-Leitungsübertragungswege	W
Hg-Stromrichter	V
HH-Sicherungen	F
Hilfsrelais	K
Hilfsschütze	K
Hoch-, Tief- und Bandpässe	Z
Hohlleiter	W
Hubgeräte	Y

I

Impedanzwandler	N
Impulsgeber	B
Impulszähler	D
Induktivitäten	L
Installationsleitungsschutzschalter	F
Installationsschalter	Q
Integrierte Schaltkreise mit analogen Funktionen	N
Integrierte Schaltkreise mit binären und digitalen Funktionen	D
Inverter	U

K

Kabel	W
Kabelnachbildungen	Z
Kabelstecker	X
Kapazitätsdioden	V
Kernspeicher	D
Klemmen	X
Klemmenleisten	X
Klinken	X
Koaxialleiter	W
Koaxstecker	X
Kodier-(Dekodier-)Einrichtungen	U

Kodierschalter	S
Kondensatoren	C
Konstruktive Einheiten (wenn keinem anderen Buchstaben zuordenbar)	A
Kopierwerke	S
Koppelstufe	S
Kreuzschienenverteiler	X
Kristallfilter	Z
Kristallwandler	B
Kupplungen	Y

L

Ladegeräte	G
Laser	A
Lasttrenner	Q
Lautsprecher	B
Leistungsschalter	Q
Leistungsschütze	K
Leitungsüberwachung	F
Leuchttaster	S
Lichtleiter	W
Lötleisten	X
Lüfter	E

M

Magnetbandgeräte	D
Magnetbandspeicher	D
Manöver-Registriergeräte	H
Maser	A
Mechanische Sperren	Y
Mechanische Zählwerke	P
Meldeeinrichtungen	H
Meßbuchsen	X
Meßgeräte	P
Meß-, Prüf- und Einspeisepunkte	P
Meßstellenumschalter	S
Meßtechnische Geräteabsperrungen	E
Mikrophon	B
Menge-Geber	B
Meßumformer	B
Meßwiderstände	R
Modulatoren	U
Monostabile Elemente	D
Motoren	M
Motorpotentiometer	Y
Motorschutzschalter	Q

N

Näherungsinitiatoren	B
Nebenschlußwiderstände	R
Netzgeräte	G
Netz-, Trenn- und Steuertrafos	T
Niveau-Geber	B
Nummerschaltkontakt	S

O

ODER-Glieder	D
Operationsverstärker	N

Umsetzer von nicht elektrische		**W**	
auf elektrische Größen und		Wähler	S
umgekehrt	B	Wählscheiben	S
UND-Glieder	D	Wahlschalter	S
		Wellensperren	L
V		Widerstände	R
Ventile	Y	Widerstandsthermometer	B
Verknüpfungsglieder	D	Windfahnenrelais	F
Verstärker	N	Winkelumsetzer	B
Verstärkerröhren	V		
Verstärker mit Röhren oder		**Z**	
Transistoren (als Baugruppe)	A	Zeitfolgemelder	H
Verzögerer	D	Zeitglieder	D
Verzögerungsleitungen	D	Zeitrelais	K
Vielfachstecker	X	Zellen, fotoelektrische	B
		Zellenschalter	Q
		Zenerdioden	V

Teil 3 B enthält die Zählnummer (fortlaufend von 1–n), die dazu dient, das Betriebsmittel zu identifizieren, zwischen mehreren Betriebsmitteln zu unterscheiden, anzugeben, ob der verwendete Buchstabe die Art oder die Funktion kennzeichnet. Die Anwendung von 3 B ist für den Kennzeichnungsblock zwingend, siehe hierzu Bild 3.7b.

In Teil 3 C wird die Funktion des Betriebsmittels verzeichnet. Eine solche gewollte Festlegung muß bei der Vielfalt der Funktionen auf Kennzeichnungsschwierigkeiten stoßen. Deshalb beschränkt sich die Norm auf bestimmte Funktionen, die in Tafel 3.33 aufgelistet sind.

Tafel 3.33 Kennbuchstaben für die Kennzeichnung der Funktionen (Teil 3C)

Kennbuchstabe	Allgemeine Funktion	Kennbuchstabe	Allgemeine Funktion
A	Hilfsfunktion, Funktion Aus	N	Messung
B	Bewegungsrichtung (vorwärts, rückwärts, heben, senken, im Uhrzeigersinn, entgegen dem Uhrzeigersinn)	P	Proportional
		Q	Zustand (Start, stop, Begrenzung)
		R	Rückstellen, löschen
C	Zählung	S	Speichern, aufzeichnen
D	Differenzierung	T	Zeitmessung, verzögern
E	Funktion Ein	U	—
F	Schutz	V	Geschwindigkeit (beschleunigen, bremsen)
G	Prüfung		
H	Meldung	W	Addierung
J	Integration	X	Multiplizieren
K	Tastbetrieb	Y	Analog
L	Leiterkennzeichnung	Z	Digital
M	Hauptfunktion		

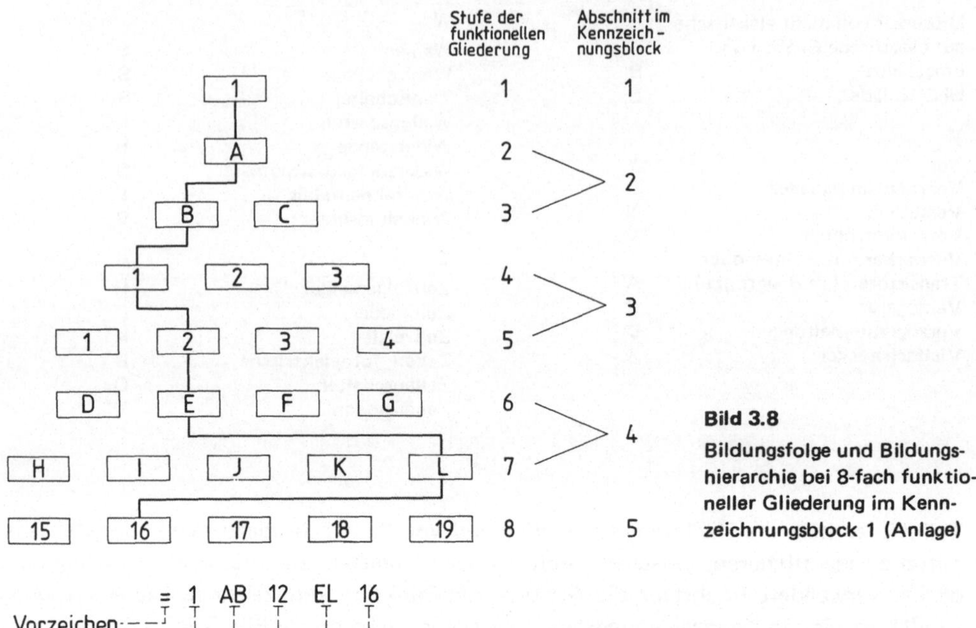

Bild 3.8

Bildungsfolge und Bildungs-
hierarchie bei 8-fach funktioneller Gliederung im Kennzeichnungsblock 1 (Anlage)

Kennzeichnungsblock 1, Übergeordnete Zuordnung, kennzeichnet nach einer NANA-Folge, vorwiegend dem funktionellen Aufbau folgend, wobei 5 Abschnitte angewandt werden sollen. In Bild 3.8 sind Bildungsfolge und Bildungshirarchie bei einer 8-fachen funktionellen Gliederung dargestellt. Die erste Nummer kann bei Vorhandensein nur einer übergeordneten Einheit entfallen. Ansonsten enthält jede eigenständige Einheit eine identifizierende Nummer.

Kennzeichnungsblock 2, Ort, hat eine vergleichbare Bildungsfolge wie Block 1. Die Anwendung einer Ortskennzeichnung erlaubt die Lokalisierung eines Betriebsmittels in erweiterten Anlagen. Die Folge von Ziffern und Buchstaben ermöglicht es, ein räumliches Raster aufzubauen, mit dem in jeder Ebene die Betriebsmittel nach Koordinaten findbar sind, wie dies in Bild 3.9 demonstriert wird. Eine erweiterte Ortskennzeichnung auf 6 Abschnitten wird im Normenanhang für die Energietechnik gemacht.

Kennzeichnungsblock 4, Anschlüsse und Leiter, bezieht sich in seiner Kennzeichnung auf die Kennzeichnung auf den Betriebsmitteln. Daher ist die alphanumerische Bezeichnug freigestellt. Zu beobachten sind Betriebsmittel ohne eingeprägte Anschlußbezeichnung. Hier müssen die Anschlüsse in den Schaltungsunterlagen normgerecht bezeichnet werden.

Anwendungshinweise

In Bild 3.10a und b sind einfache Beispiele der Anwendung des Blocks 2 und 3 demonstriert. Bei der Anwendung des Blockes 1 besteht die Möglichkeit, die Kennzeichnung der übergeordneten Zuordnung nur einmalig im Schaltplan (z. B. im Schriftfeld) zu verzeichnen. Die vollständige Bezeichnung eines Betriebsmittels setzt sich dann aus diesem Kennzeichnungsteil und dem spezifischen Kennzeichnungsteil des Betriebsmittels zu-

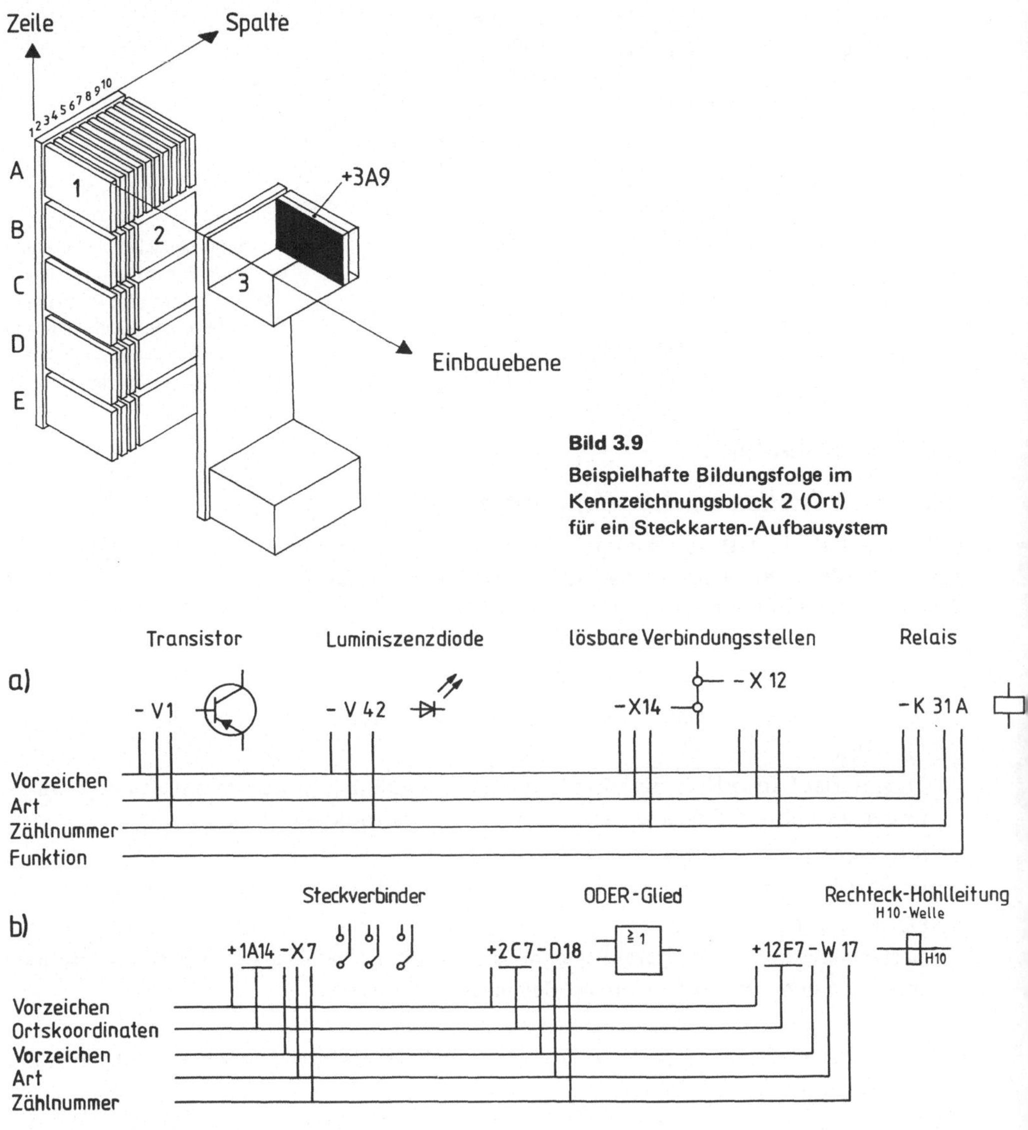

Bild 3.10 Anwendungsbeispiele für Block 2 und 3 signifikanter Betriebsmittel

sammen. Betriebsmittel, für die das gemeinsame Kennzeichen nicht gilt, erhalten am Schaltzeichen die vollständige Kennzeichnung. Hierzu demonstriert Bild 3.11 Beispiele. Dieses Bild ist auch ein Hinweis für die Möglichkeit, die Kennzeichnungen an den Schaltzeichen untereinander zu schreiben.

Betriebsmittel haben häufig den Charakter, übergeordnete Betriebsmittel anderer Betriebsmittel zu sein. In solchem Fall ist das Kriterium der übergeordneten Kennzeichnung einzuführen (Block 1).

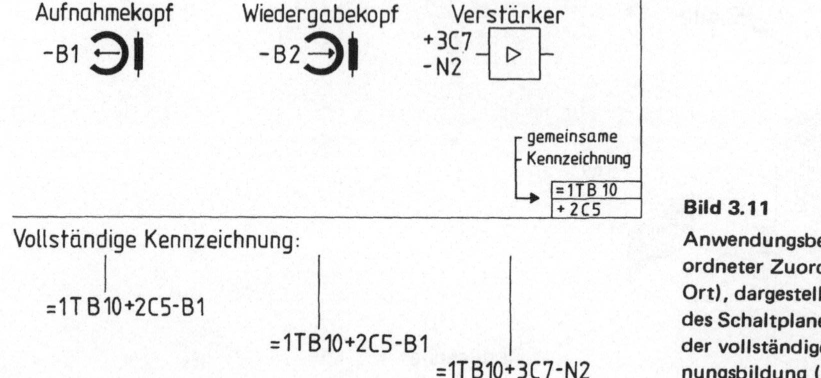

Bild 3.11
Anwendungsbeispiele überge-
ordneter Zuordnung (Anlage,
Ort), dargestellt im Schriftfeld
des Schaltplanes und Kriterien
der vollständigen Kennzeich-
nungsbildung (Anlage, Ort, Art)

3.3.3 Stromlaufplan

3.3.3.1 Definitionen, Begriffe, Kategorien

Die unter DIN 40 719 Teil 3 aufgestellten Regeln für Stromlaufpläne der Elektrotechnik
stehen im Zusammenhang zu den IEC-Empfehlungen 113-3 und 113-4. Der Geltungsum-
fang der Norm umfaßt die Darstellung von Schaltungen und deren Beschriftung in Stromlaufplänen. Die Norm trifft einige Begriffsdefinitionen.

— Schaltung:
  funktionsgerechtes Zusammenwirken elektrischer Betriebsmittel,
— Stromkreis:
  Stromverlauf innerhalb der Schaltung; Unterscheidung in bestimmte Stromkreisarten
  (Steuerstromkreis, Signalstromkreis, Versorgungsstromkreis),
— Stromweg:
  im Stromlaufplan zusammenhängend dargestellter Ausschnitt eines Stromkreises,
— Planabschnitt:
  Rastersystem, Planquadrate bildend, die durch Einteilung des Zeichnungsformates
  entstehen und dem Auffinden der Betriebsmittel dienen,
— Verbindung:
  Einrichtung zur Übertragung elektrischer Ströme und mechanischer Kräfte zwischen
  Betriebsmitteln,
— Anschlußstelle:
  Stelle am Betriebsmittel zum Anschluß einer elektrischen Verbindung.

Normdefinitiv ist ein Stromlaufplan durch seine Zweckbindung und seinen Inhalt beschrieben.

Ein Stromlaufplan muß:

1. die elektrischen Betriebsmittel einer Anlage und ihr Zusammenwirken durch eine
   übersichtliche Darstellung verdeutlichen,
2. die Wirkungsweise eines Betriebsmittels, einer Teilanlage oder Anlage erkennen lassen,
3. die Prüfung, Wartung und Fehlerortung ermöglichen.

Ein Stromlaufplan kann:

4. die Daten für Verdrahtungspläne bereitstellen.

Inhaltlich muß ein Stromlaufplan enthalten:

1. die Darstellung der vollständigen Schaltung in Einzelheiten,
2. die Kennzeichnung der Betriebsmittel einschließlich der Anschlußbezeichnung,
3. Schriftfeldangaben.

Der Stromlaufplan kann enthalten:

1. die vollständige Darstellung der Betriebsmittel,
2. Hinweisbezeichnungen (Kennzeichnungen) zum Finden von Schaltzeichen und Ziel-
   orten,
3. Daten über Strom-, Spannungs-, Widerstands-, Kondensator-, Einstellwerte,
4. Typenbezeichnungen der Betriebsmittel,
5. Fertigungshinweise wie Leitertyp, Basismaterial, Abschirmung.

Wenn ein Stromlaufplan für Servicezwecke vorgesehen ist, muß er enthalten:

1. Die vollständige Darstellung der Betriebsmittel,
2. Hinweisbezeichnungen zum Auffinden von Schaltzeichen und Zielort,
3. Daten über Strom-, Spannungs-, Widerstands-, Meßwerte, etc.,
4. die Typenbezeichnung der Betriebsmittel,
5. Darstellung und Kennzeichnung der Anschlußstellen wie Klemmen, Stecker, Löt-
   stützpunkte, Meßpunkte, etc.

3.3.3.2 Darstellungsregeln

Schaltzeichenwahl

Bei Vorhandensein mehrerer Schaltzeichen ist jeweils das der Aussage entsprechend
einfachste Zeichen auszuwählen. Das eigenständige Bilden von Schaltzeichen ist nur
zulässig, wenn die Norm kein Schaltzeichen aufweist. Das entwickelte Schaltzeichen
ist in der Schaltungsunterlage zu erläutern. Beispielhaft deutet dies Bild 3.12 an. Hier
wird für eine analogelektronische integrierte Schaltung ein Schaltbild entwickelt und
gekennzeichnet. Analogelektronische IC haben kein genormtes Symbol. Man findet
hier häufig die Anwendung des Verstärkersymbols nach DIN 40 700, Blatt 10 oder
nach DIN 40 700 Blatt 18 und dies für die unterschiedlichsten Funktionen (Mischer,
Komparatoren, vollständige Empfangs-IC, usw.). Die Schaltzeichenentwicklung des
Bildes 3.12 für ein Mischer-IC folgt hierbei der Norm DIN 40 700 Teil 14.

Schaltzeichengröße und Linienbreite

Größe und Linienbreite sind normalerweise für den gesamten Schaltplan beizubehalten.
Aus Gründen der Wichtigkeit oder aus Gründen der Informationserweiterung (Typenkennzeichnung, Anzahl der Anschlußstellen) können Schaltzeichen größer und Linien
stärker ausgeführt werden. Bild 3.13 gibt hierzu einige Beispiele. Auch in der Elektronik
wäre die Übung der elektrischen Energietechnik, die häufig die Verbindungslinien von
Hauptstromkreisen in Plänen hervorhebt, beispielsweise für Verbindungslinien der Ver-
sorgungsnetze, angebracht.

Bild 3.12
Eigenständige Schaltzeichenbildung
für ein Mischer-IC

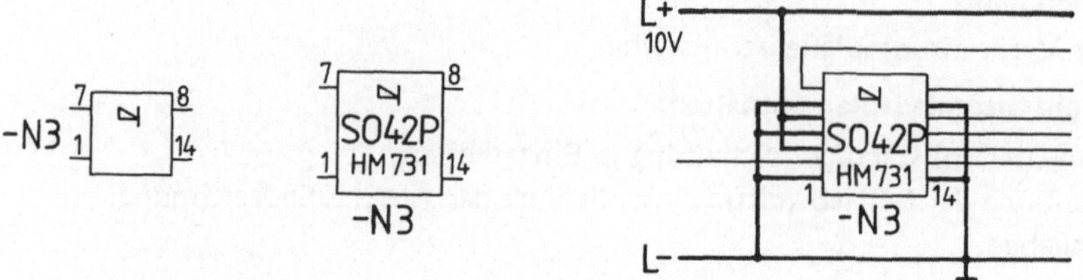

Bild 3.13 Schaltzeichenvariation im Sinne einer Informationserweiterung über das Betriebsmittel (Typenkennzeichnung, Anschlußstellen, Versorgungsnetz)

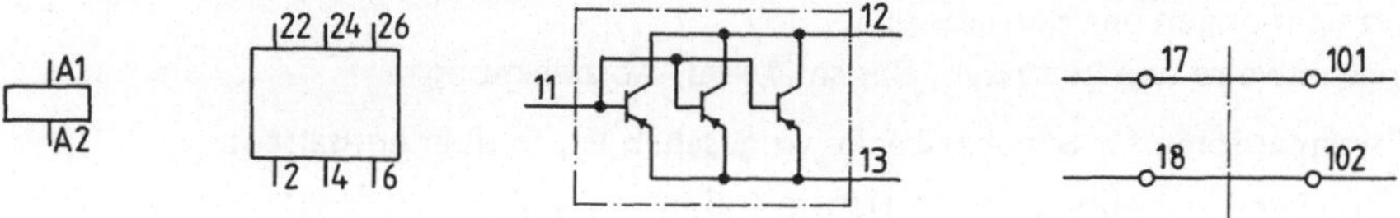

Bild 3.14 Darstellung von Anschlußstellen/Verbindungsstellen

Darstellung von Verbindungsstellen

Anschlußstellen an Betriebsmitteln werden üblich nur durch Abschnitte von Verbindungslinien dargestellt, erhalten also normalerweise kein besonderes Schaltzeichen, es sei denn, Anschlußstellen in der Form von Buchsen, Steckern, Steckerleisten müssen aus Gründen der Funktionsdarstellung verzeichnet sein. In Bild 3.14 ist der Sachverhalt dargestellt.

Reine Verbindungsstellen von Klemmen, Steckverbindern, etc. werden einheitlich als Punkt dargestellt. Auch hierfür ist Bild 3.14 ein Beispiel.

Bei der Darstellung von Anschlußstellen an Betriebsmitteln ist davon auszugehen, daß die Norm nur ein Beispiel setzen wollte und Abweichungen möglich sind, wenn keine Mißdeutungen zu anderen Schaltzeichen auftreten.

Darstellungszusammenhänge

Es gibt nach DIN 40 719 Teil 1 die drei Darstellungsarten:

— zusammenhängende Darstellung,
— halbzusammenhängende Darstellung,
— aufgelöste Darstellung.

Die zusammenhängende Darstellung benachbart alle Komponenten eines Betriebsmittels, wie beispielsweise Relais und ihre Kontakte. Die Darstellung wird bei kleineren Stromlaufplänen angewandt. Typisch sind hier gerade mechanische Verbindungslinien (Wirkverbindungen).

Die halbzusammenhängende Darstellung löst die Komponenten im Sinne einer klaren Führung von elektrischen Verbindungslinien auf. Typisch für diese Darstellungsart sind verzweigte und geknickte mechanische Verbindungslinien. Beide Darstellungsarten werden in Bild 3.15 demonstriert.

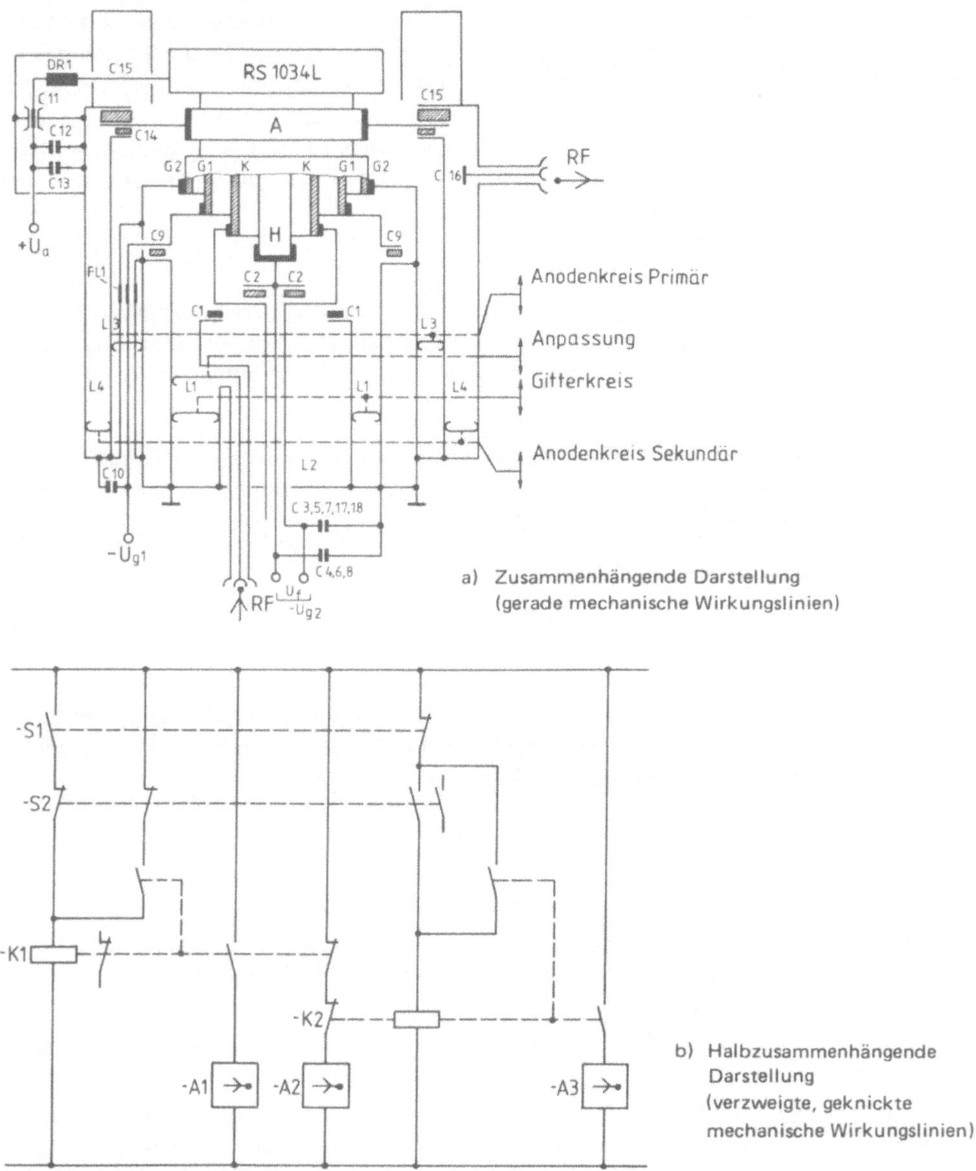

Bild 3.15 Beispiele der Darstellungsarten: zusammenhängende Darstellung 3.15a) und halbzusammenhängende Darstellung 3.15b)

Die aufgelöste Darstellung ist die gebräuchlichste. Sie folgt streng dem Prinzip der Verdeutlichung der Funktion und des Zusammenwirkens der Betriebsmittel. Durch diese Zweckbindung ist die Zusammengehörigkeit der Komponenten eines Betriebsmittels nicht mehr gegeben. Dies muß durch die Anwendung der Betriebsmittelkennzeichnung deutlich und für den Leser verständlich gemacht werden.

Es ist fallweise zu prüfen, ob ein aufgelöstes Betriebsmittel an einer bestimmten Stelle des Stromlaufplanes zusammenhängend darzustellen ist. Diese Zusammenfassung, die eventuell auch tabellarisch durchzuführen ist, muß ausweisen, in welchem Planquadrat die Komponenten dargestellt sind. Freie Anschlußstellen der Betriebsmittel sind hierbei anzugeben, eine Forderung, die meist nicht beachtet wird. Bild 3.16 zeigt einen Planausschnitt in aufgelöster Darstellung, Bild 3.17 die Methode der zusammenhängenden Darstellung für die Betriebsmittel des Bildes 3.16.

Darstellung des Betriebszustandes

Im Bereich der Steuerungs- und Regelungstechnik und der Datenverarbeitungstechnik wird der ausgeschaltete Zustand dargestellt. Dies bedeutet, daß die Betriebsmittel im spannungs-/stromlosen Zustand und ohne Einwirkung von Betätigungskräften dargestellt werden.

In der Nachrichtentechnik wird die Darstellung des sog. betriebsbereiten Zustands bevorzugt. Die Betriebsmittel werden im spannungs-/stromlosen Zustand, die Kontakte, Wähler, etc. in betriebsbereiter Stellung dargestellt.

Darstellung der Stromversorgungsleiter

Einführend zu diesem Sachverhalt zeigt Bild 3.18a—c die prinzipielle Darstellungsmethode der Anordnung von Stromversorgungsteil und restlichem Schaltungsteil und die Leitungsführung der Versorgungsleiter. In der Elektronik wird hiervon insofern häufig abgewichen, als das Versorgungsteil nicht dargestellt wird, sofern dies die Zweckbindung des Stromlaufplanes zuläßt. In solchen Fällen geschieht die Darstellung nach Bild 3.19a oder b, fallweise auch nach Bild 3.19c über eine Tabelle.

Darstellung von Verbindungs- und Begrenzungslinien

Elektrische Verbindungen zwischen den Betriebsmitteln werden in Stromlaufplänen durch Linien dargestellt, wie dies schon mehrfach angedeutet wurde.

Verzweigungen und Abzweigungen werden mit Punkten verzeichnet, Kreuzungen (ohne galvanische Verbindungen) in jedem Fall ohne Punkt, Bild 3.20a und b.

Bei sehr zahlreichen Verbindungslinien bieten sich häufig Gruppierungen von funktionsbenachbarten Verbindungen an. Die Gruppen sollten durch Abstand zu Nachbargruppen kenntlich sein, Bild 3.21.

Um funktionelle oder konstruktive Einheiten von Betriebsmitteln kenntlich zu machen, werden diese durch strichpunktierte Trenn- oder Umrahmungslinien umgeben, Bild 3.22.

Vereinfachungen

Vereinfachungen in Stromlaufplänen sind zulässig, wenn dies:

— der Verbesserung der Übersicht,
— der Verminderung des Umfangs dient.

Vereinfachungen durch einpolige Darstellungen sind für die Energietechnik gebräuchlich, Bild 3.23. Die Zuordnung zu einzelnen Leitern ist dabei zweifelsfrei anzugeben (z. B. T 1 Bezeichnung T1/L2).

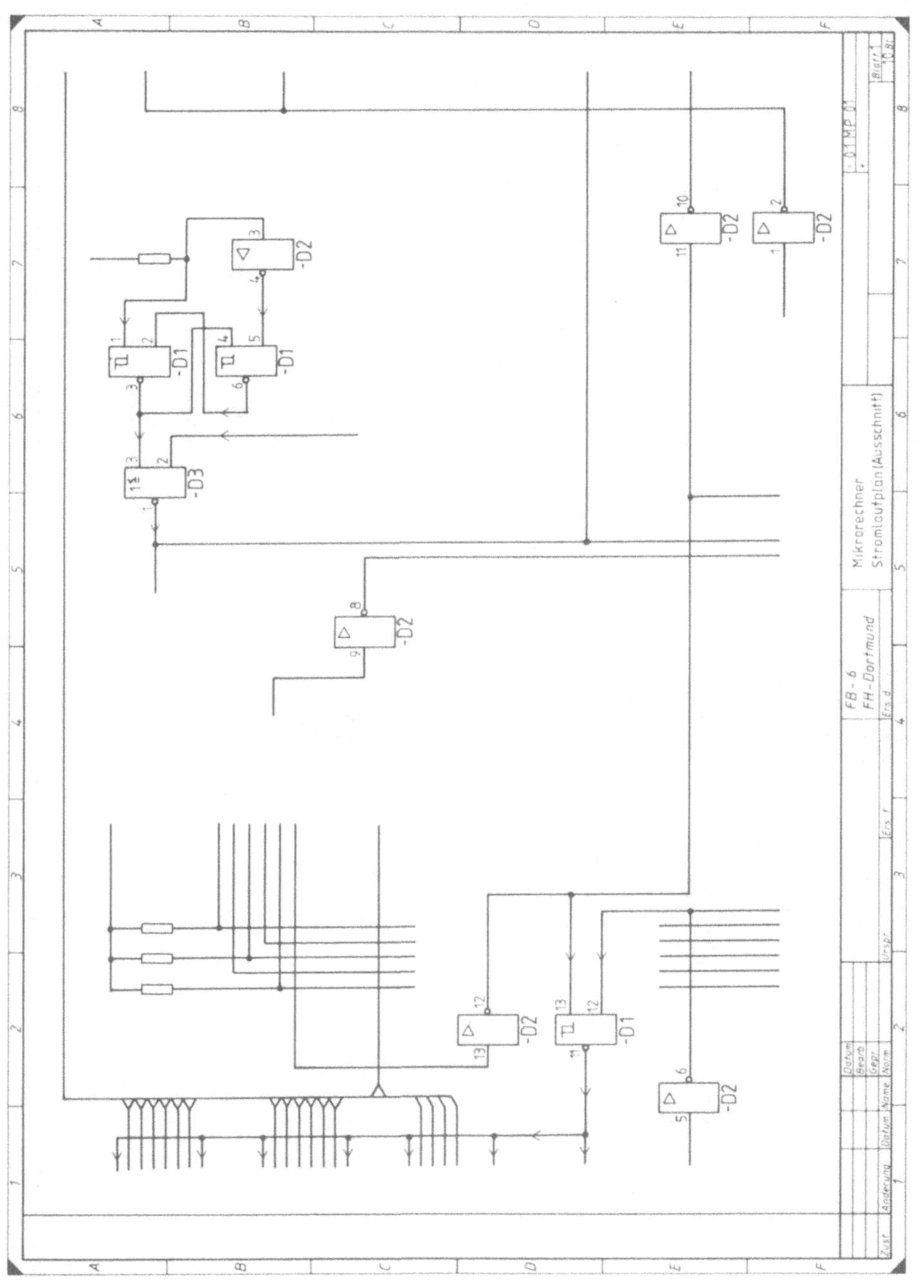

Bild 3.16 Planausschnitt in aufgelöster Darstellung der Betriebsmittel

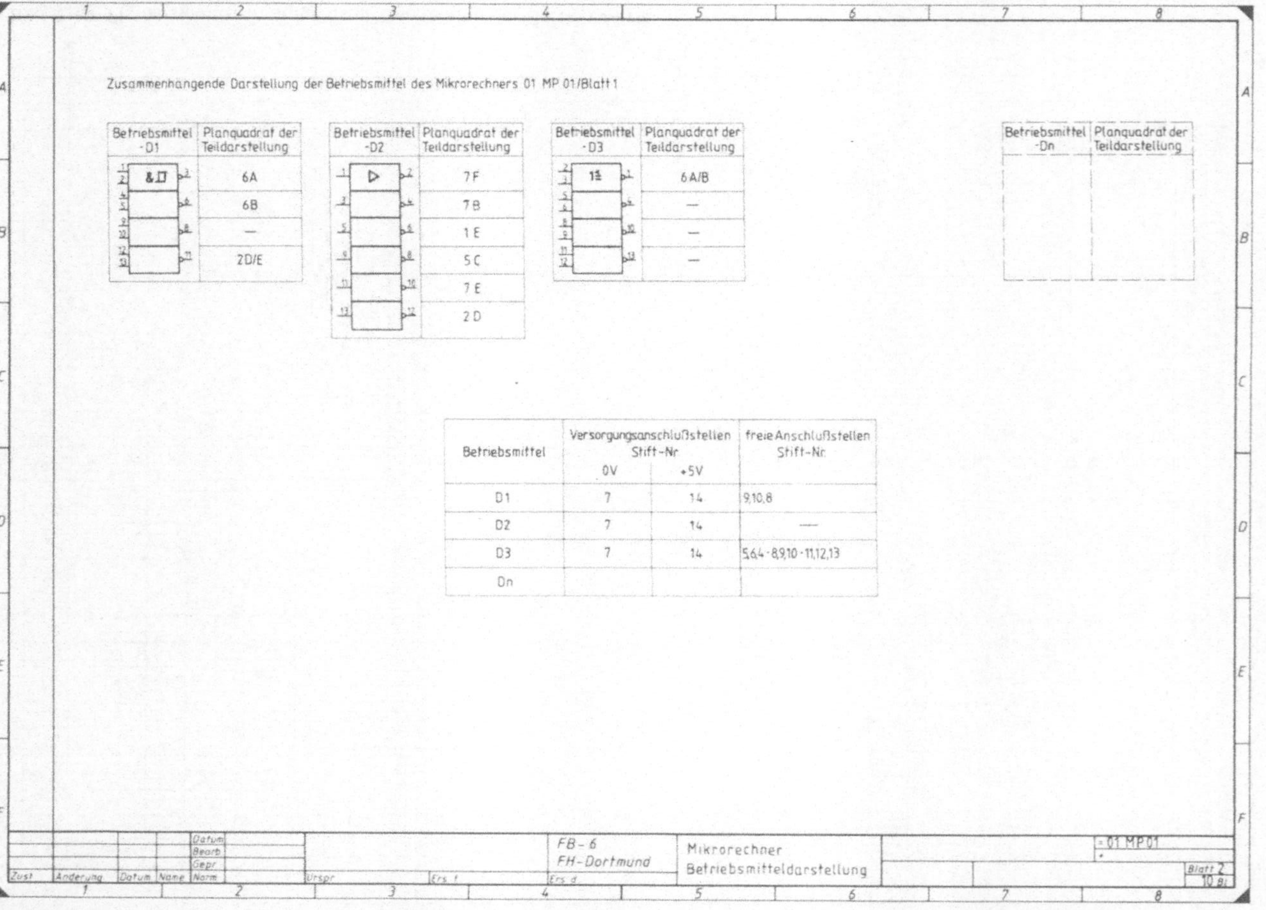

Betriebsmittel	Versorgungsanschlußstellen Stift-Nr.		freie Anschlußstellen Stift-Nr.
	0V	+5V	
D1	7	14	9,10,8
D2	7	14	—
D3	7	14	5,6,4 - 8,9,10 - 11,12,13
Dn			

Bild 3.17 Zusammenhängende Darstellung der Betriebsmittel des Bildes 3.16 nach der Methode einer ausgeweiteten tabellarischen Erfassung (Planquadraterfassung, Anschlußstellenbelegung)

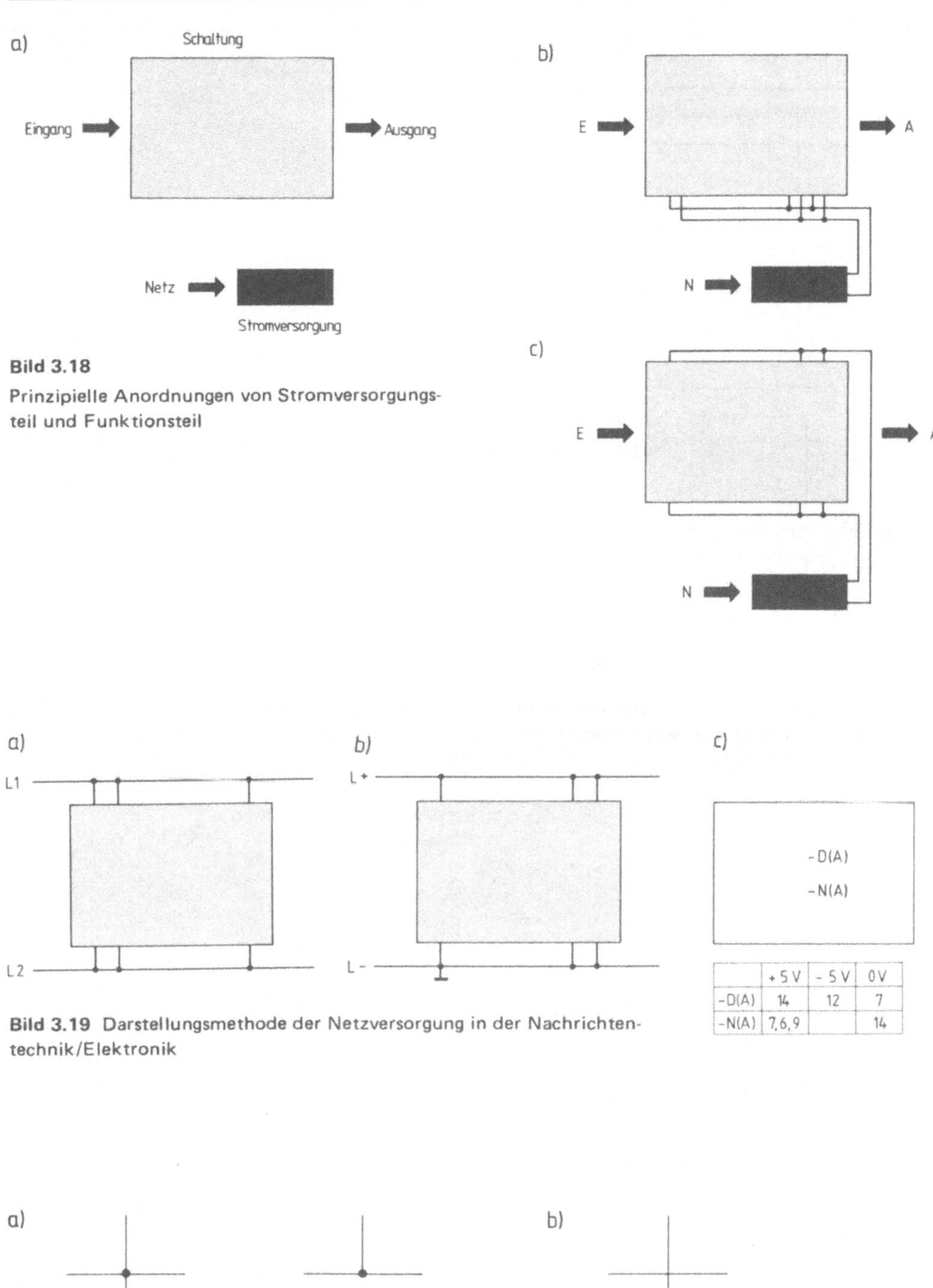

Bild 3.18
Prinzipielle Anordnungen von Stromversorgungsteil und Funktionsteil

	+ 5 V	- 5 V	0 V
-D(A)	14	12	7
-N(A)	7,6,9		14

Bild 3.19 Darstellungsmethode der Netzversorgung in der Nachrichten-
technik/Elektronik

Bild 3.20 Darstellung von Verzweigung, Abzweigung und Kreizung von Leitungsverbindungen

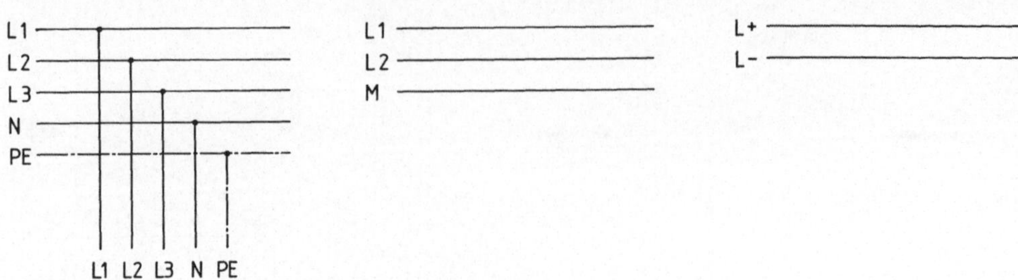

Bild 3.21 Gruppenbildung bei Leitungsverbindungen

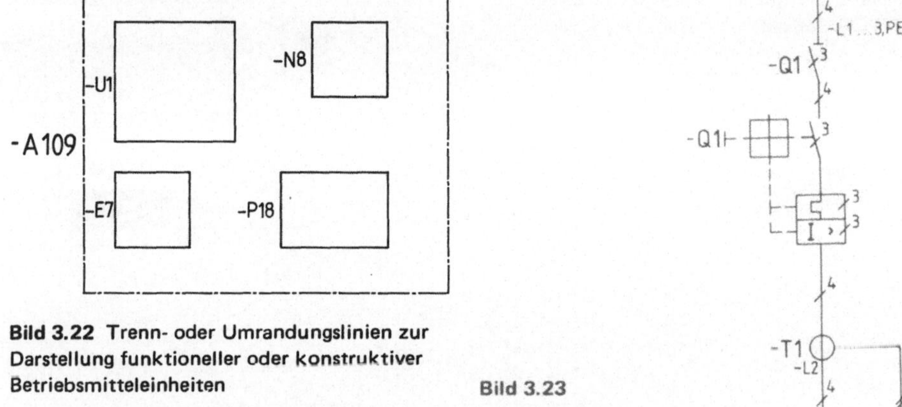

Bild 3.22 Trenn- oder Umrandungslinien zur Darstellung funktioneller oder konstruktiver Betriebsmitteleinheiten

Bild 3.23

Die einpolige Darstellung als Beispiel der vereinfachten Plangestaltung

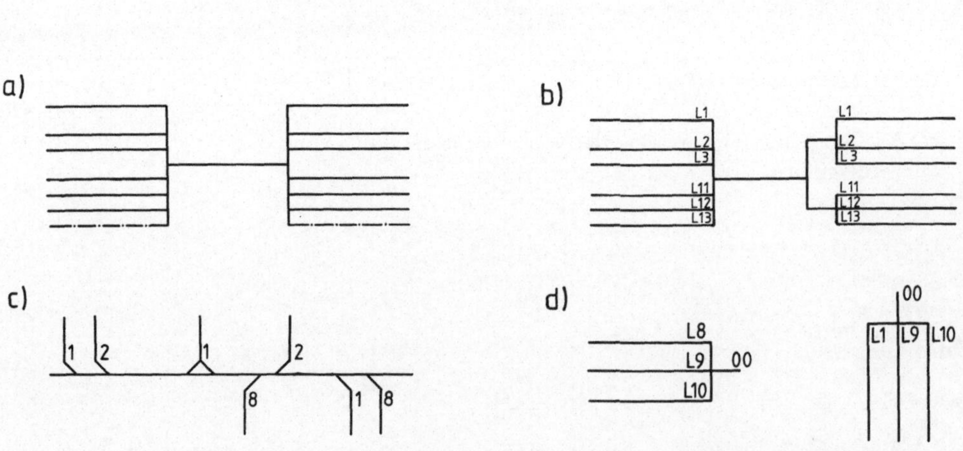

Bild 3.24 Vereinfachung der Plangestaltung durch zusammenfassung der Verbindungslinien, 3.24a) und b); Anwendung des Prinzips der Richtungskennzeichnung bei zusammengefaßten Verbindungslinien, 3.24c); Prinzip der vereinfachten Darstellung durch Codebuchstaben, 3.24d)

Die Vereinfachung in der Zusammenfassung von Verbindungslinien ist weit verbreitet. Hierbei ist zu unterscheiden in Verbindungslinien beidseitig gleicher und ungleicher Reihenfolge, Bild 3.24a und b.

Bei der Leitungsfolge in verschiedene Richtungen und Anwendung des Prinzips der zusammenfassenden Verbindungslinie muß die ankommende und abgehende Verbindungslinie jeweils abgeschrägt und beziffert dargestellt werden, Bild 3.24c.

Das Weglassen kompletter Verbindungslinien ist ebenfalls zulässig, wenn sie durch Codebuchstaben kenntlich gemacht sind, Bild 3.24d. Ein anderer Fall ist die Angabe der Verbindungslinien für die Stromversorgung durch Tabellen, wie bereits gezeigt.

Eine weitgehende Vereinfachung der Darstellung von Schaltzeichen und gleichartiger Schaltungskomponenten ist gebräuchlich. Hierzu wird auf das Studium der Norm verwiesen.

Beschriftungen

Zur Betriebsmittelkennzeichnung wurde in Abschnitt 3.3.2 ausführlich berichtet. Eine in diese Richtung weiterhin führende Frage, ist die der Lage der Beschriftung am Schaltzeichen. Hier unterscheidet man in horizontale und vertikale Verläufe der Verbindungslinien und entsprechend in horizontale und vertikale Lage der Beschriftung, Bild 3.25a und b.

Technische Daten der Betriebsmittel können zum Betriebsmittelkennzeichen hinzugefügt werden. Beispielsweise sind dies Widerstandswerte, Spannungsangaben, usw. Dies gilt auch für Meßwerte, Stellwerte und Wirkungshinweise, Bild 3.26.

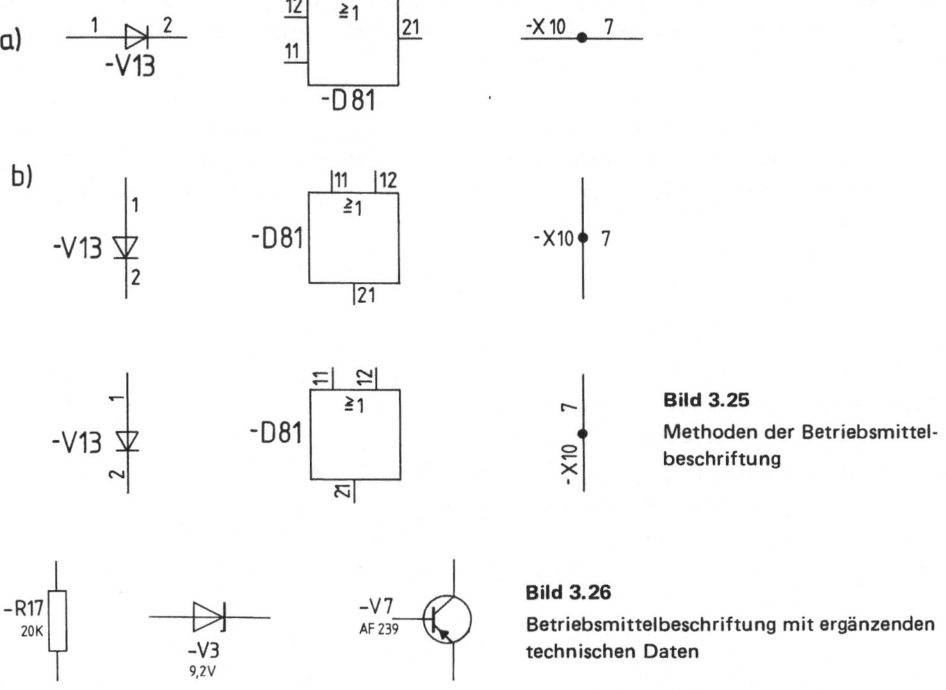

Bild 3.25

Methoden der Betriebsmittelbeschriftung

Bild 3.26

Betriebsmittelbeschriftung mit ergänzenden technischen Daten

Das Einheitensymbol an häufig auftretenden Schaltzeichen (Betriebsmitteln) kann entfallen (z. B. 10 K statt 10 K Ω, 200 n statt 200 nF).

Erläuterungen zur Schaltung sind im oberen Teil der Zeichnungsunterlage (längs dem Zeichnungsrand) aufzutragen. Technische Daten von Versorgungsleitern werden oberhalb der ersten Versorgungsleitung angegeben.

Abbrüche von Verbindungslinien sind mit Ziellinienhinweisen zu versehen. Auch hierzu wird das Normenstudium im einzelnen empfohlen.

3.3.3.3 Darstellungsrealität

Die Annahme der neueren Normen ist erwartungsgemäß nur zögernd erfolgt. Dies zeigt auch eine Analyse der Schaltungspublikationen der Industrie und betrifft gerade den Stromlaufplan. Hier sind es vor allem zwei Dinge die auffallen. Erstens wird die ausgedehnte Kennzeichnungssystematik im Bereich der Analogelektronik kaum angewandt. Dies hat möglicherweise den Hintergrund im derzeitigen Fehlen einer Reihe von Schaltzeichen im Bereich der integrierten Schaltungen. Die eigenständige Schaltzeichenwahl wird nicht versucht. Im Bereich der Digitalelektronik ist zwar die Anwendung deutlicher spürbar, aber auch hier läßt die Möglichkeit der Vereinfachung, beispielsweise durch die Steuerblock-Schaltzeichen, zu wünschen übrig. Die Anwendung der neueren Schaltzeichen für Verknüpfungsglieder, deren Kombinationsbildung, die Anwendung der Codierer, Umsetzer, Kippglieder, usw., scheint sich durchzusetzen.

Folgerichtig müssen die Stromlaufpläne Mischpläne eigener Art sein. Mischpläne sind zweifelsfrei zulässig, jedoch nicht unter den weitgehenden Freiheitsgraden, die beobachtbar sind. Letzteres trifft vor allem auf LSI- und VLSI-Schaltungen zu, die im Sinne der Übersichtspläne als mehrpolige Funktionsblöcke — die Angabe Betriebsmittel ist hier normdefinitiv nicht zulässig, da kein Schaltzeichen zuzuordnen ist — mit Typenbezeichnung oder mit außerhalb der Norm liegenden Bezeichnungscodes dargestellt werden.

In solchen Fällen entstehen dann die mißverständlichen Interpretationen des Stromlaufplanes durch fehlende Bezeichnung der Versorgungssysteme, fehlende Anschlußstellenbezeichnung, usw. Ein Beispiel dieser Schaltplandarstellung ist Bild 3.27. In Bild 3.28 ist abschließend ein Stromlaufplan der Digitalelektronik dargestellt, der nach den geltenden Normen konzipiert wurde. Bild 3.29 zeigt den Stromlaufplan einer Schaltung der Mikrowellenelektronik.

3.3.4 Übersichtsschaltplan

In Abschnitt 3.3.1 wurden hierzu die wesentlichen Feststellungen getroffen und in Abschnitt 3.2.12 die Schaltzeichen aufgeführt. In der Bearbeitung ist ein neuer Normenentwurf nach DIN-IEC, sodaß Änderungen hier zu erwarten sind.

Beispielhaft verdeutlicht Bild 3.30 den Aufbau von Trägerfrequenzsystemen unter Anwendung nichtgenormter Abkürzungen, die normdefinitiv erläutert werden. In Bild 3.31 wird ein Übersichtsschaltplan dargestellt, der Normsymbole und eigenständige, erläuterte Kurzbezeichnungen und Beschriftungen enthält.

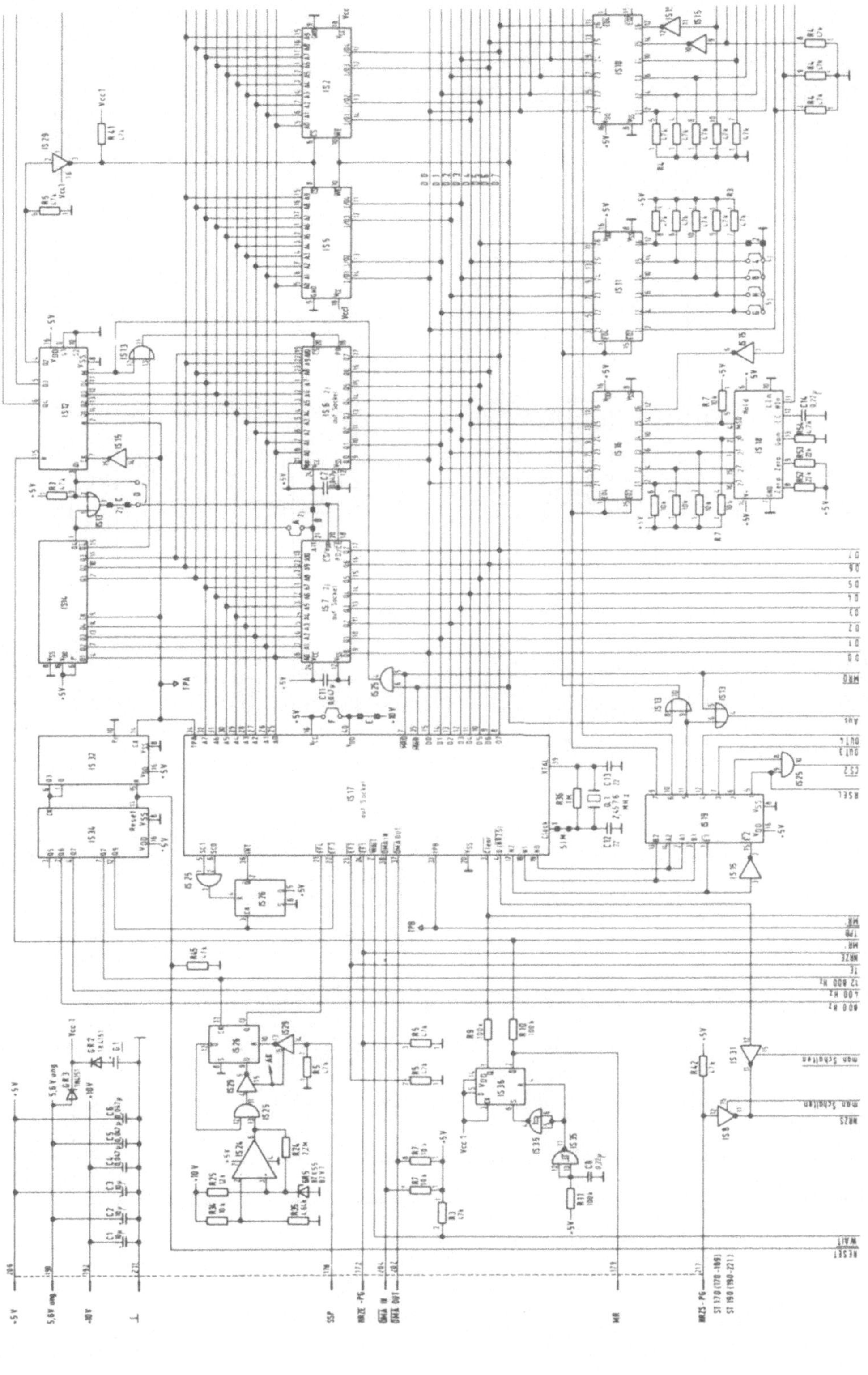

Bild 3.27 Schaltplandarstellung überholter Art, Mischplan mit weiten Freiheitsgraden ohne Bezug zu neueren Normen

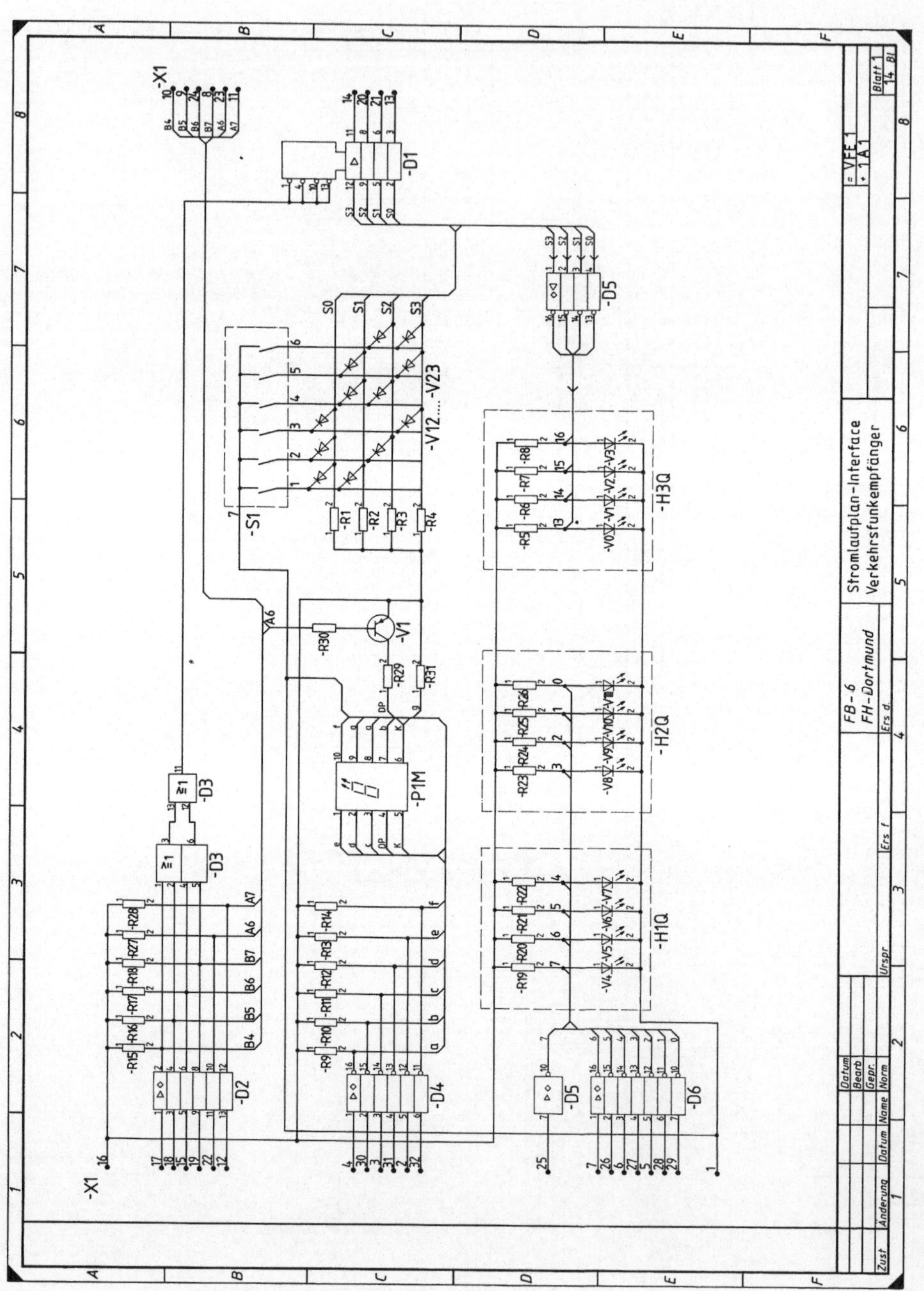

Bild 3.28 Stromlaufplan der Digitalelektronik nach geltender Norm

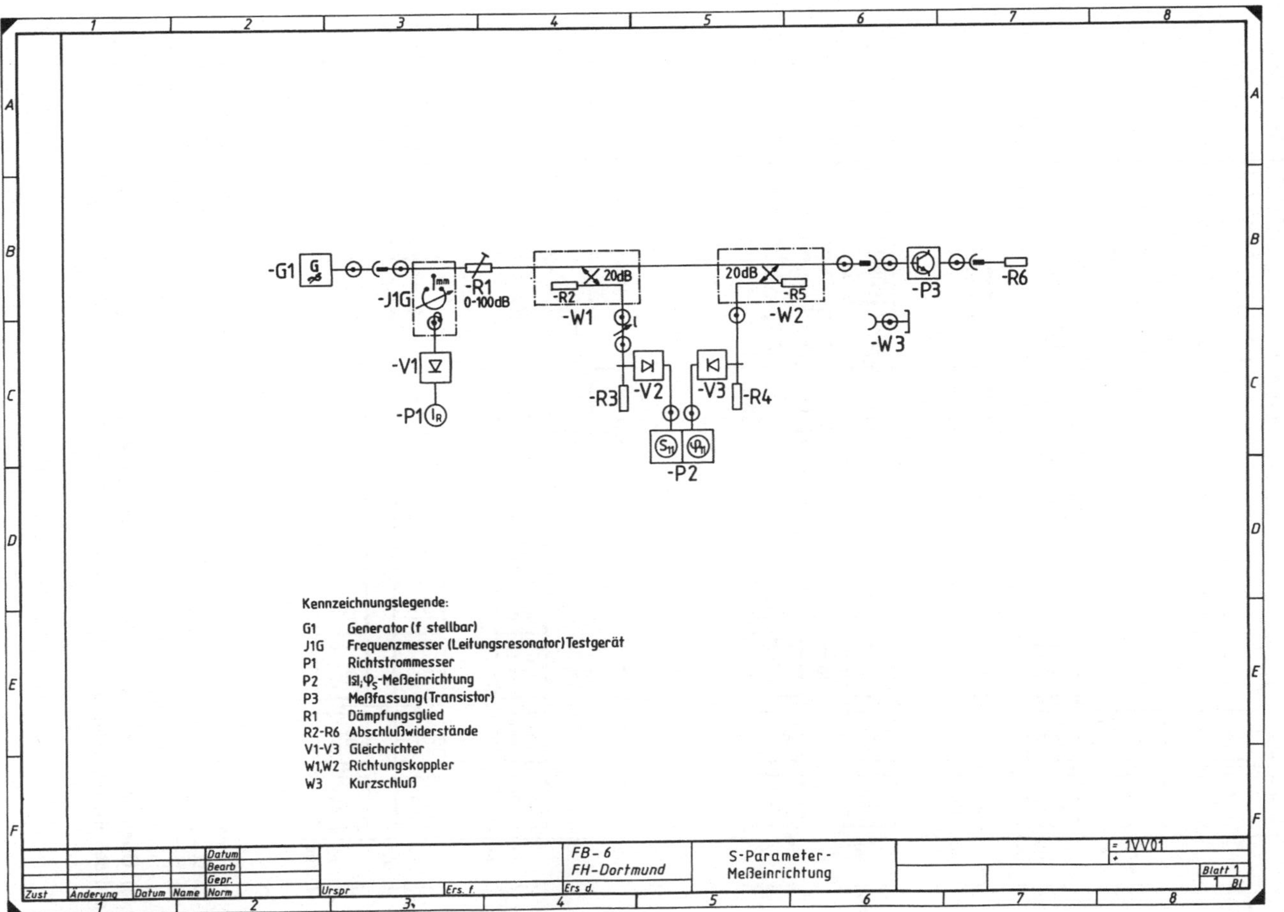

Bild 3.29 Stromlaufplan der Mikrowellenelektronik nach geltender Norm

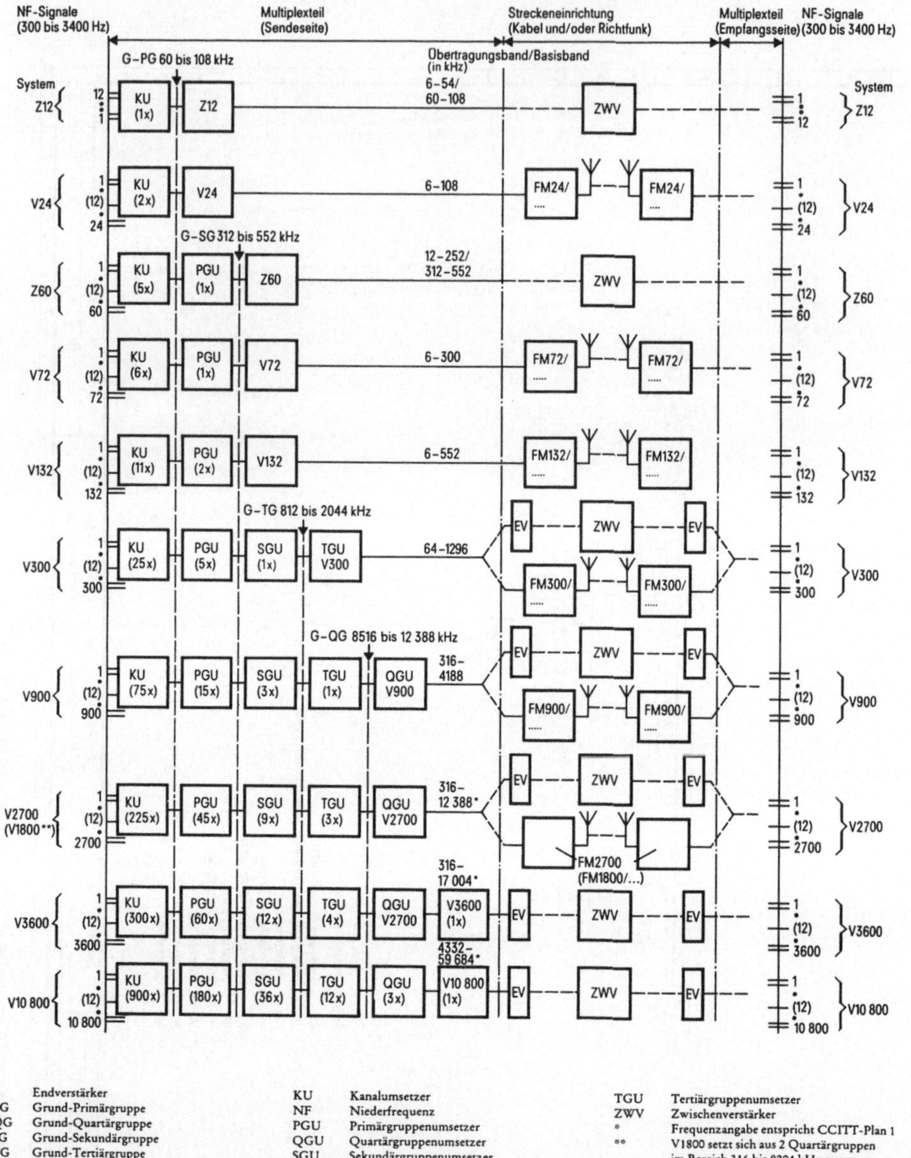

EV	Endverstärker	KU	Kanalumsetzer	TGU Tertiärgruppenumsetzer
G-PG	Grund-Primärgruppe	NF	Niederfrequenz	ZWV Zwischenverstärker
G-QG	Grund-Quartärgruppe	PGU	Primärgruppenumsetzer	* Frequenzangabe entspricht CCITT-Plan 1
G-SG	Grund-Sekundärgruppe	QGU	Quartärgruppenumsetzer	** V1800 setzt sich aus 2 Quartärgruppen
G-TG	Grund-Tertiärgruppe	SGU	Sekundärgruppenumsetzer	im Bereich 316 bis 8204 kHz zusammen

Bild 3.30 Übersichtsschaltplan von Trägerfrequenzsystemen (Anwendung nicht genormter Abkürzungen, normdefinitive Erläuterung)

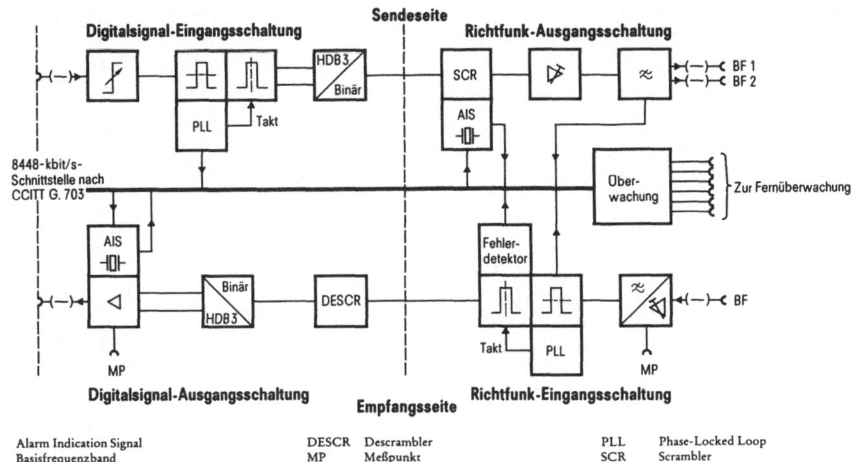

Bild 3.31 Übersichtsschaltplan einer Richtfunksystemkomponente (Anwendung von Normsymbolen, erläuternden Kurzbezeichnungen, Beschriftungen)

3.3.5 Anordnungsplan

Nach Abschnitt 3.3.1 stellt ein Anordnungsplan die räumliche Lage der elektrischen Betriebsmittel dar. Eine geltende Norm zu diesem Sachverhalt gibt es noch nicht. Ein Normentwurf ist in Bearbeitung. Wenn man den Intensionen dieses Entwurfs folgt, so ist folgender Normenumfang zu erwarten:

Anwendung

Anordnungspläne verdeutlichen die räumliche Lage eines oder mehrerer Betriebsmittel zueinander. Anordnungspläne sind Fertigungspapiere und dienen der Wartung und Montage.

Darstellung

Die Betriebsmittel können durch vereinfachte Umrisse in Form von Quadraten, Kreisen oder Rechtecken lagerichtig und in richtiger Anordnung zueinander dargestellt werden. Anordnungspläne können durch Listen ergänzt werden.

Kennzeichnung

Die Betriebsmittel werden in den Anordnungsplänen nach DIN 40 719 Teil 2 gekennzeichnet. Zusätzliche Kennzeichnung durch Angabe von Positionsnummern, Typenbezeichnungen usw. sind zulässig.

Anwendungsfälle für Anordnungspläne sind beispielsweise Betriebsmittelanordnungen bei Baugruppenträgern, Betriebsmittelanordnungen in Gestellen oder in Gestellräumen. Ein typisches Anwendungsgebiet sind die Bestückungspläne der Leiterplattentechnik. Bild 3.32 zeigt einen Anordnungsplan einer Mikrorechner-Leiterplatte mit Normkennzeichnung der Bestückungselemente.

Es erhebt sich die Frage nach der Gültigkeit der bislang gepflegten Darstellungsart von Anordnungen in der Elektronik. Es ist anzunehmen, daß die Norm eine konstruktiv

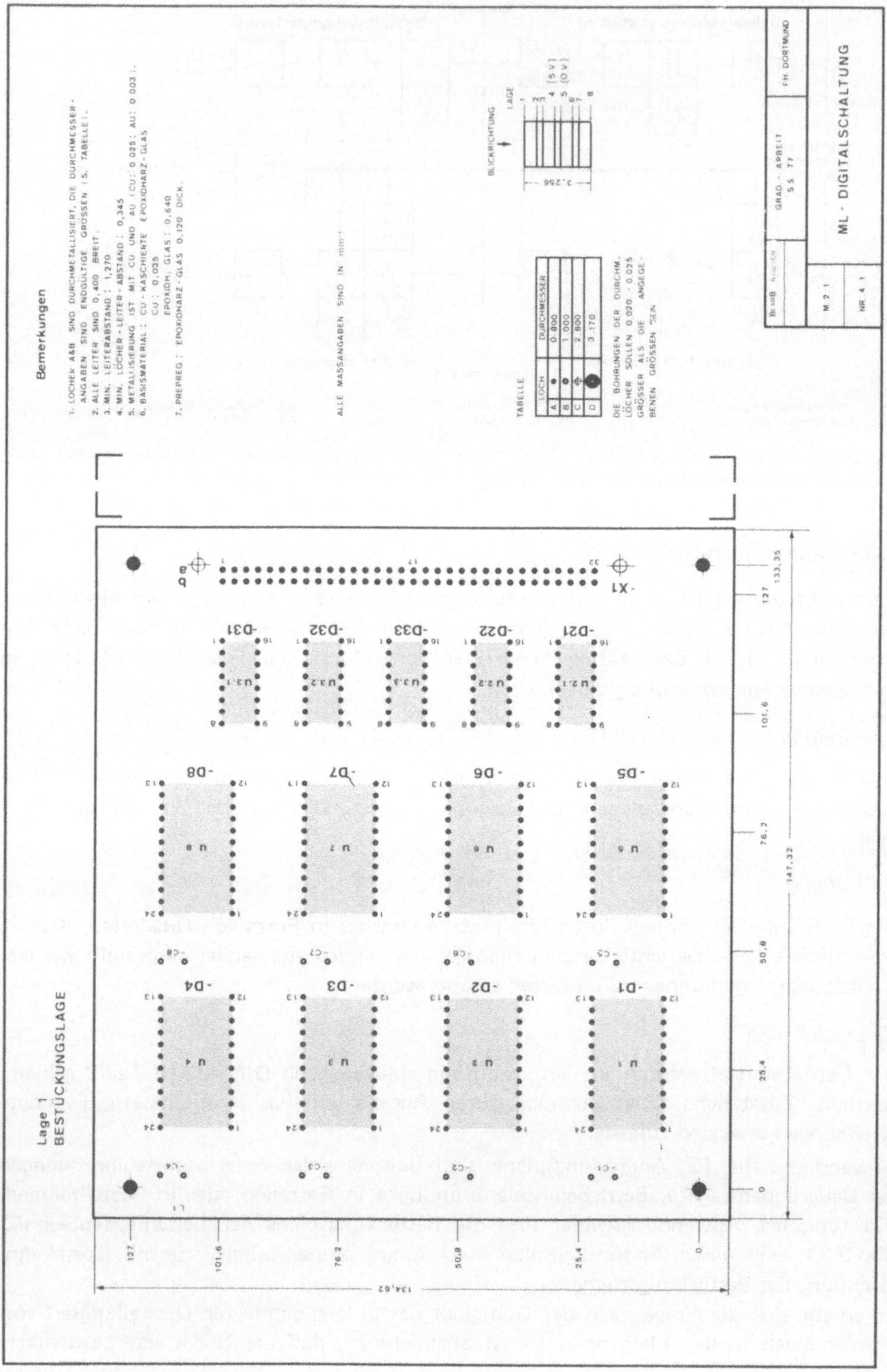

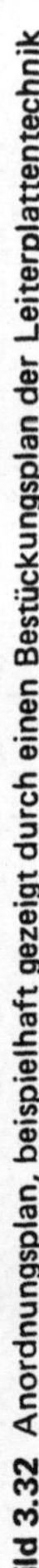

Bild 3.32 Anordnungsplan, beispielhaft gezeigt durch einen Bestückungsplan der Leiterplattentechnik

gerechte Darstellung der Betriebsmittel nicht ausschließt, so daß sich die bewährten Anordnungspläne heutiger Anwendung für elektronische Produkte nicht erübrigen. Die nachfolgenden Bilder zeigen beispielhaft den bislang geübten Standard, der den hohen Informationsgehalt der Darstellung für Fertigung und Service offenlegt, Bild 3.33, Bild 3.34.

3.3.6 Verbindungspläne und Tabellen

DIN IEC 113 Teil 5 behandelt Verbindungspläne und Tabellen für die äußere elektrische Verbindung zwischen Anlagen, Geräten und Baueinheiten von Geräten. Normalerweise enthält ein Verbindungsplan keine Angaben über die inneren Verbindungen der Geräte. Hierzu ist eine eigenständige Norm entwickelt worden. Die Pläne können ein- und mehr-polige Darstellung verwenden und durch Tabellen ersetzt oder ergänzt werden.

Kennzeichnung

Geräte oder Anlagen sollten durch Betriebsmittelkennzeichnung oder durch Text gekenn-zeichnet werden. Stecker sind durch Betriebsmittelkennzeichnung auszuweisen. Bei Steckkontakten sollte die Kennzeichnung umfassen:

— Kennzeichnung am Kontakt selbst,
— oder Kennzeichnung aus den Schaltunterlagen,
— oder durch eine beliebige zu erläuternde Kennzeichnung.

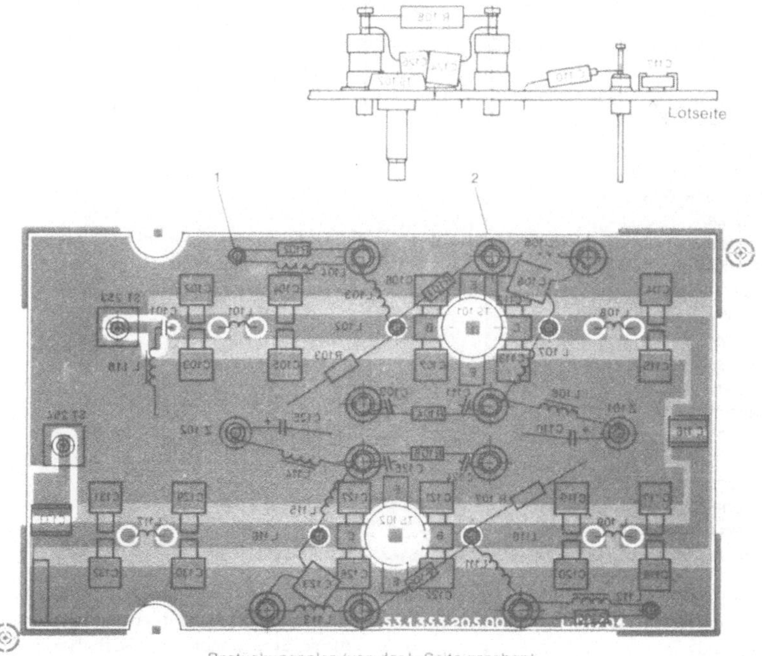

Bild 3.33 Bisheriger Standard bei Anordnungsplänen. Beispiel einer Leiterplattenbestückung mit deut-licher konstruktiver Komponente

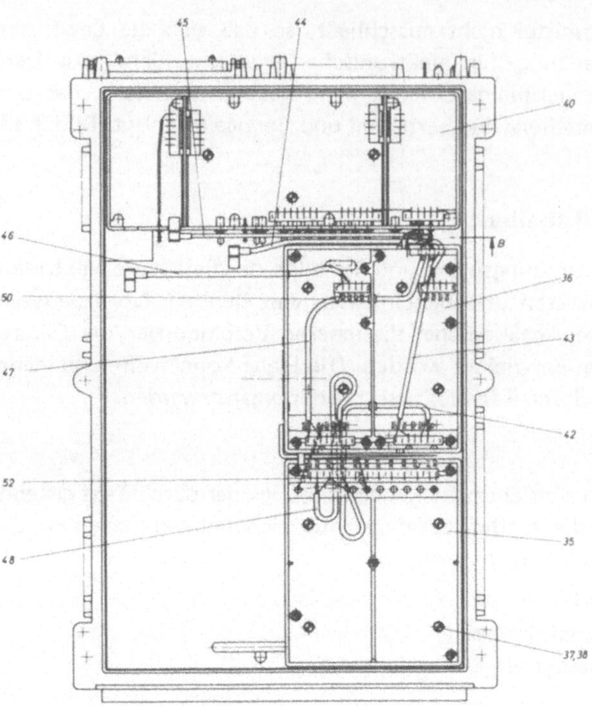

Position	Benennung
1	Chassis
6	Steckerleiste
7	Führungsstift
8	Klemmstück
9	Zylinderschraube M 3 × 8
10	Federscheibe A 3
12	Schaltlitze
13	Schaltlitze
14	Senkschraube M 3 × 8
15	Scheibe
16	Regler, Winkel
17	Federscheibe A 3
18	Zylinderschraube M 3 × 6
29	Kabelform
31	Zentrierstift
32	Zentrierbuchse
35	ZF-Teil — Wanne
36	HF-Eingangsteil — Wanne
37	Federscheibe A 3
38	Zylinderschraube M 3 × 6
40	Frequenzaufbreitung — Wanne
42	HF-Leitung
43	HF-Leitung
44	HF-Leitung
45	HF-Leitung
46	HF-Leitung
47	HF-Leitung
48	Kabel

Bild 3.34

Bisheriger Standard bei Anordnungsplänen.
Beispiel eines mechanischen Aufbausystems
eines Sender/Empfänger mit deutlicher konstruktiver und servicetechnischer Komponente

Die Anschlußstellen können durch Schaltzeichen gekennzeichnet werden. Vergleichbares gilt wie im Falle von Steckkontakten. Leiter, die als einzelne Verbindungslinie dargestellt werden, sollten gekennzeichnet werden durch:

— Farbkennzeichnung,
— oder Codekennzeichnung,
— oder durch eine andere zu erläuternde Kennzeichnung.

Vergleichbar den Verbindungslinien der Leiter ist die Verbindungslinie eines Kabels darzustellen und zu kennzeichnen.

In Bild 3.35a—c sind Beispiele für Verbindungsdarstellungen getroffen. In Bild 3.36a wird der Verbindungsplan einer Außenverbindung zwischen Sende/Empfänger und Bediengerät dargestellt, während Bild 3.36b diesen Verbindungsplan in Einzelleitern mit konkreten Anschlußelementen ausweist.

3.3.7 Geräteverdrahtungspläne und Tabellen

Geräteverdrahtungspläne und/oder Geräteverdrahtungstabellen nach DIN IEC Teil 6 geben Aufschluß über die Innenverdrahtung von Geräten. Sie sind Fertigungspapiere und dienen dem Geräteservice.

Geräteverdrahtungspläne geben den Verdrahtungssachverhalt in ungefähr lagerichtiger Darstellung wieder. Diese Feststellung bedingt, daß die Ansichten auf die einzelnen Verdrahtungsseiten der Betriebsmittel gerichtet werden, was wiederum die Notwendigkeit mehrerer Darstellungen erforderlich machen kann (Klappansichten, Drehansichten). Die Anschlüsse können durch die Schaltzeichen oder die Anschlußbezeichnungen ausgewiesen werden. In Bild 3.37 ist der Verdrahtungsplan einer Speicherplatte dargestellt. Die Einzelelemente sind hier mit ihrer Kennzeichnung nach DIN 40 719 Teil 2 bezeichnet und mit u (unit). Die Zielortcodierung weist die Verbindungen aus und zeigt auch

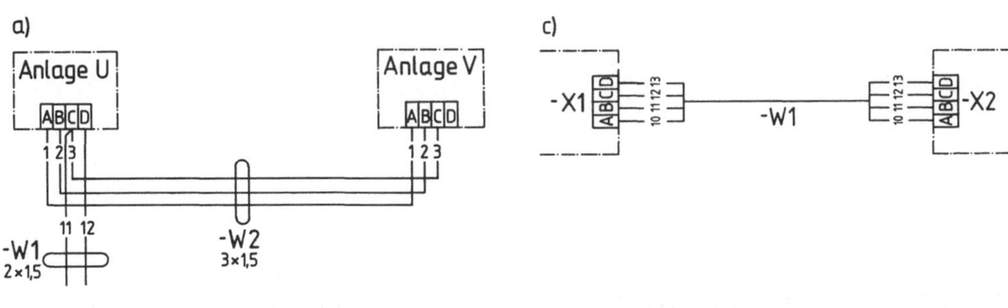

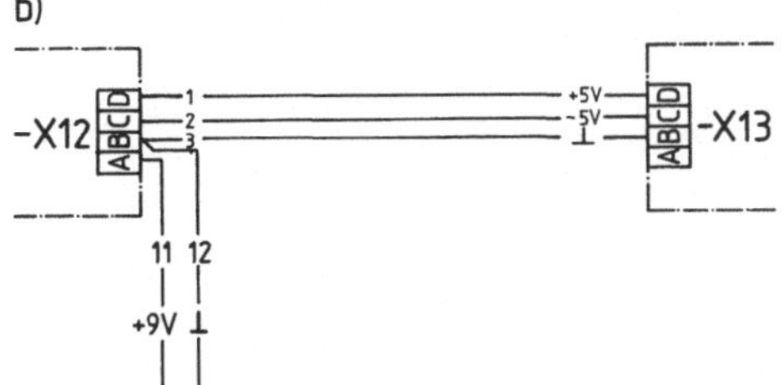

Bild 3.35
Verbindungspläne; Beispiele für Verbindungsdarstellungen

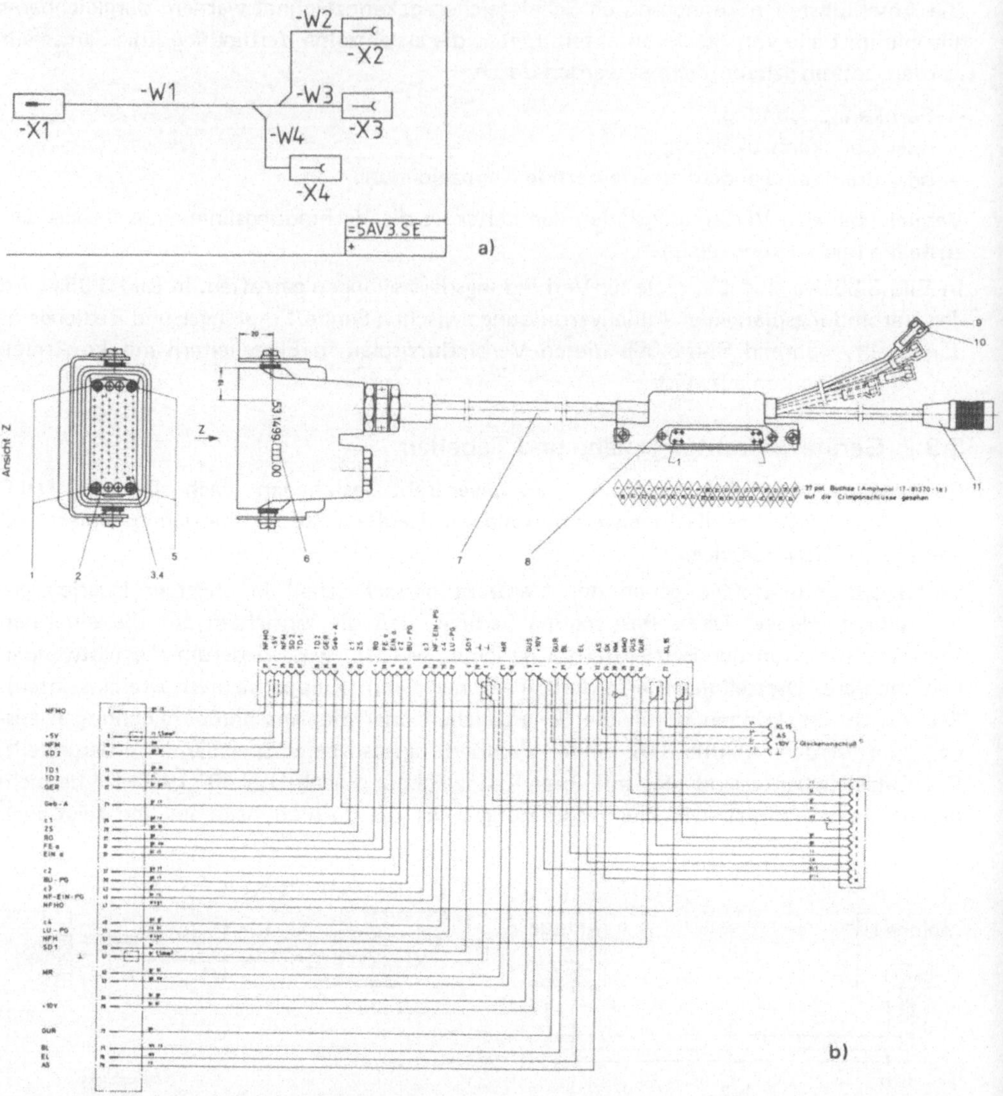

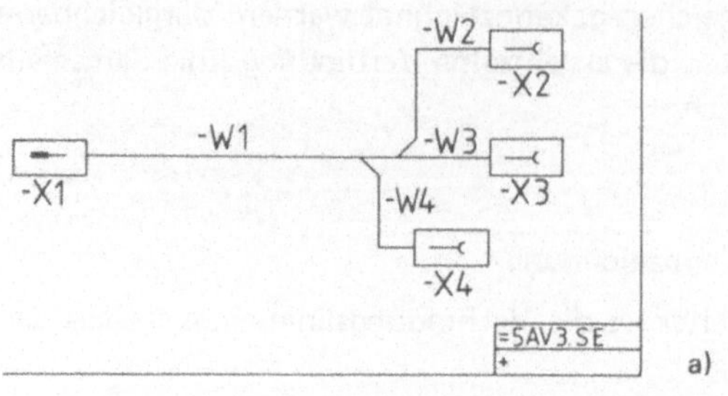

Bild 3.36 Verbindungsplan einer Außenverbindung zwischen Sender/Empfänger und Bediengerät, Bild 3.36a); konkrete Darstellung der Einzelverbindungen und der Steckelemente, Bild 3.36b)

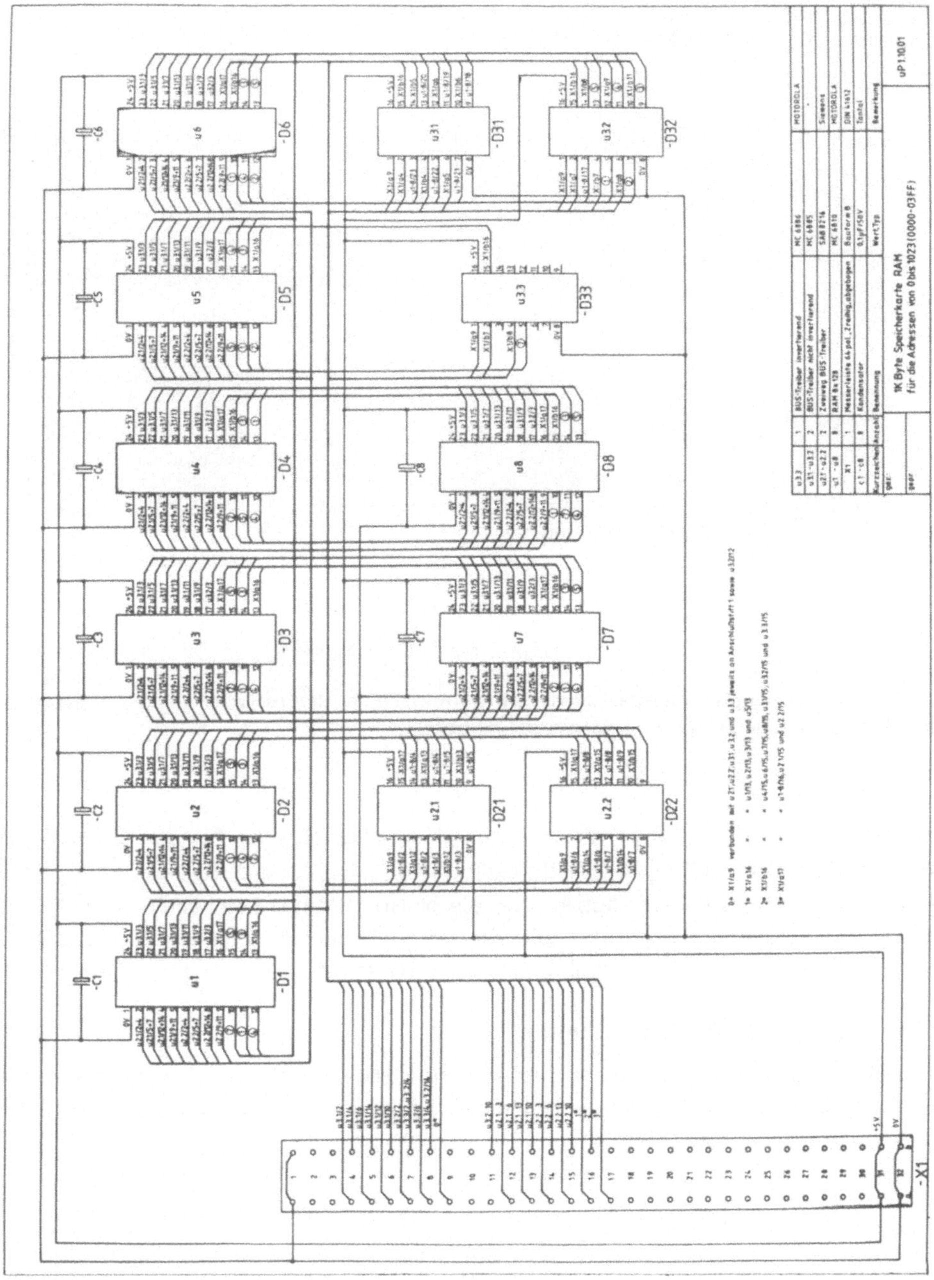

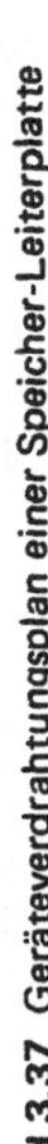

Bild 3.37 Geräteverdrahtungsplan einer Speicher-Leiterplatte

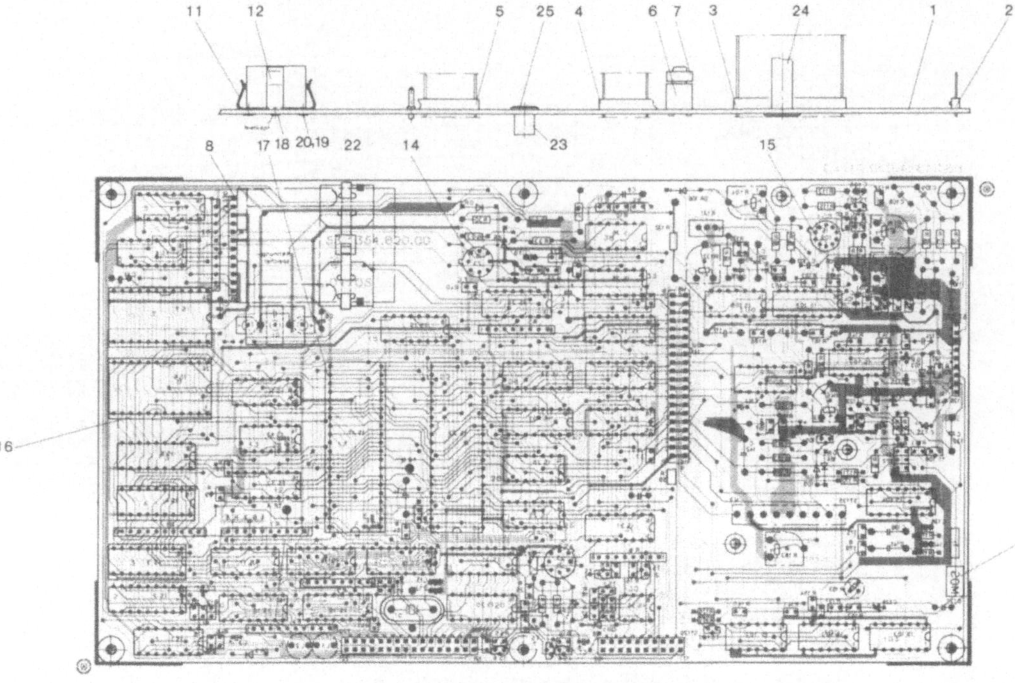

Bestückungsplan (von der L-Seite gesehen)

Bild 3.38 Bestückungsplan mit verzeichneter Leiterstruktur eines elektronischen Gerätes. Diese Plandarstellung ist normdefinitiv kein Geräteverdrahtungsplan

die Bedeutung auf, die diese Verdrahtungspläne beispielsweise für den Entwurf der Leiterstrukturen von gedruckten Schaltungen haben.

Es sei hier allerdings hervorgehoben, daß die Norm DIN-IEC 113, Teil 6 nicht für die Darstellung gedruckter Schaltungen gilt. Eine Darstellung wie zum Beispiel Bild 3.38 ist nicht im Sinne der Norm als Verdrahtungsplan zu verstehen.

3.3.8 Anschlußpläne und Tabellen

Diese Norm, DIN 40 719 Teil 9, sei hier nur kurz erwähnt. Beispielhaft zeigt Bild 3.39 den Anschlußplan des Steckverbinders der Schaltung nach Bild 3.28 in tabellarischer Form.

Zielbezeichnung äußere Verbindungen		=VFE 1 + 1A1 – X1 Steckverbinder DIN41612		Zielbezeichnung innere Verbindungen	
Anschluß	Betriebsmittel	c	a	Betriebsmittel	Anschluß
L 0V	–F1	1		–H1Q,–H2Q,–H3Q,–P1M,–S1	L0V
10	+1A2 – X1		2	–D4	5
6	+1A2 – X1	3		–D4	3
2	+1A2 – X1		4	–D4	1
4	+1A4 – X1	5		–D6	5
8	+1A3 – X1		6	–D6	6
4	+1A3 – X1	7		–D6	1
7	+1A5 – X1		8	–D2,–D3	8,5
5	+1A5 – X1	9		–D2,–D3	4,2
4	+1A5 – X1		10	–D2,–D3	2,1
9	+1A5 – X1	11		–D2	12
16	+1A2 – X1		12	–D2	13
3	+1A2 – X1	13		–D1	3
9	+1A2 – X1		14	–D1	11
7	+1A2 – X1	15		–D2	5
–	–		16	–	–
3	+1A2 – X1	17		–D2	1
5	+1A2 – X1		18	–D2	3
9	+1A2 – X1	19		–D2	9
7	+1A2 – X1		20	–D1	8
5	+1A2 – X1	21		–D1	6
14	+1A2 – X1		22	–D2	11
8	+1A5 – X1	23		–D2	10
6	+1A5 – X1		24	–D2,–D3	6,4
2	+1A3 – X1	25		–D5	7
6	+1A3 – X1		26	–D6	2
2	+1A4 – X1	27		–D6	4
6	+1A4 – X1		28	–D6	6
8	+1A4 – X1	29		–D6	7
4	+1A2 – X1		30	–D4	2
L+5V	–F1	31		–R1–-R28,–V1	L +5V
12	+1A2 – X1		32	–D4	6

Bild 3.39 Anschlußplan im Sinne einer tabellarischen Auflistung

4 Darstellung und Anwendung von Alphabeten, Formelzeichen, Operationszeichen, Zuordnungen

von Prof. Dr. Karl Hermann Breuer, Fröndenberg

4.1 Alphabete und Formelzeichen aus Naturwissenschaft und Technik

4.1.1 Griechische Alphabete

α	Alpha	Winkel
β	Beta	
γ	Gamma	
δ	Delta	Abklingkonstante
ϵ	Epsilon	Größe, die gegen Null strebt, Dielektrizitätskonstante
ζ	Zeta	Variable
η	Eta	Wirkungsgrad
ϑ	Theta	Temperatur (Celsius)
ι	Jota	
κ	Kappa	
λ	Lambda	Indizes Wellenlänge
μ	Mü	Permeabilität
ν	Nü	Frequenz
ξ	Ksi	Variable
o	Omikron	
π	Pi	3,141592654...
ρ	Rho	Radius, (Raum-)Ladungsdichte, Dichte
σ	Sigma	Zug-, Druckspannung, Flächenladungsdichte, elektrische Leitfähigkeit
τ	Tau	Zeitkonstante, Schubspannung
φ	Phi	Drehwinkel, veränderlicher Winkel, Phasenwinkel, Potential
χ	Chi	Funktionen elektrische oder magnetische Suszeptibilität
ψ	Psi	elektrischer Verschiebungsfluß
ω	Omega	Winkelgeschwindigkeit, Kreisfrequenz
A	Alpha	
B	Beta	
Γ	Gamma	Gammafunktion, Wellenwiderstand
Δ	Delta	Differenz, Laplacescher Operator
E	Epsilon	
Z	Zeta	
H	Eta	
Θ	Theta	Massenträgheitsmoment, Temperatur (Kelvin), elektrische Durchflutung
I	Jota	
K	Kappa	
Λ	Lambda	
M	Mü	
N	Nü	
Ξ	Ksi	
O	Omikron	
Π	Pi	Produktzeichen
P	Rho	
Σ	Sigma	Summenzeichen
T	Tau	
Y	Ypsilon	
Φ	Phi	magnetischer Induktionsfluß, Fluß
X	Chi	
Ψ	Psi	
Ω	Omega	Zeichen für die Maßeinheit Ohm, Raumwinkel

4.1.2 Lateinische Alphabete

a		Beschleunigung
b	Konstante	
c		Fortpflanzungsgeschwindigkeit einer Welle, Lichtgeschwindigkeit
d		Durchmesser
e	2,718281...,	Elementarladung
f		Frequenz
g	Funktionen	Erdbeschleunigung
h		
i	imaginäre Einheit	kanonische Einsvektoren (Einheitsvektoren)
j		
k		natürliche ganze Zahlen
l		Indizes
m	Masse	
n	Brechungsindex, Drehzahl	
o		
p	Abstände	Druck
q		Querschnittsfläche, elektrische Ladung
r	Radius, Betrag einer komplexen Zahl	
s	Variable	Bogenlänge
t		Zeit
u		
v		Geschwindigkeit
w	Variable, Unbekannte	Windungszahl
x		
y		rechtwinklige kartesische Koordinaten
z		
A		Fläche, magnetisches Vektorpotential
B	Mengen, Aussagen, Punkte	Magnetische Induktion
C		Konstante, Kapazität
D	Durchmesser, dielektrische Verschiebungsdichte	
E	Einsmatrix (Einheitsmatrix), elektrische Feldstärke, Elastizitätsmodul	
F		Kraft
G	Funktionen	Gewicht, elektrischer Leitwert
H		magnetische Feldstärke
I	elektrische Stromstärke, geometrisches Trägheitsmoment	
J	Massenträgheitsmoment, elektrische Stromdichte	
K	Konstante	
L	Induktivität	
M	Moment	
N	Windungszahl	
O	Nullmatrix, Ursprungspunkt eines Koordinatensystems	
P	Leistung, Wirkleistung	
Q	elektrische Ladung	
R	Ohmscher Widerstand, Radius	
S	Stromdichte, Poyntingscher Vektor	
T	absolute Temperatur, Schwingungsdauer, Periode	
U	elektrische Spannung	
V	Potential (-differenz), Volumen	
W	Arbeit, Energie	
X		Urbildmenge, Blindwiderstand
Y	Mengen	Bildmenge, Leitwert, Scheinleitwert
Z		Scheinwiderstand

4.2 Operations- und Formelzeichen

Nr.	Zeichen	Name	Verwendung	Erläuterungen

4.2.1 Grundlagen, Arithmetik, Algebra, Zahldarstellungen

Nr.	Zeichen	Name	Verwendung	Erläuterungen
1	$\neg$	Negation	$\neg A$	gelesen: „nicht A"; A ist eine Aussage
2	$\wedge$	Konjunktion	$A \wedge B$	„A und B"; A, B sind Aussagen
3	$\vee$	Adjunktion (Disjunktion)	$A \vee B$	„A oder B"
4	$\Rightarrow$	Implikation	$A \Rightarrow B$	„wenn A dann B; aus A folgt B; B notwendig für A; A hinreichend für B"
5	$\Leftrightarrow$	Äquivalenz	$A \Leftrightarrow B$	„B genau dann, wenn A; A ist notwendig und hinreichend für B; A und B sind äquivalent"
6	$:\Leftrightarrow$		$A :\Leftrightarrow B$	„A ist definitionsgemäß äquivalent B"
7	$\{\ \}$	Mengenklammer	$A = \{a, b, ...\}$	Menge: Zusammenfassung unterscheidbarer Objekte; a, b, ... heißen die Elemente der Menge A
			$\{x \mid x$ hat die Eigenschaft $E\}$	gelesen: „Menge aller x, die die Eigenschaft E haben", wird auch in der Form $\{x \mid E(x)\}$ geschrieben, wobei E (x) eine Aussageform
8	$\in$	Elementrelation	$a \in A$	gelesen: „a ist Element von A"; entsprechend die Negation $a \notin A$: „a ist nicht Element von A"
9	$\forall\ (\wedge)$	Allquantor (Generalisator)	$\forall a \in A$ ($\wedge a \in A$)	gelesen: „für alle a der Menge A"
10	$\exists\ (\vee)$	Existenzquantor (Partikularisator)	$\exists a \in A$ ($\vee a \in A$)	„es existiert mindestens ein a aus A"
11	$\subset$	Teilmengenrelation (Inklusion)	$A \subset B$	„A ist Teilmenge (Untermenge) von B"; „B ist Obermenge von A"; $a \in A \Rightarrow a \in B; a \in A \Leftrightarrow \{a\} \subset A$
12	$=$	Gleichheitsrelation	$A = B$	A und B besitzen dieselben Elemente; Äquivalenzrealtion $A = B \Leftrightarrow (A \subset B \wedge B \subset A)$; Zeichen für die Negation: $\neq$
13	$:=$		$A := B$	A ist definitionsgemäß gleich B
14	$\cap$	Durchschnitt (Schnittmenge)	$A \cap B$	gelesen: „A geschnitten B"; „Durchschnitt von A und B"; $A \cap B := \{x \mid x \in A \wedge x \in B\}$
15	$\cup$	Vereinigung	$A \cup B$	gelesen: „A vereinigt B"; „Vereinigungsmenge von A und B"; $A \cup B := \{x \mid x \in A \vee x \in B\}$
16	$\emptyset$	Leere Menge		$A \cap B = \emptyset \Leftrightarrow A$ und B sind elementefremd (disjunkt)
17	$\setminus\ (-)$	Komplement (Differenz)	$A \setminus B$ $(A - B; C_A B)$	$A \setminus B := \{x \mid x \in A \wedge x \notin B\}$
18	$\times$	kartesisches Produkt	$A \times B$	$A \times B := \{(a, b) \mid a \in A \wedge b \in B\}$; (a, b) ist ein geordnetes Paar von Elementen $A^2 := A \times A; A^n := A \times A \times ... \times A := \{(a_1, a_2, ..., a_n) \mid a_i \in A\}$

Nr.	Zeichen	Name	Verwendung	Erläuterungen
19	+	Addition	$a + b$	
20	−	Subtraktion	$a - b$	
21	$\cdot$ (X)	Multiplikation	$a \cdot b$ (ab)	
22	: (/)	Division	$a : b$ (a/b)	
23	%	Prozent		$1\ \% = 1/100 = 0{,}01$
24	=	Gleichheit	$a = b$	Gleichheitsrelation ist eine Äquivalenzrelation (reflexiv, symmetrisch und transitiv); entsprechend: $\neq$ ungleich
25	<	kleiner	$a < b$	
26	$\leqslant$	kleiner oder gleich	$a \leqslant b$	$a, b \in \mathbb{R}$ oder $\mathbb{Q}$; Ordnungsrelationen
27	>	größer	$a > b$	s heißt obere (untere) Schranke von $M : \Leftrightarrow \forall\ x \in M : x \leqslant s\ (x \geqslant s)$
28	$\geqslant$	größer oder gleich	$a \geqslant b$	
29	sup	Supremum (obere Grenze)	sup M	$s = \sup M : \Leftrightarrow s$ ist kleinste obere Grenze
30	inf	Infimum (untere Grenze)	inf M	$s = \inf M : \Leftrightarrow s$ ist größte untere Schranke
31	∞	Unendlich (unendlich ferner Punkt)		für $a \in \mathbb{R} : a + \infty := \infty + a := \infty$; $a - \infty := -\infty + a := -\infty$; $\infty + \infty := \infty ; a \cdot \infty := \infty; \infty \cdot \infty := \infty$
32	$\mathbb{N}$	Menge der natürlichen Zahlen		$\mathbb{N} := \{1, 2, 3, \ldots\}$
33	$\mathbb{N}_0$	Menge d. nicht neg. ganzen Zahlen		$\mathbb{N}_0 := \mathbb{N} \cup \{0\}$
34	$\mathbb{Z}$	Menge bzw. Ring der ganzen Zahlen		$\mathbb{Z} := \{\ldots, -2, -1, 0, 1, 2, \ldots\}$; mit Addition und Multiplikation als Verknüpfungen ist $\mathbb{Z}$ ein Ring
35	$\mathbb{Q}$	Menge bzw. Körper der rat. Zahlen		$\mathbb{Q}$ ist die Menge aller Brüche; mit Addition und Multiplikation ein Körper
36	$\mathbb{R}$	Menge, Körper der reelen Zahlen		charakteristisch für $\mathbb{R}$ ist die Vollständigkeit: zu $M \subset \mathbb{R}$, $M \neq \emptyset$, M nach oben beschränkt, existiert $\sup M \in \mathbb{R}$.
37	$\mathbb{R}^n$	n-dimensionaler Euklidischer Vektorraum		siehe 66
38	$\mathbb{R}^*$	erweiterte M. der reellen Zahlen		$\mathbb{R}^* := \mathbb{R} \cup \{-\infty, \infty\}$ ist eine kompakte Menge
39	$\mathbb{C}$	Menge, Körper der komplexen Zahlen		$\mathbb{C} := \mathbb{R}^2$ mit $(a_1, b_1) + (a_2, b_2) := (a_1 + a_2, b_1 + b_2)$ und $(a_1, b_1) \cdot (a_2, b_2) := (a_1 a_2 - b_1 b_2, a_1 b_2 + a_2 b_1)$ ein Körper (siehe 45)

Nr.	Zeichen	Name	Verwendung	Erläuterungen
40	[ ]	Gaußsche Klammer	$x \in \mathbb{R}$: $x = [x] + b$, $b \in [0, 1[$	$[x] :=$ größte ganze Zahl $\leqslant x \in \mathbb{R}$
41	$z_n \ldots z_0$	p-adische Darstellung	Zahldarstellung einer natürlichen Zahl	Zahldarstellung durch Ziffernreihen: Es sei $p \in \mathbb{N}$ und $p \geqslant 2$ (Basis), $z_k \in \{0, 1, \ldots, p-1\}$ (Menge der Ziffern) für $k = 0, 1, \ldots, n$, dann gilt für $m \in \mathbb{N}$: es existiert ein $n \in \mathbb{N}_0$ und $$m = \sum_{k=0}^{n} z_k\, p^k =: z_n z_{n-1} \ldots z_1 z_0$$ Dezimalsystem: $p = 10$ mit den Ziffern $0, 1, 2, \ldots, 9$ Dual-(Binär-)system: $p = 2$ mit den Ziffern $0, 1$ (O, L) (Bei Benutzung von Digitalrechnern häufig verwendete Basen: 2, 8, 16)
42	$0, a_1 \ldots$	p-adischer Bruch	Zahldarstellung von $b \in [0, 1[$	Es sei (a_n) eine Folge aus $\{0, 1, \ldots, p-1\}$. Dann heißt $$\sum_{k=1}^{\infty} a_k\, p^{-k} \quad \text{p-adischer Bruch}$$ (für $p = 10$ Dezimalbruch). Sind fast alle $a_k = 0$ (alle, bis auf endlich viele), so heißt er abbrechend oder endlich, sonst unendlich. Ist für ein $r \in \mathbb{N}$ und $n > n_0$: $a_{n+r} = a_n$, so heißt er periodisch mit der Periodenlänge r; oft wird die Periode nur einmal geschrieben und überstrichen. Bei unendlichen Brüchen werden nicht geschriebene Ziffern durch drei Punkte angedeutet.
43		Gleitkommazahl		Beim praktischen Rechnen sind nur endlich viele Ziffern verwendbar: $$\tilde{x} = \sigma\, p^n \sum_{k=1}^{m} a_k\, p^{-k} \quad \text{mit dem Vorzeichen}$$ $\sigma \in \{1, -1\}$ (Gleitkommadarstellung) Abbrechen: $\tilde{x}$ sei der durch Abbrechen entstandene Näherungswert von $x \neq 0$, dann absoluter Abbruchfehler: $|x - \tilde{x}| < p^{n-m}$ relativer Abbruchfehler: $\left|\dfrac{x - \tilde{x}}{x}\right| < p^{-m+1}$ Runden: Sei $p \geqslant 2$ und gerade. $\tilde{x}$ sei der durch Runden entstandene Näherungswert von $x \neq 0$. Dann gilt $$\tilde{x} = \begin{cases} \sigma\, p^n \displaystyle\sum_{k=1}^{m} a_k\, p^{-k} & \text{falls } a_{m+1} < \dfrac{p}{2} \\[2ex] & \text{(Abrunden)} \\[2ex] \sigma\, p^n \displaystyle\sum_{k=1}^{m} a_k\, p^{-k} + p^{-m} & \\[2ex] & \text{falls } a_{m+1} \geqslant \dfrac{p}{2} \\[1ex] & \text{(Aufrunden)} \end{cases}$$

Nr.	Zeichen	Name	Verwendung	Erläuterungen
44		Größe (physikalische Größe)	Zahl $\times$ Einheit	absoluter Rundungsfehler: $\lvert x - \tilde{x}\rvert \leqslant 0{,}5\, p^{n-m}$ relativer Rundungsfehler: $\left\lvert \dfrac{x-\tilde{x}}{x}\right\rvert \leqslant 0{,}5\, p^{-m+1}$ Die Einheiten physikalischer Größen sind in DIN 1301 festgelegt. Der Zahlenwert einer Größe ist das Verhältnis der Größe zur Einheit. In Größengleichungen bedeuten die Formelzeichen, soweit sie nicht rein mathematische Symbole sind, physikalische Größen. Größengleichungen sind unabhängig von der Wahl der Einheiten. Wird jede Größe durch eine zugehörige Einheit dividiert, so erhält man eine zugeschnittene Größengleichung.

4.2.2 Komplexe Größen

Nr.	Zeichen	Name	Verwendung	Erläuterungen
45		komplexe Zahl	$z = a + jb$	komplexe Zahl: $z = a + jb$ (oder $a + ib$); $a, b \in \mathbb{R}$ $j^2 = -1$ (oder $i^2 = -1$); Punkt (a, b) in der Gaußschen Ebene
46	* ($^{-}$)	Konjugierte	z^* ($\bar{z}$)	mit $z = a + jb$ ist $z^* = a - jb$
47	Re	Realteil	Re z	$a =: \operatorname{Re} z = \dfrac{1}{2}(z + z^*)$
48	Im	Imaginärteil	Im z	$b =: \operatorname{Im} z = \dfrac{1}{2j}(z - z^*)$
49	$\lvert\ \rvert$	Betrag	$\lvert z\rvert$	für $z \in \mathbb{C}$: $\lvert z\rvert := \sqrt{a^2 + b^2} = \sqrt{zz^*} = r$
50	arc	Arcus	arc z	für $z = r\,e^{j\varphi}$, $e^{j\varphi} = \cos\varphi + j\sin\varphi$ (Euler) ist $\varphi =:$ arc z, arc z ist bis auf ein ganzzahliges Vielfaches von 2π bestimmt.
51	$\underline{x}$	komplexe Größe		skalare physikalische Größe mit komplexem Zahlenwert
52		komplexe Sinusgröße oder Zeiger	$\underline{x}(t) = \hat{x}\,e^{j\varphi}e^{j\omega t}$	$\underline{x}(t)$ ist der komplexe Augenblickswert, $\hat{x}$ die (reelle) Amplitude, φ der Nullphasenwinkel, ω die Kreisfrequenz. $\underline{\hat{x}} = \hat{x}\,e^{j\varphi}$ heißt komplexe Amplitude und $\underline{X} = \dfrac{1}{\sqrt{2}}\,\underline{\hat{x}}$ komplexer Effektivwert.
53	$\angle$	Versor	$U\underline{/\varphi}$	$U\underline{/\varphi} := U\,e^{j\varphi}$

4.2.3 Geometrie

Nr.	Zeichen	Name	Verwendung	Erläuterungen
54	$\measuredangle$	Winkel	$\measuredangle$ ABC	A, B, C sind Punkte, B ist der Scheitel. Ein ebener Winkel kann gemessen werden durch das Verhältnis der ausgeschnittenen Kreisbogenlänge zum Radius eines Kreises um den Scheitel.
55	rad	Radiant	1 rad	Die Winkeleinheit 1 rad besitzt ein Winkel, für den dieses Verhältnis den Wert 1 hat, sofern Kreisbogen und Radius in der gleichen Längeneinheit gemessen werden.

Nr.	Zeichen	Name	Verwendung	Erläuterungen
56	°	Grad	$1°$	$1° = \dfrac{\pi}{180}$ rad, ist der 90. Teil des rechten Winkels
	′	Minute	$1′$	Sexagesimale Unterteilung: $1′ = \left(\dfrac{1}{60}\right)°$;
	″	Sekunde	$1″$	$1″ = \left(\dfrac{1}{60}\right)′$. Auch dezimale Unterteilung üblich.
57	∥	parallel	$a \parallel b$	$a \parallel b$ bedeutet: a, b sind Geraden ohne gemeinsamen (endlichen) Punkt oder deckungsgleich
	∦	nicht parallel	$a \nparallel b$	
58	⊥	senkrecht, rechtwinklig zu	$a \perp b$	
59		gerichtete Strecke	$\overrightarrow{AB}$	A heißt Anfangspunkt, B Endpunkt der gerichteten Strecke
60	△	Dreieck	$\triangle ABC$	Dreieck mit den Eckpunkten A, B, C
61	≅ (≡) ~	Kongruenz Ähnlichkeit		Deckungsgleichheit
62	$a, b, \ldots$ $(\vec{a}, \vec{b}, \ldots)$	Vektoren		Vektor im 3-dimensionalen Euklidischen Raum: Die Äquivalenzklassen der Relation „… ist translationsgleich zu …" (parallelgleich) auf der Menge der gerichteten Strecken heißten Vektoren. Zwei gerichtete Strecken $\overrightarrow{AB}$ und $\overrightarrow{CD}$ heißen translationsgleich, wenn es eine Translation (Parallelverschiebung) gibt, die $\overrightarrow{AB}$ in $\overrightarrow{CD}$ überführt.
	| |	Betrag	$\|a\|$	Die Länge der Strecke $\overline{AB}$ heißt Länge oder Betrag des Vektors a . Da jeder Repräsentant $\overrightarrow{AB}$ von a den Vektor a eindeutig bestimmt, wird meistens zwischen dem Vektor a und seinem Repräsentanten $\overrightarrow{AB}$ nicht mehr unterschieden. Statt $\overrightarrow{AB} \in a$ schreibt man $\overrightarrow{AB} = a$. Bei fest gewähltem Anfangspunkt 0 spricht man von Ortsvektoren $x = \overrightarrow{OX}$. Der Vektor $o = \overrightarrow{AA}$ heißt Nullvektor. Allgemeiner: Jedes Element eines Vektorraumes heißt Vektor (siehe 65).

Nr.	Zeichen	Name	Verwendung	Erläuterungen
63	$+$	Summe	$a+b$	Mit $a=\overrightarrow{OA}$ und $b=\overrightarrow{OB}$ ist die Diagonale $\overrightarrow{OC}$ im von a und b aufgespannten Parallelogramm ein Repräsentant der Summe $c=a+b$. Es gilt $a+o=a$; zu jedem Vektor a gibt es einen Vektor $-a$ mit $a+(-a)=o$. Die Menge der Vektoren mit der Addition als Verknüpfung ist eine Abelsche (kommutative) Gruppe.
64		Multiplikation eines Vektors mit einem Skalar	$\lambda \cdot a$ (λa)	Mit $\lambda \in \mathbb{R}$ und $\lambda > 0$ ist $\lambda a \, (a \neq o)$ ein Vektor gleicher Richtung wie a und λ-facher Länge. Für $\lambda < 0$ ist $\lambda a := \lvert \lambda \rvert (-a)$ und $0\,a := o$, $\lambda\,o := o$. Es gilt mit $\lambda, \mu \in \mathbb{R}$: $1\,a = a$, $$\lambda(\mu a) = (\lambda \mu)\,a$$ $$(\lambda + \mu)\,a = \lambda\,a + \mu\,a,$$ $$\lambda(a+b) = \lambda\,a + \lambda b$$
65		Vektorraum		Eine additive Abelsche Gruppe mit (äußerer) Multiplikation mit einem Skalar, die obige Eigenschaften hat, heißt ein Vektorraum über $\mathbb{R}$ (reeller Vektorraum, Linearer Raum). Statt $\mathbb{R}$ ist jeder beliebige Körper K möglich (Vektorraum über K).
66		Skalarprodukt (inneres Produkt)	$a \cdot b$ $(a\,b)$	Mit $a = \overrightarrow{OA}$, $b = \overrightarrow{OB}$ $(a, b \neq o)$ und dem von den Strecken $\overline{OA}$ und $\overline{OB}$ eingeschlossenen Winkel φ $(0 \leqslant \varphi \leqslant \pi)$ heißt die reelle Zahl $\lvert a \rvert \, \lvert b \rvert \cos\varphi$ das Skalarprodukt der Vektoren a und b. (Allgemeiner heißt jede Abbildung $s: V \times V \to \mathbb{R}$ (wobei V ein reeller Vektorraum) mit den Eigenschaften $$s(a,a) > 0 \text{ falls } a \neq o$$ $$(s(a,a) = 0 \Leftrightarrow a = o)$$ $$s(a,b) = s(b,a)$$ $$s(\lambda a, b) = \lambda s(a,b)$$ $$s(a+b,c) = s(a,c) + s(b,c)$$ für $a, b, c \in V; \lambda \in \mathbb{R}$ ein Skalarprodukt in V. $\mathbb{R}^n$ (Addition und Multiplikation mit einem Skalar komponentweise) mit dem Skalarprodukt $$s(a,b) = \sum_{k=1}^{n} a_k b_k \,, \quad a = \begin{pmatrix} a_1 \\ \cdot \\ \cdot \\ \cdot \\ a_n \end{pmatrix},$$ $$b = \begin{pmatrix} b_1 \\ \cdot \\ \cdot \\ \cdot \\ b_n \end{pmatrix} \in \mathbb{R}^n$$ heißt Euklidischer (Vektor-)Raum).

Nr.	Zeichen	Name	Verwendung	Erläuterungen
67	e_1, e_2, e_3	Orthonormalbasis	$\mathfrak{x} = x_1 e_1 + x_2 e_2 + x_3 e_3$	$\{e_1, e_2, e_3\}$ heißt eine Orthonormalbasis, wenn $\|e_1\| = \|e_2\| = \|e_3\| = 1$ und e_1, e_2, e_3 paarweise zueinander senkrecht (orthogonal, verschwindendes Skalarprodukt) sind. Für jedes $\mathfrak{x} = \overrightarrow{OX}$ gilt $\mathfrak{x} = x_1 e_1 + x_2 e_2 + x_3 e_3$ mit den Komponenten $x_1, x_2, x_3 \in \mathbb{R}$. (entsprechend gilt: Eine Menge von n orthonormierten Vektoren eines n-dimensionalen reellen Vektorraumes (mit Skalarprodukt) ist eine Basis dieses Raumes. Beispiel: Die kanonische Basis $e_1, ..., e_n$ des euklidischen $\mathbb{R}^n$ mit $$e_1 = \begin{pmatrix} 1 \\ 0 \\ \cdot \\ \cdot \\ \cdot \\ 0 \end{pmatrix}, ..., e_n = \begin{pmatrix} 0 \\ \cdot \\ \cdot \\ \cdot \\ 0 \\ 1 \end{pmatrix}.$$
68	$\times$	Vektorprodukt (äußeres Produkt)	$a \times b$	Sind $a = \overrightarrow{OA}$, $b = \overrightarrow{OB}$; $a, b \neq o$ und $a \neq \lambda b$ (linear unabhängig), so ist das Vektorprodukt $a \times b$ ($[a, b]$) von a und b definitionsgemäß ein Vektor mit den Eigenschaften: 1) $a \times b \perp a, b$ 2) $\|a \times b\| = \|a\| \|b\| \sin \varphi$ 3) $a, b, a \times b$ bilden ein Rechtssystem. φ ist der von a und b eingeschlossene Winkel mit $0 < \varphi < \pi$. Nach 2) ist der Betrag des Vektorproduktes gleich dem Flächeninhalt des von a und b aufgespannten Parallelogramms. Für $a = o$ oder $b = o$ und für $a = \lambda b$ ist $a \times b := o$. Das Vektorprodukt ist nur im Euklidischen $\mathbb{R}^3$ definiert und hat bezüglich der kanonischen (Orthonormal-) Basis die Komponentendarstellung $$a \times b = (a_2 b_3 - a_3 b_2) e_1 + (a_3 b_1 - a_1 b_3) e_2 + (a_1 b_2 - a_2 b_1) e_3,$$ wenn a die Komponenten a_1, a_2, a_3 und die Komponenten b_1, b_2, b_3 hat.
69	(a, b, c)	Spatprodukt		$(a, b, c) := a(b \times c)$. Das Spatprodukt ist bis auf das Vorzeichen gleich dem Volumen des von a, b, c aufgespannten Parallelflachs (Parallelokant, Parallelepiped, Spat).

4.3 Zuordnungen, Abbildungen

Nr.	Zeichen	Name	Verwendung	Erläuterungen
4.3.1 Grundlagen				
70	$f : D \to W$	Abbildung (Funktion) von D in W	$f : R^n \to R^m$	D heißt Definitionsmenge (Urbildmenge), W heißt Wertemenge (Bildmenge); jedem $x \in D$ ist ein und nur ein $y \in W$ zugeordnet: $f \subset D \times W$ mit der Eindeutigkeitsaussage $((x, y_1) \in f \wedge (x, y_2) \in f) \Rightarrow y_1 = y_2$.
71	$\mapsto$	Zuordnung	$x \mapsto y$	Statt $(x, y) \in f$ schreibt man $x \mapsto y =: f(x)$;
72	$f(x)$	Funktionswert	$y = f(x)$	$f(x)$ heißt Funktionswert; x heißt Argument oder Urbild; x, y heißen Variable (Veränderliche), $y = f(x)$ Funktionsgleichung. Ist $D \subset \mathbb{R}$ und $W \subset \mathbb{R}$, so heißt die Menge der Paare $(x, y) \in f$, als Punkte in der Ebene $\mathbb{R}^2$ gedeutet, Graph (Bildkurve) von f. Statt f können auch andere (meist kleine) Buchstaben verwendet werden. Für $f : \mathbb{R}^n \to \mathbb{R}$ schreibt man die Funktionsgleichung $y = f(x_1, ..., x_n)$. f heißt injektiv, wenn $f(x) = f(x') \Rightarrow x = x'$ (zu jedem $y \in W$ existiert höchstens ein $x \in D$ mit $f(x) = y$) f heißt surjektiv, wenn zu jedem $y \in W$ mindestens ein $x \in D$ existiert mit $f(x) = y$. f heißt bijektiv oder umkehrbar eindeutig, wenn f injektiv und surjektiv.
73	id_X	identische Abbildung		$\forall x \in X: x \mapsto x$
74	$\circ$	Komposition (Verkettung, Zusammensetzung)	$g \circ f$	Es sei $f : X \to Y$ und $g : Y \to Z$. Dann ist $g \circ f : X \to Z$ (gelesen: „g nach (von) f") mit $x \mapsto g(f(x))$. (Reihenfolge von f und g beachten)
75	f^{-1}	inverse Abbildung (Umkehrfunktion)		Ist $f : X \to Y$ bijektiv, so ist durch $y \mapsto (x$ mit $f(x) = y)$ die zu f inverse Abbildung (Umkehrfunktion) $f^{-1} : Y \to X$ definiert. f^{-1} ist auch bijektiv, und es gilt: $(f^{-1})^{-1} = f$, $f^{-1} \circ f = id_X$ und $f \circ f^{-1} = id_Y$.
76	$\sum$	Summe	$\displaystyle\sum_{k=1}^{n} a_k$ $\displaystyle\sum_{n=1}^{\infty} a_n$	$\displaystyle\sum_{k=1}^{n} a_k := a_1 + a_2 + ... + a_n$; statt k kann ein anderer kleiner Buchstabe als Summationsindex gewählt werden. Durch $f : \mathbb{N} \to M$ mit $f(n) =: a_n$ ist eine Folge (a_n) definiert, dann heißt $\displaystyle\sum_{n=1}^{\infty} a_n$ eine unendliche Reihe (Summe der Reihe).

Nr.	Zeichen	Name	Verwendung	Erläuterungen
77	$\prod$	Produkt	$\displaystyle\prod_{k=1}^{n} a_k$	$\displaystyle\prod_{k=1}^{n} a_k := a_1\, a_2\, \dots\, a_n$
78	!	Fakultät	$n!$	Für $n \in \mathbb{N}$: $\quad n! := 1\cdot 2\cdot \dots \cdot n$
79		Binomialko-effizient	$\dbinom{n}{k}$	Für $n, k \in \mathbb{N}$; $n \geqslant k$: $\dbinom{n}{k} :=$ $$:= \frac{n\,(n-1)\,\dots\,(n-k+1)}{k!} = \frac{n!}{k!\,(n-k)!}$$ Definitionsgleichung gilt auch für $n \in \mathbb{Q}$, $k \in \mathbb{N}$.
80		Permutation	$\begin{pmatrix} 1 & 2 & \dots & n \\ a_1 & a_2 & \dots & a_n \end{pmatrix}$	Eine bijektive Abbildung p: p: $\{1, 2, \dots, n\} \to \{a_1, a_2, \dots, a_n\}$ heißt eine Permutation von $a_1, a_2, \dots, a_n$. Steht a_i vor a_k mit $a_k < a_i$, so liegt eine Inversion vor, falls $a_i, a_k \in \mathbb{R}$.
81	$(\ )$	Matrix	$A = \begin{pmatrix} a_{11} & \dots & a_{1n} \\ \cdot & & \cdot \\ \cdot & & \cdot \\ \cdot & & \cdot \\ a_{m1} & \dots & a_{mn} \end{pmatrix}$ $=: (a_{ik})$ $i = 1\,(1)\,m$ $k = 1\,(1)\,n$	Mit $m, n \in \mathbb{N}$ heißt ein Schema von mn Elementen eines Körpers K, angeordnet in m Zeilen und n Spalten, eine (m, n)-Matrix über K (Matrix vom Typ (m, n)).
82	$K^{(m,n)}$	Menge bzw. Vektorraum der (m,n)-Matrizen über K		$K^{(m,n)}$ ist mit der elementweisen Addition und der Nullmatrix aus lauter Nullen (Nullelement von K) eine additive Abelsche Gruppe und mit der elementweisen Multiplikation $kA := (k\,a_{ik})$ mit einem Skalar $k \in K$ ein Vektorraum über K mit der Dimension mn. Matrizenmultiplikation: Für $A \in K^{(m,l)}$ und $B \in K^{(l,n)}$ heißt die Matrix $$A \cdot B := \left(\sum_{j=1}^{l} a_{ij}\,b_{jk} \right) =: (c_{ik}) = C \in K^{(m,n)}$$ das Produkt von A und B.
83	δ_{ik}	Kronecker-symbol		$\delta_{ik} := \begin{cases} 1 & \text{für } i = k \\ 0 & \text{für } i \neq k \end{cases}$ $K^{(n,n)}$ (Menge der n-reihigen quadratischen Matrizen) ist mit dem Einselement (Einheitsmatrix) $E := (\delta_{ik})$ ein nichtkommutativer Ring.

Nr.	Zeichen	Name	Verwendung	Erläuterungen
84	| |	Determinante	$\begin{vmatrix} a_{11} & \cdots & a_{1n} \\ \cdot & & \cdot \\ \cdot & & \cdot \\ \cdot & & \cdot \\ a_{n1} & \cdots & a_{nn} \end{vmatrix}$ $:= \det(a_{ik})$	Eine Determinante ist eine (multilineare und alternierende) Abbildung $\det: K^{(n,n)} \longrightarrow K$ (oder $(K^n)^n \longrightarrow K$) mit $(a_{ik}) \longmapsto D_n = \det(a_{ik})$ $$:= \sum (-1)^{J(\nu_1 \nu_2 \dots \nu_n)} a_{1\nu_1} \cdots a_{n\nu_n}$$ wobei über alle Permutationen $(\nu_1 \nu_2 \dots \nu_n)$ von $1, 2, \dots, n$ zu summieren ist. $J(\nu_1 \nu_2 \dots \nu_n)$ ist die Anzahl der Inversionen in der Permutation $(\nu_1 \nu_2 \dots \nu_n)$.
85	A^{-1}	inverse Matrix		Für $A \in K^{(n,n)}$ sei $\det A \neq 0$ (A nichtsingulär). Die Lösung $X =: A^{-1}$ der Gleichung $AX = E$ (oder $XA = E$) heißt inverse Matrix zu A. $A^{-1} = \dfrac{1}{\det A}(A_{ik})'$, wobei $A_{ik} = (-1)^{i+k} U_{ik}$ (Minor, Adjunkte) und U_{ik} diejenige Unterdeterminante von A bedeutet, die durch Streichung der i-ten Zeile und k-ten Spalte entsteht. $(A_{ik})'$ ist die zu (A_{ik}) transponierte Matrix (Vertauschung von Zeilen und Spalten). Die Teilmenge der nichtsingulären Matrizen ist mit der Matrizenmultiplikation als Verknüpfung eine nichtkommutative Gruppe.
86	$\sqrt{}$	Quadratwurzel	$\sqrt{a}$	Für $a \in \mathbb{R}$ und $a \geqslant 0$; $\sqrt{a^2} = a$, $(\sqrt{a})^2 = a$
87	$\sqrt[n]{}$	n-te Wurzel		
88	sgn	Signum	sgn x	Für $x \in \mathbb{R}$: $\operatorname{sgn} x := \begin{cases} 1 & \text{für } x > 0 \\ 0 & \text{für } x = 0 \\ -1 & \text{für } x < 0 \end{cases}$
89	| |	Betragsabbildung	|x|	Für $x \in \mathbb{R}$: $\|x\| := \begin{cases} x & \text{für } x \geqslant 0 \\ -x & \text{für } x < 0 \end{cases}$ (Sonderfall von 49) Rechenregeln für $a, b \in \mathbb{R}$ oder $\mathbb{C}$: $\|a\| \geqslant 0 \quad (\|a\| = 0 \Leftrightarrow a = 0)$, $\|ab\| = \|a\|\|b\|, \ \left\|\dfrac{a}{b}\right\| = \dfrac{\|a\|}{\|b\|} \quad$ für $b \neq 0$, Dreiecksungleichung: $\big\|\|a\| - \|b\|\big\| \leqslant \|a+b\| \leqslant \|a\| + \|b\|$.

Nr.	Zeichen	Name	Verwendung	Erläuterungen
4.3.2 Analysis				
90	] [(( ))	offenes Intervall	]a, b[((a, b))	$]a, b[:= \{x \in \mathbb{R} \mid a < x < b\}$
91	[ ]	abgeschlossenes Intervall	[a, b]	$[a, b] := \{x \in \mathbb{R} \mid a \leqslant x \leqslant b\}$
92	[[ ]]	halboffene Intervalle Umgebung	[a, b[ ]a, b]	$[a, b[:= \{x \in \mathbb{R} \mid a \leqslant x < b\}$ $]a, b] := \{x \in \mathbb{R} \mid a < x \leqslant b\}$ $U_\epsilon(x_0) :=]x_0 - \epsilon, x_0 + \epsilon[= \{x \mid \mid x - x_0 \mid < \epsilon\}$ heißt ϵ-Umgebung von x_0 $U_\epsilon(\infty) :=]\frac{1}{\epsilon}, \infty[; \; U_\epsilon(-\infty) :=]-\infty, -\frac{1}{\epsilon}[.$
93	lim	Grenzwert (Limes)	$\lim_{n \to \infty} a_n = a$ $\lim_{x \to x_0} f(x) = a$	a heißt Grenzwert einer Folge (a_n), wenn für alle $\epsilon > 0$ mindestens ein $n_0 \in \mathbb{N}$ existiert, so daß $\forall \, n > n_0: \mid a_n - a \mid < \epsilon$ (Die Folgenglieder streben (konvergieren) gegen den Grenzwert a, wenn n gegen Unendlich strebt); $\lim_{n \to \infty} a_n = (\overset{+}{-}) \infty : \Leftrightarrow \forall \, \epsilon > 0 : \exists \, n_0 \in \mathbb{N}:$ $\forall n > n_0: a_n > \frac{1}{\epsilon} \; \left(a_n < -\frac{1}{\epsilon}\right)$ (a_n) heißt dann divergent. Die Folge heißt auch divergent, wenn sie mehr als einen Häufungspunkt besitzt. f: $D \to \mathbb{R}$ besitzt in $x_0 \in \mathbb{R}^*$ (x_0 Häufungspunkt von D) den Grenzwert $a \in \mathbb{R}^*$, wenn es zu jedem $\epsilon > 0$ ein $\delta > 0$ gibt, so daß f $(x) \in U_\epsilon(a)$ für alle $x \in (U_\delta(x_0) \setminus \{x_0\}) \cap D$. Andere Bezeichnung: f $(x) \to a$ für $x \to x_0$. f stetig in $x_0 \in D$, wenn a $= f(x_0)$ (oder x_0 isolierter Punkt von D).
94	C(D)	Raum der auf D stetigen Funktionen		C (D) := $\{f \mid f: D \to R$ stetig in $D\}$, Menge bzw. Vektorraum der auf der (kompakten) Definitionsmenge D stetigen Funktionen.
95	$\overline{\lim} \sup$ $(\overline{\lim})$	Limes superior	$\lim \sup a_n$	Ist H (a_n) die Menge der Häufungspunkte einer Folge (a_n), dann $\lim \sup a_n := \sup H(a_n)$ und $\lim \inf a_n := \inf H(a_n)$

Nr.	Zeichen	Name	Verwendung	Erläuterungen
96	lim inf ($\underline{\lim}$)	limes inferior	$\lim\inf a_n$	
97	$\dfrac{d}{dx}$, $'$	Ableitung, Differentialquotient, Funktionalmatrix	$\vec{f}\,'(\vec{x}_0)$ $\dfrac{df}{dx}(x_0)$ $y'(x_0)$	$\vec{f}: \mathbb{R}^n \to \mathbb{R}^m$ heißt differenzierbar in $\vec{x}_0 \in D \subset \mathbb{R}^n$ (Häufungspunkt von D) $:\Leftrightarrow$ es gibt eine lineare Abbildung mit der Matrix $\vec{f}\,'(\vec{x}_0) \in \mathbb{R}^{(m,\,n)}$ und $\vec{f}(\vec{x}) = \vec{f}(\vec{x}_0) + \vec{f}\,'(\vec{x}_0)(\vec{x} - \vec{x}_0) + |\vec{x} - \vec{x}_0|\,\vec{\epsilon}(\vec{x})$, wobei $\vec{\epsilon}(\vec{x}) \to \vec{0}$ für $\vec{x} \to \vec{x}_0$.
	grad	Gradient	$\operatorname{grad} f(\vec{x}_0)$	Für $m = 1$ ($f: \mathbb{R}^n \to \mathbb{R}$) heißt die Zeilenmatrix (Vektor) $\vec{f}\,'(\vec{x}_0) =: \operatorname{grad} f(\vec{x}_0)$ der Gradient von f in $\vec{x}_0$. Für $n = m = 1$ ($f: \mathbb{R} \to \mathbb{R}$) ist $$f'(x_0) = \lim_{x \to x_0} \frac{f(x) - f(x_0)}{x - x_0}$$ (Grenzwert des Differenzenquotienten).
98	$\dfrac{\partial}{\partial \vec{a}}$	Richtungsableitung	$\dfrac{\partial f}{\partial \vec{a}}(\vec{x}_0)$	$f: \mathbb{R}^n \to \mathbb{R}$; $\vec{x}_0$ sei Häufungspunkt von $\{\vec{x}\,|\,\vec{x} = \vec{x}_0 + t\,\vec{a},\ t \in \mathbb{R}\} \cap D$, $D \subset \mathbb{R}^n$, ferner sei $g(t) := f(\vec{x}_0 + t\,\vec{a})$. Dann heißt $g'(0) =: \dfrac{\partial f}{\partial \vec{a}}(\vec{x}_0)$ die Richtungsableitung von f in x_0 in Richtung von $\vec{a} \in \mathbb{R}^n$.
99	$\dfrac{\partial}{\partial x_k}$	partielle Ableitung	$\dfrac{\partial f}{\partial x_k}$	Seien $\vec{e}_k^{\,n}$ die kanonischen Einheitsvektoren im $\mathbb{R}^n$, dann heißt $$\frac{\partial f}{\partial \vec{e}_k^{\,n}}(\vec{x}_0) =: \frac{\partial f}{\partial x_k}(\vec{x}_0) =: f_{x_k}(\vec{x}_0)$$ die partielle Ableitung von f nach x_k in $\vec{x}_0$. $\vec{f}: \mathbb{R}^n \to \mathbb{R}^m$ mit $\begin{pmatrix} x_1 \\ \vdots \\ x_n \end{pmatrix} \mapsto \begin{pmatrix} f_1 \\ \vdots \\ f_m \end{pmatrix}$, dann ist $\vec{f}\,'(\vec{x}_0) = \begin{pmatrix} \operatorname{grad} f_1(\vec{x}_0) \\ \vdots \\ \operatorname{grad} f_m(\vec{x}_0) \end{pmatrix}$ und $\operatorname{grad} f_i(\vec{x}_0) = \left(\dfrac{\partial f_i}{\partial x_1}(\vec{x}_0), \dots, \dfrac{\partial f_i}{\partial x_n}(\vec{x}_0) \right)$.

Nr.	Zeichen	Name	Verwendung	Erläuterungen
100	d	totales (vollständiges) Differential	$df\,(\vec{x})$ $df\,(x,\,y)$	Für $f:\,\mathbb{R}^n \to \mathbb{R}$, $U_\delta\,(x_0) \subset D \subset \mathbb{R}^n$, f stetig differenzierbar in $\vec{x}_0$, dann ist $df\,(\vec{x}) := \displaystyle\sum_{k=1}^{n} \frac{\partial f}{\partial x_k}\,(\vec{x}_0)\,\Delta x_k,$ wobei $\Delta x_k := x_k - x_k^0$, $\vec{x}_0 = \begin{pmatrix} x_1^0 \\ \cdot \\ \cdot \\ \cdot \\ x_n^0 \end{pmatrix}$ (linearer Anteil der Taylorentwicklung von $f\,(\vec{x}) - f\,(\vec{x}_0)$; Tangential-(hyper)ebene in $\vec{x}_0$: $z\,(\vec{x}) = f\,(\vec{x}_0) + df\,(\vec{x})$ (Tangente für $n=1$)) $n=1$: $df\,(x) = f'\,(x_0)\,dx$ $n=2$: $df\,(x,\,y) = \dfrac{\partial f}{\partial x}\,dx + \dfrac{\partial f}{\partial y}\,dy$ mit $dx := x - x_0$, $dy := y - y_0$ (Anwendung: Fehlerrechnung)
101	f'', $f^{(n)}$ y'', $y^{(n)}$ $\dfrac{d^2 y}{dx^2}$ $\dfrac{d^n y}{dx^n}$	zweite, n-te Ableitung		Ist für $f:\,\mathbb{R} \to \mathbb{R}$ und $n \in \mathbb{N}$ die Ableitung $f^{(n)}:\,\mathbb{R} \to \mathbb{R}$ in einer Umgebung $U\,(x_0) \subset D \subset \mathbb{R}$ differenzierbar, so heißt $f^{(n+1)}\,(x_0) := \dfrac{d^{n+1} f}{dx^{n+1}}\,(x_0) := (f^{(n)})'\,(x_0)$ die $(n+1)$-te Ableitung von f in $x_0 \in D$.
102	$C^n\,(D)$ $C^\infty\,(D)$	Raum der stetig differenzierbaren Funktionen		Ist $f^{(n)}:\,D \to \mathbb{R}$ vorhanden und stetig $\Leftrightarrow f$ ist n-mal stetig differenzierbar in D. $C^{(n)}\,(D) := \{f \mid f:\,D \to \mathbb{R}$ n-mal stetig differenzierbar$\}\,C^\infty\,(D) := \{f \mid f:\,D \to \mathbb{R},\,f^{(n)}$ existiert für alle $n \in \mathbb{N}\}$
103	$\dfrac{\partial^2}{\partial x_i^2}$ $\dfrac{\partial^2}{\partial x_i \partial x_k}$ usw.	partielle Ableitungen höherer Ordnung		$f:\,D \to \mathbb{R}$ mit $D \subset \mathbb{R}^n$ heißt in $\vec{x}_0 \in D$ k-mal differenzierbar für $k = 2,\,3,\,...,$ wenn f in einer Umgebung $U\,(x_0) \subset D$ $(k-1)$-mal differenzierbar ist und alle $(k-1)$-ten partiellen Ableitungen in $\vec{x}_0$ differenzierbar sind. Es ist $\dfrac{\partial^2 f}{\partial x^2} := \dfrac{\partial}{\partial x}\left(\dfrac{\partial f}{\partial x}\right);\ \dfrac{\partial^2 f}{\partial x \partial y} := \dfrac{\partial}{\partial x}\left(\dfrac{\partial f}{\partial y}\right);$ $\dfrac{\partial^2 f}{\partial y \partial x} := \dfrac{\partial}{\partial y}\left(\dfrac{\partial f}{\partial x}\right)$ usw.

Nr.	Zeichen	Name	Verwendung	Erläuterungen
104	∇	Nabla-Operator	$\nabla\varphi,\ \nabla\cdot\vec{v}$ $\nabla\times\vec{v}$	Mit $\vec{v}:\mathbb{R}^3\to\mathbb{R}^3$ (Vektorfeld), $\varphi:\mathbb{R}^3\to\mathbb{R}$ (Skalarfeld) und $\nabla:=\left(\dfrac{\partial}{\partial x},\dfrac{\partial}{\partial y},\dfrac{\partial}{\partial z}\right)$ ist $\nabla\varphi=\operatorname{grad}\varphi,\ \nabla\cdot\vec{v}=\operatorname{div}\vec{v}$ $\nabla\times\vec{v}=\operatorname{rot}\vec{v}$
105	$\displaystyle\int$	Integral	$\displaystyle\int_a^b f(x)\,dx$	Es sei $f:\mathbb{R}\to\mathbb{R}$ im Intervall $[a,b]$ beschränkt und $Z:=(x_0,\ldots,x_n)$ mit $a=x_0<x_1<\ldots<x_n<b$ eine Zerlegung von $[a,b]$. Mit $m_k:=\inf\limits_{I_k}\{f(x)\}$, $M_k:=\sup\limits_{I_k}\{f(x)\}$ und $I_k:=[x_{k-1},x_k]$, sowie $\Delta x_k:=x_k-x_{k-1}$ heißt $\underline{S}(f,Z):=\sum\limits_{k=1}^{n}m_k\,\Delta x_k$ eine Untersumme und $\overline{S}(f,Z):=\sum\limits_{k=1}^{n}M_k\,\Delta x_k$ eine Obersumme von f in $[a,b]$. f (Riemann-) integrierbar über $[a,b]:\Leftrightarrow$ $\Leftrightarrow\sup\limits_{Z}\{\underline{S}(f,Z)\}=\inf\limits_{Z}\{\overline{S}(f,Z)\}=:I$ $I=:\displaystyle\int_a^b f(x)\,dx\Leftrightarrow$ zu jedem $\epsilon>0$ existiert eine Zerlegung Z von $[a,b]$ mit $\overline{S}(f,Z)-\underline{S}(f,Z)<\epsilon\Leftrightarrow$ zu jedem $\epsilon>0$ existiert ein $\delta(\epsilon)>0$, so daß für jede Zerlegung Z von $[a,b]$ mit $\max\{\Delta x_k\}<\delta$ und beliebiges $\xi_k\in I_k$ gilt $\left\| \sum\limits_{k=1}^{n}f(\xi_k)\,\Delta x_k-\int_a^b f(x)\,dx\right\| <\epsilon$

Nr.	Zeichen	Name	Verwendung	Erläuterungen
106	$\displaystyle\int_{(A)}$	Flächenintegral (Doppelintegral)	$\displaystyle\int_{(A)} f(x,y)\,d(x,y)$ $\displaystyle\iint_{(A)} f(x,y)\,dxdy$ $\displaystyle\int_{(A)} f(x,y)\,dA$	Sei $A \subset \mathbb{R}^2$ ein beschränkter, einfach zusammenhängender Bereich der x, y-Ebene mit stückweise glattem Rand. Auf A sei f: $\mathbb{R}^2 \to \mathbb{R}$ definiert und beschränkt. Z sei eine Zerlegung von A in endlich viele, sich nicht überdeckende Teilbereiche A_k mit dem Flächeninhalt ΔA_k In jedem A_k wird ein beliebiger Punkt (ξ_k, η_k) gewählt, dann gilt: f heißt über A (Riemann-)integrierbar: $\Leftrightarrow$ es gibt eine Zahl I mit der Eigenschaft: zu jedem $\epsilon > 0$ existiert ein $\delta(\epsilon) > 0$, so daß für jede Zerlegung Z von A, für die der größte Durchmesser aller A_k kleiner δ ist, $$\left\lvert \sum_{k=1}^{n} f(\xi_k, \eta_k)\,\Delta A_k - I \right\rvert < \epsilon \text{ gilt.}$$ $$I := \int_{(A)} f(x,y)\,d(x,y) \text{ heißt Flächen-}$$ integral von f über A.
107	$\displaystyle\int_{(V)}$	Volumintegral	$\displaystyle\int_{(V)} \begin{matrix}f(x,y,z)\\ d(x,y,z)\end{matrix}$ $\displaystyle\iiint_{(V)} \begin{matrix}f(x,y,z)\\ dxdydz\end{matrix}$ $\displaystyle\int_{(V)} f(x,y,z)\,dV$	Entsprechend wie oben für räumliche Bereiche $V \subset \mathbb{R}^3$.

4.3.3 Elementare Funktionen

Nr.	Zeichen	Name	Verwendung	Erläuterungen
108	exp	Exponential-funktion	$y = e^x$	$\exp: \mathbb{R} \to \mathbb{R}^+$ (allgemeiner $\mathbb{C} \to \mathbb{C}$) mit $$\exp(x) := e^x := \sum_{n=0}^{\infty} \frac{x^n}{n!}\,, \text{ konvergent für}$$ alle $x \in \mathbb{R}$ (oder $\mathbb{C}$) und $$e := \lim_{n \to \infty} \left(1 + \frac{1}{n}\right)^n = 2{,}71828\ldots$$
109	ln (log)	natürlicher Logarithmus	$y = \ln x$	$\ln: \mathbb{R}^+ \to \mathbb{R}$ ist die Umkehrfunktion von $\exp: \mathbb{R} \to \mathbb{R}^+$
110	$\exp_a$	Exponentialfunktion zur Basis a	$y = a^x$	Für festes $a > 0$: $\exp_a: \mathbb{R} \to \mathbb{R}^+$ mit $\exp_a(x) := a^x := e^{x \ln a}$ (für $0 < a < 1$ streng monoton fallend; für $1 < a$ streng monoton wachsend)

Nr.	Zeichen	Name	Verwendung	Erläuterungen
111	$\log_a$	Logarithmus zur Basis a	$y = \log_a x$	Für festes $a > 0$, $a \neq 1$ ist $\log_a : \mathbb{R}^+ \to \mathbb{R}$ die Umkehrfunktion von $\exp_a : \mathbb{R} \to \mathbb{R}^+$
112	sin	Sinus	$y = \sin x$	$\sin : \mathbb{R} \to [-1,1]$ mit $$\sin x := \sum_{n=0}^{\infty} (-1)^n \frac{x^{2n+1}}{(2n+1)!} = \operatorname{Im} e^{jx},$$ konvergent für alle $x \in \mathbb{R}$; Periode 2π
113	cos	Cosinus	$y = \cos x$	$\cos : \mathbb{R} \to [-1,1]$ mit $$\cos x := \sum_{n=0}^{\infty} (-1)^n \frac{x^{2n}}{(2n)!} = \operatorname{Re} e^{jx},$$ konvergent für alle $x \in \mathbb{R}$; Periode 2π.
114	tan	Tangens	$y = \tan x$	$\tan : \mathbb{R} \setminus \left\{ \frac{\pi}{2} + n\pi \mid n \in \mathbb{Z} \right\} \to \mathbb{R}$ mit $$\tan x := \frac{\sin x}{\cos x} \text{; Periode } \pi$$ (früher tg statt tan)
115	cot	Cotangens	$y = \cot x$	$\cot : \mathbb{R} \setminus \left\{ n\pi \mid n \in \mathbb{Z} \right\} \to \mathbb{R}$ mit $$\cot x := \frac{1}{\tan x} \text{; Periode } \pi$$ (früher ctg statt cot)
116	arcsin	Arcussinus	$y = \arcsin x$	$\arcsin : [-1,1] \to \left[\frac{\pi}{2}, \frac{\pi}{2} \right]$ ist die Umkehrfunktion der Einschränkung (Restriktion) von sin auf das Intervall $-\frac{\pi}{2}, \frac{\pi}{2}$ und heißt Hauptwert des Arcus Sinus. Die Umkehrfunktion von $\sin_n$: $$\left[-\frac{\pi}{2} + n\pi, \frac{\pi}{2} + n\pi \right] \to [-1,1], \text{ mit } n \in \mathbb{Z}$$ und $\sin_n(x) := \sin x$ (Restriktion der sin-Funktion) heißt Zweig des Arcus Sinus (für $n = 0$: Hauptwert) und wird mit $\arcsin_n$ bezeichnet.
117	arccos	Arcuscosinus	$y = \arccos x$	Entsprechend wie oben: Die Umkehrfunktion $\arccos_n$ von $\cos_n : [n\pi, (n+1)\pi] \to [-1,1]$ mit $n \in \mathbb{Z}$ und $\cos_n(x) := \cos x$ heißt Zweig des Arcus Cosinus. $\arccos := \arccos_0$ heißt Hauptwert. (Für alle $n \in \mathbb{R}$ und alle $x \in [-1,1]$ gilt: $\arcsin_{2n}(x) = \arcsin x + 2n\pi$ $\arcsin_{2n+1}(x) = -\arcsin x + (2n+1)\pi$ $\arccos_n(x) = \arcsin_{n+1}(x) - \frac{\pi}{2}$)
118	arctan	Arcustangens	$y = \arctan x$	Die Umkehrfunktion von $\tan_n$: $$\left] -\frac{\pi}{2} + n\pi, \frac{\pi}{2} + n\pi \right[\to \mathbb{R} \text{ mit}$$ $\tan_n(x) := \tan x$ heißt Zweig des Arcus Tangens und wird mit $\arctan_n$ bezeichnet. $\arctan := \arctan_0$ heißt Hauptwert des Arcus Tangens.

Nr.	Zeichen	Name	Verwendung	Erläuterungen
119	arccot	Arcuscotangens	$y = \text{arccot}\, x$	Entsprechend heißt die Umkehrfunktion von $\cot_n$: $]n\pi, (n+1)\,\pi[\,\to\mathbb{R}$ mit $\cot_n(x) := \cot x$ Zweig des Arcus Cotangens und wird mit arccot_n bezeichnet. $\text{arccot} := \text{arccot}_0$ heißt Hauptwert des Arcus Cotangens. (für alle $n \in \mathbb{Z}$: $\arctan_n(x) = \arctan x + n\pi$ $\text{arccot}_n(x) = \text{arccot}\, x + n\pi =$ $$-\arctan x + (2n+1)\frac{\pi}{2}$$
120	sinh	Hyperbelsinus	$y = \sinh x$	$\sinh: \mathbb{R} \to \mathbb{R}$ mit $$\sinh x := \frac{e^x - e^{-x}}{2}$$ heißt Hyperbelsinus (Sinus hyperbolicus, $\mathfrak{Sin}\, x$)
121	cosh	Hyperbelcosinus	$y = \cosh x$	$\cosh: \mathbb{R} \to [1, \infty[$ mit $$\cosh x := \frac{e^x + e^{-x}}{2}$$ heißt Hyperbelcosinus (Cosinus hyperbolicis, $\mathfrak{Cof}\, x$)
122	tanh	Hyperbeltangens	$y = \tanh x$	$\tanh: \mathbb{R} \to\,]-1,1[$ mit $$\tanh x := \frac{\sinh x}{\cosh x}$$ heißt Hyperbeltangens (Tangens hyperbolicus, $\mathfrak{Tan}\, x$)
123	coth	Hyperbelcotangens	$y = \coth x$	$\coth: \mathbb{R} \setminus \{0\} \to\,]-\infty, -1\,[\cup]\,1, \infty[$ mit $$\coth x := \frac{1}{\tanh x}$$ heißt Hyperbelcotangens (Cotangens hyperbolicus, $\mathfrak{Cot}\, x$)
124	arsinh	Area Sinus hyperbolicus	$y = \text{arsinh}\, x$	$\text{arsinh}: \mathbb{R} \to \mathbb{R}$ ist die Umkehrfunktion von $\sinh$. Für alle $x \in \mathbb{R}$: $\text{arsinh}\, x = \ln(x + \sqrt{x^2 + 1})$.
125	arcosh	Area Cosinus hyperbolicus	$y = \text{arcosh}\, x$	$\text{arcosh}: [1, \infty[\,\to [0, \infty[$ ist die Umkehrfunktion von $\cosh_+: [0, \infty[\,\to[1, \infty[$ mit $\cosh_+(x) := \cosh x$ und heißt Hauptwert des Area Cosinus hyperbolicus. Der Nebenwert $\text{arcosh}\_: [1, \infty[\,\to\,]-\infty, 0]$ ist die Umkehrfunktion von $\cosh\_:$ $]-\infty, 0] \to [1, \infty[$ mit $\cosh\_(x) := \cosh x$. Es gilt: $\text{arcosh}\_(x) = -\text{arcosh}\, x$ für alle $x \in [1, \infty[$.
126	artanh	Area Tangens hyperbolicus	$y = \text{artanh}\, x$	$\text{artanh}: \,]-1, 1[\,\to \mathbb{R}$ ist die Umkehrfunktion von $\tanh$. Für alle $x \in\,]-1, 1[$ gilt: $$\text{artanh}\, x = \frac{1}{2} \ln \frac{1+x}{1-x}.$$
127	arcoth	Area Cotangens hyperbolicus	$y = \text{arcoth}\, x$	$\text{arcoth}: \,]-\infty, -1[\cup]\,1, \infty[\,\to \mathbb{R} \setminus \{0\}$ ist die Umkehrfunktion von $\coth$.

5 Normzahlen, Normreihen, Normgrößen

von Prof. Dipl.-Ing. Helmut Müller, Dortmund

5.1 Normzahlen und Normreihen nach DIN 323

Normzahlen nach DIN 323 sind Vorzugszahlen für die Auswahl beliebiger Größen. Sie dienen der Anwendung ökonomisch eingeschränkter Maßzahlen in der konstruktiven Entwicklung und Fertigung.

Normzahlen sind gerundete Glieder geometrischer Reihen, die die ganzzahligen Potenzen von 10 enthalten. Die Reihen werden mit dem Buchstaben R (Renard) belegt und mit einer Ziffer gekennzeichnet, die die Anzahl der Stufen je Dezimalbereich angibt, wie beispielsweise Grundreihe R 20:

20 Stufungen mit einem Stufensprung von

$$q_{20} = \sqrt[20]{10} \approx 1,12$$

Man unterscheidet zwischen Hauptwerten, Rundwerten und Genauwerten und den aus den Haupt- und Grundwerten gebildeten Normreihen. Die Hauptwerte entstehen nach dem obigen Bildungsmuster und sind in Tafel 5.1 verzeichnet. Die Reihen werden mit steigender Reihenziffer feiner. Gröbere Reihen haben in der Anwendung den Vorrang vor feineren. Als besonders feingestufte Reihe gilt die Ausnahmereihe R 80 mit dem Stufensprung $q_{80} = \sqrt[80]{10} \approx 1,03$.

Rundwertreihen enthalten gerundete, ungenaue und deshalb unregelmäßig gestufte Werte. Man unterscheidet hier zwischen schwächer und stärker gerundeten Werten. Rundwertreihen sind nur in zwingenden Fällen anzuwenden. Tafel 5.2 führt einen Vergleich von Hauptwertreihen und Rundwertreihen auf.

5.2 Normspannungen nach DIN 40 001, DIN 40 002, DIN 72 251, DIN 40 031

Die Normen verzeichnen Nennspannungen. Nennspannungen sind diejenigen Spannungen, nach der ein Betriebsmittel oder ein Netz benannt wird und auf die bestimmte Betriebseigenschaften bezogen werden.

Nennspannungen unter 100 V, DIN 40 001

Tafel 5.3 listet die Nennspannungen nach Vorzugsreihe und Anwendungsreihen auf.

Nennspannungen von 100 V bis 380 kV, DIN 40 002 V

Tafel 5.4 gibt Aufschluß über die Nennspannungen.

Tafel 5.1 Hauptwerte und Grundreihen für die Auswahl beliebiger Größen in der konstruktiven Entwicklung und Fertigung

Hauptwerte				Genauwerte
Grundreihen				
R 5	R 10	R 20	R 40	
1,00	1,00	1,00	1,00	1,0000
			1,06	1,0593
		1,12	1,12	1,1220
			1,18	1,1885
	1,25	1,25	1,25	1,2589
			1,32	1,3353
		1,40	1,40	1,4125
			1,50	1,4962
1,60	1,60	1,60	1,60	1,5849
			1,70	1,6788
		1,80	1,80	1,7783
			1,90	1,8836
	2,00	2,00	2,00	1,9953
			2,12	2,1135
		2,24	2,24	2,2387
			2,36	2,3714
2,50	2,50	2,50	2,50	2,5119
			2,65	2,6607
		2,80	2,80	2,8184
			3,00	2,9854
	3,15	3,15	3,15	3,1623
			3,35	3,3497
		3,55	3,55	3,5481
			3,75	3,7584
4,00	4,00	4,00	4,00	3,9811
			4,25	4,2170
		4,50	4,50	4,4668
			4,75	4,7315
	5,00	5,00	5,00	5,0119
			5,30	5,3088
		5,60	5,60	5,6234
			6,00	5,9566
6,30	6,30	6,30	6,30	6,3096
			6,70	6,6834
		7,10	7,10	7,0795
			7,50	7,4989
	8,00	8,00	8,00	7,9433
			8,50	8,4140
		9,00	9,00	8,9125
			9,50	9,4406
10,00	10,00	10,00	10,00	10,0000

Tafel 5.2 Grund- und Rundwertreihen
Rundwertreihen haben unregelmäßige Stufung

R 5	R″5	R 10	R′10	R″10	R 20	R′20	R″20	R 40	R′40	Genauwerte
1		1			1,0			1,0		1,0000
								1,06	1,05	1,0593
					1,12	1,1		1,12	1,1	1,1220
								1,18	1,2	1,1885
		1,25		(1,2)	1,25		(1,2)	1,25		1,2589
								1,32	1,3	1,3353
					1,4			1,4		1,4125
								1,5		1,4962
1,6	(1,5)	1,6		(1,5)	1,6			1,6		1,5849
								1,7		1,6788
					1,8			1,8		1,7783
								1,9		1,8836
		2			2,0			2,0		1,9953
								2,12	2,1	2,1135
					2,24	2,2		2,24	2,2	2,2387
								2,36	2,4	2,3714
2,5		2,5			2,5			2,5		2,5119
								2,65	2,6	2,6607
					2,8			2,8		2,8184
								3,0		2,9854
		3,15	3,2	(3)	3,15	3,2	(3,0)	3,15	3,2	3,1623
								3,35	3,4	3,3497
					3,55	3,6	(3,5)	3,55	3,6	3,5481
								3,75	3,8	3,7584
4		4			4,0			4,0		3,9811
								4,25	4,2	4,2170
					4,5			4,5		4,4668
								4,75	4,8	4,7315
		5			5,0			5,0		5,0119
								5,3		5,3088
					5,6		(5,5)	5,6		5,6234
								6,0		5,9566
6,3	(6)	6,3		(6)	6,3		(6,0)	6,3		6,3096
								6,7		6,6834
					7,1		(7,0)	7,1		7,0795
								7,5		7,4989
		8			8,0			8,0		7,9433
								8,5		8,4140
					9,0			9,0		8,9125
								9,5		9,4405
10		10			10,0			10,0		10,0000

Hauptwerte und Rundwerte — Grundreihen (R), Rundwertreihen (R′, R″)

Tafel 5.3 Nennspannungen unter 100 V
Reihe 1 ist zu bevorzugen

Nr.	Reihen/Anwendungen	Nennspannungen in Volt															
1	Vorzugsreihe	−	2	−	−	4	6	−	12	−	24	40¹⁾	−	60	−	80	−
	Reihe für bestimmte Anwendungsgebiete																
2	Beleuchtungsanlagen, gespeist aus Trockenelementen	1,5	−	2,5	3,5	−	−	−	−	−	−	−	−	−	−	−	−
3	Beleuchtungsanlagen, gespeist aus Akkumulatoren, Generatoren und Transformatoren	−	2	2,5	−	4	6	8	12	−	24	40	−	60	−	80	−
4	Stromverbraucher, gespeist aus Klingeltransformatoren	−	2	−	−	4	6	−	−	−	−	−	−	−	−	−	−
5	Elektrisches Spielzeug	−	2	−	−	4	6	−	−	20	24	−	−	−	−	−	−
6	Gewerbliche Kleinmotoren	−	−	−	−	−	−	−	12	−	24	40	−	60	−	−	−
7	Akkumulatoren-Fahrzeuge a) Elektrokarren, -wagen und Flurfördermittel	−	−	−	−	−	−	−	−	−	24	40	−	−	−	80	−
	b) Grubenlokomotiven	−	−	−	−	−	−	−	−	−	−	−	−	60	72	80	96
8	Elektrowärmgeräte	−	−	−	−	−	−	−	12	−	24	40	−	−	−	−	−
9	Elektromedizinische Geräte	−	2	2,5	3,5	4	6	8	12	−	−	−	−	−	−	−	−
10	Fernmelde- und Fernsteuerungsanlagen	1,5	2	−	−	4	6	−	12	20	24	40	48	60	−	80	−
11	Schutz- und Regelanlagen	−	−	−	−	−	−	−	−	−	24	−	−	60	−	−	−

¹⁾ als Wechselspannung auch 42 Volt

Nennspannungen für elektrische Kfz—Ausrüstungen, DIN 72 251

Die Nennspannungen betragen:

Nennspannung U_N	6 V	12 V	24 V

Nennspannungen zur Speisung elektronischer Betriebsmittel der Informationstechnik, DIN 40 031

Nach DIN 40 031 gelten die Nennspannungen dieser Norm für Netzspannungen bis 500 V und Versorgungsspannungen bis 110 V, soweit sie zur Speisung elektronischer Betriebsmittel verwendet werden. Die Norm will eine Begrenzung der unter DIN 40 002 genormten Spannungen erreichen und die Kompabilität elektronischer Betriebsmittel im Hinblick auf die Stromversorgungseinrichtungen sichern.

Tafel 5.4 Nennspannungen von 100 V bis 380 kV

Nr.	Gleichstrom		Wechselstrom 50 Hz		Einphasen-Wechselstrom- 16 2/3 Hz	
	V	kV	V	kV	V	kV
1	–	–	100	–	100	–
2	110	–	–	–	–	–
3	–	–	125	–	–	–
4	–	–	–	–	200	–
5	220	–	220	–	220	–
6	–	–	380	–	–	–
7	440	–	–	–	–	–
8	–	–	500	–	–	–
9	600	–	–	–	–	–
10	–	–	660	–	–	–
11	750	–	–	–	–	–
12	–	–	–	1	–	1
13	–	1,2	–	–	–	–
14	–	1,5	–	–	–	–
15	–	3	–	3	–	–
16	–	–	–	5	–	–
17	–	–	–	6	–	–
18	–	–	–	10	–	–
19	–	–	–	15	–	15
20	–	–	–	20	–	–
21	–	–	–	25	–	–
22	–	–	–	30	–	–
23	–	–	–	60	–	–
24	–	–	–	110	–	110
25	–	–	–	220	–	–
26	–	–	–	380	–	–

Netzspannung:

Vorzugsspannungen sind die gekennzeichneten Spannungen nach Tafel 5.4, außerdem die Gleichspannungen 12 V, 24 V und 60 V nach Tafel 5.3.

Versorgungsspannungen:

– Wechselspannung ohne Normung
– Gleichspannung nach Tafel 5.5

Tafel 5.5 Versorgungsspannungen elektronischer Betriebsmittel (Angaben sind Gleichspannungen)

Versorgungs-spannungen in Volt	Typisches Anwendungsgebiet
2	Spezielle Schaltungen der Datenverarbeitung
5 6	Digitale integrierte Schaltungen
12	Digitale und analoge Schaltungen mit diskreten Bauelementen
15	Digitale und analoge integrierte Schaltungen
24	Digitale und analoge Schaltungen mit diskreten Bauelementen Zentrale Versorgungsspannung in industriellen Anlagen
48 60 110	Leistungsverstärker Signaleingaben über Schaltkontakte

5.3 Normströme nach DIN 40 003

Die angegebenen Normströme sind Nennströme. Nennströme gelten für elektrische Betriebsmittel als Bemessungsströme.
Tafel 5.6 listet die Nennströme auf.

Tafel 5.6 Nennströme in Ampere

1	10	100	1000
1,25	12,5	125	1250
1,6	16	160	1600
2	20	200	2000
2,5	25	250	2500
3,15	31,5	315	3150
4	40	400	4000
5	50	500	5000
6,3	63	630	6300
8	80	800	8000

Es können, falls erforderlich, anstatt 1,6 A; 3,15 A; 6,3 A und 8 A auch die Werte 1,5 A; 3 A; 6 A und 7,5 A bzw. das 10-, 100- und 1000fache dieser Werte vorgesehen werden.

5.4 Normreihen für Widerstände und Kondensatoren nach DIN

Tafel 5.7 gibt eine Übersicht über die Bemessungsgrundlagen für Widerstände und Kondensatoren nebst den Toleranzbreiten.

Die Zahlenreihen entstehen als gerundete Reihen aus den theoretischen Reihen $\sqrt[3]{10^n}$; $\sqrt[6]{10^n}$; $\sqrt[12]{10^n}$ mit n = Null oder einer ganzen postiven Zahl.

Tabel 5.7 Normreihen für Widerstände und Kondensatoren mit Toleranzangaben

E 6 ± 20 %	E 12 ± 10 %	E 24 ± 5 %	E 48 ± 2 %	E 96 ± 1 %
1,0	1,0	1,0	1,00	1,00
				1,02
			1,05	1,05
				1,07
		1,1	1,10	1,10
				1,13
			1,15	1,15
				1,18
	1,2	1,2	1,21	1,21
				1,24
			1,27	1,27
		1,3		1,30
			1,33	1,33
				1,37
			1,40	1,40
				1,43
			1,47	1,47
1,5	1,5	1,5		1,50
			1,54	1,54
				1,58
		1,6	1,62	1,62
				1,65
			1,69	1,69
				1,74
			1,78	1,78
	1,8	1,8		1,82
			1,87	1,87
				1,91
			1,96	1,96
		2,0		2,00
			2,05	2,05
				2,10
			2,15	2,15
2,2	2,2	2,2		2,21
			2,26	2,26
				2,32
			2,37	2,37
		2,4		2,43
			2,49	2,49
				2,55
			2,61	2,61
				2,67
	2,7	2,7	2,74	2,74
				2,80
			2,87	2,87
				2,94
		3,0	3,01	3,01
				3,09
			3,16	3,16
				3,24

E 6 ± 20 %	E 12 ± 10 %	E 24 ± 5 %	E 48 ± 2 %	E 96 ± 1 %
3,3	3,3	3,3	3,32	3,32
				3,40
			3,48	3,48
				3,57
		3,6	3,65	3,65
				3,74
			3,83	3,83
	3,9	3,9		3,92
			4,02	4,02
				4,12
			4,22	4,22
		4,3		4,32
			4,42	4,42
				4,53
			4,64	4,64
4,7	4,7	4,7		4,75
			4,87	4,87
				4,99
		5,1	5,11	5,11
				5,23
			5,36	5,36
				5,49
	5,6	5,6	5,62	5,62
				5,76
			5,90	5,90
				6,04
		6,2	6,19	6,19
				6,34
			6,49	6,49
				6,65
6,8	6,8	6,8	6,81	6,81
				6,98
			7,15	7,15
				7,32
		7,5	7,50	7,50
				7,68
			7,87	7,87
				8,06
	8,2	8,2	8,25	8,25
				8,45
			8,66	8,66
				8,87
		9,1	9,09	9,09
				9,31
			9,53	9,53
				9,76

5.5 Codierungen bei Widerständen und Kondensatoren

Farbcode zur Wertebestimmung

Bild 5.1 zeigt den Codeauftrag
und demonstriert den Bestimmungsvorgang zur Werte-
ermittlung [5.1].

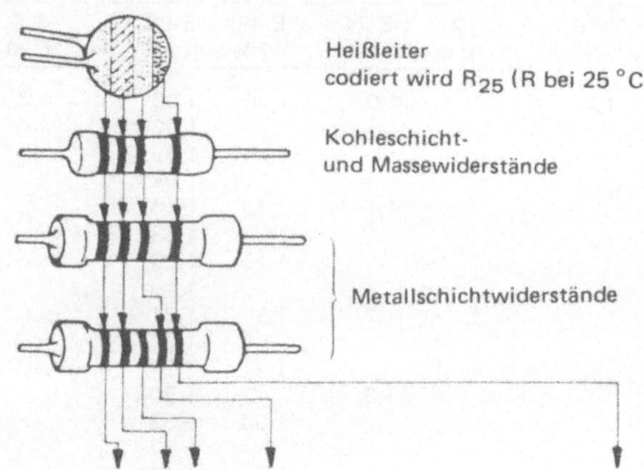

silber	–	–	–	× 0,01 Ω	–	–	± 10 %
gold	–	–	–	× 0,1 Ω	–	–	± 5 %
schwarz	0	0	0	× 1 Ω	× 1 pF	× 1 μF	± 20 %*)
braun	1	1	1	× 10 Ω	× 10 pF	× 10 μF	± 1 %
rot	2	2	2	× 100 Ω	× 100 pF		± 2 %
orange	3	3	3	× 1 kΩ	× 1 nF		
gelb	4	4	4	× 10 kΩ	× 10 nF		
grün	5	5	5	× 100 kΩ	× 100 nF		± 0,5 %
blau	6	6	6	× 1 MΩ	× 1 μF		
violett	7	7	7	× 10 MΩ	× 10 μF		
grau	8	8	8	× 100 MΩ	× 0,01 pF	× 0,01 μF	
weiß	9	9	9	–	× 0,1 pF	× 0,1 μF	± 10 %

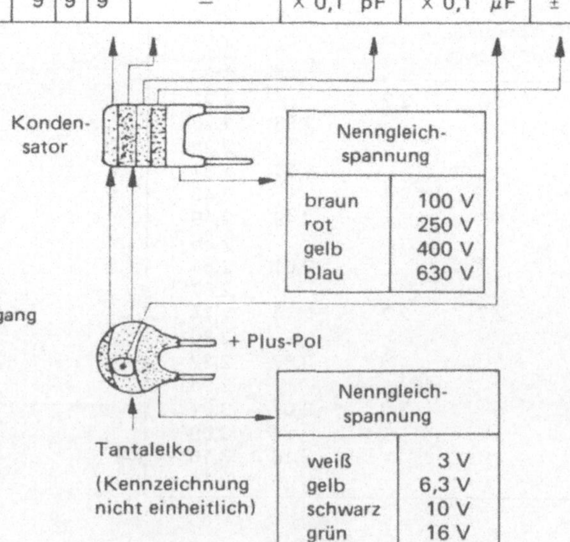

Bild 5.1

Codeauftrag und Bestimmungsvorgang
zur Werteermittlung von R und C

*) Die Toleranzstreifen dieser
Farben gibt es nur bei Kondensatoren. Widerstände ohne
Toleranzfarbstreifen haben
die Toleranz ± 20 %.

Farbcode zur TK-Bestimmung bei Keramikkondensatoren

Bild 5.2 gibt einen Einblick in die Farbcodierung [5.1].

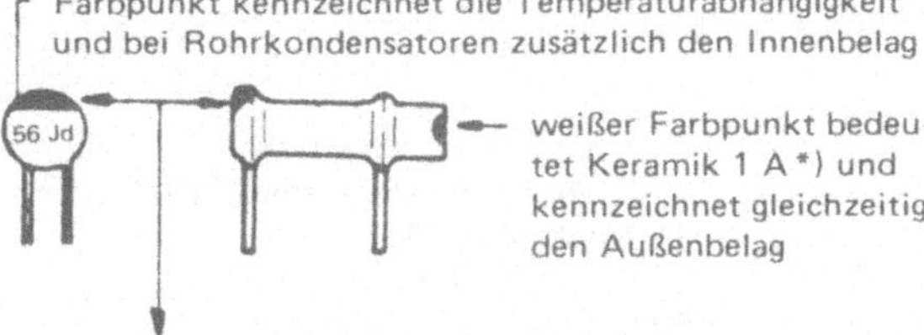

Farbe	Werk-stoff	Temperatur-koeffizient TK_c in 10^{-6}/K	TK_cToleranz für $C \geqslant 20$ pF	
			bei Typ 1 A in 10^{-6}/K	bei Typ 1 B in 10^{-6}/K
rot/violett	P 100	+ 100	± 15	± 30
schwarz	NPO	± 0	± 15	± 30
braun	NO33	− 33	± 15	± 30
rot	NO75	− 75	± 15	± 30
orange	N150	− 150	± 15	± 30
gelb	N220	− 220	± 15	± 30
grün	N330	− 330	± 25	± 50
blau	N470	− 470	± 35	± 70
violett	N750	− 750	± 60	± 120
orange/orange	N1500	− 1500	−	± 250

*) Typ 1: Kondensator mit NDK-Keramik
   Typ 1A hat gegenüber Typ 1B enger tolerierte TK-Werte
   Typ 2: Kondensator mit HDK-Keramik

Bild 5.2 Farbcode zur TK-Bestimmung bei Keramikkondensatoren

Sachwortverzeichnis

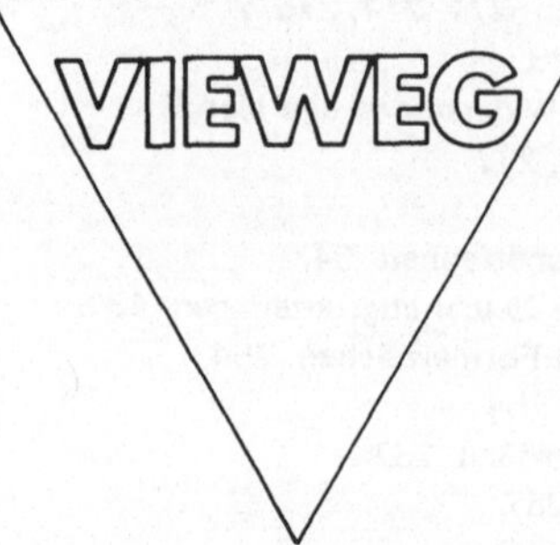

Konstruktive Gestaltung und Fertigung in der Elektrotechnik

Band 1: Elementare integrierte Strukturen

Von Helmut Müller

Mit 456 Abbildungen, 80 Tafeln und zahlreichen Arbeitsdiagrammen im Anhang. 1981. X, 326 S. 21 X 28 cm. Gebunden

Inhalt: Einführung — Werkstoffe, Basismaterialien, Substrate — Verfahrenstechnologische Grundlagen — Gestaltungsparameter der Druckvorlagen — Gestaltungsverfahren für Druckvorlagen, Druckoriginale und Druckwerkzeuge — Gedruckte Bauelemente — Gedruckte Schaltungen — Anhang mit Arbeitsdiagrammen.

Band 2: Prinzipien konstruktiver Gestaltung

Hrsg. von Helmut Müller

Unter Mitarbeit von Georg Bieber, Gerhard Fischer, Hans Freutel, Ulrich Haack, Wolfgang Latsch, Hans-Joachim Ludwig, Herbert Mayer, Holger Meinel und Helmut Müller. Mit zahlr. Abb. 1983. Ca. 160 S. 21 X 28 cm. Gebunden

Inhalt: Funktions- und fertigungsgerechte Toleranzen — Spanend gefertigte Gehäuse übertragungstechnischer Komponenten — Stanz- und Biegeteile für übertragungstechnische Komponenten — Outsert-Technik (Chassisgestaltung elektronischer Geräte) — Mechanische Aufbausysteme elektronischer Geräte — Verbindungstechnik elektronischer Geräte — Mehrebenenschaltungen (Volumenintegration der Elektronik) — Planarintegration der Mikrowellenelektronik — Anlagengestaltung der Kommunikationstechnik (Richtfunksysteme) — Anlagengestaltung der Kommunikationstechnik (Rechnergesteuerte Vermittlungssysteme).